에듀윌과 함께 시작하면,
당신도 합격할 수 있습니다!

대학 졸업 후 취업을 위해 바쁜 시간을 쪼개며
전기기사 자격시험을 준비하는 취준생

비전공자이지만 더 많은 기회를 만들기 위해
전기기사에 도전하는 수험생

전기직 업무를 수행하면서 승진을 위해
전기기사에 도전하는 주경야독 직장인

누구나 합격할 수 있습니다.
시작하겠다는 '다짐' 하나면 충분합니다.

마지막 페이지를 덮으면,

에듀윌과 함께
전기기사 합격이 시작됩니다.

전기기사 1위

꿈을 실현하는 에듀윌
real 합격 스토리

이O름 3주 초단기 동차합격

3주 만에 전기기사 취득, 과목별 전문 교수진 덕분

자격증을 따야겠다고 결심했던 시기가 시험 접수 기간이었습니다. 친구들에게 좋은 이야기를 많이 들었던 에듀윌이 생각나서 상담을 받고 본격적인 준비를 시작했습니다. 에듀윌은 과목별로 교수 라인업이 잘 짜여 있고, 취약한 부분은 교수님 별로 다양한 관점의 강의를 들을 수 있어서 많은 도움이 됐습니다. 또, 이 과정을 통해 학습 내용을 정리할 수 있는 점도 정말 좋았습니다.

이O학 3개월 단기 합격

나를 합격으로 이끌어 준 에듀윌 전기기사

공기업 취업을 준비하던 중에 취업에 도움이 될 거라는 생각에 전기기사 자격증 공부를 시작했습니다. 강의를 듣고 난 당일 복습했던 게 빠르게 합격할 수 있었던 이유라고 생각합니다. 아버지께서 에듀윌에서 전기산업기사 준비를 하셔서 자연스럽게 에듀윌을 선택하게 됐습니다. 전문 교수님들이 에듀윌의 가장 큰 장점이라고 생각합니다. 그리고 학습 상황을 객관적으로 파악할 수 있었던 모의고사 서비스도 만족스러웠습니다.

김O연 비전공자 3개월 합격

에듀윌이라 가능했던 3개월 단기 합격

비전공자임에도 불구하고 3개월 만에 전기기사 자격증을 취득할 수 있었습니다. 제게 맞는 강의를 선택할 수 있도록 다양한 콘텐츠를 지원해 준 에듀윌에 감사드립니다. 일반 물리학 정도의 지식만 있던 상태라 강의를 따라가기가 쉽지만은 않았습니다. 하지만 힘들어서 포기하고 싶을 때마다 용기를 주시고 격려해주신 교수님과 학습 매니저 분들에게 정말 감사 인사를 전하고 싶습니다.

다음 합격의 주인공은 당신입니다!

더 많은 합격 비법

* 2023 대한민국 브랜드만족도 전기(산업)기사 교육 1위(한경비즈니스)

1위 에듀윌만의
체계적인 합격 커리큘럼

원하는 시간과 장소에서, 1:1 관리까지 한번에
온라인 강의

① 전 과목 최신 교재 제공
② 업계 최강 교수진의 전 강의 수강 가능
③ 맞춤형 학습플랜 및 커리큘럼으로 효율적인 학습

쉽고 빠른 합격의 첫걸음
필기 핵심개념서 무료 신청

필기 핵심개념서
무료 신청

친구 추천 이벤트

" **친구 추천**하고 한 달 만에
920만원 받았어요 "

친구 1명 추천할 때마다 현금 10만원 제공
추천 참여 횟수 무제한 반복 가능

친구 추천 이벤트
바로가기

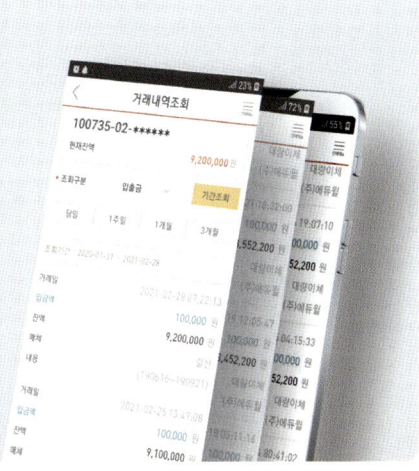

※ *a*o*h**** 회원의 2021년 2월 실제 리워드 금액 기준
※ 해당 이벤트는 예고 없이 변경되거나 종료될 수 있습니다.

* 2023 대한민국 브랜드만족도 전기(산업)기사 교육 1위(한경비즈니스)

eduwill

전기기사 1위

이제 국비무료 교육도
에듀윌

수강생을 반겨주는 에듀윌의 환한 복도 (구로)

언제나 전문 학습 매니저와 상담이 가능한 안내데스크 (부평)

고품질 영상 및 음향 장비를 갖춘 최고의 강의실 (구로)

재충전을 위한 카페 분위기의 아늑한 휴게실 (부평)

다용도로 활용이 가능한 휴게실 (성남)

전기/소방/건축/쇼핑몰/회계/컴활 자격증 취득
국민내일배움카드제

에듀윌 국비교육원 대표전화

서울 구로	02)6482-0600	구로디지털단지역 2번 출구	
경기 성남	031)604-0600	모란역 5번 출구	
인천 부평	032)262-0600	부평역 5번 출구	
인천 부평2관	032)263-2900	부평역 5번 출구	

국비교육원 바로가기

* 2023 대한민국 브랜드만족도 전기(산업)기사 교육 1위(한경비즈니스)

에듀윌 **직영학원**에서 합격을 수강하세요

언제나 전문 학습 매니저와 상담이 가능한 안내데스크

고품질 영상 및 음향 장비를 갖춘 최고의 강의실

재충전을 위한 카페 분위기의 아늑한 휴게실

에듀윌의 상징 노란색의 환한 학원 입구

에듀윌 직영학원 대표전화

공인중개사 학원 02)815-0600	공무원 학원 02)6328-0600	편입 학원 02)6419-0600
주택관리사 학원 02)815-3388	소방 학원 02)6337-0600	세무사·회계사 학원 02)6010-0600
전기기사 학원 02)6268-1400	부동산아카데미 02)6736-0600	

전기기사 학원 바로가기

* 2023 대한민국 브랜드만족도 전기(산업)기사 교육 1위(한경비즈니스)

시험 직전, CBT 시험 적응을 위한

최신기출 CBT 모의고사

💻 PC로 응시하기

1 | 최신 출제경향을 반영한 CBT 모의고사

실제 시험과 동일한 시험 환경 구현
CBT 시험 완벽 대비
총 3회 분량의 모의고사 제공

모의고사 입장하기

1회 | https://eduwill.kr/YFIp
2회 | https://eduwill.kr/xFIp
3회 | https://eduwill.kr/8VIp

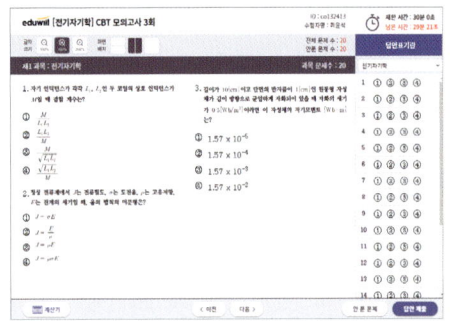

2 | 학습자 맞춤형 성적분석

전체 응시생의 평균점수 비교를 통한
시험의 난이도와 합격예측 확인

과목별 점수와 난이도를 비교하여
스스로 취약한 부분 확인

STEP 1 모의고사 응시 후 [성적분석] 클릭

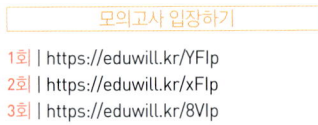

3 | 쉽고 빠르게 확인하는 오답해설

모의고사 채점을 통한 과목별 성적 및
상세한 해설 제공

문제별 정답률을 확인하여 문제 난이도를
한눈에 파악

STEP 1 모의고사 응시 후 [채점 결과] 클릭
STEP 2 점수 확인 후 [해설 보기] 클릭

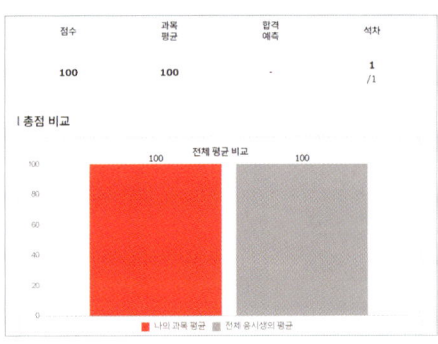

에듀윌 전기
전기기기 필기
+무료특강

끝맺음 노트

☑ 핵심이론 및 빈출문제

☑ 최신기출 CBT 모의고사 (+무료특강 3강)

eduwill

에듀윌 전기
전기기기 필기
+무료특강

에듀윌 전기
전기기기
필기 기본서+유형별 N제

끝맺음 노트

eduwill

PART 01

핵심이론 및 빈출문제

최근 20개년 동안 가장 많이 출제된 핵심이론만 모았습니다.
이론과 관련된 빈출문제를 풀어보면서 개념을 확립할 수 있습니다.
무료강의와 함께 학습하면 소화력이 배가 됩니다.

전기기기 본권 학습 후 마무리를 도와주는 끝맺음 노트

핵심이론 및 빈출문제

시험에 나오는 요점만 정리한 이론과 문제!

PART 01　핵심이론 및 빈출문제

활용 방법
① 네이버앱 또는 카카오톡앱에서 QR코드 스캔 기능을 준비한다.
② QR코드를 스캔하여 강의를 수강한다.
③ 동영상강의와 함께 부록으로 학습한다.

1 직류 발전기의 구조

① 전기자: 계자에서 발생된 자속을 끊어 기전력을 유도시키는 부분
② 계자: 직류 전류를 흘리면 자속을 발생시키는 부분
③ 정류자: 전기자에서 유기된 교류 기전력을 직류로 변환하는 부분

대표 빈출 문제　직류 발전기에서 자속을 끊어 기전력을 유기시키는 부분을 무엇이라고 하는가?

① 계자　　　　　　　　　　　　② 계철
③ 전기자　　　　　　　　　　　④ 정류자

해설
- 계자: 직류 전류를 흘리면 자속을 발생시키는 부분
- 전기자: 계자에서 발생된 자속을 끊어 기전력을 유도시키는 부분
- 정류자: 전기자에서 유기된 교류 기전력을 직류로 변환하는 부분

|정답| ③

---

2 전기자 권선법

(1) 전기자 권선법의 종류

직류 발전기의 전기자 권선법의 종류는 다음과 같으며, 주로 고상권, 폐로권, 이층권, 중권, 파권을 사용한다.

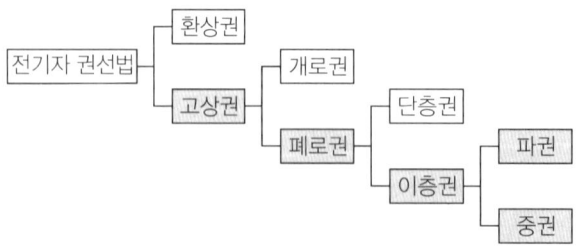

▲ 전기자 권선법의 종류

(2) 파권과 중권의 비교

구분	파권(직렬권)	중권(병렬권)
병렬 회로수(a)	2	극수(p)와 같음
브러시 수(b)	2	극수(p)와 같음
균압환	필요 없음	필요함(4극 이상인 경우)
용도	소전류, 고전압	대전류, 저전압
다중도 m인 경우 병렬 회로수	$2m$	mp

대표 빈출 문제

직류기의 전기자 권선법으로 주로 사용되는 것은?

① 환상권, 폐로권, 이층권
② 고상권, 폐로권, 이층권
③ 환상권, 개로권, 단층권
④ 고상권, 개로권, 이층권

해설 직류 발전기에서 주로 사용되는 권선법

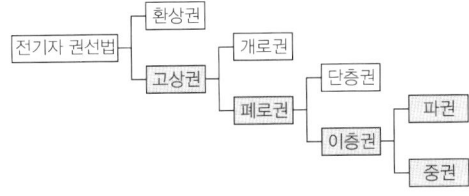

|정답| ②

---

3 전기자 반작용

(1) 영향

① 주자속 분포를 일그러뜨려 전기적인 중성축을 이동시킨다.
② 계자(주)자속을 감소시켜 유기 기전력을 감소시킨다.
③ 정류자 편간 전압이 국부적으로 높아져 불꽃이 발생한다.
④ 브러시 사이에 불꽃이 발생하여 정류 불량을 초래한다.

(2) 종류

① 감자 작용
  ㉠ 발전기: 자속(ϕ) 감소 → 기전력(E) 감소 → 단자 전압(V) 감소
  ㉡ 전동기: 자속(ϕ) 감소 → 회전수(N) 증가 → 토크(T) 감소
② 교차 작용(편자 작용)
  ㉠ 발전기: 회전 방향으로 중성축 이동
  ㉡ 전동기: 회전 반대방향으로 중성축 이동

> **대표빈출문제** 직류기의 전기자 반작용 결과가 아닌 것은?
> ① 주자속이 감소한다.
> ② 전기적 중성축이 이동한다.
> ③ 주자속에 영향을 미치지 않는다.
> ④ 정류자 편 사이의 전압이 불균일하게 된다.
>
> **해설** 전기자 반작용의 영향
> • 주자속 분포를 일그러뜨려 전기적인 중성축을 이동시킨다.
> • 계자(주)자속을 감소시켜 유기 기전력을 감소시킨다.
> • 정류자 편간 전압이 국부적으로 높아져 불꽃이 발생한다.
> • 브러시 사이에 불꽃이 발생하여 정류 불량을 초래한다.
>
> | 정답 | ③

4 정류 작용

(1) 정류 곡선

① 직선 정류(가장 이상적인 정류 작용)
② 부족 정류(브러시 말단 부분에서 불꽃 발생)
③ 정현 정류(양호한 정류 작용)
④ 과정류(브러시 앞단 부분에서 불꽃 발생)

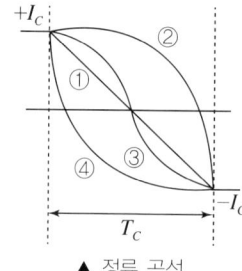
▲ 정류 곡선

(2) 양호한 정류 대책

① 코일의 자기 인덕턴스를 줄여 평균 리액턴스 전압을 감소시키기 위해 단절권으로 적용한다.
② 정류 주기를 길게 한다.(회전 속도를 낮춤)
③ 리액턴스 전압을 상쇄하기 위해 보극을 적당한 위치에 설치한다.(전압 정류 효과)
④ 접촉 저항이 큰 탄소 브러시를 사용한다.(저항 정류 효과)
⑤ 불꽃 없는 정류를 위한 조건: 브러시 접촉면 전압강하(e_b) > 평균 리액턴스 전압(e_L)

대표빈출문제 다음은 직류 발전기의 정류 곡선이다. 이 중에서 정류 말기에 정류의 상태가 좋지 않은 것은?

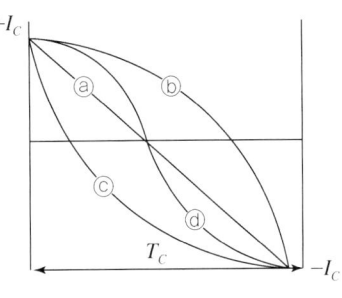

① ⓐ   ② ⓑ   ③ ⓒ   ④ ⓓ

해설 직류 발전기 정류 곡선

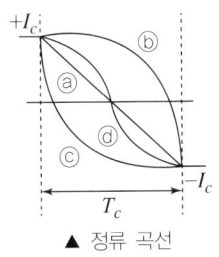

▲ 정류 곡선

ⓐ 직선 정류(가장 이상적인 정류 작용)
ⓑ 부족 정류(브러시 말단 부분에서 불꽃 발생)
ⓒ 과정류(브러시 앞단 부분에서 불꽃 발생)
ⓓ 정현 정류(양호한 정류 작용)
따라서 정류 말기에 정류의 상태가 좋지 않은 것은 부족 정류인 ⓑ가 된다.

|정답| ②

5 직류 발전기의 특성 곡선

(1) 특성 곡선의 종류

구분	가로축	세로축
무부하 특성 곡선	계자 전류 I_f	유기 기전력 E (무부하 단자 전압 V)
부하 특성 곡선	계자 전류 I_f	단자 전압 V
외부 특성 곡선	부하 전류 I	단자 전압 V
내부 특성 곡선	부하 전류 I	유기 기전력 E

(2) 발전기 종류별 외부 특성 곡선

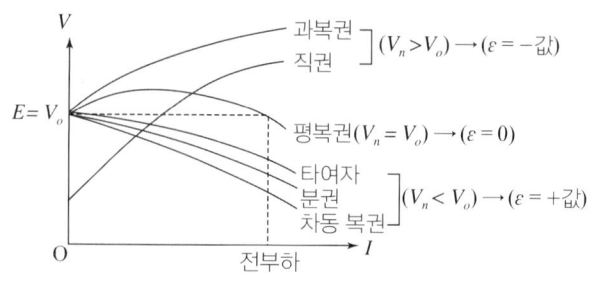

▲ 발전기 종류별 외부 특성 곡선

> **대표빈출문제** 직류 발전기의 외부 특성 곡선에서 나타내는 관계로 옳은 것은?
>
> ① 계자 전류와 단자 전압
> ② 계자 전류와 부하 전류
> ③ 부하 전류와 단자 전압
> ④ 부하 전류와 유기 기전력
>
> **해설** 직류 발전기의 특성 곡선
> - 무부하 특성 곡선: 계자 전류(I_f)와 유기 기전력(E)의 관계
> - 부하 특성 곡선: 계자 전류(I_f)와 단자 전압(V)의 관계
> - 외부 특성 곡선: 부하 전류(I)와 단자 전압(V)의 관계
>
> | 정답 | ③

6 직류 전동기의 회전 속도와 토크

(1) 회전 속도

직류 전동기의 역기전력 $E = k\phi N [\text{V}]$에서 회전 속도 N에 대해 정리하면 다음과 같다.

$$N = K\frac{E}{\phi} = K\frac{V - I_a R_a}{\phi} [\text{rpm}]$$

(단, $K = \dfrac{60a}{pZ}$를 갖는 정수)

(2) 직류 전동기의 토크

① 관련식

$$T = \frac{P}{\omega} = \frac{EI_a}{2\pi \times \dfrac{N}{60}} = \frac{pZ}{2\pi a}\phi \times I_a = K\phi I_a [\text{N·m}]$$

(단, P: 전동기 출력[W], I_a: 전기자 전류[A], N: 분당 회전 속도[rpm])

② 단위에 따른 토크 표현

- $T = \dfrac{P}{\omega} = \dfrac{P}{2\pi \dfrac{N}{60}} = \dfrac{60P}{2\pi N} = 9.55 \dfrac{P}{N} [\text{N·m}]$

- $T = \dfrac{1}{9.8} \times 9.55 \dfrac{P}{N} = 0.975 \dfrac{P}{N} [\text{kg·m}] \, (\because [1\text{kg·m}] = 9.8[\text{N·m}])$

대표 빈출 문제

직류 분권 전동기가 단자 전압 $215[\text{V}]$, 전기자 전류 $50[\text{A}]$, $1,500[\text{rpm}]$으로 운전되고 있을 때 발생 토크는 약 몇 $[\text{N·m}]$인가?(단, 전기자 저항은 $0.1[\Omega]$이다.)

① 6.8　　　② 33.2　　　③ 46.8　　　④ 66.9

해설
- 분권 전동기의 역기전력
$E = V - I_a R_a = 215 - 50 \times 0.1 = 210[\text{V}]$
- 분권 전동기의 토크
$T = 9.55 \dfrac{P}{N} = 9.55 \times \dfrac{210 \times 50}{1,500}$
$\quad = 66.9[\text{N·m}]$

|정답| ④

---

7 직류 전동기의 속도-토크 특성

(1) 속도 특성

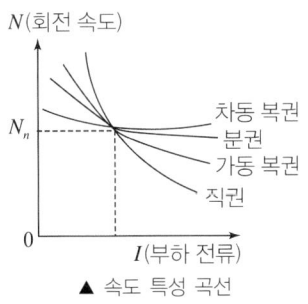

▲ 속도 특성 곡선

(2) 토크 특성

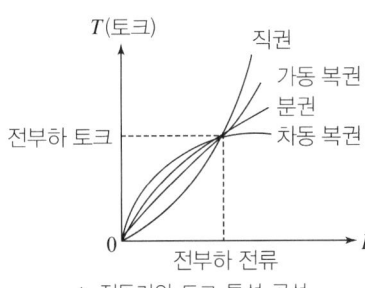

▲ 전동기의 토크 특성 곡선

구분	속도-토크 특성	특징
분권 전동기	$T \propto I_a \propto \dfrac{1}{N}$	부하 변동에 의한 속도 변화가 적음(정속도 특성)
직권 전동기	$T \propto I_a^2 \propto \dfrac{1}{N^2}$	부하 변동에 의한 속도 변화가 큼

대표빈출문제 직류 전동기 중 속도 변동률이 가장 큰 것은?

① 직권 전동기 ② 분권 전동기
③ 차동 복권 전동기 ④ 가동 복권 전동기

해설
- 속도 변동률이 큰 순서: 직권 → 가동 복권 → 분권 → 차동 복권
- 토크 변동률이 큰 순서: 직권 → 가동 복권 → 분권 → 차동 복권

|정답| ①

8 직류 전동기의 속도 제어

전압 제어	• 정토크 제어 • 광범위한 속도 제어 가능 • 워드 레오나드 방식(효율이 양호) • 일그너 방식(부하가 급변하는 곳, 플라이 휠 효과 이용)
계자 제어	• 정출력 제어 • 세밀하고 안정된 속도 제어 가능 • 속도 제어 범위가 좁음
저항 제어	• 속도 제어 범위가 좁음 • 효율이 저하

대표빈출문제 직류 전동기의 속도 제어 방법이 아닌 것은?

① 계자 제어법 ② 전압 제어법
③ 주파수 제어법 ④ 직렬 저항 제어법

해설 직류 전동기의 속도 제어
- 계자 제어
- 저항 제어(직렬 저항 제어)
- 전압 제어

|정답| ③

9 전기기기의 효율

(1) 실측 효율

$$\text{실측 효율: } \eta = \frac{\text{출력[W]}}{\text{입력[W]}} \times 100[\%]$$

(2) 규약 효율

① 발전기의 규약 효율

$$규약\ 효율:\ \eta = \frac{출력[W]}{출력 + 손실[W]} \times 100[\%]$$

② 전동기의 규약 효율

$$규약\ 효율:\ \eta = \frac{입력 - 손실[W]}{입력[W]} \times 100[\%]$$

대표빈출문제 출력이 $20[kW]$인 직류 발전기의 효율이 $80[\%]$이면 손실$[kW]$은?

① 1 ② 2 ③ 5 ④ 8

해설 직류 발전기의 효율

$$\eta = \frac{출력}{출력 + 손실} \times 100$$
$$= \frac{P}{P + P_l} \times 100 = \frac{20}{20 + P_l} \times 100 = 80[\%]$$
$$\therefore P_l = \frac{20 \times 100}{80} - 20 = 5[kW]$$

|정답| ③

10 동기 발전기의 구조

(1) 회전자에 의한 분류

① 회전 계자형: 전기자를 고정으로 하고 계자극을 회전자로 한 것
② 회전 전기자형: 계자극을 고정자로 하고 전기자를 회전자로 한 것
③ 유도자형: 계자극과 전기자를 고정시키고 그 가운데 유도자라는 회전자를 놓은 것

(2) 원동기에 의한 분류

① 수차 발전기: 수차에 의해 회전하는 발전기(돌극형)
② 터빈 발전기: 증기 터빈 또는 가스 터빈에 의해 운전되는 발전기(원통형)

구분	수차 발전기	터빈 발전기
발전소	수력발전소	화력, 원자력발전소
회전자형	돌극형 회전 계자형	원통형 회전 계자형
냉각 방식	공기 냉각 방식	수소 냉각 방식
용도	저속기	고속기
극수	많음	적음(2, 4극)
원심력	큼	작음
회전자	지름은 크고 길이는 작음	지름은 작고 길이는 깊

> **대표빈출문제** 수백[Hz] ~ 20,000[Hz] 정도의 고주파 발전기에 쓰이는 회전자형은?
>
> ① 농형
> ② 유도자형
> ③ 회전 전기자형
> ④ 회전 계자형
>
> **해설** 고주파 발전기
> - 고주파 발전기에 쓰이는 회전자는 유도자형이다.
> - 계자극과 전기자를 함께 고정시키고 그 가운데에 유도자라는 회전자를 놓은 발전기이다.
> - 수백[Hz]~수만[Hz]의 고주파를 유기시키는 발전기이다.
> - 극수가 많은 다극형 특수 동기 발전기이다.
> - 유도자는 권선이 없는 금속 회전자의 튼튼한 구조이다.
>
> |정답| ②

11 동기기의 전기자 권선법

(1) **단절권**: 코일 간격이 극 간격보다 작은 권선 방법

① 특징
  ㉠ 고조파를 제거하여 기전력의 파형을 개선
  ㉡ 권선단의 길이가 짧아져 기계 전체의 길이가 축소
  ㉢ 동량이 적게 들어 동손이 감소
  ㉣ 전절권에 비해 유기 기전력이 감소

② 단절권 계수

$$K_p = \sin \frac{\beta\pi}{2}$$

(단, $\beta = \dfrac{\text{코일 간격}}{\text{극 간격}} = \dfrac{\beta\pi}{\pi}$)

(2) **분포권**: 매극 매상의 도체를 2개 이상의 슬롯에 분포시켜 권선하는 방법

① 특징
  ㉠ 고조파를 감소시켜 기전력의 파형을 개선
  ㉡ 권선의 누설리액턴스가 감소
  ㉢ 권선의 과열을 방지(열발산 효과 우수)
  ㉣ 집중권에 비해 유기 기전력 감소

② 분포권 계수

$$K_d = \frac{\sin \dfrac{\pi}{2m}}{q \sin \dfrac{\pi}{2mq}}$$

(단, m: 상수, q: 매극 매상당 슬롯수)

③ 권선 계수

$$K_w = K_p \times K_d < 1$$

대표빈출문제 3상 동기 발전기의 매극 매상의 슬롯수가 3일 때 분포권 계수는?

① $6\sin\dfrac{\pi}{8}$ ② $3\sin\dfrac{\pi}{9}$

③ $\dfrac{1}{6\sin\dfrac{\pi}{18}}$ ④ $\dfrac{1}{3\sin\dfrac{\pi}{18}}$

해설 분포권 계수

$$K_d = \dfrac{\sin\dfrac{\pi}{2m}}{q\sin\dfrac{\pi}{2mq}} = \dfrac{\sin\dfrac{\pi}{2\times 3}}{3\times\sin\dfrac{\pi}{2\times 3\times 3}}$$

$$= \dfrac{\sin\dfrac{\pi}{6}}{3\sin\dfrac{\pi}{18}} = \dfrac{\dfrac{1}{2}}{3\sin\dfrac{\pi}{18}} = \dfrac{1}{6\sin\dfrac{\pi}{18}}$$

|정답| ③

12 동기기의 전기자 반작용

(1) 의미

전기자 권선에 전류가 흘러 발생한 전기자의 자속이 계자권선에서 발생한 계자 자속에 영향을 주는 현상

(2) 종류

① 교차 자화 작용: 주자속을 한쪽으로 기울게 하는 편자 작용을 한다.
② 감자 작용: 전기자 전류에 의한 자속이 주자속과 반대 방향으로 되어 계자극의 자속을 약하게 하는 작용을 한다.
③ 증자 작용: 전기자 전류에 의한 자속이 주자속과 같은 방향으로 되어 계자극의 자속을 강하게 하는 작용을 한다.

(3) 동기기의 전기자 반작용

기기 종류	R부하(동상)	L부하(지상)	C부하(진상)
동기 발전기	교차 자화 작용	감자 작용	증자 작용
동기 전동기	교차 자화 작용	증자 작용	감자 작용

대표빈출문제	동기 발전기에서 유기 기전력과 전기자 전류가 동상인 경우의 전기자 반작용은?

① 교차 자화 작용　　② 증자 작용
③ 감자 작용　　④ 직축 반작용

해설

기기 종류	R 부하(동상)	L 부하(지상)	C 부하(진상)
동기 발전기	교차 자화 작용	감자 작용	증자 작용
동기 전동기	교차 자화 작용	증자 작용	감자 작용

| 정답 | ①

13 동기 임피던스와 출력

(1) 동기 임피던스 Z_s

① 동기 발전기 1상분의 대한 임피던스를 동기 임피던스라 한다.
② 동기 임피던스

$$Z_s = r_a + jx_s = r_a + j(x_a + x_l) ≒ x_s[\Omega]$$

(단, r_a : 전기자 저항[Ω], x_s : 동기 리액턴스[Ω])

(2) 출력

① 원통형(비돌극형)
　㉠ 1상의 출력 $P = \dfrac{EV}{x_s}\sin\delta[\text{W}]$
　㉡ 3상의 출력 $P = 3 \times \dfrac{EV}{x_s}\sin\delta[\text{W}]$
　㉢ 최대 출력: 부하각 $\delta = 90°$

② 돌극형(철극형)
　㉠ 출력 $P = \dfrac{EV}{x_d}\sin\delta + \dfrac{V^2(x_d - x_q)}{2x_d x_q}\sin 2\delta[\text{W}]$
　㉡ 최대 출력: 부하각 $\delta = 60°$

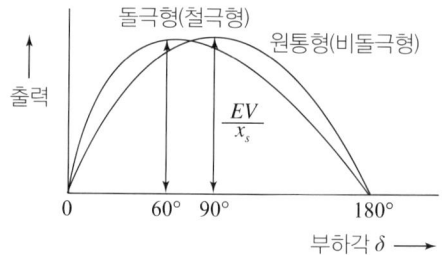

▲ 동기기의 출력

대표빈출문제	비철극형 3상 동기 발전기의 동기 리액턴스 $X_s = 10[\Omega]$, 유도 기전력 $E = 6,000[\text{V}]$, 단자 전압 $V = 5,000[\text{V}]$, 부하각 $\delta = 30°$일 때 출력은 몇 [kW]인가?(단, 전기자 권선 저항은 무시한다.)

① 1,500　　② 3,500
③ 4,500　　④ 5,500

해설 3상 동기 발전기의 출력

$$P = 3\dfrac{EV}{X_s}\sin\delta = 3 \times \dfrac{6,000 \times 5,000}{10} \times \sin 30° \times 10^{-3}$$
$$= 4,500[\text{kW}]$$

| 정답 | ③

14 단락비가 큰 기계의 특성

구분	증가	감소
단락비가 큰 기계	• 송전 용량 • 충전 용량 • 안정도 • 단락 전류 • 손실(철손, 기계손)	• 효율 • 동기 임피던스 • 전압 변동률 • 전기자 반작용

대표빈출문제 단락비가 큰 동기기의 특징으로 옳은 것은?

① 안정도가 떨어진다.
② 전압 변동률이 크다.
③ 선로 충전 용량이 크다.
④ 단자 단락 시 단락 전류가 적게 흐른다.

해설 단락비가 큰 기계의 특성

구분	증가	감소
단락비	• 송전 용량 • **충전 용량** • 안정도 • 단락 전류 • 손실(철손, 기계손)	• 효율 • 동기 임피던스 • 전압 변동률 • 전기자 반작용

|정답| ③

15 동기 발전기의 병렬운전

① 기전력의 크기가 같을 것
② 기전력의 위상이 같을 것
③ 기전력의 주파수가 같을 것
④ 기전력의 파형이 같을 것
⑤ 기전력의 상회전 방향이 같을 것

대표빈출문제 동기 발전기의 병렬 운전 조건에서 같지 않아도 되는 것은?

① 기전력의 크기　　　　② 기전력의 위상
③ 기전력의 주파수　　　④ 기전력의 용량

해설 동기 발전기의 병렬 운전 조건
• 기전력의 크기가 같을 것
• 기전력의 위상이 같을 것
• 기전력의 주파수가 같을 것
• 기전력의 파형이 같을 것
• 기전력의 상회전 방향이 같을 것

|정답| ④

16 동기 전동기의 기동

장점	단점
• 속도가 일정하다. • 역률을 조정할 수 있다. • 효율이 좋다. • 공극이 넓으므로 기계적으로 튼튼하다.	• 속도 조정이 곤란하다. • 기동 토크가 작기 때문에 별도의 기동 장치가 필요하다. • 직류 여자 장치가 필요하다. • 난조 발생이 빈번하다.

대표 빈출 문제

동기 전동기가 유도 전동기에 비해 우수한 점은?

① 기동 특성이 양호하다.
② 전부하 효율이 양호하다.
③ 속도 제어가 자유롭다.
④ 구조가 간단하다.

해설 동기 전동기의 특징

장점	단점
• 속도가 일정하다. • 역률을 조정할 수 있다. • 효율이 좋다. • 공극이 넓으므로 기계적으로 튼튼하다.	• 속도 조정이 곤란하다. • 기동 토크가 작기 때문에 별도의 기동 장치가 필요하다. • 직류 여자 장치가 필요하다. • 난조 발생이 빈번하다.

|정답| ②

17 위상 특성 곡선(V 곡선)

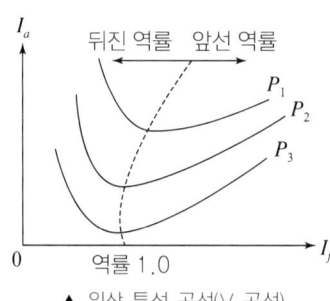

▲ 위상 특성 곡선(V 곡선)

① **과여자인 경우**: 계자 전류가 증가함에 따라 앞선 역률로 작용(진상 전류)
② **부족 여자인 경우**: 계자 전류가 감소함에 따라 뒤진 역률로 작용(지상 전류)
③ **역률이 1인 경우**: 전기자 전류는 최소

> **대표빈출문제** 동기 조상기의 계자를 과여자로 운전하는 경우 틀린 것은?
>
> ① 콘덴서로 작용한다.
> ② 위상이 뒤진 전류가 흐른다.
> ③ 송전선의 역률을 좋게 한다.
> ④ 송전선의 전압 강하를 감소시킨다.
>
> **해설** 동기 조상기
> - 동기 전동기를 무부하 상태로 운전하는 것
> - 과여자 운전 시 계자 전류가 증가함에 따라 앞선 역률로 작용하게 된다. 따라서 진상 무효 전류가 흘러 콘덴서 작용을 한다.
> - 부족 여자 운전 시 계자 전류가 감소함에 따라 뒤진 역률로 작용하게 된다. 따라서 지상 무효 전류가 흘러 리액터 작용을 한다.
>
> |정답| ②

18 변압기 등가 회로

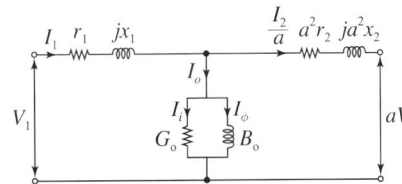

I_o: 무부하 전류(여자 전류)[A]
I_i: 철손 전류[A]
I_ϕ: 자화 전류[A]

▲ 변압기 등가 회로

(1) 등가 회로에 필요한 시험과 측정 가능한 성분

구분	측정 성분
무부하 시험	• 철손 • 여자(무부하) 전류 • 여자 어드미턴스
단락 시험	• 동손(임피던스 와트) • 임피던스 전압 • 단락 전류
권선 저항 측정 시험	• 권선 저항

(2) 여자 전류

① 여자 전류 $I_o = I_i + jI_\phi = \sqrt{I_i^2 + I_\phi^2}$ [A]

② 철손 전류 $I_i = \dfrac{P_i}{V_i}$ [A]

③ 자화 전류 $I_\phi = \sqrt{I_o^2 - I_i^2}$ [A]

> **대표빈출문제**
>
> **변압기의 등가 회로를 작성하기 위해 필요한 시험은?**
> ① 권선 저항 측정 시험, 무부하 시험, 단락 시험
> ② 상회전 시험, 절연 내력 시험, 권선 저항 측정 시험
> ③ 온도 상승 시험, 절연 내력 시험, 무부하 시험
> ④ 온도 상승 시험, 절연 내력 시험, 권선 저항 측정 시험
>
> **해설**
>
> | 구분 | 측정 성분 |
> |---|---|
> | 무부하 시험 | • 철손
• 여자(무부하) 전류
• 여자 어드미턴스 |
> | 단락 시험 | • 동손(임피던스 와트)
• 임피던스 전압
• 단락 전류 |
> | 권선 저항 측정 시험 | • 권선 저항 |
>
> | 정답 | ①

19 임피던스 전압과 와트

(1) 임피던스 전압

변압기 2차 측을 단락하고 1차 측에 전압을 가했을 때 1차 측 전류가 1차 측 정격 전류와 같을 때의 전압으로 변압기 내부의 전압 강하와 같다.

$$V_s = I_{1n} Z_{21} [\text{V}]$$

(단, I_{1n}: 1차 측 정격 전류[A])

(2) 임피던스 와트

임피던스 전압을 걸었을 때의 입력으로 동손과 같다.

$$P_s = I_{1n}^2 \times r_{21} [\text{W}]$$

(단, r_{21}: 2차 측 저항을 1차 측으로 환산한 저항[Ω])

> **대표빈출문제**
>
> **변압기의 임피던스 전압이란?**
> ① 정격 전류 시 2차 측 단자 전압이다.
> ② 변압기의 1차를 단락, 1차에 1차 정격 전류와 같은 전류를 흐르게 하는 데 필요한 1차 전압이다.
> ③ 변압기 내부 임피던스와 정격 전류의 곱인 내부 전압 강하이다.
> ④ 변압기 2차를 단락, 2차에 2차 정격 전류와 같은 전류를 흐르게 하는 데 필요한 2차 전압이다.
>
> **해설** **임피던스 전압**
> 변압기 2차 측을 단락하고 1차 측에 전압을 가했을 때 1차 측 단락 전류가 1차 측 정격 전류와 같을 때의 전압으로 변압기 내부 전압 강하와 같다.
>
> | 정답 | ③

20 변압기의 전압 변동률과 백분율 강하

(1) 전압 변동률

$$\varepsilon = \frac{V_{2o} - V_{2n}}{V_{2n}} \times 100\,[\%] = p\cos\theta \pm q\sin\theta\,[\%]\,(+: 지상\ 역률,\ -: 진상\ 역률)$$

(단, V_{2o}: 무부하 2차 단자 전압[V], V_{2n}: 2차 정격 전압[V])

(2) % 임피던스 강하(백분율 임피던스 강하)

$$\%Z = z = \frac{I_{1n}Z_{21}}{V_{1n}} \times 100 = \frac{V_s}{V_{1n}} \times 100 = \frac{I_n}{I_s} \times 100 = \sqrt{p^2 + q^2}\,[\%]$$

(단, I_s: 단락 전류[A])

대표 빈출 문제

단상 변압기에서 전부하 시 2차 단자 전압이 $115\,[\mathrm{V}]$이고, 전압 변동률이 $2\,[\%]$이다. 1차 공급 전압[V]은?(단, 권선비는 $20:1$이다.)

① 2,346
② 2,356
③ 2,366
④ 2,376

해설
- 전압 변동률
  $$\varepsilon = \frac{V_{2o} - V_{2n}}{V_{2n}} \times 100\,[\%]$$
- 무부하 2차 단자 전압
  $$V_{2o} = (1+\varepsilon) \times V_{2n} = (1+0.02) \times 115 = 117.3\,[\mathrm{V}]$$
- 1차 공급 전압
  $$V_1 = a\,V_{2o} = 20 \times 117.3 = 2,346\,[\mathrm{V}]$$

| 정답 | ①

21 변압기의 효율

(1) 전부하 시 효율

① 효율

$$\eta = \frac{P_a\cos\theta}{P_a\cos\theta + P_i + P_c} \times 100 = \frac{V_2 I_2 \cos\theta}{V_2 I_2 \cos\theta + P_i + P_c} \times 100\,[\%]$$

(단, P_a: 피상 전력[VA], P_i: 철손[W], P_c: 전부하 동손[W])

② 최대 효율 조건: $P_i = P_c$

(2) m 부하 시 효율

① 효율

$$\eta_m = \frac{m \times P_a \cos\theta}{m \times P_a \cos\theta + P_i + m^2 P_c} \times 100 [\%]$$

(단, m: 부하율)

② 최대 효율 조건: $P_i = m^2 P_c$

대표빈출문제 200[kVA]의 단상 변압기가 있다. 철손이 1.6[kW]이고 전부하 동손이 2.5[kW]이다. 이 변압기의 역률이 0.8일 때 전부하 시의 효율은 약 몇 [%]인가?

① 96.5　　② 97.0　　③ 97.5　　④ 98.0

해설 변압기의 효율
$$\eta = \frac{P_a \cos\theta}{P_a \cos\theta + P_i + P_c} \times 100 = \frac{200 \times 0.8}{200 \times 0.8 + 1.6 + 2.5} \times 100$$
$$= 97.5[\%]$$

| 정답 | ③

22 변압기의 3상 결선

(1) Y 결선

① 전압: $V_l = \sqrt{3}\, V_p [\text{V}]$ (단, V_l: 선간 전압[V], V_p: 상전압[V])

② 전류: $I_l = I_p [\text{A}]$ (단, I_l: 선전류[A], I_p: 상전류[A])

(2) △ 결선

① 전압: $V_l = V_p [\text{V}]$

② 전류: $I_l = \sqrt{3}\, I_p [\text{A}]$

(3) V 결선

① 고장 전(단상 변압기 3대 △ 결선) 출력

$P_\triangle = 3P[\text{kVA}]$ (단, P: 변압기 1대의 용량[kVA])

② 변압기 1대 고장 후(단상 변압기 2대 V 결선) 출력

$P_V = 2P[\text{kVA}]$ (이론 출력)

$P_V = \sqrt{3}\, P[\text{kVA}]$ (실제 출력)

③ V결선 출력비

$$출력비 = \frac{V결선\ 실제\ 출력}{\triangle\ 결선\ 출력} = \frac{\sqrt{3}P}{3P} = \frac{1}{\sqrt{3}} = 0.577(\therefore\ 57.7[\%])$$

④ V결선 이용률

$$이용률 = \frac{V결선\ 실제\ 출력}{V결선\ 이론\ 출력} = \frac{\sqrt{3}P}{2P} = \frac{\sqrt{3}}{2} = 0.866(\therefore\ 86.6[\%])$$

대표 빈출 문제 정격 용량 $100[\text{kVA}]$인 단상 변압기 3대를 $\triangle-\triangle$ 결선하여 $300[\text{kVA}]$의 3상 출력을 얻고 있다. 한 상에 고장이 발생하여 결선을 V 결선으로 하는 경우 뱅크 용량 $[\text{kVA}]$과 각 변압기의 출력$[\text{kVA}]$은?

① 253, 126.5　　　② 200, 100
③ 173, 86.5　　　　④ 152, 75.6

해설
- 뱅크 용량
$$P_v = \sqrt{3}P = \sqrt{3}\times 100 = 173[\text{kVA}]$$
- 각 변압기의 출력
$$P_1 = \frac{P_v}{2} = \frac{173}{2} = 86.5[\text{kVA}]$$

| 정답 | ③

23 단권 변압기

(1) 용도

① 승압용, 강압용, 초고압 전력용
② 단상 3선식 계통의 저압 밸런서(balancer)
③ 유도전동기 기동의 기동보상기

$P = e_2 I_2 [\text{VA}]$ (자기 용량)
$V_2 = V_1\left(1+\dfrac{e_2}{e_1}\right)[\text{V}]$
$P_L = V_2 I_2 [\text{VA}]$ (부하 용량)

▲ 단권 변압기(승압기)

(2) 용량 계산

구분	단권 변압기	Y 결선	$\triangle$ 결선	V 결선
자기 용량 / 부하 용량	$\dfrac{V_h - V_l}{V_h}$	$\dfrac{V_h - V_l}{V_h}$	$\dfrac{V_h^2 - V_l^2}{\sqrt{3}\,V_h V_l}$	$\dfrac{2(V_h - V_l)}{\sqrt{3}\,V_h}$

(단, V_h: 고압 측 전압[V], V_l: 저압 측 전압[V])

> **대표빈출문제** 1차 전압 V_1, 2차 전압 V_2인 단권 변압기를 Y 결선했을 때 등가 용량과 부하 용량의 비는?(단, $V_1 > V_2$이다.)
>
> ① $\dfrac{V_1 - V_2}{\sqrt{3}\,V_1}$ ② $\dfrac{V_1 - V_2}{V_1}$
>
> ③ $\dfrac{\sqrt{3}\,(V_1 - V_2)}{2\,V_1}$ ④ $\dfrac{V_1^2 - V_2^2}{\sqrt{3}\,V_1 V_2}$
>
> **해설** 3상 단권 변압기의 자기 용량과 부하 용량의 비
> - Y 결선
> $\dfrac{\text{자기 용량}}{\text{부하 용량}} = \dfrac{V_1 - V_2}{V_1}$
> - Δ 결선
> $\dfrac{\text{자기 용량}}{\text{부하 용량}} = \dfrac{V_1^2 - V_2^2}{\sqrt{3}\,V_1 V_2}$
> - V 결선
> $\dfrac{\text{자기 용량}}{\text{부하 용량}} = \dfrac{2(V_1 - V_2)}{\sqrt{3}\,V_1}$
>
> | 정답 | ②

24 유도 전동기의 회전 속도와 슬립

(1) 회전 속도

① 동기 속도

$$N_s = \dfrac{120f}{p}\,[\text{rpm}]$$

(단, f: 주파수[Hz], p: 극수)

② 상대 속도

$$N_s - N = sN_s\,[\text{rpm}]$$

(단, s: 슬립)

(2) 슬립(slip)

① 동기 속도와 회전 속도의 차를 나타낸 비율
② 슬립 계산식

$$s = \dfrac{N_s - N}{N_s} \times 100\,[\%]$$

> **대표빈출문제** $50[\text{Hz}]$, 4극의 유도 전동기의 슬립이 $4[\%]$인 때의 매분 회전수는?
>
> ① $1,410[\text{rpm}]$ ② $1,440[\text{rpm}]$
> ③ $1,470[\text{rpm}]$ ④ $1,500[\text{rpm}]$
>
> **해설**
> - 동기 속도
> $$N_s = \frac{120f}{p} = \frac{120 \times 50}{4} = 1,500[\text{rpm}]$$
> - 회전자 속도
> $$N = (1-s)N_s = (1-0.04) \times 1,500 = 1,440[\text{rpm}]$$
>
> |정답| ②

25 유도 전동기의 회전자 특성

(1) 회전 시 2차 주파수

① 정지 시: $f_2 = f_1 [\text{Hz}]$

② 회전 시: $f_{2s} = sf_2 = sf_1 [\text{Hz}]$

(2) 2차 유기기전력(E_{2s})

① 정지 시 1차 유기 기전력: $E_1 = 4.44 f_1 \phi N_1 k_{w1} [\text{V}]$

② 정지 시 2차 유기 기전력: $E_2 = 4.44 f_2 \phi N_2 k_{w2} [\text{V}]$

③ 회전 시 2차 유기 기전력: $E_{2s} = 4.44 f_{2s} \phi N_2 k_{w2} = sE_2 [\text{V}]$

(3) 2차 전류(I_{2s})

① 정지 시 2차 전류: $I_2 = \dfrac{E_2}{Z_2} = \dfrac{E_2}{\sqrt{r_2^2 + x_2^2}} [\text{A}]$

② 회전 시 2차 전류: $I_{2s} = \dfrac{E_{2s}}{Z_{2s}} = \dfrac{sE_2}{\sqrt{r_2^2 + (sx_2)^2}} = \dfrac{E_2}{\sqrt{\left(\dfrac{r_2}{s}\right)^2 + x_2^2}} [\text{A}]$

대표빈출문제

3상 유도 전동기에서 회전자가 슬립 s로 회전하고 있을 때 2차 유기 전압 E_{2s} 및 2차 주파수 f_{2s}와 s의 관계는?(단, E_2는 회전자가 정지하고 있을 때의 2차 유기 기전력이며, f_1은 1차 주파수이다.)

① $E_{2s} = sE_2,\ f_{2s} = sf_1$

② $E_{2s} = sE_2,\ f_{2s} = \dfrac{f_1}{s}$

③ $E_{2s} = \dfrac{E_2}{s},\ f_{2s} = \dfrac{f_1}{s}$

④ $E_{2s} = (1-s)E_2,\ f_{2s} = (1-s)f_1$

해설
- 회전 시 2차 유기 기전력: $E_{2s} = sE_2\,[\mathrm{V}]$
- 회전 시 2차 주파수: $f_{2s} = sf_1\,[\mathrm{Hz}]$

|정답| ①

26 유도 전동기의 2차 출력과 효율

(1) 2차 출력

$$P_o = P_2 - P_{c2} = P_2 - sP_2 = (1-s)P_2\,[\mathrm{W}]$$

(단, P_o: 회전자 출력(2차 출력)[W])

(2) 2차 효율

$$\eta_2 = \dfrac{P_o}{P_2}\times 100\,[\%] = \dfrac{(1-s)P_2}{P_2}\times 100\,[\%] = (1-s)\times 100\,[\%] = \dfrac{N}{N_s}\times 100\,[\%]$$

대표빈출문제

슬립이 $6[\%]$인 유도 전동기의 2차 측 효율[%]은?

① 94   ② 84
③ 90   ④ 88

해설 2차 효율
$$\eta_2 = \dfrac{P_o}{P_2}\times 100\,[\%] = \dfrac{(1-s)P_2}{P_2}\times 100\,[\%] = (1-s)\times 100\,[\%]$$
$$= (1-0.06)\times 100\,[\%] = 94\,[\%]$$

|정답| ①

27 유도 전동기의 토크 특성

(1) 토크의 계산

① 2차 입력 기준

$$T = \frac{P_2}{\omega_s} = \frac{P_2}{2\pi \frac{N_s}{60}} [\text{N·m}] = 0.975 \frac{P_2}{N_s} [\text{kg·m}]$$

(단, ω_s: 동기 각속도[rad/s], N_s: 동기 속도[rpm])

② 2차 출력 기준

$$T = \frac{P_o}{\omega} = \frac{P_o}{2\pi \frac{N}{60}} [\text{N·m}] = 0.975 \frac{P_o}{N} [\text{kg·m}]$$

(단, ω: 회전자 각속도[rad/s], N: 회전자 속도[rpm])

③ 슬립과 토크

$$T = K \frac{s E_2^2 r_2}{r_2^2 + (s x_2)^2} [\text{N·m}]$$

㉠ 토크는 전압의 제곱에 비례한다. ($T \propto V^2$)

㉡ 슬립은 전압의 제곱에 반비례한다. ($s \propto \frac{1}{V^2}$)

(2) 최대 토크

$$T_m = K \frac{E_2^2}{2 x_2} [\text{N·m}]$$

대표빈출문제

3상 유도 전동기에서 2차 측 저항을 2배로 늘리면 그 최대 토크는?

① 3배로 커진다. ② $\sqrt{2}$ 배로 커진다.
③ 2배로 커진다. ④ 변하지 않는다.

해설 3상 유도 전동기의 최대 토크 $T_m = K \frac{E_2^2}{2 x_2} [\text{N·m}]$

최대 토크(T_m)는 2차 저항(r_2) 및 슬립(s)과 관계없이 일정하다.

| 정답 | ④

28 유도 전동기의 비례 추이

구분	요소	
비례 추이 가능한 것	• 토크 T • 2차 전류 I_2 • 1차 입력 P_1	• 1차 전류 I_1 • 역률 $\cos\theta$
비례 추이 불가능한 것	• 출력 P_o • 2차 동손 P_{c2}	• 2차 효율 η_2 • 최대 토크 T_m

대표빈출문제

권선형 유도 전동기에서 비례 추이를 할 수 없는 것은?

① 회전력　　　　　　　　　　② 1차 전류
③ 2차 전류　　　　　　　　　　④ 출력

해설

구분	요소	
비례 추이 가능한 것	• 토크 T • 2차 전류 I_2 • 1차 입력 P_1	• 1차 전류 I_1 • 역률 $\cos\theta$
비례 추이 불가능한 것	• 출력 P_o • 2차 동손 P_{c2}	• 2차 효율 η_2 • 최대 토크 T_m

|정답| ④

29 유도 전동기의 기동과 속도 제어

구분	기동	속도 제어
농형 유도 전동기	• 전전압 기동 • $Y-\triangle$ 기동 • 리액터 기동 • 기동 보상기에 의한 기동 • 콘도로퍼 기동	• 주파수 제어 • 극수 변환 • 전압 제어
권선형 유도 전동기	• 2차 저항 기동 • 2차 임피던스 기동	• 2차 저항 제어 • 2차 여자 제어 　− 세르비우스 방식 　− 크레머 방식 • 종속 제어

대표빈출문제 농형 유도 전동기에 주로 사용되는 속도 제어법은?

① 극수 제어법
② 2차 여자 제어법
③ 2차 저항 제어법
④ 종속 제어법

> **해설** 농형 유도 전동기의 속도 제어
> • 주파수 제어
> • 극수 변환
> • 전압 제어
>
> |정답| ①

30 단상 유도 전동기의 종류

(1) 단상 유도 전동기의 종류
  ① 반발 기동형
  ② 반발 유도형
  ③ 콘덴서 기동형
  ④ 분상 기동형
  ⑤ 셰이딩 코일형

(2) 기동 토크가 큰 순서
  반발 기동형 > 반발 유도형 > 콘덴서 기동형 > 분상 기동형 > 셰이딩 코일형

대표빈출문제 단상 유도 전동기의 기동 방법 중 기동 토크가 가장 큰 것은?

① 반발 기동형
② 분상 기동형
③ 셰이딩 코일형
④ 콘덴서 분상 기동형

> **해설** 단상 유도 전동기의 기동 토크 순서
> 반발 기동형 > 콘덴서 기동형 > 분상 기동형 > 셰이딩 코일형
>
> |정답| ①

31 단상 직권 정류자 전동기

(1) **특징**: 계자 권선과 전기자 권선이 직렬로 연결되어 직류, 교류, 모두에서 사용할 수 있는 전동기

(2) 구조
  ① 계자극에서 발생하는 철손을 줄이기 위해 성층 철심을 사용
  ② 약계자, 강전기자 구조
  ③ 보상 권선 설치: 역률 개선, 전기자 반작용 억제, 누설 리액턴스 감소
  ④ 저항 도선 설치: 변압기 기전력에 의한 단락 전류 감소
  ⑤ 고속일수록 역률 개선(주로 고속도 운전)

> **대표빈출문제**
>
> 단상 정류자 전동기에 보상 권선을 사용하는 이유는?
>
> ① 정류 개선　　② 기동 토크 조절　　③ 속도 제어　　④ 역률 개선
>
> **해설**　단상 직권 정류자 전동기(만능 전동기)
> - 정의: 계자 권선과 전기자 권선이 직렬로 연결되어 직류, 교류, 모두에서 사용할 수 있는 전동기이다.
> - 구조
>   - 계자극에서 발생하는 철손을 줄이기 위해 성층 철심으로 한다.
>   - 약계자, 강전기자형으로 한다. 계자 권선에서 리액턴스 영향으로 역률이 떨어지므로 약계자 구조이다.
>   - 약계자에 의한 토크 부족을 보상하기 위해 강전기자 구조이다.
>   - 보상 권선 설치: 역률 개선, 전기자 반작용 억제, 누설 리액턴스 감소
>   - 저항 도선 설치: 변압기 기전력에 의한 단락 전류 감소
>
> |정답| ④

32 3상 직권 정류자 전동기

(1) 특징
　① 변속도 특성(기동 토크가 매우 큼)
　② 속도 제어 및 회전 방향 변환 가능(브러시 이동)

(2) 중간 변압기를 사용하는 이유
　① 실효 권수비를 조정(정류 전압 조정)
　② 철심을 포화시켜 속도 상승을 제어

> **대표빈출문제**
>
> 3상 직권 정류자 전동기의 중간 변압기는 고정자 권선과 회전자 권선 사이에 직렬로 접속되는데, 이 중간 변압기를 사용하는 중요한 이유는?
>
> ① 경부하 시 속도의 급상승 방지를 위해　　② 주파수 변동으로 속도를 조정하기 위해
> ③ 회전자 상수를 감소시키기 위해　　　　　④ 역회전을 방지하기 위해
>
> **해설**　중간 변압기 사용 이유
> - 실효 권수비를 조정하여 전동기 특성을 조정하고 정류 전압을 조정한다.
> - 직권 특성이므로 경부하 시 속도 증가가 우려되지만 중간 변압기를 사용하여 철심을 포화하면 속도 상승을 제어할 수 있다.
>
> |정답| ①

33 스테핑 모터의 속도

① 회전자가 회전한 총 회전 각도 = 스텝각 × 스텝 수

② 분해능(resolution) = $\dfrac{360°}{스텝각}$

③ 속도(n) = $\dfrac{스텝각 \times 스테핑\ 주파수}{360°}$ [rps]

대표빈출문제 스텝각이 2°, 스테핑 주파수(Pulse rate)가 1,800[pps]인 스테핑 모터의 축속도[rps]는?

① 8　　　　　② 10　　　　　③ 12　　　　　④ 14

해설
- 1초당 회전 각도
  $2° \times 1,800 = 3,600°$
- 스테핑 전동기의 회전 속도
  $n = \dfrac{3,600°}{360°} = 10[\text{rps}]$

|정답| ②

34 전력 변환의 종류

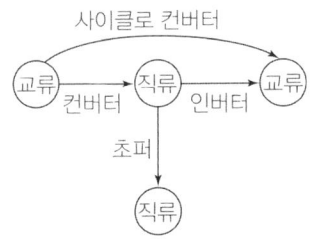

▲ 전력 변환 기기의 종류

AC-DC 변환	교류 전력을 직류 전력으로 변환(컨버터)
DC-AC 변환	직류 전력을 교류 전력으로 변환(인버터)
DC-DC 변환	직류 전력을 다른 직류 전력으로 변환(초퍼)
AC-AC 변환	교류 전력을 다른 교류 전력으로 변환(사이클로 컨버터)

대표빈출문제 무정전 전원 장치(UPS)에 사용되는 컨버터의 주사용 목적은?

① 교류 전압 변화 안정화
② 교류 전압 주파수 변화
③ 교류 전압을 직류 전압으로 변화
④ 교류 전압을 다른 교류 전압으로 변화

해설
- 컨버터: 교류(AC)를 직류(DC)로 변환시키는 정류기
- 인버터: 직류(DC)를 교류(AC)로 변환시키는 역변환기

|정답| ③

35 회전 변류기

① 회전 변류기의 구조 및 원리: 동기 전동기를 회전시킨 후, 동기 전동기 축과 직결 연결된 직류 발전기를 회전시켜 직류 출력을 얻는 컨버터

② 교류 전압(E_a)과 직류 전압(E_d)의 관계

- 전압비: $\dfrac{E_a}{E_d} = \dfrac{1}{\sqrt{2}} \sin \dfrac{\pi}{m}$ (단, m: 상수)

- 전류비: $\dfrac{I_a}{I_d} = \dfrac{2\sqrt{2}}{m \cos\theta}$ (단, m: 상수)

대표 빈출 문제

6상 회전 변류기의 직류 측 전압(E_d)과 교류 측 전압(E_a) 실효값의 비 $\left(\dfrac{E_d}{E_a}\right)$는?

① $\dfrac{\sqrt{2}}{2}$　② $\sqrt{2}$　③ $\sqrt{3}$　④ $2\sqrt{2}$

해설
- 회전 변류기의 전압비

$$\dfrac{E_a}{E_d} = \dfrac{1}{\sqrt{2}} \sin \dfrac{\pi}{m}$$

- 6상 회전 변류기의 직류 측 전압과 교류 측 전압 실효값의 비

$$\dfrac{E_d}{E_a} = \dfrac{\sqrt{2}}{\sin\dfrac{\pi}{m}} = \dfrac{\sqrt{2}}{\sin\dfrac{\pi}{6}} = \dfrac{\sqrt{2}}{\sin 30°} = 2\sqrt{2}$$

| 정답 | ④

36 다이오드의 종류와 접속

(1) 다이오드의 종류

① 정류용 다이오드: AC를 DC로 정류
② 바랙터 다이오드: 정전용량이 전압에 따라 변화하는 소자
③ 바리스터 다이오드: 과도 전압, 이상 전압에 대한 회로 보호용으로 사용되는 소자
④ 제너 다이오드: 정전압 회로용 소자

(2) 다이오드의 접속

① 직렬 접속: 과전압 방지
② 병렬 접속: 과전류 방지

> **대표빈출문제**
>
> 다이오드를 사용한 정류 회로에서 다이오드 여러 개를 직렬로 연결하면?
>
> ① 고조파 전류를 감소시킬 수 있다.
> ② 출력 전압의 맥동률을 감소시킬 수 있다.
> ③ 입력 전압을 증가시킬 수 있다.
> ④ 부하 전류를 증가시킬 수 있다.
>
> **해설** 다이오드의 접속
> - 직렬 접속: 과전압 방지
> - 병렬 접속: 과전류 방지
>
> |정답| ③

37 SCR의 특징

① 소형 경량이다.
② 소음이 작다.
③ 내부 전압 강하가 작다.
④ 아크가 생기지 않으므로 열의 발생이 적다.
⑤ 열용량이 적어 고온에 약하다.
⑥ 과전압에 약하다.
⑦ 제어각(위상각)이 역률각보다 커야 한다.

> **대표빈출문제**
>
> SCR의 특징이 아닌 것은?
>
> ① 아크가 생기지 않으므로 열 발생이 적다.
> ② 열용량이 적어 고온에 약하다.
> ③ 전류가 흐를 때 양극의 전압 강하가 작다.
> ④ 과전압에 강하다.
>
> **해설** SCR(사이리스터)
> - 아크가 생기지 않으므로 열 발생이 적다.
> - 게이트 신호를 인가할 때부터 도통할 때까지의 시간이 짧다.
> - 전류가 흐를 때 양극의 전압 강하가 작다.
> - 과전압에 약하다.
>
> |정답| ④

38 방향성과 단자수에 따른 반도체 구분

단방향성 사이리스터	• SCR(3단자) • LASCR(3단자) • GTO(3단자) • SCS(4단자)
쌍방향성 사이리스터	• SSS(2단자) • TRIAC(3단자)

> **대표 빈출 문제**
>
> 1방향성 4단자 사이리스터는?
>
> ① TRIAC　　　② SCS　　　③ SCR　　　④ SSS
>
> **해설**
> • 2극 소자: DIAC, SSS, 다이오드
> • 3극 소자: SCR, GTO, TRIAC, LASCR
> • 4극 소자: SCS
>
> |정답| ②

39 여러 가지 정류 회로

종류	직류 출력[V]	PIV[V]	맥동 주파수	정류 효율	맥동률
단상 반파	$E_d = \dfrac{\sqrt{2}}{\pi} E = 0.45E$	$PIV = \sqrt{2}\,E$	$f[\text{Hz}]$	$40.5[\%]$	$121[\%]$
단상 전파 (중간탭)	$E_d = \dfrac{2\sqrt{2}}{\pi} E = 0.9E$	$PIV = 2\sqrt{2}\,E$	$2f[\text{Hz}]$	$57.5[\%]$	$48[\%]$
단상 전파 (브리지)	$E_d = \dfrac{2\sqrt{2}}{\pi} E = 0.9E$	$PIV = \sqrt{2}\,E$	$2f[\text{Hz}]$	$81.1[\%]$	$48[\%]$
3상 반파	$E_d = \dfrac{3\sqrt{6}}{2\pi} E = 1.17E$	$PIV = \sqrt{6}\,E$	$3f[\text{Hz}]$	$96.7[\%]$	$17[\%]$
3상 전파 (브리지)	$E_d = \dfrac{3\sqrt{6}}{\pi} E = 2.34E$ 또는 $E_d = 1.35 E_l$	$PIV = \sqrt{6}\,E$	$6f[\text{Hz}]$	$99.8[\%]$	$4[\%]$

대표빈출문제 다음 중 전압 맥동률이 가장 작은 정류기는?

① 단상 반파 정류기
② 단상 전파 정류기
③ 3상 반파 정류기
④ 3상 전파 정류기

해설 정류기 종류별 맥동률
- 단상 반파: 121[%]
- 단상 전파: 48[%]
- 3상 반파: 17[%]
- 3상 전파: 4[%]

|정답| ④

최신기출 CBT 모의고사

시험 전 최신 기출문제를 풀며 최종 점검을 할 수 있습니다.
CBT 모의고사로 학습하면 온라인 시험 방식에 적응할 수 있습니다.
무료특강과 함께하면 소화력은 배가 됩니다.(무료특강은 2025년 9월 중 오픈 예정입니다.)

전기기기 본권 학습 후 마무리를 도와주는 끝맺음 노트

2025년 1회 최신기출 CBT 모의고사

01
일반적인 농형 유도 전동기에 비하여 2중 농형 유도 전동기의 특징으로 옳은 것은?

① 손실이 적다.
② 슬립이 크다.
③ 최대 토크가 크다.
④ 기동 토크가 크다.

02
$100[\text{HP}]$, $600[\text{V}]$, $1,200[\text{rpm}]$의 직류 분권 전동기가 있다. 분권 계자 저항이 $400[\Omega]$, 전기자 저항이 $0.22[\Omega]$이고 정격 부하에서의 효율이 $90[\%]$일 때, 전부하 시의 역기전력은 약 몇 $[\text{V}]$인가?

① 550
② 570
③ 590
④ 610

03
전부하에서 2차 전압이 $120[\text{V}]$이고 전압 변동률이 $2[\%]$인 단상 변압기가 있다. 이 변압기의 1차 전압은 몇 $[\text{V}]$인가? (단, 1차 권선과 2차 권선의 권수비는 $20:1$이다.)

① 1,224
② 2,448
③ 2,888
④ 3,142

04
단상 다이오드 반파 정류 회로인 경우 정류 효율은 약 몇 $[\%]$인가? (단, 저항 부하인 경우이다.)

① 12.6
② 40.6
③ 60.6
④ 81.2

05
직류기에서 전기자 반작용의 영향을 설명한 것으로 틀린 것은?

① 주자극의 자속이 감소한다.
② 정류자 편 사이의 전압이 불균일하게 된다.
③ 국부적으로 전압이 높아져 섬락을 일으킨다.
④ 전기적 중성점이 전동기인 경우 회전 방향으로 이동한다.

06

$3,000[\text{V}]$, $60[\text{Hz}]$, 8극, $100[\text{kW}]$의 3상 유도 전동기가 있다. 전부하에서 2차 구리손이 $3[\text{kW}]$, 기계손이 $2[\text{kW}]$라면 전부하 회전수는 약 몇 $[\text{rpm}]$인가?

① 498　　② 593
③ 874　　④ 984

07

$50[\text{Hz}]$로 설계된 3상 유도 전동기를 $60[\text{Hz}]$로 사용하는 경우, 단자 전압을 $110[\%]$로 높일 때 최대 토크는 어떠한가?

① 1.2배 증가한다.
② 0.8배 감소한다.
③ 2배 증가한다.
④ 거의 변하지 않는다.

08

동기 발전기의 단락비가 1.2이면 이 발전기의 %동기 임피던스$[\text{p.u.}]$는?

① 0.12　　② 0.25
③ 0.52　　④ 0.83

09

그림은 단상 직권 정류자 전동기의 개념도이다. C를 무엇이라고 하는가?

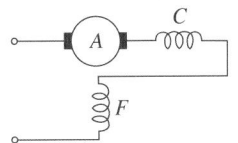

① 제어 권선　　② 보상 권선
③ 보극 권선　　④ 단층 권선

10

어떤 단상 변압기의 2차 무부하 전압이 $240[\text{V}]$이고 정격 부하 시의 2차 단자 전압이 $230[\text{V}]$이다. 전압 변동률은 약 몇 $[\%]$인가?

① 4.35　　② 5.15
③ 6.65　　④ 7.35

11
아래 그림은 일반적인 반파 정류 회로이다. 변압기 2차 전압의 실횻값을 $E[\text{V}]$라 할 때, 직류 전류의 평균값[A]은?(단, 정류기의 전압 강하는 무시한다.)

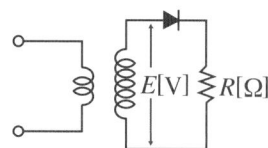

① $\dfrac{E}{R}$ ② $\dfrac{E}{2R}$

③ $\dfrac{2\sqrt{2}E}{\pi R}$ ④ $\dfrac{\sqrt{2}E}{\pi R}$

12
동기 리액턴스 $x_s = 10[\Omega]$, 전기자 저항 $r_a = 0.1[\Omega]$인 Y결선 3상 동기 발전기가 있다. 1상의 단자 전압은 $V = 4,000[\text{V}]$이고 유기 기전력 $E = 6,400[\text{V}]$이다. 부하각 $\delta = 30°$라고 하면 발전기의 3상 출력[kW]은 약 얼마인가?

① 1,250 ② 2,830
③ 3,840 ④ 4,650

13
1차 측 권수가 1,500인 변압기의 2차 측에 접속한 저항 $16[\Omega]$을 1차 측으로 환산했을 때 $8[\text{k}\Omega]$으로 되어 있다면 2차 측 권수는 약 얼마인가?

① 75 ② 70
③ 67 ④ 64

14
아래 그림과 같은 단상 브리지 정류 회로(혼합 브리지)에서 직류 평균 전압[V]은?

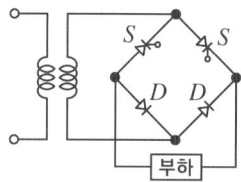

① $\dfrac{2\sqrt{2}E}{\pi}\left(\dfrac{1+\cos\alpha}{2}\right)$

② $\dfrac{\sqrt{2}E}{\pi}\left(\dfrac{1+\cos\alpha}{2}\right)$

③ $\dfrac{2\sqrt{2}E}{\pi}\left(\dfrac{1-\cos\alpha}{2}\right)$

④ $\dfrac{\sqrt{2}E}{\pi}\left(\dfrac{1-\cos\alpha}{2}\right)$

15
직류 발전기의 단자 전압을 조정하려면 어느 것을 조정하여야 하는가?

① 기동 저항 ② 계자 저항
③ 방전 저항 ④ 전기자 저항

16
단상 유도 전동기의 기동 시 브러시를 필요로 하는 것은?

① 분상 기동형
② 반발 기동형
③ 콘덴서 분상 기동형
④ 셰이딩 코일 기동형

17
직류 복권 발전기를 병렬 운전할 때 반드시 필요한 것은?

① 과부하 계전기
② 균압선
③ 용량이 같을 것
④ 외부 특성 곡선이 일치할 것

18
전원 전압 220[V]인 3상 반파 정류 회로에 SCR을 사용하여 위상 제어를 할 때 제어각이 $10°$이면 직류 출력 전압은 몇 [V]인가?

① 117
② 146
③ 216
④ 234

19
동기 전동기에 대한 설명으로 옳은 것은?

① 기동 토크가 크다.
② 역률 조정을 할 수 있다.
③ 가변속 전동기로서 다양하게 응용된다.
④ 공극이 매우 작아 설치 및 보수가 어렵다.

20
포화되지 않은 직류 발전기의 회전수가 4배로 증가했을 때 기전력을 전과 같은 값으로 하려면 자속을 속도 변화 전에 비해 얼마로 하여야 하는가?

① $\frac{1}{2}$
② $\frac{1}{3}$
③ $\frac{1}{4}$
④ $\frac{1}{8}$

2025년 1회 정답과 해설

무료 해설 강의

1회 SPEED CHECK 빠른정답표

01	02	03	04	05	06	07	08	09	10
④	②	②	②	④	③	④	④	②	①
11	12	13	14	15	16	17	18	19	20
④	③	③	①	②	②	②	②	②	③

01 | ④
2중 농형 유도 전동기의 특징
- 기동 전류가 작고, 기동 토크가 크다.
- 기동용 권선: 저항이 크고 리액턴스가 작다.
- 운전용 권선: 저항이 작고 리액턴스가 크다.

02 | ②
직류 분권 전동기의 역기전력
$E = V - R_a I_a [V]$, $I_a = I - I_f [A]$, $P = VI\eta [W]$이다.
$P = 100[HP] = 74,600[W]$, $V = 600[V]$, $N = 1,200[rpm]$,
$R_f = 400[\Omega]$, $R_a = 0.22[\Omega]$, $\eta = 90[\%]$이므로
$I = \dfrac{P}{V\eta} = \dfrac{100 \times 746}{600 \times 0.9} = 138.15[A]$,
$I_a = I - \dfrac{V}{R_f} = 138.15 - \dfrac{600}{400} = 136.65[A]$
$\therefore E = V - R_a I_a = 600 - 0.22 \times 136.65 = 570[V]$

03 | ②
권수비 $a = \dfrac{V_{1n}}{V_{2n}} = \dfrac{V_{10}}{V_{20}} = 20$,
$V_{2n} = \left(1 + \dfrac{\varepsilon}{100}\right)V_{20} = \left(1 + \dfrac{2}{100}\right) \times 120 = 122.4[V]$이므로
$V_{1n} = aV_{2n} = 20 \times 122.4 = 2,448[V]$

04 | ②
단상 반파 정류 효율
$\eta = \dfrac{\text{직류 출력}}{\text{교류 입력}} \times 100 = \dfrac{\left(\dfrac{I_m}{\pi}\right)^2 R}{\left(\dfrac{I_m}{2}\right)^2 R} \times 100$
$= \dfrac{4}{\pi^2} \times 100 = 40.6[\%]$

05 | ④
전기자 반작용의 영향
주자속 분포를 일그러뜨려 전기적인 중성축을 이동시킨다.
- 발전기의 경우: 회전 방향으로 중성축 이동
- 전동기의 경우: 회전 반대 방향으로 중성축 이동

06 | ③
$P_{c2} = \dfrac{s}{1-s}(P_0 + P_l)$에서
$3 = \dfrac{s}{1-s}(100 + 2)$이므로 $s = 0.028$이다.
$\therefore N = (1-s)N_s = (1-s)\dfrac{120f}{p} = (1 - 0.028) \times \dfrac{120 \times 60}{8}$
$= 874[rpm]$

07 | ④
유도 전동기의 최대 토크
$\tau_m = k\dfrac{V_1^2}{2x_2} = k\dfrac{V_1^2}{2(2\pi f L_2)} [N \cdot m]$
최대 토크는 전압의 제곱에 비례하고 주파수에 반비례한다.
$\tau_m' = \dfrac{1.1^2}{\left(\dfrac{60}{50}\right)}\tau_m = \tau_m [N \cdot m]$
즉 최대 토크는 거의 변하지 않는다.

08 | ④
- 단락비
$K_s = \dfrac{100}{\%Z_s} = \dfrac{1}{Z_s}[p.u.]$
- %동기 임피던스[p.u.]
$Z_s[p.u.] = \dfrac{1}{K_s} = \dfrac{1}{1.2} = 0.83[p.u.]$

09 | ②
단상 직권 정류자 전동기의 구성
- A: 전기자(Armature)
- C: 보상 권선(Compensator)
- F: 계자(Field)

10 | ①
전압 변동률
$$\varepsilon = \frac{V_{20} - V_{2n}}{V_{2n}} \times 100[\%] = \frac{240-230}{230} \times 100[\%]$$
$$= 4.35[\%]$$

11 | ④
위상 제어가 되지 않는 경우의 직류 전압 $E_d = \frac{\sqrt{2}E}{\pi}[V]$ 이므로
직류 전류 $I_d = \frac{E_d}{R} = \frac{\sqrt{2}E}{\pi R}[A]$

12 | ③
동기 발전기의 3상 출력은 1상 출력의 3배이다.
$$P = 3\frac{VE}{x_s}\sin\delta = 3 \times \frac{4,000 \times 6,400}{10} \times \sin30° = 3,840[kW]$$

13 | ③
- 권수비
$$a = \sqrt{\frac{R_1}{R_2}} = \sqrt{\frac{8,000}{16}} = 22.36$$
- 2차 측 권수
$$N_2 = \frac{N_1}{a} = \frac{1,500}{22.36} = 67$$

14 | ①
- 위상 제어가 되는 경우의 직류 전압
$$E_d = \frac{2\sqrt{2}E}{\pi}\left(\frac{1+\cos\alpha}{2}\right)[V]$$
- 위상 제어가 되지 않는 경우의 직류 전압
$$E_d = \frac{2\sqrt{2}E}{\pi}[V]$$
- 최대 역전압(PIV)
$$PIV = 2\sqrt{2}E = \pi E_d[V]$$

15 | ②
직류 발전기는 계자 저항을 조정하여 계자 전류를 조절한다. 이 계자 전류는 발전기의 단자 전압을 제어한다.

16 | ②
반발 기동형 전동기의 회전자
- 기동 시 반발 전동기로 동작하고 일정 속도에 이르면 유도 전동기로 동작하는 전동기이다.
- 브러시 이동만으로 기동, 정지, 속도 제어, 회전 방향 변경 등이 가능한 장점이 있다.

17 | ②
직권 발전기와 복권 발전기의 병렬 운전
두 발전기의 기전력과 전압 강하 등이 동일하지 않을 때 기전력이 큰 발전기가 모든 부하를 분담한다. 이를 방지하기 위해 균압선을 반드시 설치하여야 병렬 운전을 안전하게 할 수 있다.

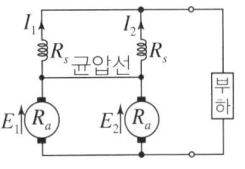

▲ 균압선의 설치

18 | ②
3상 반파 정류 회로의 직류 전압
$$E_d = 1.17E_a\cos\alpha[V], \quad E_a = \frac{V_a}{\sqrt{3}}[V]$$
$$\therefore E_d = 1.17 \times \frac{V_a}{\sqrt{3}}\cos\alpha = 1.17 \times \frac{220}{\sqrt{3}}\cos10° = 146[V]$$
(단, E: 상전압[V], α: 위상각[°])

19 | ②
동기 전동기의 특징

장점	단점
• 속도가 일정하다. • 역률을 조정할 수 있다. • 효율이 좋다. • 공극이 넓어 기계적으로 튼튼하다.	• 속도 조정이 곤란하다. • 기동 토크가 작으므로 별도의 기동 장치가 필요하다. • 직류 여자 장치가 필요하다. • 난조 발생이 빈번하다.

20 | ③
직류 발전기의 유기 기전력은 $E = K\phi N[V]$이다. 회전수(N)가 4배로 증가하면 자속(ϕ)이 $\frac{1}{4}$배가 되어야 유기 기전력이 변하지 않고 일정하게 유지된다.

2025년 2회 최신기출 CBT 모의고사

01
유도 기전력 $210[V]$, 단자 전압 $200[V]$인 $5[kW]$ 분권 발전기가 있다. 계자 저항이 $50[\Omega]$이면 전기자 저항$[\Omega]$은?

① 0.18　② 0.26
③ 0.34　④ 0.48

02
극수가 24일 때, 전기각 $180°$에 해당하는 기계각은?

① 7.5°　② 15°
③ 22.5°　④ 30°

03
단상 유도 전동기의 기동 시 브러시를 필요로 하는 것은?

① 분상 기동형
② 반발 기동형
③ 콘덴서 분상 기동형
④ 셰이딩 코일 기동형

04
그림과 같은 회로에서 V(전원 전압의 실효치)$=100[V]$, 점호각 $\alpha=30°$인 때의 부하 시의 직류 전압 $E_{da}[V]$는 약 얼마인가?(단, 전류가 연속하는 경우이다.)

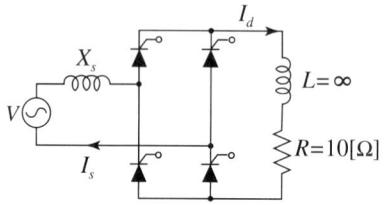

① 90　② 86
③ 77.9　④ 100

05
동기 발전기를 병렬 운전하는 데 필요하지 않은 조건은?

① 기전력의 용량이 같을 것
② 기전력의 파형이 같을 것
③ 기전력의 크기가 같을 것
④ 기전력의 주파수가 같을 것

06
변압기의 임피던스 전압이란?

① 정격 전류 시 2차 측 단자 전압이다.
② 정격 전류가 흐를 때의 변압기 내의 전압 강하이다.
③ 변압기의 1차를 단락, 1차에 1차 정격 전류와 같은 전류를 흐르게 하는데 필요한 1차 전압이다.
④ 변압기의 2차를 단락, 2차에 2차 정격 전류와 같은 전류를 흐르게 하는데 필요한 2차 전압이다.

07
3상 유도 전동기의 2차 저항이 2배가 되었을 때 2배가 되는 것은?

① 슬립　　② 토크
③ 전류　　④ 역률

08
분권 전동기의 회전수가 $1,500[rpm]$, 속도 변동률이 $5[\%]$, 공급 전압과 계자 저항의 값을 변화시키지 않고 무부하로 하였을 때, 회전수는 몇 $[rpm]$인가?

① 1,515　　② 1,535
③ 1,555　　④ 1,575

09
3상 전원을 이용하여 2상 전압을 얻고자 할 때 사용하는 결선 방법은?

① 환상 결선　　② Fork 결선
③ Scott 결선　　④ 2중 3각 결선

10
동기 발전기에서 전기자 전류와 유기 기전력이 동상인 경우 전기자 반작용은?

① 증자 작용　　② 감자 작용
③ 편자 작용　　④ 교차 자화 작용

11
크로우링 현상은 어느 것에서 일어나는가?

① 직류 직권 전동기
② 농형 유도 전동기
③ 회전 변류기
④ 3상 변압기

12
동기 발전기의 %임피던스가 83[%]일 때 단락비는?

① 1.0
② 1.1
③ 1.2
④ 1.3

13
직류기에 보극을 설치하는 목적은?

① 정류 개선
② 토크의 증가
③ 회전수 일정
④ 기동 토크의 증가

14
4극, 중권, 총 도체 수 500, 극당 자속이 0.01[Wb]인 직류 발전기가 100[V]의 기전력을 발생시키는 데 필요한 회전수는 몇 [rpm]인가?

① 800
② 1,000
③ 1,200
④ 1,600

15
직류기의 전기자에 일반적으로 사용되는 전기자 권선법은?

① 이층권
② 개로권
③ 환상권
④ 단층권

16
동기 발전기의 자기 여자 현상을 방지하는 방법이 아닌 것은?

① 발전기 여러 대를 모선에 병렬로 접속한다.
② 수전단에 동기 조상기를 접속한다.
③ 수전단에 리액턴스를 병렬로 접속한다.
④ 단락비가 작은 발전기를 사용한다.

17
무부하에서 자기 여자로 전압을 확립하지 못하는 직류 발전기는?

① 분권 발전기
② 직권 발전기
③ 타여자 발전기
④ 차동 복권 발전기

18
3상 유도 전동기의 슬립이 s일 때 2차 효율[%]은?

① $(1-s) \times 100$
② $(2-s) \times 100$
③ $(3-s) \times 100$
④ $(4-s) \times 100$

19
2방향성 3단자 사이리스터는 어느 것인가?

① SCR
② SSS
③ SCS
④ TRIAC

20
3상 동기 발전기의 전기자 권선을 2중 성형 결선으로 했을 때 발전기 용량[VA]은?

① $\sqrt{3}\,EI$
② $2\sqrt{3}\,EI$
③ $3EI$
④ $6EI$

2025년 2회 정답과 해설

무료 해설 강의

2회 SPEED CHECK 빠른정답표

01	02	03	04	05	06	07	08	09	10
③	②	②	③	①	②	①	④	③	④
11	12	13	14	15	16	17	18	19	20
②	③	①	③	①	④	②	①	④	④

01 | ③

- 계자 전류 $I_f = \dfrac{V}{R_f} = \dfrac{200}{50} = 4[A]$
- 전류 $I = \dfrac{P}{V} = \dfrac{5 \times 10^3}{200} = 25[A]$
- 전기자 전류 $I_a = I + I_f = 25 + 4 = 29[A]$

$R_a = \dfrac{E - V}{I_a} = \dfrac{210 - 200}{29} ≒ 0.34[\Omega]$

02 | ②

기계각 $= \dfrac{\text{전기각} \times 2}{\text{극수}} = \dfrac{180 \times 2}{24} = 15[°]$

03 | ②

반발 기동형 전동기의 회전자
- 기동 시 반발 전동기로 동작하고 일정 속도에 이르면 유도 전동기로 동작하는 전동기이다.
- 브러시 이동만으로 기동, 정지, 속도 제어, 회전 방향 변경 등이 가능하다.

04 | ③

단상 전파정류 직류 출력(전류 연속 조건)

그림의 회로에서 L부하는 매우 크고, 전류는 연속하는 조건이므로

$E_{da} = \dfrac{2\sqrt{2}}{\pi} V\cos\alpha = \dfrac{2\sqrt{2}}{\pi} \times 100 \times \dfrac{\sqrt{3}}{2} ≒ 77.9[V]$

(단, $V[V]$: 전원 전압의 실효치)

05 | ①

동기 발전기의 병렬 운전 조건
- 기전력의 파형이 같을 것
- 기전력의 크기가 같을 것
- 기전력의 위상이 같을 것
- 기전력의 주파수가 같을 것

06 | ②

변압기의 임피던스 전압

변압기 2차 측을 단락하고 1차 측에 저전압을 인가하여 1차 전류가 정격 전류와 같도록 조정했을 때의 1차 전압, 즉 정격 전류가 흐를 때의 변압기 내 전압 강하이다.

07 | ①

비례 추이

$\dfrac{r_2}{s} = \dfrac{r_2 + R}{s'}$, 즉 2차 저항이 2배가 되면 슬립도 2배가 된다.

08 | ④

속도 변동률 $\varepsilon = \dfrac{N_0 - N_n}{N_n} \times 100$이므로

$N_0 = \dfrac{\varepsilon \times N_n}{100} + N_n = \dfrac{5 \times 1{,}500}{100} + 1{,}500 = 1{,}575[\text{rpm}]$이다.

09 | ③

특수 변압기
- 3상 입력에서 2상 출력을 내는 결선법
  - 우드 브리지 결선
  - 메이어 결선
  - 스코트 결선(T 결선)
- 3상 입력에서 6상 출력을 내는 결선법
  - 포크 결선: 주로 수은 정류기에 사용
  - 환상 결선
  - 대각 결선
  - 2중 Δ 결선
  - 2중 성형 결선

10 | ④
동기 발전기의 전기자 반작용
- 교차 자화 작용(횡축 반작용): I_a와 E가 동상인 경우(R 부하) 교차 자화 작용이 생기며 편자 작용으로 인해 전동기의 기전력이 감소한다.
- 감자 작용: I_a가 E보다 $\frac{\pi}{2}$[rad]만큼 뒤진 지상 전류(L 부하)일 때 발생하며 기전력이 감소한다.
- 증자 작용: I_a가 E보다 $\frac{\pi}{2}$[rad]만큼 앞선 진상 전류(C 부하)일 때 발생하며 기전력이 증가한다.

기기 종류	R부하(동상)	L부하(지상)	C부하(진상)
동기 발전기	교차 자화 작용	감자 작용	증자 작용
동기 전동기	교차 자화 작용	증자 작용	감자 작용

11 | ②
크로우링 현상
농형 유도 전동기의 회전자에 인가되는 1상 교류 전원의 자기장과 회전자 자기장이 상호 작용하여 발생하는 현상으로, 이로 인해 회전자의 속도가 동기화되지 않고 약간 느리게 회전한다.

12 | ③
단락비
$$K = \frac{100}{\%Z} = \frac{100}{83} = 1.2$$

13 | ①
직류기에서 보극의 역할
- 전기자 전류에 의해 정류 전압을 얻는다.
- 리액턴스 전압을 상쇄할 수 있으므로 정류 작용이 잘 되게 해 준다.
- 전기적 중성축의 이동을 막는다.

14 | ③
직류 발전기의 기전력
$$E = \frac{pZ\phi N}{60a}[V]$$
$$\therefore N = \frac{60aE}{pZ\phi} = \frac{60 \times 4 \times 100}{4 \times 500 \times 0.01} = 1,200[\text{rpm}]$$
($\because$ 중권이므로 $a = p = 4$)

암기
중권 $a = p$
파권 $a = 2$

15 | ①
전기자 권선법의 종류

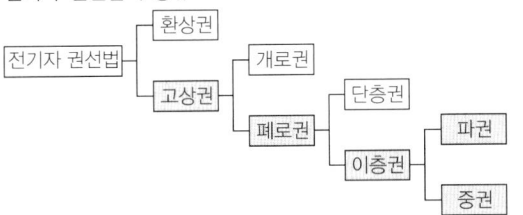

이층권은 한 슬롯에 권선이 이층으로 삽입되어 슬롯의 이용률이 좋으므로 많이 사용한다.

16 | ④
자기 여자 현상 방지 대책
- 2대 이상의 동기 발전기를 모선에 연결
- 수전단에 병렬 리액터(분로 리액터)를 연결
- 수전단에 여러 대의 변압기를 병렬로 연결
- 동기 조상기를 연결하여 부족 여자로 운전
- 단락비를 크게 할 것(충전 용량 증가)

17 | ②
직권 발전기
- 구조: 계자와 전기자가 직렬로 접속된 발전기
- 특징
  - 직렬 회로이므로 부하에 따라 전압 변동이 심하다.
  - 무부하 시 폐회로가 되지 않아 여자되지 않으므로 발전이 되지 않는다.

18 | ①

3상 유도 전동기의 슬립이 s일 때 2차 효율[%]

$$\eta_2 = \frac{2차\ 출력}{2차\ 입력} \times 100 = \frac{P_o}{P_2} \times 100 = \frac{(1-s)P_2}{P_2} \times 100$$
$$= (1-s) \times 100 [\%]$$

19 | ④

사이리스터의 종류

구분	2단자	3단자	4단자
단방향	–	SCR, LASCR, GTO	SCS
쌍방향	DIAC, SSS	TRIAC	–

암기

2방향성 3단자: TRIAC

20 | ④

이중 성형 결선 발전기는 그림처럼 한 상에 포함된 두 개의 코일(권선)을 병렬로 연결한 것으로 볼 수 있다.

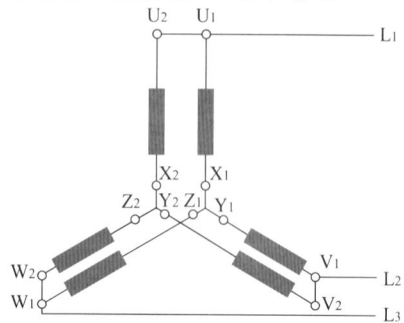

2중 성형 결선에서 한 상의 전류는 단일 성형 결선의 2배이다.
Y 결선에서 상전압과 선간 전압의 관계

$$V_l = \sqrt{3}\, V_p [\text{V}]$$

따라서 발전기 용량은 다음과 같다.

$$P = \sqrt{3}\, V_l I_l = \sqrt{3} \times \sqrt{3}\, V_p \times 2I_p$$
$$= 6 V_p I_p = 6EI [\text{VA}] \ (\because E = V_p)$$

2025년 3회 최신기출 CBT 모의고사

01
어떤 직류 전동기의 역기전력이 $210[\text{V}]$, 매분 회전수가 $1,200[\text{rpm}]$으로 토크 $16.2[\text{kg}\cdot\text{m}]$가 발생하고 있을 때의 전류 $I[\text{A}]$는?

① 65　　② 75
③ 85　　④ 95

02
유도 전동기의 주파수가 $60[\text{Hz}]$이고 전부하에서 회전수가 매분 $1,164$회이면 극수는?(단, 슬립은 $3[\%]$이다.)

① 4　　② 6
③ 8　　④ 10

03
다음은 직류 발전기의 정류 곡선이다. 이 중에서 정류 말기에 정류의 상태가 좋지 않은 것은?

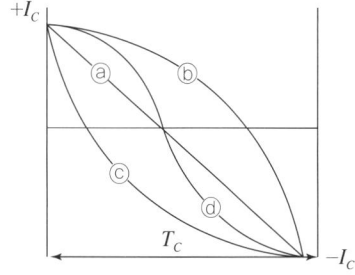

① ⓐ　　② ⓑ
③ ⓒ　　④ ⓓ

04
변압기에서 1차 측의 여자 어드미턴스를 Y_o라고 한다. 2차 측으로 환산한 여자 어드미턴스 Y_o'을 옳게 표현한 식은? (단, 권수비를 a라고 한다.)

① $Y_o' = a^2 Y_o$　　② $Y_o' = a Y_o$
③ $Y_o' = \dfrac{Y_o}{a^2}$　　④ $Y_o' = \dfrac{Y_o}{a}$

05
교류 단상 직권 전동기의 구조를 설명한 것 중 옳은 것은?

① 역률 및 정류 개선을 위해 약계자 강전기자형으로 한다.
② 전기자 반작용을 줄이기 위해 약계자 강전기자형으로 한다.
③ 정류 개선을 위해 강계자 약전기자형으로 한다.
④ 역률 개선을 위해 고정자와 회전자의 자로를 성층 철심으로 한다.

06
동기기의 전기자 권선법으로 적합하지 않은 것은?

① 분포권　② 2층권
③ 중권　　④ 환상권

07
3상 유도 전동기의 원선도 작성에 필요한 기본량이 아닌 것은?

① 저항 측정　② 슬립 측정
③ 구속 시험　④ 무부하 시험

08
100[V], 10[A], **전기자 저항** 1[Ω], **회전수** 1,800[rpm]인 **전동기의 역기전력**[V]은?

① 120　② 110
③ 100　④ 90

09
변압기 보호 장치의 주된 목적이 아닌 것은?

① 전압 불평형 개선
② 절연 내력 저하 방지
③ 변압기 자체 사고의 최소화
④ 다른 부분으로의 사고 확산 방지

10
스테핑 모터에 대한 설명으로 틀린 것은?

① 위치 제어를 하는 분야에 주로 사용한다.
② 입력된 펄스 신호에 따라 특정 각도만큼 회전하도록 설계된 전동기이다.
③ 스텝각이 클수록 1회전당 스텝 수가 커지고 축 위치의 정밀도는 높아진다.
④ 양방향 회전이 가능하고 설정된 여러 위치에 정지하거나 해당 위치로부터 기동할 수 있다.

11
동기 발전기의 안정도를 증진하기 위한 대책이 아닌 것은?

① 속응 여자 방식을 사용한다.
② 정상 임피던스를 작게 한다.
③ 역상·영상 임피던스를 작게 한다.
④ 회전자의 플라이휠 효과를 크게 한다.

12
전기기계에 있어서 히스테리시스손을 감소시키기 위한 방법은?

① 성층 철심 사용　② 규소 강판 사용
③ 보극 설치　　　 ④ 보상 권선 설치

13
그림과 같은 정류 회로에서 전류계의 지시값은 약 몇 [mA]인가?(단, 전류계는 가동 코일형이고, 정류기 저항은 무시한다.)

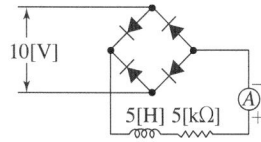

① 1.8　　　　② 4.5
③ 6.4　　　　④ 9.0

14
3상 유도 전동기의 전전압 기동 토크는 전부하 시의 1.8배이다. 전전압의 $\frac{2}{3}$배로 기동할 때 기동 토크는 전부하 시의 몇 [%]인가?

① 80　　　　② 70
③ 60　　　　④ 40

15
3상 동기 발전기의 여자 전류 5[A]에 대한 1상의 유기 기전력이 600[V]이고 3상 단락 전류는 30[A]이다. 이 발전기의 동기 임피던스[Ω]는 얼마인가?

① 2　　　　② 3
③ 20　　　　④ 30

16
3상 변압기 두 대를 병렬 운전하고자 할 때 병렬 운전이 불가능한 결선 방식은?

① $\Delta-Y$와 $Y-\Delta$
② $\Delta-Y$와 $Y-Y$
③ $\Delta-Y$와 $\Delta-Y$
④ $\Delta-\Delta$와 $Y-Y$

17
차동 복권 발전기를 분권 발전기로 하려면 어떻게 하여야 하는가?

① 분권 계자를 단락시킨다.
② 직권 계자를 단락시킨다.
③ 분권 계자를 단선시킨다.
④ 직권 계자를 단선시킨다.

18
유도 전동기의 속도 제어 방식으로 틀린 것은?

① 크레머 방식
② 일그너 방식
③ 2차 저항 제어 방식
④ 1차 주파수 제어 방식

19
부하 전류가 크지 않을 때 직류 직권 전동기 발생 토크는? (단, 자기 회로가 불포화인 경우이다.)

① 전류에 비례한다.
② 전류에 반비례한다.
③ 전류의 제곱에 비례한다.
④ 전류의 제곱에 반비례한다.

20
변압기의 철심이 갖추어야 할 성질로 맞지 않는 것은?

① 투자율이 클 것
② 전기 저항이 작을 것
③ 히스테리시스 계수가 작을 것
④ 성층 철심으로 할 것

2025년 3회 정답과 해설

무료 해설 강의

3회	SPEED CHECK 빠른정답표								
01	02	03	04	05	06	07	08	09	10
④	②	②	①	①	④	②	④	①	③
11	12	13	14	15	16	17	18	19	20
③	②	①	①	③	②	②	②	③	②

01 | ④

• 전동기의 토크

$$T = 0.975 \frac{P}{N} = 0.975 \times \frac{EI_a}{N} [\text{kg·m}]$$

• 전기자 전류

$$I_a = \frac{NT}{0.975 \times E} = \frac{1,200 \times 16.2}{0.975 \times 210} = 94.95 [\text{A}]$$

02 | ②

• 동기 속도

$$N_s = \frac{N}{1-s} = \frac{1,164}{1-0.03} = 1,200 [\text{rpm}]$$

• 극수

$$p = \frac{120f}{N_s} = \frac{120 \times 60}{1,200} = 6 [\text{극}]$$

03 | ②

직류 발전기 정류 곡선

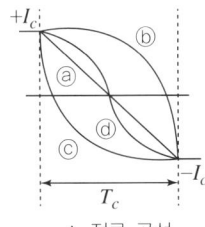

▲ 정류 곡선

ⓐ 직선 정류(가장 이상적인 정류 작용)
ⓑ 부족 정류(브러시 말단에서 불꽃 발생)
ⓒ 과정류(브러시 앞단에서 불꽃 발생)
ⓓ 정현 정류(양호한 정류 작용)
따라서 정류 말기에 정류 상태가 좋지 않은 것은 부족 정류인 ⓑ이다.

04 | ①

• 여자 어드미턴스
$$Y_o = g_o + jb_o [\text{℧}]$$

• 2차 측으로 환산한 여자 어드미턴스
$$Y_o' = a^2(g_o + jb_o) = a^2 Y_o [\text{℧}]$$

05 | ①

단상 직권 정류자 전동기의 구조

• 성층 철심: 계자극 철손 발생 방지
• 약계자 구조: 계자 권선에서 리액턴스로 인한 역률 저하 개선
• 강전기자 구조: 약계자에 의한 토크 부족 보상
• 보상 권선 설치: 역률 개선, 전기자 반작용 억제, 누설 리액턴스 감소
• 저항 도선 설치: 변압기 기전력에 의한 단락 전류 감소
• 회전 속도가 고속일수록 역률이 개선된다.

06 | ④

동기기 전기자 권선법: 2(이)층권, 중권, 분포권, 단절권

07 | ②

원선도 작성에 필요한 시험

• 권선의 저항 측정 시험
• 무부하 시험
• 구속 시험

08 | ④

역기전력
$$E = V - I_a R_a = 100 - 10 \times 1 = 90 [\text{V}]$$

09 | ①

변압기 보호 장치 목적

• 절연 내력 저하 방지
• 변압기 자체 사고의 최소화
• 다른 부분으로의 사고 확산 방지

10 | ③
스테핑 모터
- 위치 제어를 하는 분야에 주로 사용한다.
- 입력된 펄스 신호에 따라 특정 각도만큼 회전한다.
- 스텝각이 작을수록 1회전당 스텝 수는 커지고 축 위치의 정밀도는 높아진다.
- 양방향 회전이 가능하고 설정된 여러 위치에 정지하거나 해당 위치로부터 기동할 수 있다.

11 | ③
동기 발전기의 안정도 향상 대책
- 단락비를 크게 한다.
- 회전자에 플라이 휠을 설치하여 관성을 크게 한다.
- 속응 여자 방식을 채용한다.
- 조속기 동작을 신속히 한다.(전기식 조속기 채용)
- 동기 임피던스를 작게 한다.(정상 임피던스를 작게 한다.)
- 영상 임피던스와 역상 임피던스를 크게 한다.

12 | ②
- 히스테리시스손 감소 대책: 규소 강판 사용
- 와전류손 감소 대책: 성층 철심 사용

13 | ①
단상 전파 정류 회로(브리지)
- 직류 전압 $E_d = \dfrac{2\sqrt{2}}{\pi}E_a = \dfrac{2\sqrt{2}}{\pi} \times 10 = 9[\text{V}]$
- 직류 전류 $I_d = \dfrac{E_d}{R} = \dfrac{9}{5 \times 10^3} = 1.8 \times 10^{-3}[\text{A}] = 1.8[\text{mA}]$

14 | ①
- 토크와 전압의 관계 $T \propto V^2$
- 전전압의 $\dfrac{2}{3}$배로 기동할 때 기동 토크

$$T'_{기동} = T_{기동}\left(\dfrac{V'}{V}\right)^2 = 1.8\,T_{전부하} \times \left(\dfrac{\dfrac{2}{3}V}{V}\right)^2$$
$$= 0.8\,T_{전부하}\ (80[\%])$$

15 | ③
동기 임피던스 $Z_s = \dfrac{E}{I_s} = \dfrac{600}{30} = 20[\Omega]$

16 | ②
병렬 운전이 가능한 결선과 불가능한 결선

가능한 결선	불가능한 결선
$Y-Y$와 $Y-Y$	
$\Delta-\Delta$와 $\Delta-\Delta$	$Y-Y$와 $Y-\Delta$
$Y-Y$와 $Y-\Delta$	$Y-Y$와 $\Delta-Y$
$\Delta-Y$와 $\Delta-Y$	$\Delta-\Delta$와 $\Delta-Y$
$\Delta-Y$와 $Y-\Delta$	$\Delta-\Delta$와 $Y-\Delta$
$\Delta-\Delta$와 $Y-Y$	(각 결선의 개수가 홀수일 경우 불가능)
(각 결선의 개수가 짝수일 경우 가능)	

17 | ②
복권(외분권) 발전기
- 직권 계자 단락 시 분권 발전기로 사용 가능
- 분권 계자 개방 시 직권 발전기로 사용 가능

18 | ②
일그너 방식은 직류 전동기 속도 제어인 전압 제어의 한 종류이다.
- 농형 유도 전동기의 속도 제어
  - 주파수 변환
  - 극수 변환
  - 전압 제어
- 권선형 유도 전동기의 속도 제어
  - 2차 저항 제어
  - 2차 여자 제어
  - 종속법

19 | ③
직류 직권 전동기의 토크 특성
$T \propto I_a^2$, $T \propto \dfrac{1}{N^2}$
토크는 전류의 제곱에 비례한다.

20 | ②
철심의 구비 조건
- 투자율이 클 것
- 저항률이 클 것
- 히스테리시스손이 작을 것(규소 강판 성층)
- 성층 철심으로 할 것(와류손 감소 목적)

MEMO

여러분의 작은 소리
에듀윌은 크게 듣겠습니다.

본 교재에 대한 여러분의 목소리를 들려주세요.
공부하시면서 어려웠던 점, 궁금한 점,
칭찬하고 싶은 점, 개선할 점, 어떤 것이라도 좋습니다.

에듀윌은 여러분께서 나누어 주신 의견을
통해 끊임없이 발전하고 있습니다.

에듀윌 도서몰 book.eduwill.net
- 부가학습자료 및 정오표: 에듀윌 도서몰 → 도서자료실
- 교재 문의: 에듀윌 도서몰 → 문의하기 → 교재(내용, 출간) / 주문 및 배송

끝맺음 노트

에듀윌 전기
전기기기 필기
+무료특강

📱 Mobile로 응시하기

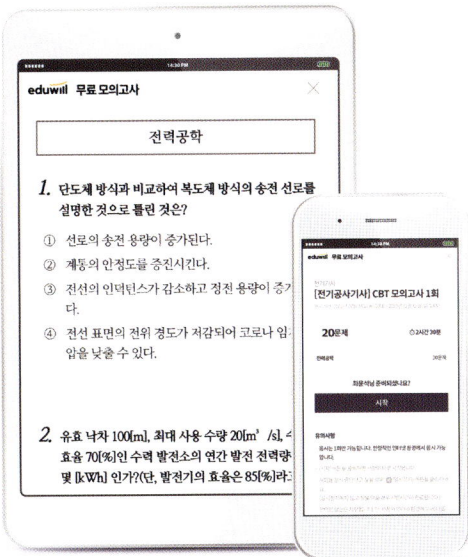

PC 버전 CBT 모의고사의 장점만을 그대로 담았습니다.
QR 코드를 스캔하여 더욱 쉽고 빠르게 서비스를 이용할 수 있습니다.

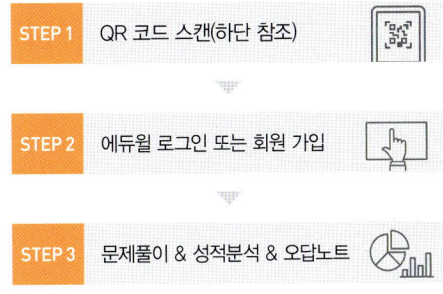

STEP 1 QR 코드 스캔(하단 참조)

STEP 2 에듀윌 로그인 또는 회원 가입

STEP 3 문제풀이 & 성적분석 & 오답노트

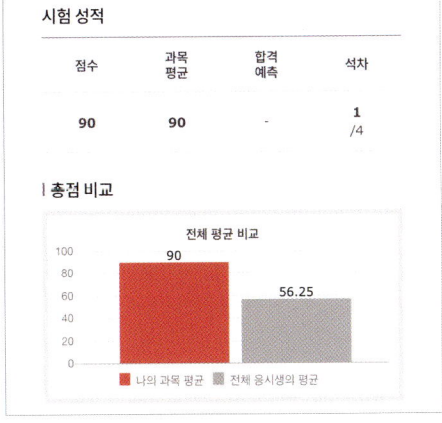

맞춤형 성적 분석

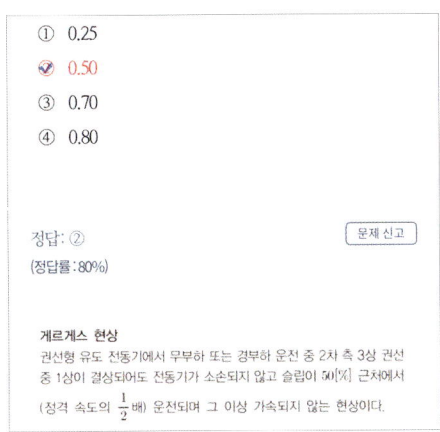

쉽고 빠른 오답해설

CBT 모의고사 3회 QR 코드

1회   2회   3회

* CBT 모의고사는 2026년 1회차 시험 한달 전에 제공됩니다.
* CBT 모의고사 유효기간은 2027년 12월 31일까지이며, 이후 서비스 제공이 중단될 수 있습니다.

2026 에듀윌 전기 전기기기
6주 플래너

기초부터 탄탄하게 학습한다!
꼼꼼하게 학습하는 사람에게
추천하는 플래너

WEEK	DAY	차례		페이지	공부한 날	완료
1주	DAY 1	기본서	CHAPTER 01 직류 발전기	기본서 p.24	__월 __일	☐
	DAY 2		CHAPTER 01 직류 발전기	기본서 p.24	__월 __일	☐
	DAY 3		CHAPTER 01 직류 발전기	기본서 p.24	__월 __일	☐
	DAY 4		CHAPTER 02 직류 전동기	기본서 p.56	__월 __일	☐
	DAY 5		CHAPTER 02 직류 전동기	기본서 p.56	__월 __일	☐
	DAY 6		CHAPTER 03 동기기	기본서 p.78	__월 __일	☐
	DAY 7		CHAPTER 03 동기기	기본서 p.78	__월 __일	☐
2주	DAY 8		CHAPTER 03 동기기	기본서 p.78	__월 __일	☐
	DAY 9		CHAPTER 04 변압기	기본서 p.110	__월 __일	☐
	DAY 10		CHAPTER 04 변압기	기본서 p.110	__월 __일	☐
	DAY 11		CHAPTER 04 변압기	기본서 p.110	__월 __일	☐
	DAY 12		CHAPTER 04 변압기	기본서 p.110	__월 __일	☐
	DAY 13		CHAPTER 05 유도기	기본서 p.150	__월 __일	☐
	DAY 14		CHAPTER 05 유도기	기본서 p.150	__월 __일	☐
3주	DAY 15		CHAPTER 05 유도기	기본서 p.150	__월 __일	☐
	DAY 16		CHAPTER 06 특수기기	기본서 p.186	__월 __일	☐
	DAY 17		CHAPTER 06 특수기기	기본서 p.186	__월 __일	☐
	DAY 18		CHAPTER 07 전력변환장치	기본서 p.200	__월 __일	☐
	DAY 19		CHAPTER 07 전력변환장치	기본서 p.200	__월 __일	☐
	DAY 20		전기기기 기본서 전체 복습		__월 __일	☐
	DAY 21				__월 __일	
4주	DAY 22	유형별 N제	CHAPTER 01	유형별 N제 p.8	__월 __일	☐
	DAY 23		CHAPTER 02	유형별 N제 p.30	__월 __일	☐
	DAY 24		CHAPTER 03	유형별 N제 p.50	__월 __일	☐
	DAY 25		CHAPTER 04	유형별 N제 p.82	__월 __일	☐
	DAY 26		CHAPTER 05	유형별 N제 p.120	__월 __일	☐
	DAY 27		CHAPTER 06	유형별 N제 p.154	__월 __일	☐
	DAY 28		CHAPTER 07 **1회독 완료**	유형별 N제 p.166	__월 __일	☐
5주	DAY 29	유형별 N제	CHAPTER 01	유형별 N제 p.8	__월 __일	☐
	DAY 30		CHAPTER 02	유형별 N제 p.30	__월 __일	☐
	DAY 31		CHAPTER 03	유형별 N제 p.50	__월 __일	☐
	DAY 32		CHAPTER 04	유형별 N제 p.82	__월 __일	☐
	DAY 33		CHAPTER 05	유형별 N제 p.120	__월 __일	☐
	DAY 34		CHAPTER 06 ~ 07 **2회독 완료**	유형별 N제 p154	__월 __일	☐
	DAY 35		CHAPTER 01 ~ 02	유형별 N제 p.8	__월 __일	☐
6주	DAY 36		CHAPTER 03 ~ 04	유형별 N제 p.50	__월 __일	☐
	DAY 37		CHAPTER 05	유형별 N제 p.120	__월 __일	☐
	DAY 38		CHAPTER 06 ~ 07 **3회독 완료**	유형별 N제 p.154	__월 __일	☐
	DAY 39		전기기기 유형별 N제 전체 복습		__월 __일	☐
	DAY 40				__월 __일	
	DAY 41		전기기기 전체 복습		__월 __일	☐
	DAY 42				__월 __일	

세상을 움직이려면
먼저 나 자신을 움직여야 한다.

– 소크라테스(Socrates)

에듀윌 전기 전기기기
필기 기본서

ISSUE

전기설비기술기준 & KEC 용어표준화 및 국문순화

어떻게 변했는가?

- 산업통상자원부에서 전기설비기술기준 및 한국전기설비규정(KEC) 내 일본식 한자, 어려운 축약어, 외래어 등의 순화에 관한 사항을 2023년 10월 12일에 공고하였습니다.
- 용어표준화 및 국문순화는 공고 즉시 시행되었으며 순화된 용어는 다음과 같이 총 177개입니다. 순화 대상이 된 용어는 앞으로 전기 관련 시험에 반영되어 출제될 것으로 예상됩니다.

*산업통상자원부 고시 제 2023-197호(전기설비기술기준 변경)
*산업통상자원부 공고 제 2023-768호(한국전기설비규정 변경)

*용어표준화 및 국문순화 대상

용어 변경에 따른 학습의 방향

- 2022년 3회차 전기기사 필기 시험부터 적용된 CBT 시험 방식의 특성상 용어의 변경이 시험 문제 전반에 걸쳐 모두 반영되지 않을 수 있습니다.
- 그러나 전기설비기술기준, 한국전기설비규정(KEC)에서 순화된 용어로 개정된 것은 명백한 사실이므로 용어표준화 및 국문순화에 따른 시험 문제 및 보기의 문항이 바뀔 가능성이 높습니다.
- 따라서 변경된 용어 위주로 학습하되 변경되기 전의 용어는 무엇이었는지 알고 넘어간다면 더욱 완벽한 시험 대비를 할 수 있습니다.

수험자별 다르게 출제되는 CBT시험 어떻게 준비해야 할까요?

 수험자별 출제되는 문제가 다르므로 원리학습을 할 필요가 있습니다.

 문제은행 식이므로 유형별로 문제가 랜덤으로 출제됩니다. 따라서, 빈출 유형별로 이론과 문제를 정리·학습해야 시험에 잘 대응할 수 있습니다.

 실전과 비슷한 방법으로 컴퓨터 시험 환경에 익숙해져야 합니다.

2026년 대비 CBT 맞춤 개정판 출간

CBT 시험에 강한 유형별 N제	문제은행 방식으로 출제됨에 따라 과년도 기출문제가 더욱 중요해졌습니다. 최신 기출문제는 물론 2000년도 이전에 시행된 시험까지 분석하여, 엄선한 문제들로 유형별 N제를 구성하였습니다. 반복학습을 통해 빠르게 합격이 가능합니다.
THEME별 핵심이론	과년도 기출문제를 분석하여 자주 출제된 문제 유형을 THEME별로 정리하였습니다. 시험대비에 꼭 필요한 내용으로만 구성하여 효율적으로 학습이 가능합니다.
최종 점검 CBT 실전 모의고사	실제 시험과 유사한 CBT 실전 모의고사로 시험 직전 최종 점검을 할 수 있습니다. 출제 비중이 높은 문제 위주로 엄선하여 구성하였으며, 상세한 해설 및 동영상 강의도 활용해 보세요.

이 책의 구성

2026 에듀윌 전기 기본서

비전공자도 이해하기 쉬운, 기초개념

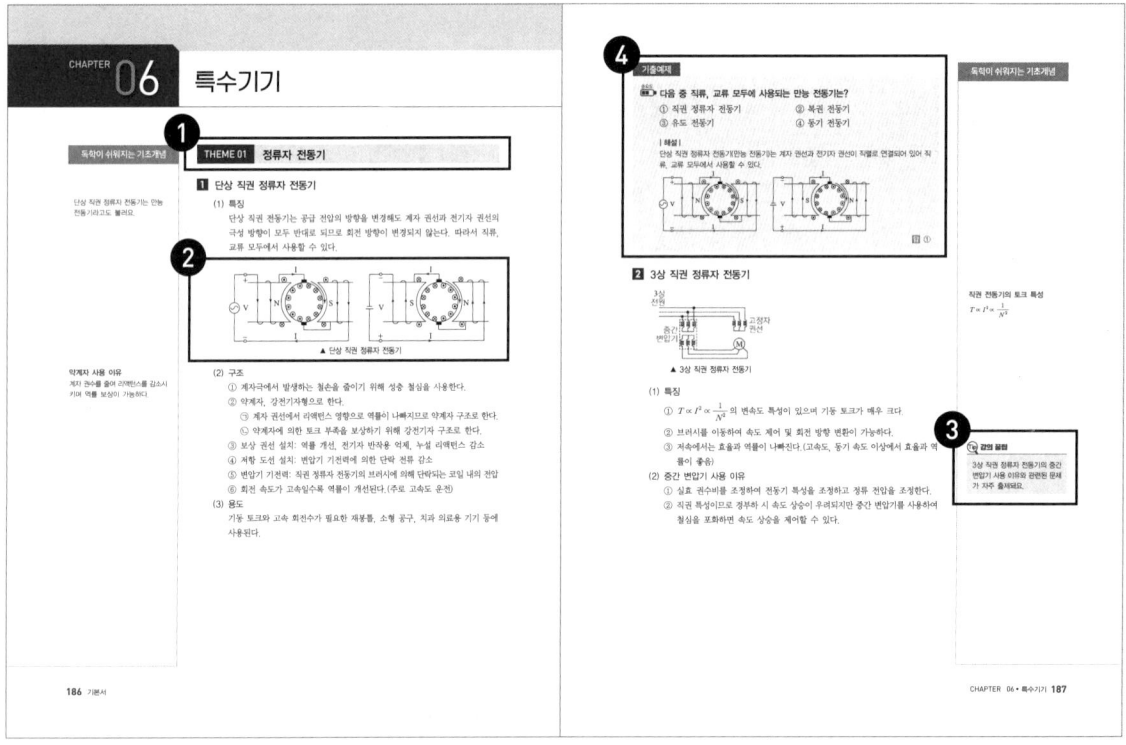

❶ CBT 시험 대비에 꼭 필요한 내용을 THEME로 구분하였습니다.
❷ 이론 학습에 꼭 필요한 다양한 그림을 제공하여 이해를 돕습니다.
❸ 비전공자부터 전공자까지 누구나 쉽게 이해할 수 있도록 어려운 개념을 알기 쉽게 풀어서 쓴 강의꿀팁을 제공합니다.
❹ 기출예제를 통해 이론 학습 후 바로 실전 적용이 가능합니다.

"시험에 출제되는 이론을 탄탄하게 학습할 수 있습니다."

합격에 꼭 필요한, 유형별 N제

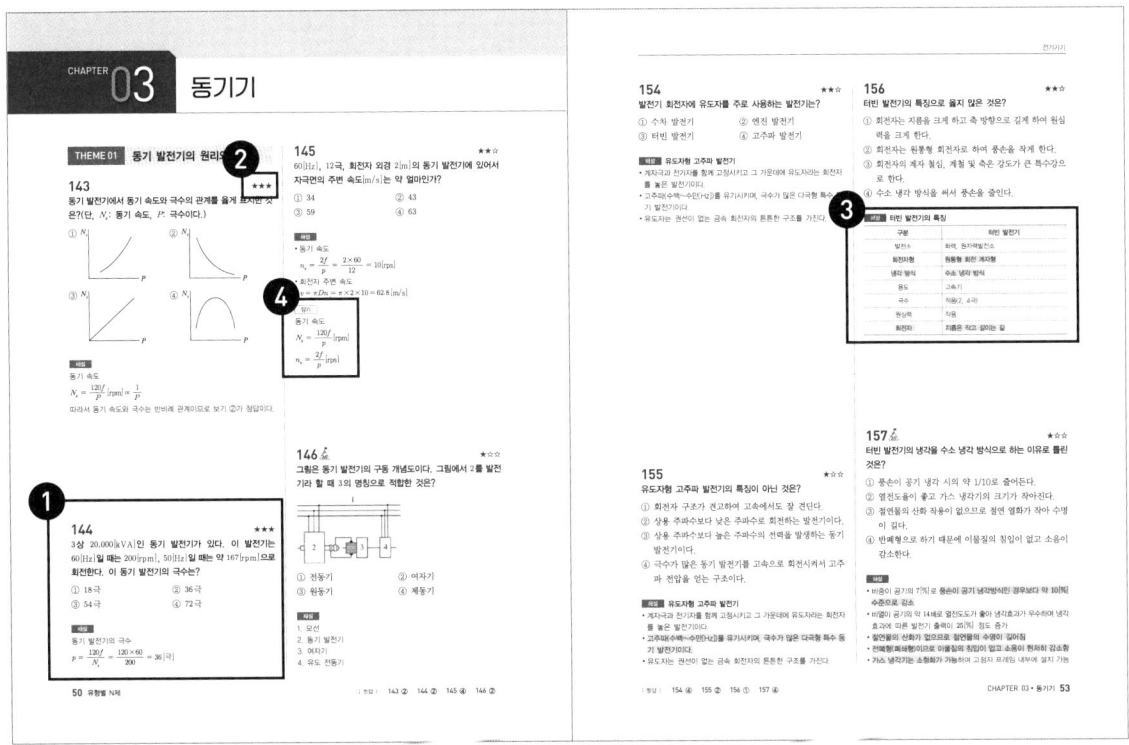

1. 유형별 쉬운 문제부터 어려운 문제까지 엄선하여 수록하였습니다.
2. 출제 비중을 ★~★★★로 표시하여 중요도를 한눈에 알 수 있습니다.
3. 누구나 쉽게 이해할 수 있도록 친절한 해설을 제공합니다.
4. 중요한 이론이나 공식은 로 정리하였습니다.

"유형별 N제, 3회독 학습으로 쉽고 빠르게 합격 가능합니다."

이 책의 구성

2026 에듀윌 전기 기본서

마무리 학습을 위한, 끝맺음 노트

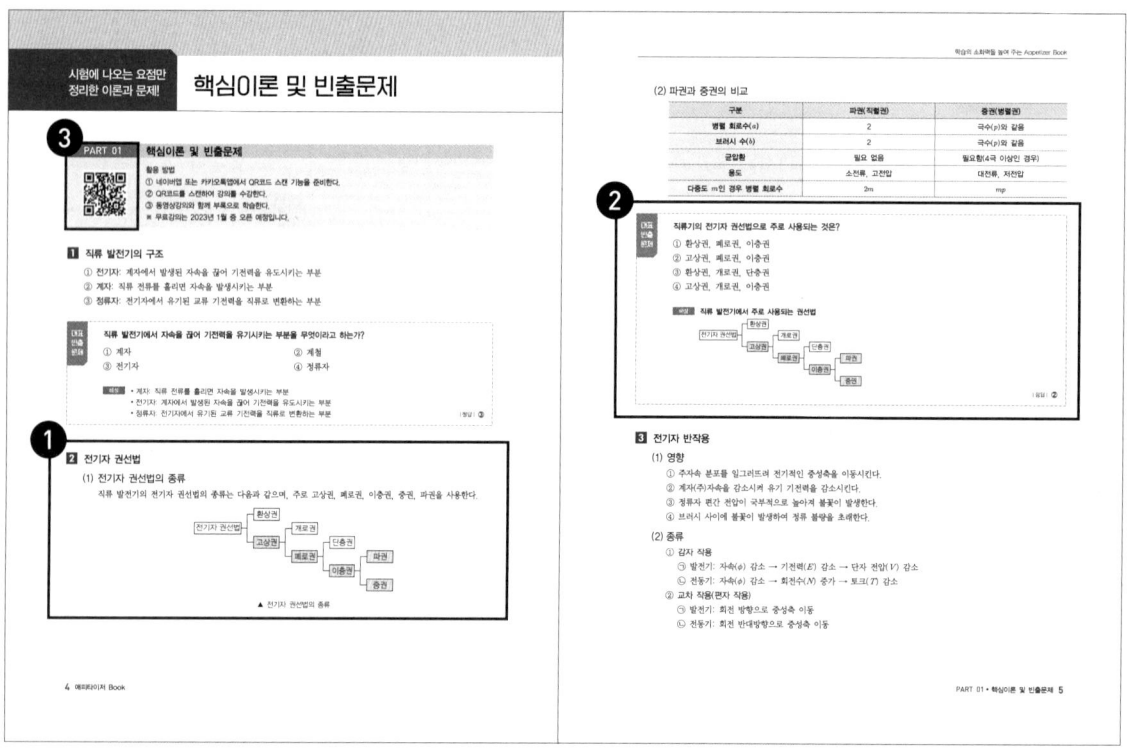

❶ 시험에 나오는 요점만 정리한 핵심이론을 제공합니다.
❷ 대표 빈출문제를 수록하여 핵심이론에 관련된 문제를 바로 풀어볼 수 있습니다.
❸ QR코드를 스캔하여 학습을 돕는 무료강의를 수강할 수 있습니다.

"시험 전, **끝맺음 노트**와 함께 최종 점검하면 좋습니다."

시험 전에 준비하는, 최신기출 CBT 실전 모의고사

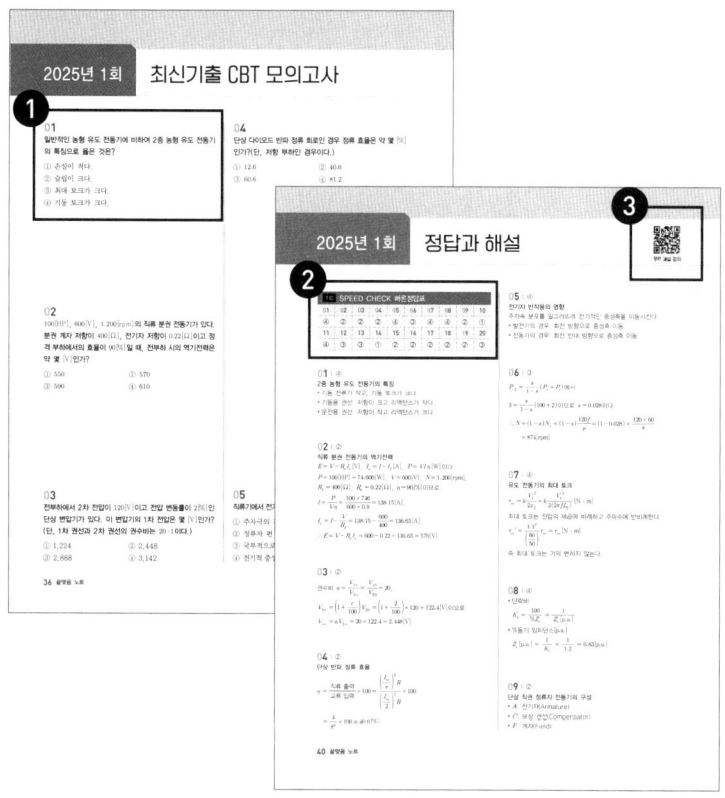

최신기출 CBT 모의고사 편

❶ 기출문제를 기반으로 실제 시험에 출제될 만한 문제들로 구성한 모의고사 3회를 제공합니다.
하단의 링크를 입력하거나 QR코드를 스캔하여 온라인 CBT 모의고사에 응시해 보세요!

정답과 해설 편

❷ 정답을 한눈에 확인할 수 있도록 빠른 정답표를 제공합니다.
❸ QR코드를 스캔하여 무료 해설 특강으로 접근할 수 있으며, 강의를 통해 효율적인 학습이 가능합니다.

※ CBT 모의고사 유효기간은 2027년 12월 31일까지이며, 이후 서비스 제공이 중단될 수 있습니다.

합격의 연장선
전기직 취업

전기기사 과목별 출제 정보

과목	전기(산업)기사	전기공사(산업)기사	전기직 공사·공단	전기직 공무원
회로이론	O	O	O	O
제어공학	O	O	O	O
전기기기	O	O	O	O
전기자기학	O	X	O	O
전력공학	O	O	O	X
전기설비기술기준	O	O	O	X
전기응용 및 공사재료	X	O	O	X
전기설비 설계 및 관리	O	X	X	X
전기설비 견적 및 시공	X	O	X	X

※ 단, 전기산업기사 및 전기공사산업기사는 제어공학이 출제되지 않음
※ 전기직 공사·공단 출제 정보는 회사마다 다름

필기

- 회로이론
- 제어공학
- 전력공학
- 전기자기학
- 전기기기
- 전기설비기술기준
- 전기응용 및 공사재료

실기

- 전기설비 설계 및 관리
- 전기설비 견적 및 시공

전기직 취업 정보

전기직군 공사·공단 취업

- 회로이론
- 제어공학
- 전기기기
- 전기자기학
- 전력공학
- 전기설비기술기준

→ 최근 전기직군 공사 공단 채용이 많아지면서 한국전력, 코레일, 발전회사 위주로 큰 단위의 채용이 이루어짐.

전기직 공무원 취업

직렬	선발예정인원	시험과목(선택형 필기시험)
전기직 (7급)	• 일반: 14명 • 장애인: 1명	언어논리영역, 자료해석영역, 상황판단영역, 영어(영어능력검정시험으로 대체), 한국사(한국사능력검정시험으로 대체), 물리학개론, 전기자기학, 회로이론, 전기기기
전기직 (9급)	• 일반: 43명 • 장애인: 4명 • 저소득: 1명	국어, 영어, 한국사, 전기이론, 전기기기

- 회로이론
- 제어공학
- 전기기기
- 전기자기학

→ 2023년 7·9급 전기직 공무원, 군무원 시험과목에 전기 기초 과목이 포함됨.

**결국 최종 목표는 취업, 전기기사 자격증부터 취업까지
에듀윌 전기기사 시리즈로 한번에 해결!**

Why? 전기기사
취업의 치트키 전기기사 자격증

취업 기회가 늘어나는 전기 관련 시장

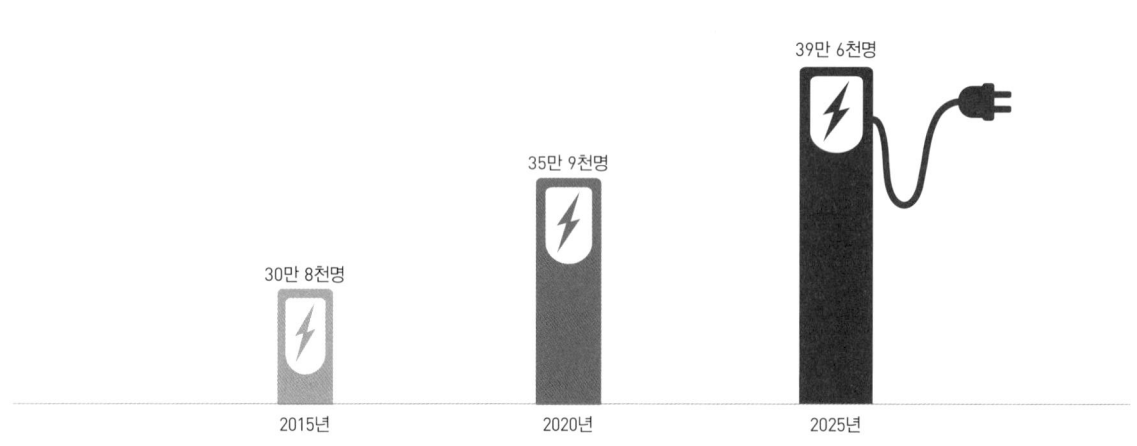

전기전자 관련직 수요증가

- 2015년: 30만 8천명
- 2020년: 35만 9천명
- 2025년: 39만 6천명

※ 출처: 고용노동부 직종별 사업체 노동력 조사

취업 부담이 줄어드는 다양한 가산점

한국전력공사 채용
전기기사 10점 + 전기공사기사 10점
총 20점까지 부여

한국철도공사 일반직 6급 채용
전기기사 4점 가산
전기산업기사 2.5점 가산

6급 이하 및 기술직공무원 채용
과목별 만점의 3~5% 가산

경찰공무원 채용
전기기사 4점 가산
전기산업기사 2점 가산

알아 두면 쓸데 있는 전기기사 시험 Q&A

전기기사와 전기공사기사 시험, 무엇이 다를까요?

A 전기기사와 전기공사기사의 필기시험은 총 5과목이며, 이중 1개의 과목만 서로 다르고 나머지 4개의 과목은 같습니다. 따라서 전기기사 취득 후 1개의 과목만 더 준비하면 전기공사기사 준비가 가능합니다. 전기기사와 전기공사기사 실기의 출제범위 중 50%도 서로 같기 때문에 실기에서도 연계하여 학습하기 유리합니다.

필기시험과 실기시험, 무엇이 다른가요?

A 필기는 5개 과목이고, 실기는 단답, 시퀀스, 수변전 설비의 3개 과목으로 필기가 실기보다 과목수가 더 많습니다.
그러나 시험 및 학습 난도는 실기가 더 높은 편입니다. 필기는 객관식 4지선다형의 문제 형태를 갖지만 실기는 논술식으로 치루어지기 때문에 더 실기가 어렵다고 느껴질 수 있습니다. 따라서 필기를 학습함에 있어서도 실기와 연관된 이론 학습은 확실히 알고 넘어갈 필요가 있습니다.

CBT 시험으로 변경된 후 어떤 출제 경향을 보이나요?

A 2022년 제3회 시험부터 CBT 시험 방식이 도입되었습니다. CBT 시험 특성상 수험자별로 출제되는 문제가 다르기 때문에 출제 경향을 예측하기는 쉽지 않은 상황입니다. 그러나 문제은행 방식으로 출제된다는 특징이 있기 때문에, THEME별로 이론과 문제들을 반복학습하면 쉽게 합격할 수 있습니다.

How? 전기기사

전기기사 합격전략

효율 UP 학습순서

전략 UP 과목별 맞춤학습법

회로이론	• 모든 과목의 바탕이 되는 중요한 과목 • 기사는 회로이론 전체를 학습 • 산업기사는 회로이론 앞부분을 중심으로 학습
제어공학	• 70점 이상의 점수를 얻기 쉬운 과목 • 전기기사는 회로이론의 기본만 학습하고 제어공학을 중심으로 학습
전력공학	• 고득점을 얻어야 유리한 과목 • 실기시험에도 영향을 미치는 과목 • 발전보다는 전력 부분에 초점을 맞추어 학습
전기자기학	• 고난도 문제가 자주 출제되는 과목 • 출제 기준에 맞추어서 학습
전기기기	• 어려운 내용에 비해 문제는 비교적 쉽게 출제되는 과목 • 기본공식을 암기하는 것에 집중하여 학습 • 기출문제를 중심으로 학습
전기응용 및 공사재료	• 난이도가 높지 않은 과목 • 기출문제 위주로 학습
전기설비기술기준	• 암기가 중요한 과목 • 고득점을 얻어야 하는 쉬우면서도 중요한 과목 • 내용을 요약하여 정리한 후 문제를 풀면서 학습

전기기기의 흐름을 잡는
완벽한 출제분석

전기기기 출제기준

분야	세부 출제기준
1. 직류기	직류 발전기의 구조 및 원리 / 전기자 권선법 / 정류 / 직류 발전기의 종류와 그 특성 및 운전 / 직류 발전기의 병렬 운전 / 직류 전동기의 구조 및 원리 / 직류 전동기의 종류와 특성 / 직류 전동기의 기동, 제동 및 속도 제어 / 직류기의 손실, 효율, 온도 상승 및 정격 / 직류기의 시험
2. 동기기	동기 발전기의 구조 및 원리 / 전기자 권선법 / 동기 발전기의 특성 / 단락 현상 / 여자 장치와 전압 조정 / 동기 발전기의 병렬 운전 / 동기 전동기 특성 및 용도 / 동기 조상기 / 동기기의 손실, 효율, 온도 상승 및 정격 / 특수 동기기
3. 전력 변환기	정류용 반도체 소자 / 각 정류 회로의 특성 / 제어 정류기
4. 변압기	변압기의 구조 및 원리 / 변압기의 등가 회로 / 전압 강하 및 전압 변동률 / 변압기의 3상 결선 / 상수의 변환 / 변압기의 병렬 운전 / 변압기의 종류 및 그 특성 / 변압기의 손실, 효율, 온도 상승 및 정격 / 변압기의 시험 및 보수 / 계기용 변성기 / 특수 변압기
5. 유도 전동기	유도 전동기의 구조 및 원리 / 유도 전동기의 등가 회로 및 특성 / 유도 전동기의 기동 및 제동 / 유도 전동기 제어 / 특수 농형 유도 전동기 / 특수 유도기 / 단상 유도 전동기 / 유도 전동기의 시험 / 원선도
6. 교류 정류 자기	교류 정류 자기의 종류, 구조 및 원리 / 단상 직권 정류자 전동기 / 단상 반발 전동기 / 단상 분권 전동기 / 3상 직권 정류자 전동기 / 3상 분권 정류자 전동기 / 정류자형 주파수 변환기
7. 제어용 기기 및 보호 기기	제어 기기의 종류 / 제어 기기의 구조 및 원리 / 제어 기기의 특성 및 시험 / 보호 기기의 종류 / 보호 기기의 구조 및 원리 / 보호 기기의 특성 및 시험 / 제어 장치 및 보호 장치

전기기기 최근 20개년 출제비중

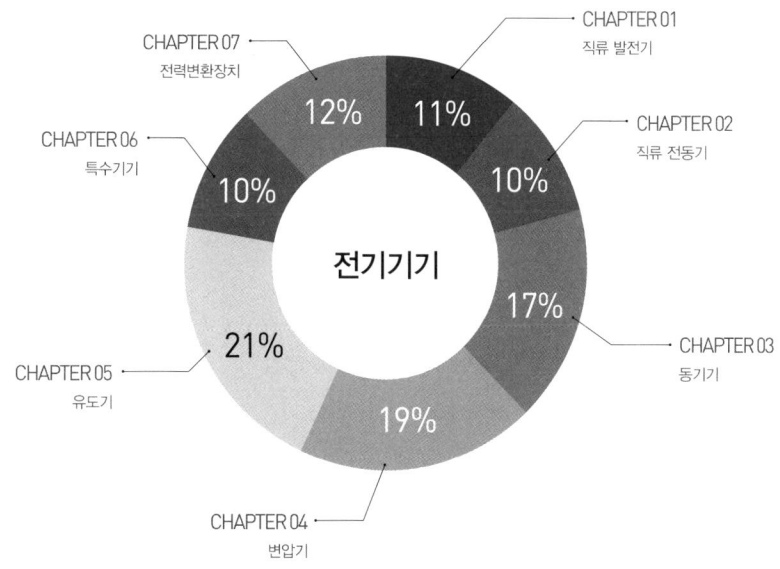

GUIDE
전기기사 시험안내

2026 시험 예상 일정

1. 전기(산업)기사, 전기공사(산업)기사

구분	필기시험	필기합격 (예정자)발표	실기시험	최종합격 발표일
제1회	2~3월	3월	4~5월	6월
제2회	5월	6월	7~8월	9월
제3회	7월	8월	10~11월	12월

※ 정확한 시험 일정은 한국산업인력공단(Q-net) 참고

2. 빈자리 추가 접수기간

구분	필기시험	실기시험
제1회	2월	4월
제2회	5월	7월
제3회	6월	-

※ 정확한 시험 일정은 한국산업인력공단(Q-net) 참고

3. 공통사항

(1) 원서접수 시간은 원서접수 첫날 10:00부터 마지막 날 18:00까지 임
(2) 필기시험 합격(예정)자 및 최종합격자 발표시간은 해당 발표일 09:00임

검정기준 및 응시자격

1. 검정기준

등급	검정기준
기사	해당 국가기술자격의 종목에 관한 공학적 기술이론 지식을 가지고 설계·시공·분석 등의 업무를 수행할 수 있는 능력 보유
산업기사	해당 국가기술자격의 종목에 관한 기술기초이론 지식 또는 숙련기능을 바탕으로 복합적인 기초기술 및 기능 업무를 수행할 수 있는 능력 보유

※ 국가기술자격 검정의 기준(제14조 제1항 관련)

2. 응시자격

등급		응시자격 조건
기능사	자격제한 없음	
산업기사	자격증 + 경력	기능사 + 실무경력 1년
		실무경력 2년
	관련학과 졸업	관련학과 4년제 대졸 또는 졸업 예정
		관련학과 2, 3년제 대졸 또는 졸업 예정
기사	자격증 + 경력	산업기사 + 실무경력 1년
		기능사 + 실무경력 3년
		실무경력 4년
	관련학과 졸업	관련학과 4년제 대졸 또는 졸업 예정
		관련학과 3년제 대졸 + 실무경력 1년
		관련학과 2년제 대졸 + 실무경력 2년

GUIDE
전기기사 시험안내

전기기사

구분	시험과목	검정방법	합격기준
필기	· 전기자기학 · 전력공학 · 전기기기 · 회로이론 및 제어공학 · 전기설비기술기준	객관식 4지 택일형, 과목당 20문항(30분)	과목당 40점 이상, 전과목 평균 60점 이상(100점 만점 기준)
실기	전기설비 설계 및 관리	필답형(2시간 30분)	60점 이상(100점 만점 기준)

분류	종목	인정학점	표준교육과정 해당 전공	
			전문학사	학사
전기일반	전기기사	20(30)	시스템제어, 자동제어, 전기, 전기공사, 전자기기	메카트로닉스학, 전기공학, 제어계측공학
	전기산업기사	16(24)		
전기설비	전기공사기사	20(30)	시스템제어, 자동제어, 전기, 전기공사	전기공학, 제어계측공학
	전기공사산업기사	16(24)		

※ 인정학점 옆 괄호 학점은 2009년 3월 1일 이전 취득한 자격에 한해 인정

전기산업기사

구분	시험과목	검정방법	합격기준
필기	· 전기자기학 · 전력공학 · 전기기기 · 회로이론 · 전기설비기술기준	객관식 4지 택일형, 과목당 20문항(30분)	과목당 40점 이상, 전과목 평균 60점 이상(100점 만점 기준)
실기	전기설비 설계 및 관리	필답형(2시간)	60점 이상(100점 만점 기준)

분류	종목	인정학점	표준교육과정 해당 전공	
			전문학사	학사
전기일반	전기기사	20(30)	시스템제어, 자동제어, 전기, 전기공사, 전자기기	메카트로닉스학, 전기공학, 제어계측공학
	전기산업기사	16(24)		
전기설비	전기공사기사	20(30)	시스템제어, 자동제어, 전기, 전기공사	전기공학, 제어계측공학
	전기공사산업기사	16(24)		

※ 인정학점 옆 괄호 학점은 2009년 3월 1일 이전 취득한 자격에 한해 인정

전기공사기사

구분	시험과목	검정방법	합격기준
필기	· 전기응용 및 공사재료 · 전력공학 · 전기기기 · 회로이론 및 제어공학 · 전기설비기술기준	객관식 4지 택일형, 과목당 20문항(30분)	과목당 40점 이상, 전과목 평균 60점 이상(100점 만점 기준)
실기	전기설비 견적 및 시공	필답형(2시간 30분)	60점 이상(100점 만점 기준)

분류	종목	인정 학점	표준교육과정 해당 전공	
			전문학사	학사
전기일반	전기기사	20(30)	시스템제어, 자동제어, 전기, 전기공사, 전자기기	메카트로닉스학, 전기공학, 제어계측공학
	전기산업기사	16(24)		
전기설비	전기공사기사	20(30)	시스템제어, 자동제어, 전기, 전기공사	전기공학, 제어계측공학
	전기공사산업기사	16(24)		

※ 인정학점 옆 괄호 학점은 2009년 3월 1일 이전 취득한 자격에 한해 인정

전기공사산업기사

구분	시험과목	검정방법	합격기준
필기	· 전기응용 · 전력공학 · 전기기기 · 회로이론 · 전기설비기술기준	객관식 4지 택일형, 과목당 20문항(30분)	과목당 40점 이상, 전과목 평균 60점 이상(100점 만점 기준)
실기	전기설비 견적 및 시공	필답형(2시간)	60점 이상(100점 만점 기준)

분류	종목	인정 학점	표준교육과정 해당 전공	
			전문학사	학사
전기일반	전기기사	20(30)	시스템제어, 자동제어, 전기, 전기공사, 전자기기	메카트로닉스학, 전기공학, 제어계측공학
	전기산업기사	16(24)		
전기설비	전기공사기사	20(30)	시스템제어, 자동제어, 전기, 전기공사	전기공학, 제어계측공학
	전기공사산업기사	16(24)		

※ 인정학점 옆 괄호 학점은 2009년 3월 1일 이전 취득한 자격에 한해 인정

CONTENTS
기본서 차례

CHAPTER 01 직류 발전기

THEME 01. 직류 발전기의 원리	24
THEME 02. 직류 발전기의 구조	25
THEME 03. 전기자 권선법	27
THEME 04. 유기 기전력	29
THEME 05. 전기자 반작용	29
THEME 06. 정류 작용	32
THEME 07. 직류 발전기의 종류	33
THEME 08. 직류 발전기의 특성 곡선	38
THEME 09. 전압 변동률	41
THEME 10. 직류 발전기의 병렬 운전	42
CBT 적중문제	44

CHAPTER 02 직류 전동기

THEME 01. 직류 전동기의 원리와 구조	56
THEME 02. 역기전력	57
THEME 03. 회전 속도와 토크	58
THEME 04. 직류 전동기의 종류	59
THEME 05. 직류 전동기의 속도-토크 특성	63
THEME 06. 직류 전동기의 운전	65
THEME 07. 직류기의 손실과 효율	67
THEME 08. 직류기의 시험법	69
CBT 적중문제	70

CHAPTER 03 동기기

THEME 01. 동기 발전기의 원리와 구조	78
THEME 02. 동기기의 전기자 권선법	81
THEME 03. 유기 기전력	83
THEME 04. 전기자 반작용	84
THEME 05. 동기 발전기의 등가 회로	86
THEME 06. 동기 발전기의 병렬 운전	90
THEME 07. 자기 여자 현상과 난조	91
THEME 08. 동기 발전기의 안정도	93
THEME 09. 동기 전동기의 특성	94
THEME 10. 위상 특성 곡선	96
CBT 적중문제	98

CHAPTER 04 변압기

THEME 01. 변압기의 원리와 구조	110
THEME 02. 변압기의 유기 기전력	111
THEME 03. 변압기의 등가 회로	113
THEME 04. 전압 변동률	116
THEME 05. 변압기의 손실과 효율	117
THEME 06. 변압기의 극성	119
THEME 07. 변압기 3상 결선	120
THEME 08. 변압기 병렬 운전	122
THEME 09. 특수 변압기	123
THEME 10. 변압기의 보호 및 시험	127
CBT 적중문제	130

CHAPTER 05 유도기

THEME 01. 유도 전동기의 원리와 구조	150
THEME 02. 회전 속도와 슬립	153
THEME 03. 회전자 특성	154
THEME 04. 비례 추이	158
THEME 05. 원선도	160
THEME 06. 유도 전동기 기동	161
THEME 07. 유도 전동기 속도 제어	163
THEME 08. 유도 전동기 제동과 이상 현상	165
THEME 09. 특수 유도기	167
THEME 10. 단상 유도 전동기	168
THEME 11. 유도 전압 조정기	170
CBT 적중문제	172

CHAPTER 06 특수기기

THEME 01. 정류자 전동기	186
THEME 02. 서보 전동기	189
THEME 03. 스텝 모터	190
THEME 04. 선형 전동기	192
CBT 적중문제	193

CHAPTER 07 전력변환장치

THEME 01. 전력 변환	200
THEME 02. 회전 변류기	201
THEME 03. 수은 정류기	202
THEME 04. 반도체 소자	204
THEME 05. 정류 회로	209
THEME 06. 위상 제어 정류 회로	210
CBT 적중문제	212

직류 발전기

THEME 01. 직류 발전기의 원리
THEME 02. 직류 발전기의 구조
THEME 03. 전기자 권선법
THEME 04. 유기 기전력
THEME 05. 전기자 반작용
THEME 06. 정류 작용
THEME 07. 직류 발전기의 종류
THEME 08. 직류 발전기의 특성 곡선
THEME 09. 전압 변동률
THEME 10. 직류 발전기의 병렬 운전

학습 전략

이 챕터에서는 발전의 원리에 관한 이해가 선행되어야 합니다. 발전 자체의 원리를 이해해야 동기기나 유도기의 내용도 이해가 가능하므로 직류 발전기의 학습이 매우 중요합니다. 특히, 직류 발전기는 정류자 및 정류 작용 특성에 대해 학습해야 하고, 직류 발전기의 종류 및 각각의 특징에 대해서도 정리해야 합니다.

CHAPTER 01 | 흐름 미리보기

1. 직류 발전기의 원리
2. 직류 발전기의 구조
3. 전기자 권선법
4. 유기 기전력
5. 전기자 반작용
6. 정류 작용
7. 직류 발전기의 종류
8. 직류 발전기의 특성 곡선
9. 전압 변동률
10. 직류 발전기의 병렬 운전

NEXT **CHAPTER 02**

CHAPTER 01 직류 발전기

독학이 쉬워지는 기초개념

THEME 01 직류 발전기의 원리

1 플레밍의 오른손 법칙

(1) 유기 기전력의 발생

그림과 같이 자계 내 도체를 $v[\text{m/s}]$만큼의 속도로 움직이면 도체에 기전력이 바깥쪽에서 안쪽 방향으로 유기가 된다. 이때 이 기전력의 크기와 방향을 쉽게 구할 수 있는 방법이 플레밍의 오른손 법칙이다.

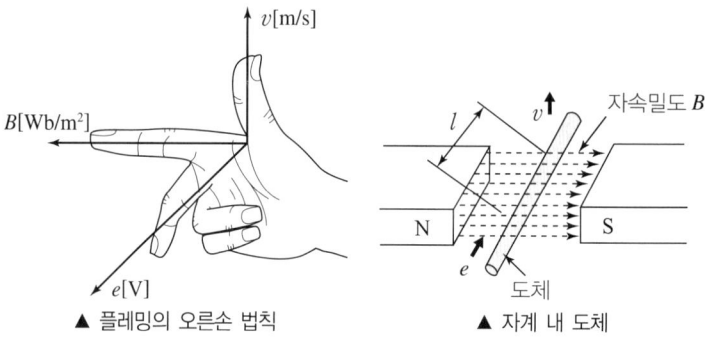

▲ 플레밍의 오른손 법칙   ▲ 자계 내 도체

(2) 유기 기전력의 크기

$$e = vBl\sin\theta [\text{V}]$$

(단, v: 도체의 속도[m/s], B: 자속밀도[Wb/m²], e: 유기 기전력[V], l: 도체의 길이[m], θ: 도체와 자기장이 이루는 각)

2 직류 발전기의 원리

(1) 교류 발전기의 원리

그림은 교류 발전기의 기본 구조로 회전자에 코일을 감고, 코일 양 단자를 슬립 링에 연결하고, 이를 브러시에 연결시킨 교류 발전기의 기본 구조이다.

이 발전기의 회전자를 회전시킬 경우 브러시 단자에 정현파 교류 전압이 나타난다.

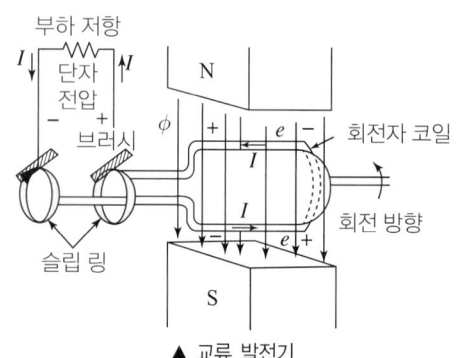

▲ 교류 발전기

(2) 직류 발전기의 원리

직류 발전기는 교류 발전기의 원리와 비슷하지만, 교류 발전기에서 유기된 정현파 교류를 직류로 전송하기 위해 슬립 링 대신 정류자를 사용하고, 이 정류자가 설치된 회전자를 회전시킨다.

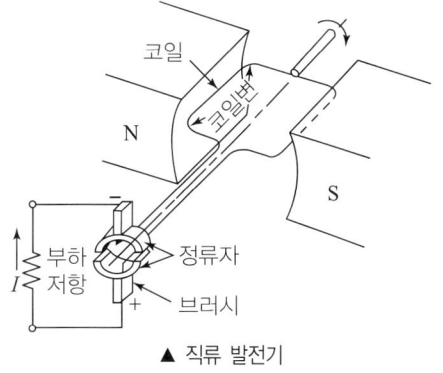

▲ 직류 발전기

THEME 02 직류 발전기의 구조

1 전기자

① 계자에서 발생된 자속을 끊어 기전력을 유도시키는 부분이다.
② 전기자 철심: 히스테리시스손을 감소하기 위해 규소 강판을 사용하고, 와전류손을 줄이기 위해 철심을 성층한다.

2 계자

① 직류 전류를 흘리면 자속을 발생시키는 부분이다.
② 강판을 성층한 계자 철심에 권선을 감은 구조이다.
③ 직류기의 계자는 고정되어 있다.

3 정류자

(1) 정류자
① 전기자에서 유기된 교류 기전력을 직류로 변환하는 부분이다.
② 브러시의 정류자면 접촉 압력: $0.15 \sim 0.25 [\mathrm{kg/cm^2}]$
③ 로커: 브러시를 중성축에서 이동시키는 것

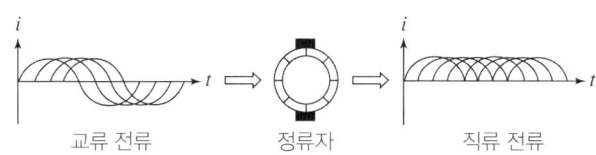

▲ 정류자의 역할

(2) 정류자 편수

정류자는 수 개의 정류자 편으로 이루어져 있으며, 정류자 편수는 다음의 식에 의해 구한다.

$$k = \frac{\mu}{2} \times s$$

(단, k: 정류자 편수, μ: 슬롯 내부의 코일 변수, s: 슬롯 수)

독학이 쉬워지는 기초개념

직류기의 3대 요소
• 전기자
• 계자
• 정류자

Tip 강의 꿀팁

직류기에서 계자 자속을 만들기 위해 전자석의 권선에 전류를 흘리는 것을 여자라고 해요.

| 독학이 쉬워지는 기초개념 |

(3) 정류자 편간 평균 전압

어느 정류자 편과 이와 이웃하는 정류자 편 사이의 전압은 그 사이에 접속된 코일만큼 전압이 유기되는데 이때 정류자의 편간 평균 전압은 다음과 같다.

$$e_a = \frac{pE}{k}[V]$$

(단, e_a: 정류자 편간 평균 전압[V], p: 극수, E: 유기 기전력[V])

기출예제

중요도 6극 직류 발전기의 정류자 편수가 132, 무부하 단자 전압이 220[V], 직렬 도체 수가 132개이고 중권이다. 정류자 편간 전압은 몇 [V]인가?
① 10 ② 20
③ 30 ④ 40

| 해설 |
정류자 편간 평균 전압
$e_a = \frac{pE}{k} = \frac{6 \times 220}{132} = 10[V]$

답 ①

4 브러시

① 정류자에 접촉하여 외부와 내부 회로를 연결한다.
② 직류로 변환된 전력을 외부 단자로 인출한다.

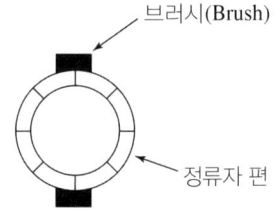

▲ 정류자 편과 브러시

종류	특징
탄소 브러시	접촉 저항이 큼
흑연질 브러시	접촉 저항이 작음
전기 흑연질 브러시	정류 능력이 높아 대부분의 전기기기에 사용함
금속 흑연질 브러시	전기 분해 등의 저전압 대전류용 기기에 사용함

기하각 = 전기각 $\times \frac{2}{p}$

THEME 03 전기자 권선법

직류 발전기의 전기자 권선법의 종류는 다음과 같으며, 주로 고상권, 폐로권, 이층권, 중권, 파권을 사용한다.

▲ 전기자 권선법의 종류

1 고상권, 폐로권, 이층권

(1) 환상권과 고상권
　① 환상권: 링 모양의 철심 내외에 도선을 휘감는 방법(안쪽 도체는 기전력 발생이 작고 수리가 불편하다.)
　② 고상권: 철심에 홈을 파서 철심 표면에만 권선을 배치시키는 권선법(도체가 모두 유효하게 기전력을 내며 수리가 용이하다.)

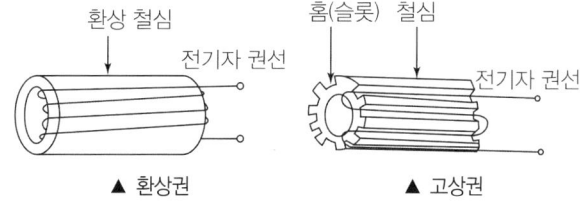

▲ 환상권　　▲ 고상권

(2) 개로권과 폐로권: 개로권에 비해 폐로권이 브러시로부터 전류가 끊이지 않고 흐르기 때문에 정류가 더 양호하여 많이 사용한다.
(3) 단층권과 이층권: 이층권이 단층권에 비해 한 슬롯에 권선이 이층으로 삽입되므로 슬롯의 이용률이 좋아 많이 사용한다.

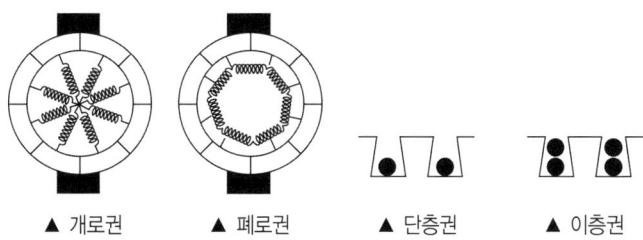

▲ 개로권　▲ 폐로권　▲ 단층권　▲ 이층권

2 파권과 중권

(1) 파권(Wave Winding)
　① 극수에 상관없이 브러시가 (+)극은 (+)극끼리, (−)극은 (−)극끼리 연결되

> **Tip 강의 꿀팁**
> 동일한 기전력을 발생시킬 경우 이층권은 단층권보다 슬롯의 양을 줄일 수 있어요.

독학이 쉬워지는 기초개념

어 항상 2개의 병렬 회로로 만드는 권선법이다.
② 자극 밑의 코일 변이 직렬 연결되어 브러시 양단에는 고전압, 소전류가 얻어진다.

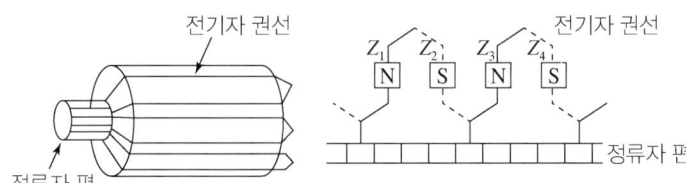

▲ 파권의 구조

(2) 중권(Lap winding)
① 브러시마다 전기자 회로가 각각 별도로 독립된 권선법으로 극수와 동일한 브러시 개수가 필요하다.
② 자극 밑의 코일 변이 병렬 연결되어 브러시 양단에는 저전압, 대전류가 얻어진다.

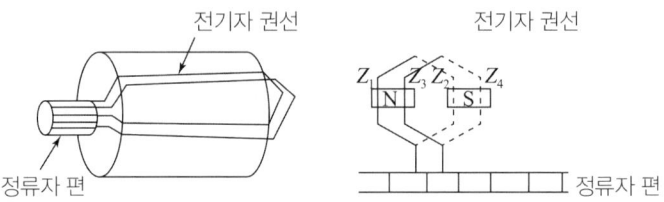

▲ 중권의 구조

중권과 파권의 병렬 회로수
- 중권 $a = p$
- 파권 $a = 2$

균압환
4극 이상 중권에서 전기자 권선이 과열되는 것을 방지하기 위하여 전기자 도선의 전위가 같은 점을 저항이 작은 도선으로 연결하여 순환전류가 브러시를 통해 흐르지 않도록 하는 접속법

(3) 파권과 중권의 비교

구분	파권(직렬권)	중권(병렬권)
병렬 회로수(a)	2	극수(p)와 같음
브러시 수(b)	2	극수(p)와 같음
균압환	필요 없음	필요함(4극 이상인 경우)
용도	소전류, 고전압	대전류, 저전압
다중도 m인 경우 병렬 회로수	$2m$	mp

기출예제

중요도 전기자 권선법 중 직류 발전기에 주로 사용되는 권선법의 종류로 바르게 짝지은 것은?

① 폐로권, 환상권, 단층권
② 고상권, 폐로권, 이층권
③ 개로권, 고상권, 이층권
④ 폐로권, 환상권, 이층권

|해설|
직류 발전기에서 널리 사용되는 전기자 권선법에는 고상권, 폐로권, 이층권, 중권이 있다.

답 ②

THEME 04 유기 기전력

1 유기 기전력

(1) 직류 발전기의 전기자 권선에 유기되는 유기 기전력은 전기자 권선에 쇄교되는 극당 자속 $\phi[\text{Wb}]$, 사용한 전기자 총 도체수 Z, 발전기의 회전 속도 $N[\text{rpm}]$에 비례하며, 다음과 같이 기전력이 발생된다.

$$E = \frac{pZ\phi}{60a}N[\text{V}]$$

(단, E: 유기 기전력[V], N: 회전 속도[rpm], a: 전기자 병렬 회로수, p: 극수)

(2) 위 식에서 전기자 병렬 회로수 a는 중권과 파권의 종류에 따라 나뉜다.
① 중권일 경우: $a = p$ (중권에서는 전기자 병렬 회로수와 극수가 항상 같다.)
② 파권일 경우: $a = 2$ (파권에서는 전기자 병렬 회로수가 항상 2이다.)

기출예제

중요도 매극 유효 자속이 $0.035[\text{Wb}]$, 전기자 총 도체수가 $152[\text{개}]$인 4극 중권 발전기를 1분당 $1,200[\text{회}]$의 속도로 회전시킬 때 유기 기전력[V]을 구하면?

① 약 96
② 약 106
③ 약 110
④ 약 116

| 해설 |
$E = \frac{pZ\phi}{60a}N = \frac{4 \times 152 \times 0.035}{60 \times 4} \times 1,200 = 106.4[\text{V}]$

답 ②

THEME 05 전기자 반작용

1 전기자 반작용의 정의

전기자 전류에 의해 발생한 자속이 계자에 의해 발생되는 주자속에 영향을 주어 자속이 일그러지면서 감소하는 현상이다. 다음 그림에서 (a)는 전기자에 전류가 흐르지 않아 주자속이 전혀 영향을 받지 않은 상태이고, 그림 (b)는 전기자에서 나오는 자속에 의해 계자 자속에 영향을 주는 상태를 설명한 것이다.

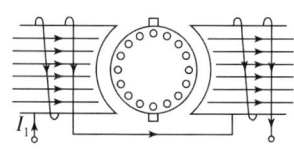 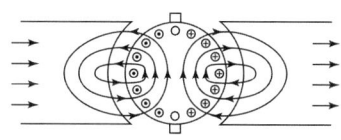

(a) 계자에 의한 자속만 있는 경우   (b) 전기자 전류에 의한 자속에 따른 영향

> 독학이 쉬워지는 기초개념

독학이 쉬워지는 기초개념

전기자 반작용으로 인한 중성축 이동

• 발전기의 경우

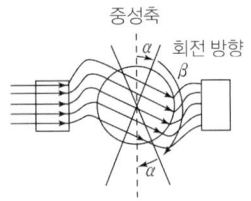

발전기의 경우 회전 방향으로 중성축이 이동

• 전동기인 경우

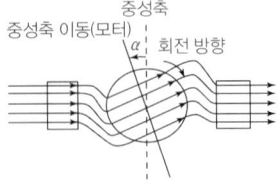

전동기의 경우 회전 반대방향으로 중성축이 이동

2 전기자 반작용의 영향

① 주자속 분포를 일그러뜨려 전기적인 중성축을 이동시킨다.
② 계자(주)자속을 감소시켜 유기 기전력을 감소시킨다.
③ 정류자 편간 전압이 국부적으로 높아져 불꽃이 발생한다.
④ 브러시 사이에 불꽃이 발생하여 정류 불량을 초래한다.

기출예제

직류기의 전기자 반작용의 영향이 아닌 것은?

① 주자속이 증가한다.
② 전기적 중성축이 이동한다.
③ 정류 작용에 악영향을 준다.
④ 정류자 편간 전압이 상승한다.

| 해설 |
전기자 반작용의 영향
• 주자속 분포를 일그러뜨려 전기적인 중성축을 이동시킨다.
• 계자(주)자속을 감소시켜 유기 기전력을 감소시킨다.
• 정류자 편간 전압이 국부적으로 높아져 불꽃이 발생한다.
• 브러시 사이에 불꽃이 발생하여 정류 불량을 초래한다.

답 ①

3 전기자 반작용의 분류

(1) 감자 작용

① 전기자 기자력이 계자 기자력에 반대 방향으로 작용하여 계자 자속이 감소하는 현상을 말한다. 이때 기자력의 크기를 감자 기자력이라고 한다.

② 극당 감자 기자력 AT_d

$$AT_d = \frac{2\alpha}{180°} \times \frac{Z}{2} \times \frac{I_a}{a} \times \frac{1}{p} = \frac{2\alpha}{180°} \times \frac{ZI_a}{2pa} [\text{AT/pole}]$$

(단, α: 브러시의 이동각, Z: 전기자 도체수, p: 극수, I_a: 전기자 전류[A], a: 전기자 병렬 회로 수)

③ 감자작용의 영향
  ㉠ 발전기: 자속(ϕ) 감소 → 기전력(E) 감소 → 단자 전압(V) 감소
  ㉡ 전동기: 자속(ϕ) 감소 → 회전수(N) 증가 → 토크(T) 감소

(2) 교차 작용(편자 작용)

① 전기자 기자력이 계자 기자력에 수직방향으로 작용하여 자속분포가 일그러지는 현상을 말한다. 이때 기자력의 크기를 교차 기자력이라 한다.

② 극당 교차 기자력 AT_c

$$AT_c = \frac{\beta}{180°} \times \frac{Z}{2} \times \frac{I_a}{a} \times \frac{1}{p} = \frac{180° - 2\alpha}{180°} \times \frac{ZI_a}{2pa} [\text{AT/pole}]$$

(단, $\beta = 180° - 2\alpha$, Z: 전기자 도체수, p: 극수, I_a: 전기자 전류[A], a: 전기자 병렬 회로 수)

4 전기자 반작용의 대책

(1) 보상 권선 설치(가장 좋은 방지 대책)
① 계자극의 철심 부분에 홈을 파고 전기자 권선과 직렬 연결한 권선을 말한다.
② 대부분의 전기자 반작용을 상쇄시킬 수 있는 가장 효과적인 방법이다.
③ 보상 권선에 흐르는 전류는 전기자 전류와 반대방향으로 흐르게 한다.

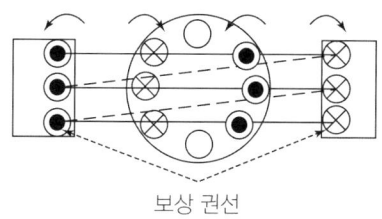

▲ 보상 권선 설치

(2) 보극 설치
① 계자극 부분의 계자극과 90° 위치의 빈 곳에 보극을 설치한 것으로, 보극의 권선은 전기자 권선과 직렬로 연결한 권선이다.
② 전기자 반작용에 의해 전기적 중성축 이동을 하지 못하도록 한다.

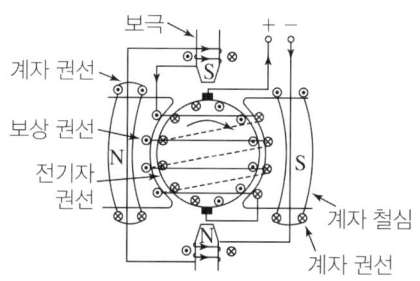

▲ 보상 권선과 보극

(3) 브러시 중성축 이동
① 보극이 없는 경우 브러시를 전기자 반작용에 의해 이동한 중성축으로 이동시킨다.
② 발전기는 회전 방향으로, 전동기는 회전 반대방향으로 이동시킨다.

기출예제

직류기에서 전기자 반작용을 상쇄시키기 위한 가장 좋은 방법은?
① 보상 권선의 전류 방향을 계자 전류 방향과 같게 한다.
② 보상 권선의 전류 방향을 계자 전류 방향과 반대로 한다.
③ 보상 권선의 전류 방향을 전기자 전류 방향과 같게 한다.
④ 보상 권선의 전류 방향을 전기자 전류 방향과 반대로 한다.

| 해설 |
계자극의 철심 부분에 홈을 파고 그 자리에 보상 권선을 전기자 전류와 반대방향으로 흐르도록 설치하여 전기자 전류에 의한 기자력을 상쇄시킨다.

답 ④

독학이 쉬워지는 기초개념

Tip 강의 꿀팁

보상 권선의 설치는 가장 좋은 전기자 반작용 상쇄법이에요.

THEME 06 정류 작용

1 정류 곡선

(1) 정류 작용
   ① 전기자 권선에서 유기되는 전류는 교류이므로 이를 직류로 변환시키는 것을 정류라 하며, 정류자 편수가 많을수록 직류의 맥동이 감소하고 평활한 직류 파형을 얻을 수 있다.
   ② 정류 특성에 따라 직선 정류, 정현 정류, 부족 정류, 과정류 등으로 구분한다.

(2) 정류 곡선
   ① 직선 정류(가장 이상적인 정류 작용)
   ② 부족 정류(브러시 말단 부분에서 불꽃 발생)
   ③ 정현 정류(양호한 정류 작용)
   ④ 과정류(브러시 앞단 부분에서 불꽃 발생)

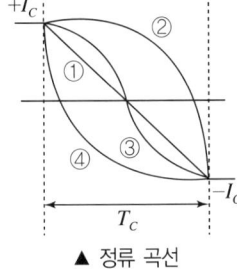

▲ 정류 곡선

2 정류 주기

(1) 정류 주기
   ① 코일이 브러시에 단락되는 순간부터 단락이 끝나는 시간을 말한다.
   ② 다음 그림과 같이 (a), (b), (c), (d) 순으로 정류가 진행된다.

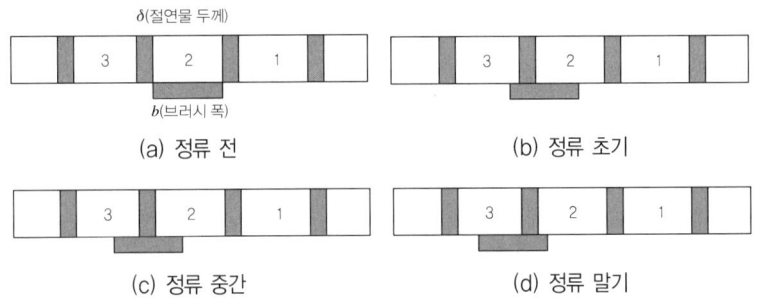

(2) 정류 주기 공식

$$T_c = \frac{b-\delta}{v} [\text{s}]$$

(단, b: 브러시 폭[m], δ: 절연물 두께[m], v: 정류자 주변속도[m/s])

3 평균 리액턴스 전압

정류를 진행하는 동안 정류 코일의 자기 인덕턴스 L에 의해 발생되는 리액턴스 전압 $e_L = L\frac{di}{dt}[\text{V}]$이다. 이때 정류 주기 T_c 동안, 전류는 $+I_c$에서 $-I_c$로 변하므로 리액턴스 전압은 다음과 같다.

주변속도
물체가 회전할 경우 최외각 지점의 속도
$v = \pi D \frac{N}{60} [\text{m/s}]$
(단, D: 회전자 직경[m], N: 분당 회전 속도[rpm])

$$e_L = L\frac{di}{dt} = L\frac{I_c - (-I_c)}{T_c} = L\frac{2I_c}{T_c}[\text{V}]$$

(단, I_c: 정류 코일의 전류[A])

4 양호한 정류 대책

① 코일의 자기 인덕턴스를 줄여 평균 리액턴스 전압을 감소시키기 위해 단절권으로 적용한다.
② 정류 주기를 길게 한다.(회전 속도를 낮춤)
③ 리액턴스 전압을 상쇄하기 위해 보극을 적당한 위치에 설치한다.(전압 정류 효과)
④ 접촉 저항이 큰 탄소 브러시를 사용한다.(저항 정류 효과)
⑤ 불꽃 없는 정류를 위한 조건: 브러시 접촉면 전압 강하(e_b) > 평균 리액턴스 전압(e_L)

기출예제

직류기에서 정류를 좋게 하기 위한 방법이 아닌 것은?

① 보상 권선을 설치하여 전기자 반작용을 보상한다.
② 보극을 설치하여 정류 전압을 얻어 리액턴스 전압을 보상한다.
③ 저항 정류를 위하여 브러시의 접촉 저항이 큰 것을 선정한다.
④ 자속 변화를 줄이기 위하여 자극 편의 모양을 좋게 하고 전기자 교차 기자력에 대한 자기 저항을 적게 하여 반작용 자속을 늘린다.

| 해설 |
양호한 정류 대책
• 코일의 자기 인덕턴스를 줄여 평균 리액턴스 전압을 감소시키기 위해 단절권으로 적용한다.
• 정류 주기를 길게 한다.(회전 속도를 낮춤)
• 리액턴스 전압을 상쇄하기 위해 보극을 적당한 위치에 설치한다.(전압 정류 효과)
• 접촉 저항이 큰 탄소 브러시를 사용한다.(저항 정류 효과)
• 불꽃 없는 정류를 위한 조건: 브러시 접촉면 전압 강하(e_b) > 평균 리액턴스 전압(e_L)

답 ④

THEME 07 직류 발전기의 종류

1 직류 발전기의 종류

직류 발전기의 종류는 여자 방식에 따라 다음과 같이 구분된다.

- 타여자 발전기
- 자여자 발전기
  - 분권 발전기
  - 직권 발전기
  - 복권 발전기
    - 차동 복권 발전기
    - 가동 복권 발전기
      - 평복권
      - 과복권
      - 부족복권

독학이 쉬워지는 기초개념

전기자 반작용에 의한 전압 강하(e_a)와 브러시 접촉 저항에 의한 전압 강하(e_b)를 고려할 경우 유기 기전력
$E = V + I_a R_a + e_a + e_b [\text{V}]$

타여자 발전기의 전류
전기자 전류 I_a = 부하전류 I

2 타여자 발전기

① 등가회로: 계자 회로가 독립되어 있고 전기자 회로와 분리되어 있는 발전기이다.

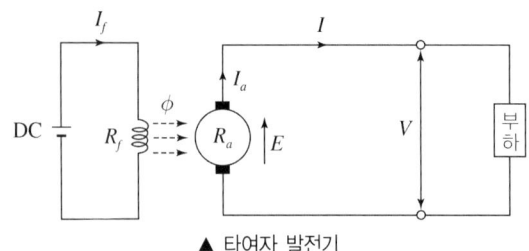

▲ 타여자 발전기

② 관련식

㉠ 유기 기전력

단자 전압이 $V[\text{V}]$이고, 전기자 저항 $R_a[\Omega]$에 흐르는 전기자 전류를 $I_a[\text{A}]$라고 할 때, 타여자 발전기에 유기되는 기전력 $E[\text{V}]$는 다음과 같다.

$$E = V + I_a R_a [\text{V}]$$

(단, I_a: 전기자 전류[A], R_a: 전기자 저항[Ω])

㉡ 전기자 전류

발전기의 출력을 $P[\text{W}]$라 할 때, 전기자에 흐르는 전류 $I_a[\text{A}]$는 부하에 흐르는 전류 $I[\text{A}]$와 같으므로 다음과 같이 구할 수 있다.

$$I_a = I = \frac{P}{V} [\text{A}]$$

③ 특징
㉠ 여자 전류를 외부에서 공급받으므로 잔류 자기가 필요 없다.
㉡ 계자에서 발생되는 자속이 부하와 상관없이 일정하여 정전압 특성을 보인다.
㉢ 전기자의 회전 방향이 반대가 되면 극성이 반대로 발전된다.

④ 용도
㉠ 대형 교류 발전기의 여자 전원용으로 사용된다.
㉡ 직류 전동기 속도 제어용 전원 등에 사용된다.

기출예제

중요도 직류 발전기의 종류 중에서 계자에 잔류 자기가 없더라도 스스로 발전할 수 있는 발전기는?

① 타여자 발전기 ② 직권 발전기
③ 분권 발전기 ④ 로토트롤

| 해설 |
타여자 발전기
• 여자 전류를 외부에서 공급받으므로 잔류 자기가 필요 없다.
• 계자에서 발생되는 자속이 부하와 상관없이 일정하여 정전압 특성을 보인다.
• 전기자의 회전 방향이 반대가 되면 극성이 반대로 발전된다.

답 ①

3 자여자 발전기

(1) 분권 발전기

① 등가회로: 계자와 전기자가 병렬로 접속되어 있는 발전기이다.

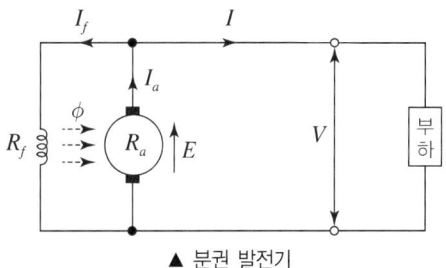

▲ 분권 발전기

② 관련식

㉠ 유기 기전력

$$E = V + I_a R_a [\text{V}]$$

㉡ 전기자 전류: 계자 전류 $I_f[\text{A}]$와 부하 전류 $I[\text{A}]$의 합과 같다.

$$I_a = I + I_f = \frac{P}{V} + \frac{V}{R_f} [\text{A}]$$

(단, R_f: 계자 저항$[\Omega]$)

③ 특징

㉠ 잔류 자기가 없을 경우 발전이 불가능하다.
㉡ 운전 중 서서히 단락시킬 경우 큰 단락 전류가 흐르나 서서히 감소하여 소전류가 흐른다.
㉢ 운전 중 전기자 회전 방향을 반대로 하면 잔류 자기가 소멸되어 발전이 불가능하다.
㉣ 운전 중 무부하가 될 경우 부하 전류 $I = 0$이 되어, 전기자 전류 I_a와 계자 전류 I_f가 같게 된다. 이로 인해 계자 권선에 큰 전류가 흘러 소손이 우려가 발생한다.
㉤ 운전 중 계자 회로를 갑자기 개방하면 계자 권선에 고전압이 발생하여 절연이 파괴될 수 있다.

④ 용도

㉠ 전기 화학용 축전지의 충전용 전원
㉡ 동기기의 여자용 전원

(2) 직권 발전기

① 등가회로: 계자와 전기자가 직렬로 접속되어 있는 발전기이다.

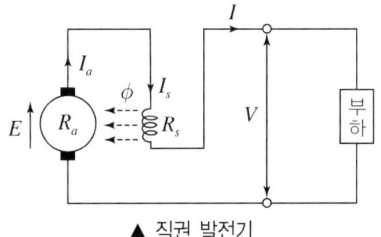

▲ 직권 발전기

독학이 쉬워지는 기초개념

자여자
여자 전류를 자기 회로(내 것)에서 공급

강의 꿀팁

분권 발전기는 타여자 발전기에 비해 전압 변동(률)이 커요.

독학이 쉬워지는 기초개념

Tip 강의 꿀팁

직권 계자 전류는 다른 계자 전류와 구분하기 위해 $I_s[A]$로 표현하기도 해요.

② 관련식
　ⓐ 유기 기전력

$$E = V + I_a R_a + I_s R_s = V + I(R_a + R_s)[V]$$

(단, I_s: 직권 계자 전류[A], R_s: 직권 계자 저항[Ω])

　ⓑ 전기자 전류: 계자와 전기자가 직렬로 접속되어 있어 부하 전류 $I[A]$, 직권 계자 전류 $I_s[A]$와 크기가 같다.

$$I_a = I_s = I = \frac{P}{V}[A]$$

③ 특징
　ⓐ 직렬 회로이므로 부하에 따라 전압 변동이 심하다.
　ⓑ 무부하 시 폐회로가 되지 않아 여자되지 않으므로 발전이 되지 않는다.

④ 용도: 선로의 전압 강하 보상 용도의 승압기

기출예제

중요도 무부하 상태에서 자기 여자로 전압을 유기시키지 못하는 발전기는?

① 타여자 발전기　　　② 직권 발전기
③ 분권 발전기　　　　④ 차동 복권 발전기

| 해설 |
직권 발전기
- 계자와 전기자가 직렬로 접속되어 있는 발전기이다.
- 직렬 회로이므로 부하에 따라 전압 변동이 심하다.
- 무부하 시 폐회로가 되지 않아 여자되지 않으므로 발전이 되지 않는다.
- 선로의 전압 강하 보상 용도의 승압기로 사용된다.

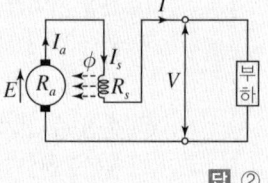

답 ②

(3) 복권 발전기

① 등가회로: 전기자와 직권 계자가 직렬로 접속되어 있고 전기자와 분권 계자가 병렬로 접속되어 있는 발전기이다. 이때 분권 계자의 연결 방법에 따라 내분권과 외분권으로 나누어진다. 또한, 직권 계자와 분권 계자에 의한 자속의 연결 방향에 따라 가동 복권과 차동 복권으로 나누어진다.

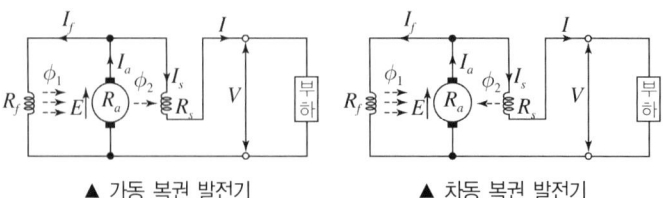

▲ 가동 복권 발전기　　　　▲ 차동 복권 발전기

② 내분권 발전기
  ㉠ 유기 기전력
  $$E = V + I_a R_a + I_s R_s [\text{V}]$$
  ㉡ 전기자 전류: 계자 전류 $I_f[\text{A}]$와 부하 전류 $I[\text{A}]$의 합과 같다.
  $$I_a = I_f + I_s = I_f + I[\text{A}] (\because I_s = I)$$

③ 외분권 발전기
  ㉠ 유기 기전력
  $$E = V + I_a(R_a + R_s)[\text{V}]$$
  ㉡ 전기자 전류: 계자 전류 I_f와 부하 전류 I의 합과 같다.
  $$I_a = I_s = I + I_f[\text{A}]$$

④ 특징
  ㉠ 외분권 발전기는 다음과 같은 특성이 있다.
    • 직권 계자 단락 시 분권 발전기로 사용 가능
    • 분권 계자 개방 시 직권 발전기로 사용 가능
  ㉡ 수하 특성: 부하 증가 시 단자 전압이 현저하게 강하하고, 부하 전류가 급격히 감소되어 전류가 일정해지는 정전류 특성(차동 복권 발전기)

⑤ 용도: 차동 복권 발전기는 수하 특성을 이용한 용접용 발전기에 이용한다.

독학이 쉬워지는 기초개념

내분권과 외분권

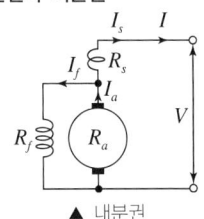
▲ 내분권

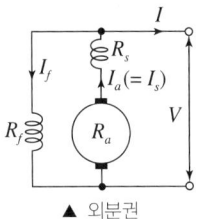
▲ 외분권

Tip 강의 꿀팁

수하 특성을 묻는 문제는 차동 복권 발전기를 찾으면 돼요.

기출예제

용접용으로 사용되는 직류 발전기의 특성 중에서 가장 중요한 것은?

① 과부하에 견딜 것
② 전압 변동률이 적을 것
③ 경부하일 때 효율이 좋을 것
④ 전류에 대한 전압 특성이 수하 특성일 것

| 해설 |
수하 특성
• 부하 증가 시 단자 전압이 현저하게 강하하고, 부하 전류가 급격히 감소되어 전류가 일정해지는 정전류 특성(차동 복권 발전기)
• 용접용 발전기 등에 수하 특성을 이용한다.

답 ④

독학이 쉬워지는 기초개념

THEME 08   직류 발전기의 특성 곡선

1 직류 발전기의 특성 곡선

(1) **무부하 특성 곡선**: 직류 발전기가 정격 속도의 무부하 상태에서 계자 전류(I_f) 변화에 따른 유기 기전력(E)의 변화 특성 곡선으로서 발전기의 고유한 특성을 파악할 수 있는 곡선이다.

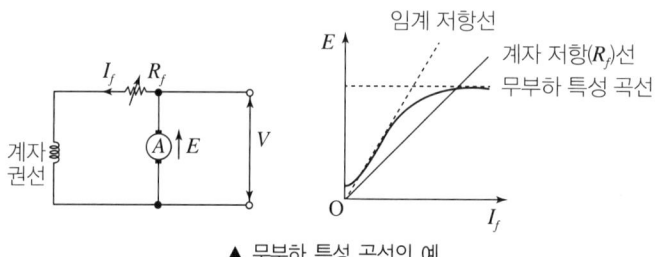

▲ 무부하 특성 곡선의 예

(2) **부하 특성 곡선**: 직류 발전기가 정격 속도의 전부하 상태에서 계자 전류(I_f) 변화에 따른 발전기 단자 전압(V)의 변화 특성 곡선이다.

(3) **외부 특성 곡선**: 직류 발전기가 정격 속도에서 부하를 걸었을 때 발전기의 종류에 따라 변화하는 부하 전류(I)와 단자 전압(V)의 관계를 나타낸 곡선이다.

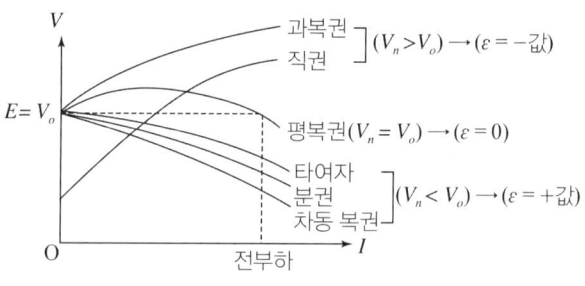

▲ 발전기 종류별 외부 특성 곡선

2 발전기의 종류별 특성 곡선

(1) 타여자 발전기
① 무부하 특성 곡선
㉠ 그림에서 직선 영역에 해당하는 AB 구간은 계자 전류에 비례하여 유기 기전력이 증가한다. 그러나 BC 구간에서는 자기 포화의 영향을 받아 더 이상 계자 전류에 비례하며 유도전압이 증가하지 못하는데, 이 구간을 포화 영역이라고 한다.
㉡ 계자 전류가 0이 되어도 잔류 자기에 의한 유기 기전력이 발생하는데, 이를 잔류 전압(E_r)이라 한다.

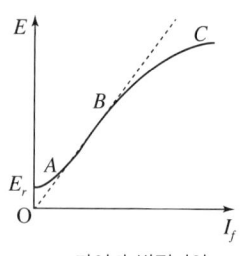

▲ 타여자 발전기의 무부하 특성 곡선

> **Tip 강의 꿀팁**
> 발전기의 종류별 특성 곡선은 너무 깊게 학습하지 않아도 돼요.

② 외부 특성 곡선
　㉠ 부하 전류 $I[A]$와 단자 전압 $V[V]$의 관계를 보여주는 곡선으로, 부하 전류가 커질수록 단자 전압이 줄어드는 특성이 있다.
　㉡ 전기자 권선 저항 $R_a[\Omega]$에 의한 전압 강하 $I_aR_a[V]$와, 전기자 반작용에 의한 전압 강하 $e_a[V]$, 브러시 접촉저항에 의한 전압 강하 $e_b[V]$이 발생하기 때문이다.

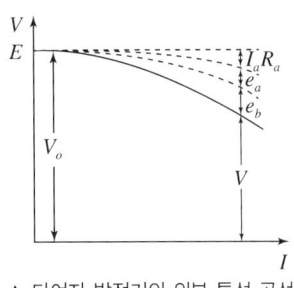

▲ 타여자 발전기의 외부 특성 곡선

V_o: 무부하 정격전압[V]

(2) 분권 발전기
① 무부하 특성 곡선
　㉠ 그림은 분권 발전기의 무부화 포화 곡선을 나타낸다. 직선 $\overline{ON_1}$을 무부하 정격전압에서 계자 저항선이라 한다.
　㉡ 임계 저항선
　　계자 회로의 저항을 더욱 증가시킬 경우 계자 저항선은 무부하 특성 곡선과 겹치게 된다. 이때 겹치는 교점 m_3부터 m_4구간까지의 단자 전압은 매우 불안정하게 된다. 이때의 저항을 임계 저항이라고 하며, 직선 $\overline{ON_3}$를 임계 저항선이라 한다.
　㉢ 전압의 확립
　　잔류 자기에 의해 계자 전류가 증가하여 단자 전압이 상승하는 현상을 말한다.
　㉣ 전압 확립의 조건
　　• 잔류 자기가 있을 것
　　• 계사 저항이 임계 저항보다 작을 것
　　• 잔류 자속과 계자 자속의 방향이 같을 것(잔류 자기 소멸 방지)

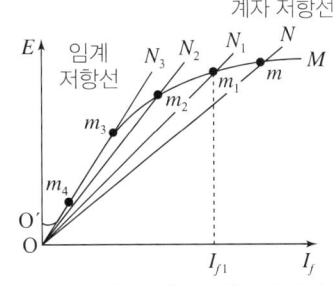

▲ 분권 발전기의 무부하 특성 곡선

• 계자 저항을 감소시킬 경우 계자 저항선은 오른쪽(직선 $\overline{ON}$)으로 이동하여 단자 전압이 상승
• 계자 저항을 증가시킬 경우 계자 저항선이 왼쪽(직선 $\overline{ON_2}$)로 이동하여 단자 전압이 감소

② 외부 특성 곡선
　㉠ 부하 전류가 커질수록 단자 전압이 줄어드는 특성이 있다.
　㉡ 부하를 증가시켜 과부하로 운전할 경우 전압강하는 급격하게 증가하게 된다. 부하를 더욱 증가시켜 최대 부하 전류점 N을 넘을 경우 부하 전류는 오히려 감소하게 되며, 최종적으로는 S에 도달하게 된다.

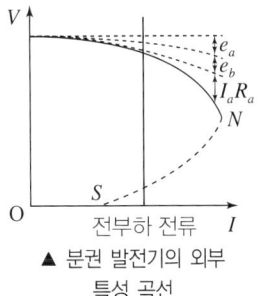

▲ 분권 발전기의 외부 특성 곡선

(3) 직권 발전기
① 무부하 시 부하 전류 $I=0[A]$이므로 계자 전류 $I_s=0[A]$이 된다. 즉, 자기 여자에 의한 전압 확립이 일어나지 않아 무부하 특성 곡선을 얻지 못한다.

> **독학이 쉬워지는 기초개념**
>
> **직권 발전기의 전류**
> 부하 전류 I = 전기자 전류 I_a
> = 직권 계자 전류 I_s

② 외부 특성 곡선

그림은 직권 발전기의 외부 특성 곡선을 나타내고 있다. 점선 곡선은 직권 발전기를 타여자 발전기로 운전하여 구한 무부하 특성 곡선을 의미하며, 두 곡선의 차이는 부하 전류에 의한 전압 강하를 의미한다.

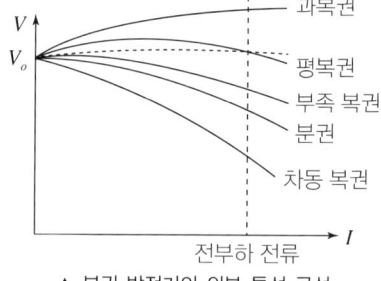

▲ 직권 발전기의 외부 특성 곡선

(4) 복권 발전기

① 분권 계자와 직권 계자를 가지고 있으므로 직권 발전기와 다르게 무부하 시에도 자기 여자 확립이 가능하다.

② 외부 특성 곡선

㉠ 가동 복권 발전기
- 과복권 발전기: 전부하 전압이 무부하 전압보다 높은 특성을 가지는 발전기
- 평복권 발전기: 전부하 전압이 무부하 전압과 같은 특성을 가지는 발전기

㉡ 차동 복권 발전기: 부하 증가 시 단자 전압이 현저하게 강하하고, 부하 전류가 급격히 감소되어 전류가 일정해지는 정전류 특성

▲ 복권 발전기의 외부 특성 곡선

기출예제

직류 발전기의 외부 특성 곡선에서 나타내는 관계로 옳은 것은?

① 계자 전류와 단자 전압
② 계자 전류와 부하 전류
③ 부하 전류와 단자 전압
④ 부하 전류와 유기 기전력

| 해설 |

직류 발전기가 정격 속도에서 부하를 걸었을 때 발전기의 종류에 따라 변화하는 부하 전류(I)와 단자 전압(V)의 관계를 나타낸 곡선이다.

구분	가로축	세로축
무부하 특성 곡선	계자 전류 I_f	유기 기전력 E (무부하 단자 전압 V)
부하 특성 곡선	계자 전류 I_f	단자 전압 V
외부 특성 곡선	부하 전류 I	단자 전압 V
내부 특성 곡선	부하 전류 I	유기 기전력 E

답 ③

THEME 09 전압 변동률

1 전압 변동률

(1) 정의

발전기에 부하를 연결하였을 때 전압 강하에 의해 발전기 단자 전압에는 전압 변동이 생기는데, 이 비율을 전압 변동률이라고 한다.

(2) 전압 변동률

$$\varepsilon = \frac{V_o - V_n}{V_n} \times 100 [\%]$$

(단, V_o: 무부하 시 단자 전압[V], V_n: 정격 부하 시 단자 전압[V])

기출예제

정격 전압이 $180[\text{V}]$이고, 무부하 시 전압이 $200[\text{V}]$인 발전기의 전압 변동률은 약 몇 [%]인가?

① 9   ② 10   ③ 11   ④ 12

| 해설 |

$$\varepsilon = \frac{V_o - V_n}{V_n} \times 100 = \frac{200 - 180}{180} \times 100 = 11.11 [\%]$$

답 ③

2 발전기 종류에 따른 전압 변동률

전압 변동률	전압의 크기	발전기의 종류
$\varepsilon(+)$	$V_o > V_n$	• 타여자 발전기 • 분권 발전기 • 차동 복권 발전기
$\varepsilon = 0$	$V_o = V_n$	• 평복권 발전기
$\varepsilon(-)$	$V_o < V_n$	• 직권 발전기 • 과복권 발전기

THEME 10 직류 발전기의 병렬 운전

1 병렬 운전

(1) 병렬 운전 조건
   ① 정격(단자)전압 및 극성(+, -)이 같을 것
   ② 외부 특성 곡선이 약간의 수하 특성을 가질 것

(2) 발전기의 부하 분담
   ① 발전기를 병렬 연결할 경우 유기 기전력이 큰 발전기가 부하 분담이 크다.
   ② 부하 분담을 높이려는 경우
      ㉠ 계자 저항기를 이용하여 계자 저항을 낮춰 계자를 강하게 한다.
      ㉡ 계자 전류가 증가하여 자속도 함께 증가하므로 기전력이 증가하여 부하 분담을 높일 수 있다.
   ③ 부하 분담을 낮추려는 경우
      ㉠ 계자저항기를 이용하여 계자 저항을 높여 계자를 약하게 한다.
      ㉡ 계자 전류가 감소하여 자속도 함께 감소하므로 기전력이 감소하여 부하 분담을 낮출 수 있다.

(3) 직권 발전기와 복권 발전기의 병렬 운전
   두 발전기의 기전력과 전압 강하 등이 동일하지 않을 때 기전력이 큰 발전기가 모든 부하 분담을 가지게 된다. 이를 방지하기 위해 균압선을 반드시 설치하여야 병렬 운전을 안전하게 할 수 있다.

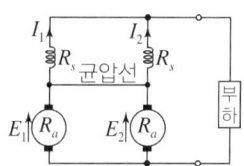

▲ 균압선의 설치

독학이 쉬워지는 기초개념

- 부하 분담이 큰 발전기: 계자 전류 (I_f) 증가
- 부하 분담이 작은 발전기: 계자 전류 (I_f) 감소

기출예제

중요도
직류 발전기를 병렬 운전할 때 발전기의 계자 전류를 변화시키면 부하 분담은 어떻게 되는가?

① 계자 전류를 감소시키면 부하 분담이 작아진다.
② 계자 전류를 증가시키면 부하 분담이 작아진다.
③ 계자 전류를 감소시키면 부하 분담이 커진다.
④ 계자 전류와는 무관하다.

| 해설 |
직류 발전기의 부하 분담
- 부하 분담을 높이려는 경우
  - 계자 저항기를 이용하여 계자 저항을 낮춰 계자를 강하게 한다.
  - 계자 전류가 증가하여 자속도 함께 증가하므로 기전력이 증가하여 부하 분담을 높일 수 있다.
- 부하 분담을 낮추려는 경우
  - 계자 저항기를 이용해 계자 저항을 높여 계자를 약하게 한다.
  - 계자 전류가 감소하여 자속도 함께 감소하므로 기전력이 감소하여 부하 분담을 낮출 수 있다.

답 ①

독학이 쉬워지는 기초개념

CHAPTER 01 CBT 적중문제

01
직류 발전기에서 자속을 끊어 기전력을 유기시키는 부분을 무엇이라고 하는가?

① 계자
② 계철
③ 전기자
④ 정류자

해설
- 계자: 직류 전류를 흘리면 자속을 발생시키는 부분
- 전기자: 계자에서 발생된 자속을 끊어 기전력을 유도시키는 부분
- 정류자: 전기자에서 유기된 교류 기전력을 직류로 변환하는 부분

02
직류기에서 공극을 사이에 두고 전기자와 함께 자기 회로를 형성하는 것은?

① 계자
② 슬롯
③ 정류자
④ 브러시

해설
계자는 자속을 만드는 부분으로, 전기자와 함께 자기 회로를 형성한다.

03
브러시 홀더는 브러시를 정류자 면의 적당한 위치에서 스프링에 의해 항상 일정한 압력으로 정류자 면에 접촉해야 하는데, 가장 적당한 압력[kg/cm²]은?

① 0.01 ~ 0.15
② 0.5 ~ 1
③ 0.15 ~ 0.25
④ 1 ~ 2

해설
브러시의 정류자 면 접촉 압력: 0.15 ~ 0.25[kg/cm²]

04
직류기에 탄소 브러시를 사용하는 주된 이유는?

① 고유 저항이 작기 때문에
② 접촉 저항이 작기 때문에
③ 접촉 저항이 크기 때문에
④ 고유 저항이 크기 때문에

해설
직류기에 탄소 브러시를 사용하는 이유는 접촉 저항이 커서 정류 코일의 단락 전류를 억제하여 양호한 정류가 가능하기 때문이다.

05
직류 발전기의 유기 기전력이 $230[\text{V}]$, 극수가 4, 정류자 편수가 162인 정류자 편간 평균 전압은 약 몇 [V]인가?(단, 권선법은 중권이다.)

① 5.68
② 6.28
③ 9.42
④ 10.2

해설
정류자 편간 평균 전압
$$e_a = \frac{pE}{k} = \frac{4 \times 230}{162} = 5.68[\text{V}]$$

| 정답 | 01 ③ 02 ① 03 ③ 04 ③ 05 ①

06

직류기의 전기자에 사용되지 않는 권선법은?

① 이층권
② 고상권
③ 폐로권
④ 단층권

해설 직류 발전기에서 주로 사용되는 권선법

직류 발전기의 전기자 권선법은 주로 고상권, 폐로권, 이층권, 중권, 파권을 채용한다.

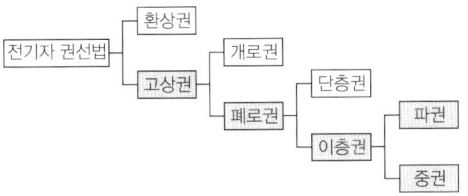

07

직류기의 전기자 권선법으로 주로 사용되는 것은?

① 환상권, 폐로권, 이층권
② 고상권, 폐로권, 이층권
③ 환상권, 개로권, 단층권
④ 고상권, 개로권, 이층권

해설 직류 발전기에서 주로 사용되는 권선법

직류 발전기의 전기자 권선법은 주로 고상권, 폐로권, 이층권, 중권, 파권을 채용한다.

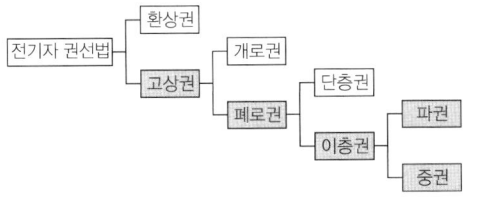

08

직류기의 권선법에 대한 설명으로 옳지 않은 것은?

① 전기자 권선에 환상권은 거의 사용되지 않는다.
② 전기자 권선에는 고상권이 주로 사용된다.
③ 정류를 양호하게 하기 위해 단절권이 이용된다.
④ 저전압, 대전류 직류기에는 파권이 적당하며 고전압, 소전류 직류기에는 중권이 적당하다.

해설
- 파권: 전기자 권선이 직렬식으로 구성되므로 고전압, 소전류용으로 적당하다.
- 중권: 전기자 권선이 병렬식으로 구성되므로 저전압, 대전류용으로 적당하다.

09

직류기 권선법에 대한 설명으로 옳지 않은 것은?

① 단중 파권은 균압환이 필요하다.
② 단중 중권의 병렬 회로수는 극수와 같다.
③ 소전류·고전압 출력은 파권이 유리하다.
④ 단중 파권의 유기 전압은 단중 중권의 $\frac{P}{2}$이다.

해설 파권과 중권의 비교

구분	파권(직렬권)	중권(병렬권)
병렬 회로수(a)	2	극수(p)와 같음
브러시 수(b)	2	극수(p)와 같음
균압환	필요 없음	필요함(4극 이상인 경우)
용도	소전류, 고전압	대전류, 저전압
다중도 m인 경우 병렬 회로수	$2m$	mp

| 정답 | 06 ④ 07 ② 08 ④ 09 ①

10
직류기의 전기자 권선에 있어 m중 중권일 때 내부 병렬 회로수 a는?(단, a: 내부 병렬 회로수, p: 극수이다.)

① $a = \dfrac{p}{m}$ ② $a = \dfrac{m}{p}$

③ $a = mp$ ④ $a = p - m$

해설
- 중권의 병렬 회로수: $a = p$
- 다중도 m을 고려한 중권의 병렬 회로수: $a = mp$

11
직류기의 권선을 단중 중권으로 하였을 때, 이에 대한 설명으로 옳지 않은 것은?

① 전기자 권선의 병렬 회로수는 극수와 같다.
② 브러시 수는 2개이다.
③ 전압이 낮고, 비교적 전류가 큰 기기에 적합하다.
④ 균압선 접속을 할 필요가 있다.

해설 파권과 중권의 비교

구분	파권(직렬권)	중권(병렬권)
병렬 회로수(a)	2	극수(p)와 같음
브러시 수(b)	2	극수(p)와 같음
균압환	필요 없음	필요함(4극 이상인 경우)
용도	소전류, 고전압	대전류, 저전압
다중도 m인 경우 병렬 회로수	$2m$	mp

12
전기자 도체의 총수 400, 10극 단중 파권으로 매극의 자속수가 $0.02[\text{Wb}]$인 직류 발전기가 $1{,}200[\text{rpm}]$의 속도로 회전할 때 유도 기전력$[\text{V}]$은?

① 700 ② 720
③ 750 ④ 800

해설
유기 기전력
$$E = \frac{pZ\phi}{60a}N = \frac{10 \times 400 \times 0.02}{60 \times 2} \times 1{,}200 = 800[\text{V}]$$
($\because$ 파권이므로 $a = 2$)

13
극수 p, 파권, 전기자 도체수가 Z인 직류 발전기를 $N[\text{rpm}]$의 회전 속도로 무부하 운전할 때 기전력이 $E[\text{V}]$이다. 1극당 주자속$[\text{Wb}]$은?

① $\dfrac{120E}{pZN}$ ② $\dfrac{120Z}{pEN}$

③ $\dfrac{120ZN}{pE}$ ④ $\dfrac{120pZ}{EN}$

해설
- 유기 기전력
$$E = \frac{pZ\phi}{60a}N[\text{V}]$$
- 1극당 주자속
$$\phi = \frac{60aE}{pZN} = \frac{60 \times 2 \times E}{pZN} = \frac{120E}{pZN}[\text{Wb}]$$
($\because$ 파권이므로 $a = 2$)

14

전기자 지름 0.1[m]의 직류 발전기가 1.5[kW]의 출력에서 1,700[rpm]으로 회전하고 있을 때 전기자 주변 속도는 약 몇 [m/s]인가?

① 8.9
② 9.80
③ 10.89
④ 11.80

해설
전기자 주변 속도
$v = \pi D \dfrac{N}{60} = \pi \times 0.1 \times \dfrac{1,700}{60} = 8.9[\text{m/s}]$

15

극수가 24일 때 전기각 180°에 해당되는 기하각은?

① 7.5°
② 15°
③ 22.5°
④ 30°

해설
기하각 = 전기각 $\times \dfrac{2}{p} = 180° \times \dfrac{2}{24} = 15°$

16

직류기의 전기자 반작용에 의한 영향이 아닌 것은?

① 자속이 감소하므로 유기 기전력이 감소한다.
② 발전기의 경우 회전 방향으로 기하학적 중성축이 형성된다.
③ 전동기의 경우 회전 방향과 반대방향으로 기하학적 중성축이 형성된다.
④ 브러시에 의해 단락된 코일에는 기전력이 발생하므로 브러시 사이의 유기 기전력이 증가한다.

해설 전기자 반작용의 영향
- 주자속 분포를 일그러뜨려 전기적인 중성축을 이동시킨다.
- 계자(주)자속을 감소시켜 유기 기전력을 감소시킨다.
- 정류자 편간 전압이 국부적으로 높아져 불꽃이 발생한다.
- 브러시 사이에 불꽃이 발생하여 정류 불량을 초래한다.

17

직류기의 전기자 반작용 결과가 아닌 것은?

① 주자속이 감소한다.
② 전기적 중성축이 이동한다.
③ 주자속에 영향을 미치지 않는다.
④ 정류자 편 사이의 전압이 불균일하게 된다.

해설 전기자 반작용의 영향
- 주자속 분포를 일그러뜨려 전기적인 중성축을 이동시킨다.
- 계자(주)자속을 감소시켜 유기 기전력을 감소시킨다.
- 정류자 편간 전압이 국부적으로 높아져 불꽃이 발생한다.
- 브러시 사이에 불꽃이 발생하여 정류 불량을 초래한다.

18

직류기에서 전기자 반작용이란 전기자 권선에 흐르는 전류로 인해 생긴 자속이 무엇에 영향을 주는 현상인가?

① 감자 작용만을 하는 현상
② 편자 작용만을 하는 현상
③ 계자극에 영향을 주는 현상
④ 모든 부분에 영향을 주는 현상

해설 전기자 반작용의 정의
전기자 전류에 의해 발생한 자속이 계자에 의해 발생되는 주자속에 영향을 주어 자속이 일그러지면서 감소하는 현상이다.

19

직류기에서 전기자 반작용 중 감자 기자력 AT_d[AT/pole]는 어떻게 표시되는가?(단, α: 브러시의 이동각, Z: 전기자 도체수, p: 극수, I_a: 전기자 전류, a: 전기자 병렬 회로수 이다.)

① $AT_d = \dfrac{180°}{\alpha} \times \dfrac{Z}{p} \times \dfrac{I_a}{a}$

② $AT_d = \dfrac{\alpha}{180°} \times \dfrac{Z}{p} \times \dfrac{I_a}{a}$

③ $AT_d = \dfrac{180°}{90°-\alpha} \times \dfrac{Z}{p} \times \dfrac{I_a}{a}$

④ $AT_d = \dfrac{90°-\alpha}{180°} \times \dfrac{Z}{p} \times \dfrac{I_a}{a}$

해설

- 감자 기자력

$$AT_d = \dfrac{2\alpha}{180°} \times \dfrac{Z}{2} \times \dfrac{I_a}{a} \times \dfrac{1}{p}$$
$$= \dfrac{\alpha}{180°} \times \dfrac{Z}{p} \times \dfrac{I_a}{a} \text{ [AT/pole]}$$

- 교차 기자력

$$AT_c = \dfrac{\beta}{180°} \times \dfrac{Z}{2} \times \dfrac{I_a}{a} \times \dfrac{1}{p}$$
$$= \dfrac{\beta}{180°} \times \dfrac{Z}{2p} \times \dfrac{I_a}{a} \text{ [AT/pole]}$$

(단, $\beta = 180° - 2\alpha$)

20

직류기의 전기자 반작용 중 교차 자화 작용을 근본적으로 없애는 실제적인 방법은?

① 보극 설치
② 브러시의 이동
③ 계자 전류 조정
④ 보상 권선 설치

해설 전기자 반작용 방지 대책

- 보상 권선 설치(가장 좋은 방지 대책)
- 보극 설치
- 브러시 중성축 이동

21

직류기에서 전기자 반작용을 방지하기 위한 보상 권선의 전류 방향은?

① 계자 전류의 방향과 같다.
② 계자 전류 방향과 반대이다.
③ 전기자 전류 방향과 같다.
④ 전기자 전류 방향과 반대이다.

해설 보상 권선

- 전기자 전류의 기자력을 상쇄시켜 전기자 반작용의 영향을 감소시키는 권선이다.
- 전기자 권선과 직렬로 설치하며 전기자 전류 방향과 반대로 전류를 흘려 전기자 전류의 기자력을 상쇄시킨다.

22

직류기에 보극을 설치하는 목적은?

① 정류 개선
② 토크의 증가
③ 회전수 일정
④ 기동 토크의 증가

해설 직류기에서 보극의 역할

- 전기자 전류에 의해 정류 전압을 얻는다.
- 리액턴스 전압을 상쇄시킬 수 있으므로 정류 작용이 잘 되게 해 준다.
- 전기적 중성축의 이동을 막는 역할도 한다.

23

보극이 없는 직류 발전기에서 부하의 증가에 따라 브러시의 위치를 어떻게 해야 하는가?

① 그대로 둔다.
② 계자극의 중간에 놓는다.
③ 발전기의 회전 방향으로 이동시킨다.
④ 발전기의 회전 방향과 반대로 이동시킨다.

해설

보극이 없는 경우 브러시를 전기자 반작용에 의해 이동한 중성축으로 이동시킨다.
- 발전기의 경우: 발전기의 회전 방향으로 브러시 이동
- 전동기의 경우: 전동기의 회전 반대방향으로 브러시 이동

24

직류기의 정류 작용에서 전압 정류를 하고자 할 때 어떻게 해야 하는가?

① 계자를 이동시킨다.
② 보극을 설치한다.
③ 탄소 브러시를 단락시킨다.
④ 환상 권선을 분리시킨다.

해설
- 전압 정류: 리액턴스 전압을 상쇄하기 위해 보극을 적당한 위치에 설치한다.
- 저항 정류: 접촉 저항이 큰 탄소 브러시를 사용한다.

25

불꽃 없는 정류를 하기 위해 평균 리액턴스 전압(A)과 브러시 접촉면 전압 강하(B) 사이에 필요한 조건은?

① $A > B$
② $A < B$
③ $A = B$
④ A, B에 관계 없다.

해설

불꽃 없는 정류를 하기 위해 평균 리액턴스 전압(A)을 작게 하고, 탄소 브러시를 사용하여 접촉 저항(B)을 크게 한다.

26

다음은 직류 발전기의 정류 곡선이다. 이 중에서 정류 말기에 정류의 상태가 좋지 않은 것은?

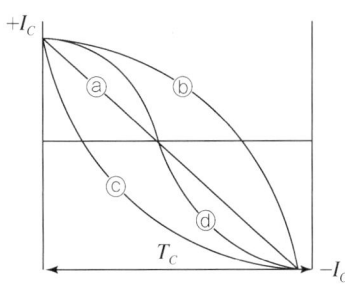

① ⓐ
② ⓑ
③ ⓒ
④ ⓓ

해설 직류 발전기 정류 곡선

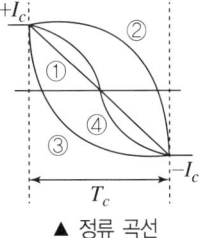

▲ 정류 곡선

① 직선 정류(가장 이상적인 정류 작용)
② 부족 정류(브러시 말단 부분에서 불꽃 발생)
③ 과정류(브러시 앞단 부분에서 불꽃 발생)
④ 정현 정류(양호한 정류 작용)

따라서 정류 말기에 정류의 상태가 좋지 않은 것은 부족 정류인 ⓑ가 된다.

27
직류기에서 양호한 정류를 얻는 조건으로 틀린 것은?

① 정류 주기를 크게 한다.
② 브러시의 접촉 저항을 크게 한다.
③ 전기자 권선의 인덕턴스를 작게 한다.
④ 평균 리액턴스 전압을 브러시 접촉면 전압 강하보다 크게 한다.

해설 양호한 정류 대책
- 코일의 자기 인덕턴스를 줄여 평균 리액턴스 전압을 감소시키기 위해 단절권으로 적용한다.
- 정류 주기를 길게 한다.(회전 속도를 낮춤)
- 리액턴스 전압을 상쇄하기 위해 보극을 적당한 위치에 설치한다.(전압 정류 효과)
- 접촉 저항이 큰 탄소 브러시를 사용한다.(저항 정류 효과)
- 불꽃 없는 정류를 위한 조건: 브러시 접촉면 전압 강하(e_b) > 평균 리액턴스 전압(e_L)

28
직류 발전기에 있어 계자 철심에 잔류 자기가 없어도 발전되는 직류기는?

① 분권 발전기 ② 직권 발전기
③ 타여자 발전기 ④ 복권 발전기

해설 타여자 발전기
- 구조: 계자 회로가 독립되어 있고 전기자 회로와 분리되어 있는 발전기
- 특징
  - 여자 전류를 외부에서 공급받으므로 잔류 자기가 필요 없다.
  - 계자에서 발생되는 자속이 부하와 상관없이 일정하므로 정전압 특성을 보인다.
  - 전기자의 회전 방향이 반대가 되면 극성이 반대로 발전된다.
- 용도
  - 대형 교류 발전기의 여자 전원용
  - 직류 전동기 속도 제어용 전원 등에 사용

29
직류 타여자 발전기의 부하 전류와 전기자 전류의 크기는?

① 부하 전류가 전기자 전류보다 크다.
② 전기자 전류가 부하 전류보다 크다.
③ 전기자 전류와 부하 전류가 같다.
④ 전기자 전류와 부하 전류는 항상 0이다.

해설 타여자 발전기
- 외부에서 계자 전류를 공급하므로 잔류 자기가 필요 없다.
- 전기자 전류와 부하 전류는 같다.($I_a = I$)

30
계자 권선이 전기자에 병렬로만 연결된 직류기는?

① 분권기 ② 직권기
③ 복권기 ④ 타여자기

해설 직류 발전기의 종류
- 타여자 발전기: 독립된 직류 전원에 의해 여자되는 발전기
- 분권 발전기: 계자 권선이 전기자에 병렬로 있는 발전기
- 직권 발전기: 계자 권선이 전기자에 직렬로 있는 발전기
- 복권 발전기: 계자 권선이 전기자에 직렬 및 병렬로 있는 발전기

| 정답 | 27 ④ 28 ③ 29 ③ 30 ①

31

정격 전압 100[V], 정격 전류 50[A]인 분권 발전기의 유기 기전력은 몇 [V]인가?(단, 전기자 저항 0.2[Ω], 계자 전류 및 전기자 반작용은 무시한다.)

① 110
② 120
③ 125
④ 127.5

해설
- 전기자 전류
  $I_a = I + I_f ≒ I = 50[A]$ (∵ 계자 전류 무시)
- 유기 기전력
  $E = V + I_a R_a = 100 + 50 \times 0.2 = 110[V]$

32

계자 저항 50[Ω], 계자 전류 2[A], 전기자 저항 3[Ω]인 분권 발전기가 무부하 상태에서 정격 속도로 회전할 때 유기 기전력[V]은?

① 106
② 112
③ 115
④ 120

해설
- 단자 전압
  $V = I_f R_f = 2 \times 50 = 100[V]$
- 분권 발전기에서 무부하 시 전기자 전류
  $I_a = I + I_f = 0 + I_f = I_f$ (∵ $I = 0$)
- 유기 기전력
  $E = V + I_a R_a = V + I_f R_a = 100 + 2 \times 3 = 106[V]$

33

직류 분권 발전기에 대한 설명으로 옳은 것은?

① 단자 전압이 강하하면 계자 전류가 증가한다.
② 부하에 의한 전압의 변동이 타여자 발전기에 비해 크다.
③ 타여자 발전기의 경우보다 외부 특성 곡선이 상향으로 된다.
④ 분권 권선의 접속 방법에 관계없이 자기 여자로 전압을 올릴 수 있다.

해설 직류 분권 발전기
① 단자 전압이 강하하면 계자 전류는 감소한다.
② 부하에 의한 전압의 변동이 타여자 발전기에 비해 크다.
③ 분권 발전기의 외부 특성 곡선은 타여자 발전기의 외부 특성 곡선보다 하향이다.
④ 여자 전류를 얻기 위해 잔류 자기가 필요하다.

34

분권 발전기의 회전 방향을 반대로 하면 일어나는 현상은?

① 전압이 유기된다.
② 발전기가 소손된다.
③ 잔류 자기가 소멸된다.
④ 높은 전압이 발생한다.

해설
분권 발전기는 운전 중 전기자 회전 방향을 반대로 하면 잔류 자기가 소멸되어 발전이 불가능하다.

35
직류 발전기의 외부 특성 곡선에서 나타내는 관계로 옳은 것은?

① 계자 전류와 단자 전압
② 계자 전류와 부하 전류
③ 부하 전류와 단자 전압
④ 부하 전류와 유기 기전력

해설 직류 발전기의 특성 곡선
- 무부하 특성 곡선: 계자 전류(I_f)와 유기 기전력(E)의 관계
- 부하 특성 곡선: 계자 전류(I_f)와 단자 전압(V)의 관계
- 외부 특성 곡선: 부하 전류(I)와 단자 전압(V)의 관계

36
무부하에서 자기 여자에 의한 전압을 확립하지 못하는 특성을 가진 발전기는?

① 직권 발전기   ② 분권 발전기
③ 가동 복권 발전기   ④ 차동 복권 발전기

해설 자여자(직권) 발전기
- 구조: 계자와 전기자가 직렬로 접속되어 있는 발전기이다.
- 특징
  - 직렬 회로이므로 부하에 따라 전압 변동이 심하다.
  - 무부하 시 폐회로가 되지 않아 여자되지 않으므로 발전이 되지 않는다.
- 용도: 선로의 전압 강하 보상 용도의 승압기

37
가동 복권 발전기의 내부 결선을 바꾸어 직권 발전기로 사용하려면?

① 분권 계자를 단락시킨다.
② 분권 계자를 개방시킨다.
③ 직권 계자를 단락시킨다.
④ 직권 계자를 개방시킨다.

해설 복권(외분권) 발전기
- 직권 계자 단락 시 분권 발전기로 사용 가능
- 분권 계자 개방 시 직권 발전기로 사용 가능

38
직류 발전기 중 무부하일 때보다 부하가 증가한 경우에 단자 전압이 상승하는 발전기는?

① 직권 발전기   ② 분권 발전기
③ 과복권 발전기   ④ 차동 복권 발전기

해설 복권 발전기의 외부 특성 곡선

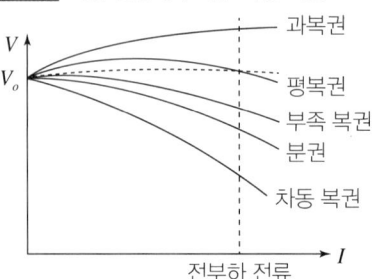

과복권 발전기는 무부하일 때보다 부하가 증가한 경우에 단자 전압이 상승하는 운전 특성이 있다.

39

정격 $200[\text{V}]$, $10[\text{kW}]$ 직류 분권 발전기의 전압 변동률은 몇 [%]인가?(단, 전기자 및 분권 계자 저항은 각각 $0.1[\Omega]$, $100[\Omega]$이다.)

① 2.6 ② 3.0
③ 3.6 ④ 4.5

해설
- 전기자 전류
$$I_a = I + I_f = \frac{P}{V} + \frac{V}{R_f} = \frac{10 \times 10^3}{200} + \frac{200}{100} = 52[\text{A}]$$
- 무부하 단자 전압
$$V_o = V_n + I_a R_a = 200 + 52 \times 0.1 = 205.2[\text{V}]$$
- 전압 변동률
$$\varepsilon = \frac{V_o - V_n}{V_n} \times 100 = \frac{205.2 - 200}{200} \times 100 = 2.6[\%]$$

참고
분권 발전기는 무부하 시 단자 전압 $V_o[\text{V}]$이 유기 기전력 $E[\text{V}]$와 같다.

40

$200[\text{kW}]$, $200[\text{V}]$의 직류 분권 발전기가 있다. 전기자 권선의 저항이 $0.025[\Omega]$일 때 전압 변동률은 몇 [%]인가?

① 6.0 ② 12.5
③ 20.5 ④ 25.0

해설
- 전기자 전류
$$I_a = \frac{200 \times 10^3}{200} = 1,000[\text{A}]$$
- 무부하 단자 전압
$$V_o = V_n + I_a R_a = 200 + 1,000 \times 0.025 = 225[\text{V}]$$
- 전압 변동률
$$\varepsilon = \frac{V_o - V_n}{V_n} \times 100 = \frac{225 - 200}{200} \times 100 = 12.5[\%]$$

참고
분권 발전기는 무부하 시 단자 전압 $V_o[\text{V}]$이 유기 기전력 $E[\text{V}]$와 같다.

41

직류 분권 발전기를 병렬 운전을 하기 위한 발전기 용량 P와 정격 전압 V는?

① P와 V 모두 달라도 된다.
② P는 같고, V는 달라도 된다.
③ P와 V가 모두 같아야 한다.
④ P는 달라도 V는 같아야 한다.

해설 발전기 병렬 운전 조건
- 전압 및 극성이 같을 것
- 외부 특성 곡선이 약간의 수하 특성을 가질 것
- 용량이 같은 경우 외부 특성 곡선이 일치할 것
- 용량이 다른 경우 % 부하 전류로 나타낸 외부 특성 곡선이 거의 일치할 것

42

직류 발전기의 병렬 운전에 있어 균압선을 붙이는 발전기는?

① 타여자 발전기
② 직권 발전기와 분권 발전기
③ 직권 발전기와 복권 발전기
④ 분권 발전기과 복권 발전기

해설 직권 발전기와 복권 발전기의 병렬 운전
두 발전기의 기전력과 전압 강하 등이 동일하지 않을 때 기전력이 큰 발전기가 모든 부하 분담을 가지게 된다. 이를 방지하기 위해 균압선을 반드시 설치하여야 병렬 운전을 안전하게 할 수 있다.

직류 전동기

THEME 01. 직류 전동기의 원리와 구조
THEME 02. 역기전력
THEME 03. 회전 속도와 토크
THEME 04. 직류 전동기의 종류
THEME 05. 직류 전동기의 속도-토크 특성
THEME 06. 직류 전동기의 운전
THEME 07. 직류기의 손실과 효율
THEME 08. 직류기의 시험법

학습 전략

이 챕터에서는 직류 전동기의 종류별 특성을 충분히 학습해야합니다. 출제 비중이 높고 난도가 비교적 낮은 중요한 챕터로, 직류 발전기와 직류 전동기를 비교하여 공통점과 차이점을 정리한다면 짧은 시간 동안 효과적으로 공부할 수 있습니다.

CHAPTER 02 | 흐름 미리보기

1. 직류 전동기의 원리와 구조
2. 역기전력
3. 회전 속도와 토크
4. 직류 전동기의 종류
5. 직류 전동기의 속도-토크 특성
6. 직류 전동기의 운전
7. 직류기의 손실과 효율
8. 직류기의 시험법

NEXT **CHAPTER 03**

CHAPTER 02 직류 전동기

독학이 쉬워지는 기초개념

THEME 01 직류 전동기의 원리와 구조

1 플레밍의 왼손 법칙

(1) 플레밍의 왼손 법칙

직류 전동기는 전기 에너지를 기계적인 회전 운동으로 변환하는 기기로, 계자에 의해 발생한 자속과 전기자 권선에 전류가 흐르며 생기는 자속에 의해 반발력, 흡인력에 의한 회전력(토크)이 발생하며, 이때 회전 방향은 플레밍의 왼손 법칙을 따른다.

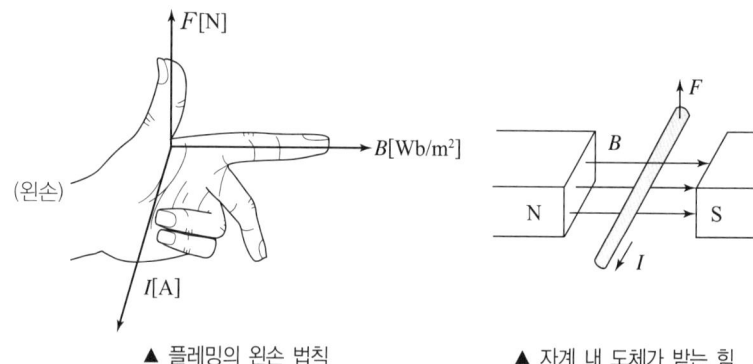

▲ 플레밍의 왼손 법칙 ▲ 자계 내 도체가 받는 힘

(2) 도체가 받는 힘

$$F = IBl\sin\theta \, [\text{N}]$$

(단, I: 도체에 흐르는 전류[A], B: 자속 밀도[Wb/m²], l: 도체의 길이[m], θ: 도체와 자장이 이루는 각)

2 직류 전동기의 원리와 구조

(1) 전동기의 원리

그림과 같이 자석 사이에 코일을 놓고 직류 전원을 흘리면 코일변 $b-b'$에는 아래로 힘이 작용하고 코일변 $a-a'$에는 위로 힘이 작용하게 되어 시계 방향으로 회전을 하게 된다.

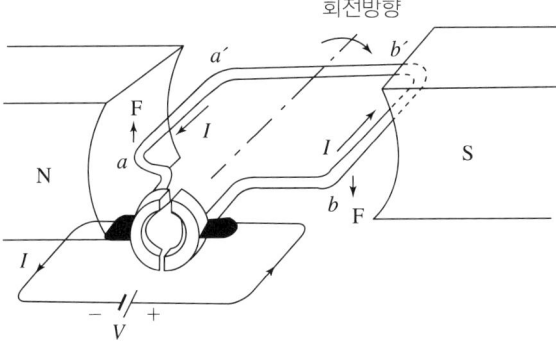

▲ 직류 전동기의 원리

(2) 구조
① 전기자: 플레밍의 왼손법칙에 의해 회전하는 부분(회전자)
② 계자: 직류 전류를 흘리면 자속을 발생시키는 부분(고정자)
③ 정류자: 전류의 방향을 일정하게 하는 부분

THEME 02 역기전력

1 역기전력

전동기가 회전하면서 회전자 도체가 계자 자속을 쇄교하여 발전기와 동일하게 기전력을 유기시킨다. 이 기전력은 전동기에 가한 입력 전압의 극성과는 반대로 유기되므로 이를 역기전력이라고 한다.

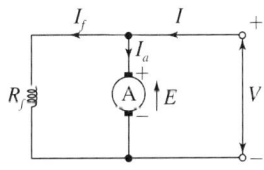

▲ 전동기의 역기전력

2 역기전력과 단자 전압의 관계

(1) 역기전력의 크기

$$E = \frac{pZ\phi}{60a}N[\text{V}] = K\phi N[\text{V}]$$

(단, N: 분당 회전 속도[rpm], $K = \frac{pZ}{60a}$)

(2) 역기전력과 단자 전압의 관계

$$E = V - I_a R_a [\text{V}]$$

(단, V: 단자 전압[V], I_a: 전기자 전류[A], R_a: 전기자 저항[Ω])

독학이 쉬워지는 기초개념

Tip 강의 꿀팁

직류 전동기의 구조는 직류 발전기의 구조와 동일해요.

전동기의 입력
$P_i = VI[\text{W}]$

전동기의 출력
$P_o = EI_a[\text{W}]$

독학이 쉬워지는 기초개념

기출예제

100[V], 10[A], 전기자 저항 1[Ω], 회전 속도 1,800[rpm]인 전동기의 역기전력[V]은?

① 120 ② 110
③ 100 ④ 90

| 해설 |
역기전력
$E = V - I_a R_a = 100 - 10 \times 1 = 90[V]$

답 ④

THEME 03 회전 속도와 토크

1 회전 속도

(1) 관련식

직류 전동기의 역기전력 $E = K\phi N[V]$에서 회전 속도 N에 대해 정리하면 다음과 같다.

$$N = K\frac{E}{\phi} = K\frac{V - I_a R_a}{\phi} [\text{rpm}]$$

(단, $K = \frac{60a}{pZ}$를 갖는 정수)

(2) 위 식으로부터 역기전력 $E[V]$는 회전 속도 N에 비례함을 알 수 있다.

2 토크(회전력)

(1) 정의

① 1[kg·m]의 토크란 회전축에서 1[m] 떨어진 곳에 1[kg]의 물체가 중력으로 인해 회전하는 힘을 뜻한다.
② 토크의 기호는 T로 나타내고 단위는 [kg·m] 또는 [N·m]을 사용한다.

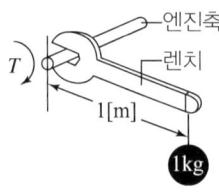

▲ 토크의 개념

Tip 강의 꿀팁

전동기의 부하 증가 시 전동기의 속도가 감소하고 역기전력의 크기도 감소해요.

토크의 단위
$1[\text{kg·m}] = 9.8[\text{N·m}]$

(2) 직류 전동기의 토크

① 관련식

$$T = \frac{P}{\omega} = \frac{EI_a}{2\pi \times \frac{N}{60}} = \frac{pZ}{2\pi a}\phi \times I_a = K\phi I_a [\text{N} \cdot \text{m}]$$

(단, P: 전동기 출력[W], I_a: 전기자 전류[A], N: 분당 회전 속도[rpm])

② 단위에 따른 토크 표현

- $T = \dfrac{P}{\omega} = \dfrac{P}{2\pi \dfrac{N}{60}} = \dfrac{60P}{2\pi N} = 9.55\dfrac{P}{N}[\text{N} \cdot \text{m}]$

- $T = \dfrac{1}{9.8} \times 9.55\dfrac{P}{N} = 0.975\dfrac{P}{N}[\text{kg} \cdot \text{m}]$ ($\because [1\text{kg} \cdot \text{m}] = 9.8[\text{N} \cdot \text{m}]$)

독학이 쉬워지는 기초개념

각속도

$\omega = 2\pi n = 2\pi \dfrac{N}{60}[\text{rad/s}]$

(단, n: 초당 회전 속도[rps],
N: 분당 회전 속도[rpm])

기출예제

중요도
전동기의 출력 $3[\text{kW}]$, 회전 속도 $1,500[\text{rpm}]$인 전동기의 토크$[\text{kg} \cdot \text{m}]$는?

① 1.5　　　　　② 2
③ 3　　　　　　④ 15

| 해설 |
전동기의 토크

$T = 0.975\dfrac{P}{N} = 0.975 \times \dfrac{3 \times 10^3}{1,500} = 1.95 ≒ 2[\text{kg} \cdot \text{m}]$

답 ②

THEME 04 직류 전동기의 종류

1 타여자 전동기

① 등가회로: 별도의 전원에 의해 계자가 여자되고, 계자와 전기자가 서로 독립된 구조의 전동기이다.

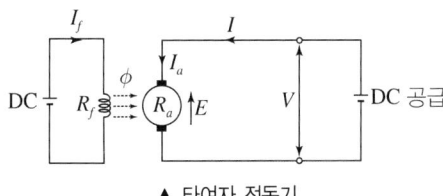

▲ 타여자 전동기

② 관련식

㉠ 역기전력

$$E = V - I_a R_a [\text{V}]$$

(단, V: 단자 전압[V], I_a: 전기자 전류[A], R_a: 전기자 저항[Ω])

ⓒ 회전 속도

$$N = K\frac{E}{\phi} = K\frac{V - I_a R_a}{\phi} [\text{rpm}] (단, K = \frac{60a}{pZ})$$

ⓒ 토크

$$T = K\phi I_a [\text{N·m}] (단, K = \frac{pZ}{2\pi a})$$

③ 특징
  ㉠ 정속도 전동기: 외부에서 일정한 전원(DC 전원)이 공급되기에 계자 전류가 일정하므로 자속(ϕ)과 속도가 일정하다.
  ㉡ 속도를 세밀하고 광범위하게 조정할 수 있다.
  ㉢ 전원의 극성을 반대로 하면 회전 방향이 반대가 된다.
  ㉣ 부하 전류 $I[A]$와 전기자 전류 $I_a[A]$는 같으므로 토크는 부하 전류에 비례한다.

④ 용도
  ㉠ 압연기
  ㉡ 엘리베이터 등의 세밀한 속도 조정이 필요한 곳

2 자여자 전동기

(1) 분권 전동기
  ① 등가회로: 계자와 전기자가 병렬로 접속되어 있는 전동기이다.

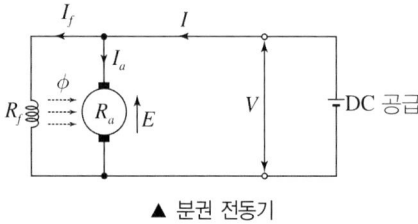

▲ 분권 전동기

  ② 관련식
    ㉠ 역기전력

$$E = V - I_a R_a [\text{V}]$$

(단, V: 단자 전압[V], I_a: 전기자 전류[A], R_a: 전기자 저항[Ω])

    ㉡ 회전 속도

$$N = K\frac{E}{\phi} = K\frac{V - I_a R_a}{\phi} [\text{rpm}] (단, K = \frac{60a}{pZ})$$

    ㉢ 토크

$$T = K\phi I_a [\text{N·m}] (단, K = \frac{pZ}{2\pi a})$$

독학이 쉬워지는 기초개념

Tip 강의 꿀팁
K는 상수로서, 그 값을 직접 묻는 문제는 거의 출제되지 않아요.

속도 변동률
$\varepsilon = \frac{N_o - N}{N} \times 100 [\%]$
N_o: 무부하 시 회전 속도[rpm]

분권 전동기의 전기자 전류
$I_a = I - I_f [A]$

분권 전동기의 토크 특성
$T \propto I_a$

③ 특징
   ㉠ 계자와 전기자가 병렬로 연결되어 있으며 부하가 증가할 때 속도는 감소하나 그 폭이 크지 않으므로 타여자와 같이 정속도 특성이다.
   ㉡ 정격 전압 상태에서 무여자 운전 시(계자 회로의 단선) 위험 속도에 도달하고 원심력에 의해 기계가 파손될 우려가 있다. 따라서 계자 권선에 퓨즈를 삽입하면 안된다.
   ㉢ 공급 전원의 방향을 반대로 해도 회전 방향은 변하지 않는다.
④ 용도
   ㉠ 정속도, 정토크 특성을 갖는 기기
   ㉡ 송풍기, 권선기 등

기출예제

직류 분권 전동기 운전 중 계자 권선의 저항이 증가할 때 회전 속도는?

① 일정하다.
② 감소한다.
③ 증가한다.
④ 관계없다.

| 해설 |
- 전동기의 회전 속도
$$N = K \frac{V - I_a R_a}{\phi} \text{[rpm]}$$
- 계자 저항(R_f)을 운전 중에 증가시키면 여자 전류(I_f)가 줄어들어 자속(ϕ)이 감소하게 된다. 따라서 속도는 자속에 반비례($N \propto \frac{1}{\phi}$)하므로 증가한다.

답 ③

(2) 직권 전동기
① 등가회로: 계자와 전기자가 직렬로 접속되어 있는 전동기이다.

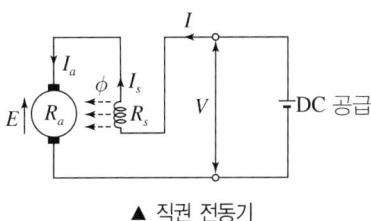

▲ 직권 전동기

② 관련식
   ㉠ 역기전력
$$E = V - I_a(R_a + R_s)\text{[V]}$$
(단, R_s: 직권 계자 저항[Ω], I_s: 직권 계자 전류[A])

독학이 쉬워지는 기초개념

직권 전동기의 전기자 전류
$I_a = I = I_s [A]$

직권 전동기의 토크 특성
$T \propto I_a^2 \propto \dfrac{1}{N^2}$

Tip 강의 꿀팁

직권 전동기에서 위험 속도를 방지하기 위해 기어를 부하에 연결해줘요.

ⓒ 회전 속도

$$N = K\dfrac{E}{\phi} = K\dfrac{V - I_a(R_a + R_s)}{\phi} [\text{rpm}] (단,\ K = \dfrac{60a}{pZ})$$

ⓒ 토크

부하 전류 $I[A]$, 전기자 전류 $I_a[A]$, 직권 계자 전류 $I_s[A]$는 같으므로 자속은 전기자 전류 $I_a[A]$에 의해 생긴다고 볼 수 있다. 이때 자속 $\phi = K_a I_a [\text{Wb}]$라 하면, 토크는 다음과 같다.

$$T = K\phi I_a = K(K_a I_a) I_a = K' I_a^2 [\text{N·m}] (단,\ K' = KK_a 인\ 정수)$$

③ 특징
  ㉠ 계자와 전기자가 직렬로 연결되어 있으며 부하가 증가할 때 속도가 현저하게 감소하는 가변 속도 특성을 가진다.
  ㉡ 정격 전압 상태에서 무부하 운전 시 부하 전류는 0이 되어 자속이 0이 된다. 이때 속도는 무한대(위험 속도)에 도달하여 원심력에 의해 기계가 파손될 우려가 있다. 따라서 무부하 운전 또는 벨트 운전을 하지 않는다.

④ 용도
  ㉠ 전차용 전동기
  ㉡ 권상기, 크레인 등 매우 큰 기동 토크가 필요한 곳

기출예제

중요도 전기 철도에 사용하는 직류 전동기로 가장 적합한 전동기는?

① 분권 전동기   ② 직권 전동기
③ 가동 복권 전동기   ④ 차동 복권 전동기

| 해설 |
직권 전동기의 용도
• 전차용(전기 철도) 전동기
• 권상기, 크레인 등 매우 큰 기동 토크가 필요한 곳

답 ②

THEME 05 직류 전동기의 속도-토크 특성

1 직류 전동기의 속도 특성

그림과 같이 직류 전동기의 속도 특성은 부하 전류 I와 회전 속도 N에 대한 관계를 보이며, 각 전동기별 속도 특성을 한눈에 알 수 있게 한다.

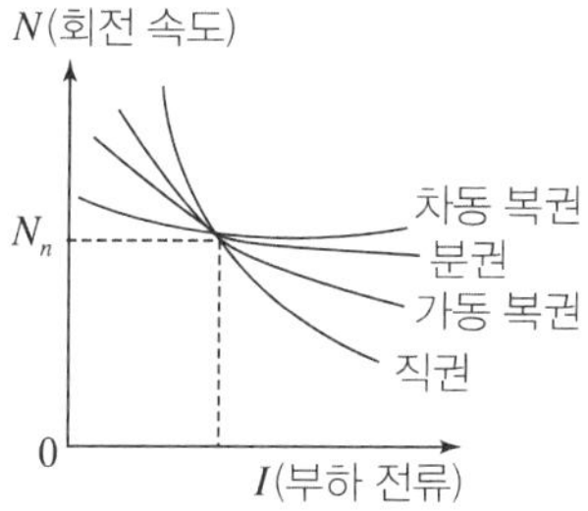

▲ 속도 특성 곡선

(1) 직권 전동기
  ① 계자와 전기자가 직렬로 접속되어 있으며 회전 속도는 다음에 비례한다.
  $$N \propto \frac{V - I_a R_a}{\phi} \propto \frac{V - I_a R_a}{I_a}$$
  ② 단자 전압 $V[\text{V}]$는 일정하고 전기자 저항 $R_a[\Omega]$는 일반적으로 작은 값이므로 회전 속도는 전기자 전류 $I_a[\text{A}]$에 거의 반비례하는 특성을 가진다.

(2) 분권 전동기
  ① 계자와 전기자가 병렬로 접속되어 있으며 회전 속도는 다음에 비례한다.
  $$N \propto V - I_a R_a$$
  ② 전기자 전류 $I_a = I - I_f[\text{A}]$를 만족하므로 $N \propto V - (I - I_f) R_a$가 된다. 이때 전기자 저항 $R_a[\Omega]$는 일반적으로 작은 값이므로 부하 전류 $I[\text{A}]$가 늘어나도 속도는 크게 감소하지 않는 정속도 특성을 가진다.

(3) 복권 전동기
  ① 가동 복권 전동기
    직권 계자와 분권 계자가 만든 합성 자속에 영향을 받는다. 회전 속도 $N \propto \dfrac{V - I_a R_a}{\phi}$의 관계에서 부하가 증가하면 합성 자속이 커지므로 속도는 감소한다.
  ② 차동 복권 전동기
    직권 계자와 분권 계자의 자속이 서로 상쇄되어 부하가 증가하여도 합성 자속이 조금씩 감소함에 따라 속도 저하를 방지한다.

(4) 속도 변동
  ① 속도 변동이 큰 순서: 직권 전동기 → 가동 복권 전동기 → 분권 전동기 → 차동 복권 전동기
  ② 속도 변동이 가장 큰 전동기: 직권 전동기
  ③ 속도 변동이 가장 작은 전동기: 차동 복권 전동기

독학이 쉬워지는 기초개념

직권 전동기의 자속 특성
$\phi \propto I_a (\because I_a = I = I_f)$

(Tip) 강의 꿀팁
일반적으로 가동 복권 전동기의 속도 특성은 직권 전동기와 분권 전동기의 중간 정도 특성을 지녀요.

속도 변동 및 토크 변동이 큰 순서
'직 - 가 - 분 - 차'

독학이 쉬워지는 기초개념

2 직류 전동기의 토크 특성

그림과 같이 직류 전동기의 토크 특성은 부하 전류 I와 토크 T에 대한 관계를 보이며 각 전동기별 토크 특성을 한눈에 알 수 있게 한다.

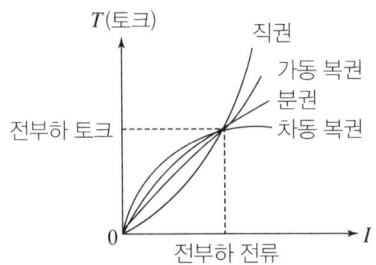

▲ 전동기의 토크 특성 곡선

(1) 직권 전동기
　① 직권 전동기의 토크는 다음에 비례한다.
　　$T \propto I_a^2 \propto \dfrac{1}{N^2}$
　② 토크 $T = K\phi I_a$에서 전기자 전류 $I_a[A]$는 부하 전류 $I[A]$와 같으므로 토크 $T = K' I_a^2$으로 표현이 가능하다. 따라서 부하 전류의 제곱에 비례하여 포물선 모양으로 증가하게 된다.

(2) 분권 전동기
　① 분권 전동기의 토크는 다음에 비례한다.
　　$T \propto I_a(= I - I_f)$
　② 계자 전류 $I_f[A]$는 일반적으로 작은 값을 가지기 때문에 토크 $T[N \cdot m]$는 부하 전류 $I[A]$에 비례한다고 볼 수 있다.

(3) 복권 전동기
　① 가동 복권 전동기
　　직권 계자와 분권 계자의 자속이 더해지므로 부하의 증가에 따라 토크도 증가하게 된다.
　② 차동 복권 전동기
　　직권 계자와 분권 계자의 자속이 서로 상쇄되어 부하가 증가하여도 합성 자속이 조금씩 감소하여 토크의 증가율이 줄어드는 특성을 보인다.

(4) 토크의 변동
　① 토크 변동이 큰 순서: 직권 전동기 → 가동 복권 전동기 → 분권 전동기 → 차동 복권 전동기
　② 토크 변동이 가장 큰 전동기: 직권 전동기
　③ 토크 변동이 가장 작은 전동기: 차동 복권 전동기

> **Tip 강의 꿀팁**
> 일반적으로 가동 복권 전동기의 토크 특성은 직권 전동기와 분권 전동기의 중간 정도 특성을 지녀요.

기출예제

직류 전동기 중 부하가 변하면 속도가 심하게 변하는 전동기는?

① 분권 전동기 ② 직권 전동기
③ 차동 복권 전동기 ④ 가동 복권 전동기

| 해설 |
속도 변동이 큰 순서
직권 → 가동 복권 → 분권 → 차동 복권

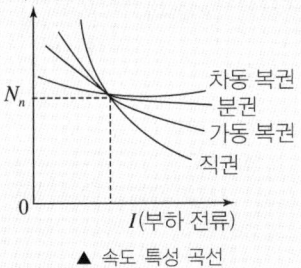

▲ 속도 특성 곡선

답 ②

THEME 06 직류 전동기의 운전

1 직류 전동기의 기동

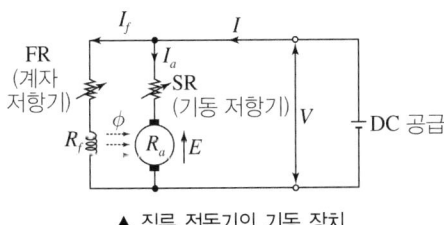

▲ 직류 전동기의 기동 장치

① 기동 저항기(SR): 최대 위치에 두어 기동 전류를 줄인다.
② 계자 저항기(FR): 최소(0) 위치에 두어 계자 전류를 크게 하여 기동 토크를 보상한다.

2 직류 전동기의 속도 제어

직류 전동기의 속도 $N = K\dfrac{V - I_a R_a}{\phi}$[rpm]으로, 계자, 저항, 전압 등의 요소로 속도를 제어할 수 있다.

독학이 쉬워지는 기초개념

(1) 계자 제어
① 계자 저항기(FR)을 조절하여 계자 자속을 변화시켜 속도를 제어하는 방법이다.
② 계자 저항기에 흐르는 전류가 적어 전력 손실이 적다.
③ 제어 방법이 비교적 단순하지만, 속도 제어 범위가 좁다. (정출력 제어)

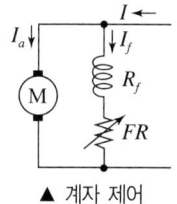
▲ 계자 제어

(2) 저항 제어
① 전기자 저항에 직렬로 저항을 연결하여 속도를 제어하는 방법이다.
② 부하 증가에 따라 큰 전기자 전류가 저항에 흐르므로 전력 손실이 크고 효율이 나쁘다.

(3) 전압 제어
전동기의 공급 전압을 조절하여 속도를 제어하는 방법으로, 정토크 특성을 가지고 있다. 대표적으로 워드 레오나드 방식과 일그너 방식이 있다.

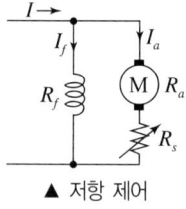
▲ 저항 제어

① 워드 레오나드 방식
  ㉠ 전동기 단자 전압 $V[V]$를 타여자 발전기로 조절하는 방법이다.
  ㉡ 광범위한 속도 제어가 가능하다.
  ㉢ 효율이 좋다.
  ㉣ 제철용 압연기, 엘리베이터 등에 쓰인다.
② 일그너 방식
  ㉠ 플라이 휠 효과를 이용하여 관성 모멘트를 크게 하는 방법이다.
  ㉡ 부하가 급변하는 곳에서 사용한다.

기출예제

중요도 직류 전동기의 속도 제어 방법이 아닌 것은?

① 계자 제어법 ② 전압 제어법
③ 주파수 제어법 ④ 직렬 저항 제어법

| 해설 |
직류 전동기 속도 제어
• 계자 제어
• 저항 제어(직렬 저항 제어)
• 전압 제어

답 ③

3 직류 전동기의 제동

(1) 발전 제동
전기자에서 발생하는 역기전력을 전기자에 병렬 접속된 외부 저항에서 열로 소비하여 제동하는 방법이다.
① 전동기의 단자 전압을 개방하여 전류 I를 공급하지 않는다. 이때 전동기 회전자는 관성에 의해 일정 시간 회전하게 되는 공급 자속 ϕ에 의해 역기전력은 유기 기전력이 되어 발전기로 작용하게 된다.

② 별다른 전원의 공급없이 회전자의 기계적 에너지를 전기적 에너지로 변환하고 저항에서 열로 소비하여 제동하게 된다.

(2) 회생 제동

전동기의 전원을 접속한 상태에 전동기의 전기자에서 유기된 기전력을 전원 전압보다 크게 하여, 이때 발생하는 전력을 전원 측에 반환하여 제동하는 방법이다.
① 전동기 회전 시 입력 전원을 끊고 자속을 강하게 하면 역기전력이 전원 전압보다 높아져 전원으로 반환되는 회생 전류가 발생한다.
② 회생 전류로 인해 발생한 전력을 전원 측에 반환하여 제동하게 된다.
③ 주로 내리막길에서 전동차의 제동이 회생 제동에 속한다.

(3) 역전 제동(플러깅)

전기자 회로의 극성을 반대로 하였을 때 발생하는 역토크를 이용하여 전동기를 급제동시키는 방법이다.
① 전동기 회전 시 전기자 전류의 방향을 전환하여 역방향의 토크를 발생시켜 제동한다.
② 주로 전동기를 급제동시킬 때 사용하는 방법이다.

THEME 07 직류기의 손실과 효율

1 전기기기의 손실

(1) 철손: 자기 회로 중 자속이 시간에 따라 변하면서 생기는 철심의 전력 손실이다.
① 히스테리시스손
㉠ 철심이 있는 기기에서 철심 내 자계에 의해 자속 밀도가 포화되면서 철심 내에 발생하는 잔류 자기 손실

$$P_h = \eta f B_m^n \, [\text{W/m}^3]$$

(단, η: 철심 재료에 따른 고유 상수, f: 주파수[Hz], B_m: 최대 자속 밀도 [Wb/m^2], n: 스타인메츠 상수(1.6 ~ 2.5))

㉡ 감소 대책: 철심에 규소를 약 4[%] 정도 함유시킨 규소 강판을 사용한다.

② 와전류손(와류손)
㉠ 철심이 있는 기기에서 철심 내 자계 변화에 의해 그 주변에 자계와 직각 방향으로 회전하는 맴돌이 전류(와전류)가 발생하는데, 이 와류손에 의한 손실을 와전류손(와류손)이라고 한다.

$$P_e = \eta f^2 t^2 B_m^2 [\text{W/m}^3]$$

(단, η: 철심 재료에 따른 고유 상수, t: 철심의 두께[m])

㉡ 감소 대책: 철심을 얇게(약 0.35[mm] 정도) 만들고 겹쳐서 원하는 철심 두께로 만든 성층 철심을 사용한다.

독학이 쉬워지는 기초개념

Tip 강의 꿀팁

손실과 관련된 문제는 직류기, 동기기, 변압기, 유도기 등 다양한 범위에서 출제돼요.

스타인메츠 상수
전기자기학에서의 n: 1.6
전기기기에서의 n: 2.0

독학이 쉬워지는 기초개념

(2) 동손: 코일에 전류가 흘러 도체 내에 발생하는 저항 손실이다.
(3) 표류 부하손: 부하 전류가 흐를 때 도체 또는 금속 내부에서 발생되는 손실이다.
(4) 기계손: 전기자 회전에 따라 생기는 풍손과 베어링 부분 및 브러시의 접촉에 의한 마찰 손실이다.

2 직류기의 효율

(1) 실측 효율
  ① 직류기에 부하를 걸어 입력과 출력을 측정하고 계산한 효율
  ② 실측 효율

$$\eta = \frac{출력[W]}{입력[W]} \times 100[\%]$$

(2) 규약 효율
  ① 전기기기는 한쪽이 기계적인 동력이므로 정확한 기계적인 입력 또는 출력의 측정이 어렵다. 이때 기계적인 동력을 입력 또는 출력과 손실의 관계로 변환하여 나타낸 효율을 규약 효율이라고 한다.
  ② 발전기의 규약 효율

$$규약\ 효율: \eta = \frac{출력[W]}{출력 + 손실[W]} \times 100[\%]$$

  ③ 전동기의 규약 효율

$$규약\ 효율: \eta = \frac{입력 - 손실[W]}{입력[W]} \times 100[\%]$$

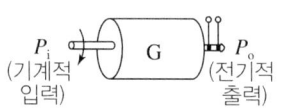
기계적 입력 측정이 어렵다.
▲ 발전기의 경우

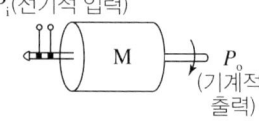
기계적 출력 측정이 어렵다.
▲ 전동기의 경우

(3) 최대 효율 조건
  ① 철손이 동손이 같아지는 운전 상태가 가장 효율이 좋을 때이다. (고정손 = 가변손)
  ② 부하율을 고려한 최대 효율 조건

$$P_i = m^2 P_c [W]$$

(단, P_i: 철손[W], P_c: 전부하 시 동손[W], m: 부하율)

여러 가지 부하율의 표현
- m 부하
- $\frac{1}{m}$ 부하
- a 부하

기출예제

200[V], 10[kW]의 직류 분권 발전기가 있다. 전부하에서 운전하고 있을 때 전손실이 500[W]이다. 이때의 규약 효율은?

① 97.0
② 95.2
③ 94.3
④ 92.0

| 해설 |
발전기의 효율

$$\eta = \frac{출력}{출력+손실} \times 100[\%] = \frac{10 \times 10^3}{10 \times 10^3 + 500} \times 100 = 95.24[\%]$$

답 ②

THEME 08 직류기의 시험법

1 토크 측정시험

① 전기 동력계를 사용하는 방법: 대형 직류기의 토크 측정에 사용
② 프로니 브레이크법: 중·소형 직류기의 토크 측정에 사용
③ 보조 발전기 사용법

2 온도 상승 시험

(1) 반환 부하법: 동일 정격의 두 기기를 각각 발전기, 전동기로 운전하여 상호 간에 전력과 동력을 주고받도록 하여 손실만을 공급함으로써 온도 상승을 측정할 수 있는 방법이다.
  ① 홉킨스법
  ② 블론델법
  ③ 카프법
(2) 실부하법: 전구나 저항 등을 부하로 하여 시험하는 방법이나 전력 손실이 많이 발생하여 소형기기에만 사용한다.

3 절연물의 최고 허용 온도

① 전기기기 구성 재료에는 자기를 발생하는 철과 도전성 재료인 구리 이외에 절연물이 있다.
② 절연물은 일반적으로 고온이 되면 열화하므로 허용할 수 있는 온도에 따라 다음과 같이 7종으로 분류되어 있다.

절연 재료	Y	A	E	B	F	H	C
허용 온도	90[℃]	105[℃]	120[℃]	130[℃]	155[℃]	180[℃]	180[℃] 초과

Tip 강의 꿀팁

절연물의 최고 허용 온도는 변압기 파트와 실기 시험에서도 자주 출제돼요.

CHAPTER 02 CBT 적중문제

01
직류 전동기의 단자 전압이 220[V], 전기자에 흐르는 전류가 10[A], 전기자 저항이 1[Ω], 회전수가 1,800[rpm]일 때 전동기의 역기전력은 몇 [V]인가?

① 90
② 140
③ 175
④ 210

해설
역기전력
$E = V - I_a R_a = 220 - 10 \times 1 = 210[\text{V}]$

02
직류 전동기의 역기전력에 대한 설명으로 옳지 않은 것은?

① 역기전력이 증가할수록 전기자 전류는 감소한다.
② 역기전력과 속도는 비례한다.
③ 부하가 걸려 있을 때에는 공급 전압이 역기전력보다 크기가 작다.
④ 부하가 걸려 있을 때에는 역기전력이 공급 전압보다 크기가 작다.

해설
- 역기전력
  - $E = V - I_a R_a [\text{V}]$
  - 단자 전압은 일정하므로 역기전력이 증가할수록 전기자 전류는 감소한다.
  - 부하가 걸려 있을 때에는 역기전력이 공급 전압보다 크기가 작다.
- 속도
  - $N = K\dfrac{E}{\phi} = K\dfrac{V - I_a R_a}{\phi}[\text{rpm}]$
  - 역기전력과 속도는 비례한다.

03
정격 전압 200[V], 전기자 전류 100[A]일 때 1,000[rpm]으로 회전하는 직류 분권 전동기가 있다. 이 전동기의 무부하 속도는 약 몇 [rpm]인가?(단, 전기자 저항은 0.15[Ω], 전기자 반작용은 무시한다.)

① 981
② 1,081
③ 1,100
④ 1,180

해설
- 전기자 전류가 100[A]일 경우의 역기전력
  $E = V - I_a R_a = 200 - 100 \times 0.15 = 185[\text{V}]$
- 무부하일 경우의 역기전력
  $E_0 = V - I_0 R_a = 200 - 0 \times 0.15 = 200[\text{V}]$
- 무부하 속도
  $N = K\dfrac{E}{\phi}[\text{rpm}]$에서 $N \propto E$이므로
  무부하 속도 $N_0 = N\dfrac{E_0}{E} = 1,000 \times \dfrac{200}{185} = 1,081[\text{rpm}]$

참고
분권 전동기의 무부하 전류는 0이다.

04
총 도체수 200, 단중 파권으로 자극수 4, 자속수 3.14[Wb]의 부하를 가하여 전기자에 3[A]가 흐르고 있는 직류 분권 전동기의 토크는 약 몇 [N·m]인가?

① 300
② 400
③ 500
④ 600

해설
전동기의 토크
$T = \dfrac{pZ\phi I_a}{2\pi a} = \dfrac{4 \times 200 \times 3.14 \times 3}{2\pi \times 2} = 599.7[\text{N} \cdot \text{m}]$
(∵ 파권이므로 $a = 2$)

| 정답 | 01 ④ 02 ③ 03 ② 04 ④

05

직류 분권 전동기의 공급 전압이 $V[\text{V}]$, 전기자 전류 $I_a[\text{A}]$, 전기자 저항 $R_a[\Omega]$, 회전수 $N[\text{rpm}]$일 때 발생 토크는 몇 $[\text{kg} \cdot \text{m}]$인가?

① $\dfrac{30}{9.8}\left(\dfrac{VI_a - I_a^2 R_a}{\pi N}\right)$
② $\dfrac{30}{9.8}\left(\dfrac{VI_a - I_a R_a}{\pi N}\right)$
③ $30\left(\dfrac{VI_a - I_a^2 R_a}{\pi N}\right)$
④ $\dfrac{1}{9.8}\left(\dfrac{VI_a - I_a R_a}{\pi N}\right)$

해설

- 분권 전동기의 역기전력
  $E = V - I_a R_a [\text{V}]$
- 분권 전동기의 토크
  $T = \dfrac{P}{\omega} = \dfrac{EI_a}{2\pi \dfrac{N}{60}} [\text{N} \cdot \text{m}]$
  $= \dfrac{1}{9.8} \times \dfrac{EI_a}{2\pi \dfrac{N}{60}} [\text{kg} \cdot \text{m}]$
  $= \dfrac{30}{9.8}\left(\dfrac{VI_a - I_a^2 R_a}{\pi N}\right) [\text{kg} \cdot \text{m}]$

06

직류 전동기의 전기자 전류가 $10[\text{A}]$일 때 $5[\text{kg} \cdot \text{m}]$의 토크가 발생하였다. 이 전동기의 계자속이 $80[\%]$로 감소되고 전기자 전류가 $12[\text{A}]$로 되면 토크는 약 몇 $[\text{kg} \cdot \text{m}]$인가?

① 5.2
② 4.8
③ 4.3
④ 3.9

해설

- 직류 전동기의 토크 특성
  $T = K\phi I_a [\text{kg} \cdot \text{m}], \ T \propto \phi I_a$
- 계자속과 전기자 전류가 바뀐 후의 토크
  $T' = T \times \dfrac{\phi' I_a'}{\phi I_a} = 5 \times \dfrac{0.8\phi \times 12}{\phi \times 10} = 4.8[\text{kg} \cdot \text{m}]$

07

직류 분권 전동기가 단자 전압 $215[\text{V}]$, 전기자 전류 $50[\text{A}]$, $1,500[\text{rpm}]$으로 운전되고 있을 때 발생 토크는 약 몇 $[\text{N} \cdot \text{m}]$인가?(단, 전기자 저항은 $0.1[\Omega]$이다.)

① 6.8
② 33.2
③ 46.8
④ 66.9

해설

- 분권 전동기의 역기전력
  $E = V - I_a R_a = 215 - 50 \times 0.1 = 210[\text{V}]$
- 분권 전동기의 토크
  $T = 9.55\dfrac{P}{N} = 9.55 \times \dfrac{210 \times 50}{1,500}$
  $= 66.9[\text{N} \cdot \text{m}]$

08

직류 전동기의 회전수를 $\dfrac{1}{2}$로 줄이려면 계자 자속을 몇 배로 해야 하는가?(단, 전압과 전류 등은 일정하다.)

① 1
② 2
③ 3
④ 4

해설

- 직류 전동기의 회전수
  $N = K\dfrac{V - I_a R_a}{\phi}[\text{rpm}]$
- 회전수를 $\dfrac{1}{2}$로 줄이려면 전압과 전류가 일정한 조건에서 자속 ϕ가 2배가 되어야 한다.$\left(N \propto \dfrac{1}{\phi}\right)$

09
직류 분권 전동기의 계자 저항을 운전 중에 증가시키면?

① 전류는 일정 ② 속도는 감소
③ 속도는 일정 ④ 속도는 증가

해설
- 전동기의 회전수
$$N = K\frac{V - I_a R_a}{\phi} \text{ [rpm]}$$
- 계자 저항(R_f)을 운전 중에 증가시키면 계자 전류(I_f)가 줄어들어 자속(ϕ)이 감소하게 된다. 따라서 속도는 자속에 반비례($N \propto \frac{1}{\phi}$)하므로 증가한다.

10
직류 분권 전동기의 정격 전압 $200[\text{V}]$, 정격 전류 $105[\text{A}]$, 전기자 저항 및 계자 회로의 저항이 각각 $0.1[\Omega]$ 및 $40[\Omega]$이다. 기동 전류를 정격 전류의 $150[\%]$로 할 때의 기동 저항은 약 몇 $[\Omega]$인가?

① 0.46 ② 0.92
③ 1.08 ④ 1.21

해설
- 계자 전류
$$I_f = \frac{V}{R_f} = \frac{200}{40} = 5[\text{A}]$$
- 기동 전류
$$I_s = 1.5 I_n = 1.5 \times 105 = 157.5[\text{A}] \ (\because \text{정격 전류의 } 150[\%] \text{ 적용})$$
- 전기자 전류
$$I_a = I_s - I_f = 157.5 - 5 = 152.5[\text{A}]$$
- 기동 저항
$$R_a + R_s = \frac{V}{I_a} = \frac{200}{152.5} = 1.31[\Omega]$$
$$\therefore R_s = 1.31 - R_a = 1.31 - 0.1 = 1.21[\Omega]$$

11
전기자 저항이 $0.04[\Omega]$인 직류 분권 발전기가 있다. 단자 전압 $100[\text{V}]$, 회전 속도 $1,000[\text{rpm}]$일 때 전기자 전류는 $50[\text{A}]$라고 한다. 이 발전기를 전동기로 사용할 때 전동기의 회전 속도[rpm]는?(단, 전기자 반작용은 무시한다.)

① 759 ② 883
③ 894 ④ 961

해설
- 직류 분권 발전기의 유기 기전력에서
$$E_1 = V + I_a R_a = K\phi N_1 [\text{V}]$$
$$\therefore K\phi = \frac{V + I_a R_a}{N_1} = \frac{100 + 50 \times 0.04}{1,000} = 0.102$$
- 직류 분권 발전기를 전동기로 사용 시 역기전력
$$E_2 = V - I_a R_a = K\phi N_2 [\text{V}]$$
- 전동기의 회전 속도
$$N_2 = \frac{V - I_a R_a}{K\phi} = \frac{100 - 50 \times 0.04}{0.102} = 960.78[\text{rpm}]$$

12
직류 분권 전동기의 전압이 일정할 때 부하 토크가 2배로 증가하면 부하 전류는 약 몇 배인가?

① 4 ② 3
③ 2 ④ 1

해설
- 분권 전동기의 토크
$$T = K\phi I_a [\text{N} \cdot \text{m}]$$
- 전압이 일정(자속 ϕ 일정)한 경우 $T \propto I_a$의 관계이므로 토크가 2배 증가하면 부하 전류도 2배 증가한다.

| 정답 | 09 ④ 10 ④ 11 ④ 12 ③

13
직류 분권 전동기에서 공급 전압의 극성을 반대로 하면 회전 방향은 어떻게 되는가?

① 변하지 않는다.
② 반대로 된다.
③ 발전기로 된다.
④ 회전하지 않는다.

해설 직류 분권 전동기
- 계자 권선과 전기자 권선이 병렬 구조로 접속된 전동기이다.
- 공급 전압의 극성을 바꾸면 계자 권선과 전기자 권선의 극성을 동시에 바꾸는 것이므로 회전 방향은 변하지 않는다.

14
직류 직권 전동기에 대한 설명으로 옳지 않은 것은?

① 직권 전동기는 전기자 권선과 계자 권선이 직렬로 되어 있다.
② 전기자 전류, 계자 전류 및 부하 전류의 크기는 동일하다.
③ 부하 전류의 증감에 따라 자속은 변하지 않는다.
④ 부하 전류가 변하면 속도가 변한다.

해설 직류 직권 전동기
- 전기자 권선과 계자 권선이 직렬로 되어 있다.
- 전기자 전류, 계자 전류 및 부하 전류의 크기는 동일하다.
- 부하 전류가 변하면 계자 전류도 변해 자속이 변한다.
- 부하 전류가 변하면 속도가 변한다.

15
직류 직권 전동기의 공급 전압이 $100[\text{V}]$, 전기자 전류가 $4[\text{A}]$일 때 회전 속도는 $1,500[\text{rpm}]$이다. 공급 전압을 $80[\text{V}]$로 낮추었을 때 같은 전기자 전류에 대해 회전 속도[rpm]는?(단, 전기자 권선 및 계자 권선의 전저항은 $0.5[\Omega]$이다.)

① 986
② 1,042
③ 1,125
④ 1,194

해설
- 전기자 권선 및 계자 권선의 전저항
$R_a + R_s = 0.5[\Omega]$
- 초기의 역기전력
$E_1 = V_1 - I_a(R_a + R_s) = 100 - 4 \times 0.5 = 98[\text{V}]$
- 전압을 낮춘 후의 역기전력
$E_2 = V_2 - I_a(R_a + R_s) = 80 - 4 \times 0.5 = 78[\text{V}]$
- 전기자 전류는 변화가 없으므로 계자 전류도 변화가 없다. 따라서 자속 ϕ가 일정하므로 $N = K\dfrac{E}{\phi}$에서 $N \propto E$
- 전압을 낮춘 후의 회전수
$N_2 = N_1 \times \dfrac{E_2}{E_1} = 1,500 \times \dfrac{78}{98} = 1,193.88[\text{rpm}]$

16
직류 직권 전동기에서 토크 T와 회전수 N의 관계는?

① $T \propto N$
② $T \propto N^2$
③ $T \propto \dfrac{1}{N}$
④ $T \propto \dfrac{1}{N^2}$

해설
직권 전동기의 토크 특성
$T \propto I_a^2 \propto \dfrac{1}{N^2}$

17

정격 속도 1,732[rpm]의 직류 직권 전동기의 부하 토크가 $\frac{3}{4}$으로 되었을 때의 속도는 약 몇 [rpm]인가?(단, 자기 포화는 무시한다.)

① 1,155
② 1,550
③ 1,750
④ 2,000

해설

- 직류 직권 전동기의 토크 특성

$$T \propto I_a^2 \propto \frac{1}{N^2}$$

- 부하 토크 변경 후의 속도

$$T_1 : T_2 = \frac{1}{N_1^2} : \frac{1}{N_2^2}$$

$$\frac{T_2}{N_1^2} = \frac{T_1}{N_2^2} \rightarrow N_2^2 = \frac{T_1}{T_2} \times N_1^2$$

$$N_2 = N_1 \times \sqrt{\frac{T_1}{T_2}} = 1,732 \times \sqrt{\frac{1}{\frac{3}{4}}} = 2,000[\text{rpm}]$$

18

직류 직권 전동기에서 단자 전압이 일정할 때 부하 토크가 $\frac{1}{2}$이 되면 부하 전류는?(단, 계자 회로는 포화되지 않았다고 한다.)

① 2배로 증가
② $\frac{1}{2}$배로 감소
③ $\frac{1}{\sqrt{2}}$배로 감소
④ $\sqrt{2}$배로 증가

해설

- 직류 직권 전동기의 토크 특성

$$T \propto I_a^2 \propto \frac{1}{N^2}$$

- 부하 토크가 $\frac{1}{2}$이 되면 부하 전류는 $\frac{1}{\sqrt{2}}$로 감소한다.

19

직류 전동기 중 토크 변동률이 가장 큰 것은?

① 직권 전동기
② 분권 전동기
③ 차동 복권 전동기
④ 가동 복권 전동기

해설

- 속도 변동률이 큰 순서: 직권 → 가동 복권 → 분권 → 차동 복권
- 토크 변동률이 큰 순서: 직권 → 가동 복권 → 분권 → 차동 복권

암기

직가분차

20

직류 전동기 중 속도 변동률이 가장 큰 것은?

① 직권 전동기
② 분권 전동기
③ 차동 복권 전동기
④ 가동 복권 전동기

해설

- 속도 변동률이 큰 순서: 직권 → 가동 복권 → 분권 → 차동 복권
- 토크 변동률이 큰 순서: 직권 → 가동 복권 → 분권 → 차동 복권

암기

직가분차

21

직류 분권 전동기 기동 시 계자 저항기의 저항값은?

① 최대로 해 둔다.
② 0으로 해 둔다.
③ 중간으로 해 둔다.
④ $\frac{1}{3}$로 해 둔다.

해설 직류 전동기의 기동

- 기동 저항기(SR): 최대 위치에 두어 기동 전류를 줄인다.
- 계자 저항기(FR): 최소(0) 위치에 두어 계자 전류를 크게하여 기동 토크를 크게 한다.

22
직류 전동기의 속도 제어 방법이 아닌 것은?

① 계자 제어법　　② 전압 제어법
③ 주파수 제어법　④ 직렬 저항 제어법

해설 직류 전동기의 속도 제어
- 계자 제어
- 저항 제어(직렬 저항 제어)
- 전압 제어

23
직류 전동기의 속도 제어 방법에서 광범위한 속도 제어가 가능하며 운전 효율이 가장 좋은 방법은?

① 계자 제어　　② 전압 제어
③ 직렬 저항 제어　④ 병렬 저항 제어

해설 전압 제어
- 전동기의 공급 전압을 조절하여 속도를 제어하는 방법
- 광범위한 속도 제어 가능
- 효율이 좋음

24
직류 전동기의 발전 제동 시 사용하는 저항의 주된 용도는?

① 전압 강하　　② 전류의 감소
③ 전력의 소비　④ 전류의 방향 전환

해설 발전 제동
전기자에서 발생하는 역기전력을 전기자에 병렬 접속된 외부 저항에서 열로 소비하여 제동하는 방법이다.

25
출력이 $20[\mathrm{kW}]$인 직류 발전기의 효율이 $80[\%]$이면 손실 $[\mathrm{kW}]$은?

① 1　　② 2
③ 5　　④ 8

해설 직류 발전기의 효율

$$\eta = \frac{출력}{출력+손실} \times 100$$

$$= \frac{P}{P+P_l} \times 100 = \frac{20}{20+P_l} \times 100 = 80[\%]$$

$$\therefore P_l = \frac{20 \times 100}{80} - 20 = 5[\mathrm{kW}]$$

| 정답 | 22 ③　23 ②　24 ③　25 ③

동기기

THEME 01. 동기 발전기의 원리와 구조
THEME 02. 동기기의 전기자 권선법
THEME 03. 유기 기전력
THEME 04. 전기자 반작용
THEME 05. 동기 발전기의 등가 회로
THEME 06. 동기 발전기의 병렬 운전
THEME 07. 자기 여자 현상과 난조
THEME 08. 동기 발전기의 안정도
THEME 09. 동기 전동기의 특성
THEME 10. 위상 특성 곡선

학습 전략

이 챕터에서는 동기기에 대한 원리를 이해하고 동기기의 여러 가지 특성을 중심으로 학습해야 합니다. 동기기의 특성을 파악하지 못하면 이 챕터의 내용 자체가 상당히 어려워질 수 있으므로 유의하여 학습해야 합니다.

CHAPTER 03 | 흐름 미리보기

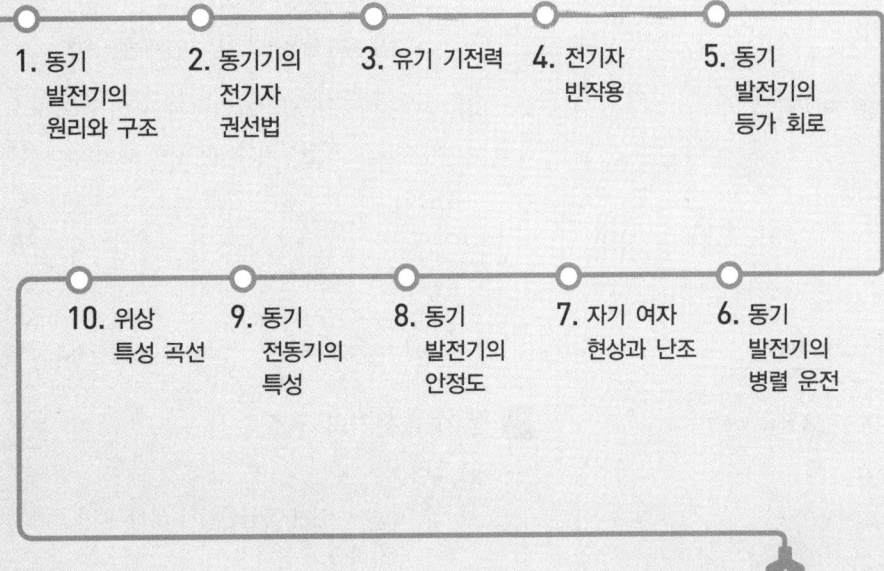

1. 동기 발전기의 원리와 구조
2. 동기기의 전기자 권선법
3. 유기 기전력
4. 전기자 반작용
5. 동기 발전기의 등가 회로
6. 동기 발전기의 병렬 운전
7. 자기 여자 현상과 난조
8. 동기 발전기의 안정도
9. 동기 전동기의 특성
10. 위상 특성 곡선

NEXT **CHAPTER 04**

CHAPTER 03 동기기

독학이 쉬워지는 기초개념

THEME 01 동기 발전기의 원리와 구조

1 동기 발전기의 원리

(1) 3상 교류 기전력을 얻기 위해서 다음 그림과 같이 고정자의 철심 홈에 전기자 권선 a−a′, b−b′, c−c′를 각각 전기각 120°가 되도록 한다.

(2) a′, b′, c′를 모두 단락하여 Y 결선을 하고 여자 전류를 흘려 자극 N, S를 회전시키면 A, B, C 각 상의 고정자 코일의 출력단자에 120° 간격으로 3상 교류 기전력이 발생한다.

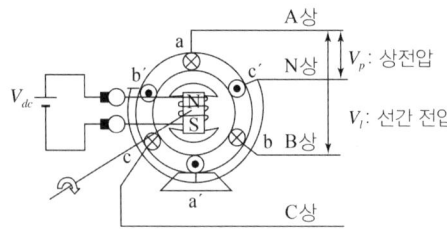

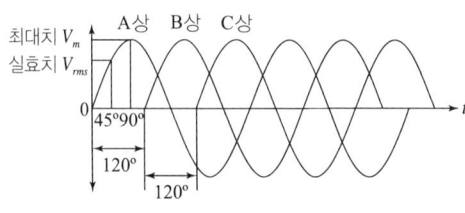

▲ 3상 동기 발전기의 3상 기전력 발생 원리

- $v_a = V_m \sin\omega t [V]$
- $v_b = V_m \sin(\omega t - 120°)[V]$
- $v_c = V_m \sin(\omega t - 240°)[V]$

(3) 극수 p의 동기 발전기로 주파수 $f[Hz]$의 교류를 발생시키기 위해서는 $N_s[rpm]$의 속도로 회전시켜야 하며, 이 동기기의 회전 속도를 동기 속도 N_s라고 한다.

$$N_s = \frac{120f}{p}[rpm]$$

(단, N_s: 동기 속도[rpm], f: 주파수[Hz], p: 극수)

동기 속도는 주파수 $f[Hz]$에 비례하고, 극수 p에 반비례한다.

2 동기 발전기의 구조

(1) 구조
   ① 고정자: 전기자 권선이나 부하 권선을 지지하는 것으로 부하와 연결되어 3상 기전력을 공급한다.

초당 회전 속도인 경우
$n_s = \frac{120f}{p} \times \frac{1}{60} = \frac{2f}{p}[rps]$

Tip 강의 꿀팁
동기 속도는 주파수 f에 비례하고 극수 p에 반비례해요.

② 회전자: 계자에 전류를 흘려 자속을 발생 시키는 것으로 돌극형과 비돌극형이 있다.
  ㉠ 돌극형 회전자
    • 회전자 자극이 돌출된 형태의 구조이다.
    • 고정자와 회전자 간의 공극이 넓어서 공기 냉각 방식을 채용한다.
    • 원심력에 약하여 저속기(수차 발전기)에 사용되고 단락비가 크다.
    • 저속이므로 극수가 많은 것을 사용한다.
  ㉡ 원통(비돌극)형 회전자
    • 회전자 자극이 원통 형태의 구조이다.
    • 고정자와 회전자 간의 공극이 좁아 수소 냉각 방식을 채용한다.
    • 원심력에 강하여 고속기(터빈 발전기)에 사용되고 단락비가 작다.
    • 고속이므로 극수가 적다.(2극 또는 4극)

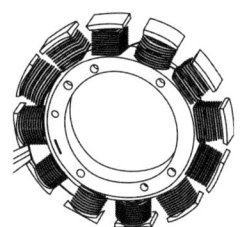
▲ 돌극형 회전자

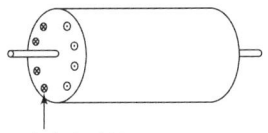
▲ 원통형 회전자

구분	돌극형(철극형)	원통형(비돌극형)
공극	불균일	균일
극수	많음	적음
용도	저속기에 사용	고속기에 사용

③ 여자기: 계자에 100 ~ 250[V]의 직류 전압을 인가하여 직류 전류를 흘려주는 장치이다.

(2) 동기 발전기의 분류
  ① 회전자에 의한 분류

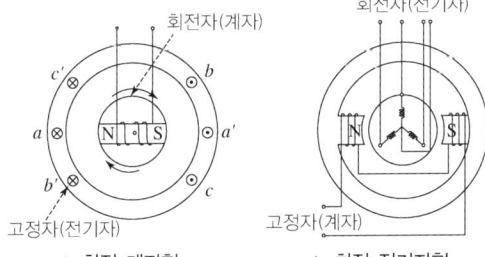
▲ 회전 계자형   ▲ 회전 전기자형

  ㉠ 회전 계자형: 전기자를 고정자로 하고 계자극을 회전자로 한 것
  ㉡ 회전 전기자형: 계자극을 고정자로 하고 전기자를 회전자로 한 것
  ㉢ 유도자형: 계자극과 전기자를 고정시키고 그 가운데 유도자라는 회전자를 놓은 것
    • 수백[Hz] ~ 수만[Hz]의 고주파를 유기시키는 발전기
    • 극수가 많은 다극형 특수 동기 발전기
  ② 원동기에 의한 분류
  ㉠ 수차 발전기: 수차에 의해 회전하는 발전기(돌극형)
  ㉡ 터빈 발전기: 증기 터빈 또는 가스 터빈에 의해 운전되는 발전기(비돌극형)

독학이 쉬워지는 기초개념

저속기 - 수차 발전기(돌극형)
고속기 - 터빈 발전기(비돌극형)

Tip 강의 꿀팁

고주파 발전기에 쓰이는 회전자는 유도자형이에요.

> **독학이 쉬워지는 기초개념**

구분	수차 발전기	터빈 발전기
발전소	수력발전소	화력, 원자력발전소
회전자형	돌극형 회전 계자형	원통형 회전 계자형
냉각 방식	공기 냉각 방식	수소 냉각 방식
용도	저속기	고속기
극수	많음	적음(2, 4극)
원심력	큼	작음
회전자	지름은 크고 길이는 작음	지름은 작고 길이는 깊

③ 냉각 방식에 의한 분류
  ㉠ 공기 냉각 방식: 소형, 중형, 대형 저속기에 사용
  ㉡ 수소 냉각 방식: 대형 고속기에 사용
  ㉢ 유냉각 방식: 대형 고속기에 사용
  ㉣ 가스 냉각 방식: 대형 고속기에 사용

(3) 회전 계자형을 사용하는 이유
  ① 전기자보다 계자가 철의 분포가 많기 때문에 회전 시 기계적으로 튼튼하다.
  ② 전기자는 권선을 많이 감아야 하므로 회전자로 하면 크기가 커진다.
  ③ 계자 권선은 직류의 저전압, 소전류이므로 소요 전력이 작다.
  ④ 고압의 전기자 권선을 고정자로 하면 전기자의 절연이 용이하다.
  ⑤ 고장 시의 과도 안정도를 높이기 위해 회전자의 관성을 크게 하기 쉽기 때문이기도 하다.
  ⑥ 회전 전기자의 경우보다 발전기 제작과 경제성 면에서 유리하다.

(4) 수소 냉각 방식
  ① 장점
    ㉠ 비중이 공기의 7[%]로 풍손이 공기 냉각 방식인 경우보다 약 10[%] 수준으로 감소한다.
    ㉡ 비열이 공기의 약 14배로 열전도도가 좋아 냉각 효과가 우수하며, 냉각 효과에 따른 발전기 출력이 25[%] 정도 증가한다.
    ㉢ 절연물의 산화가 없으므로 절연물의 수명이 길어진다.
    ㉣ 전폐형(폐쇄형)이므로 이물질의 침입이 없고 소음이 현저히 감소한다.
    ㉤ 가스 냉각기는 소형화가 가능하며 고정자 프레임 내부에 설치가 가능하다.
  ② 단점
    ㉠ 수소와 공기 혼합 시 폭발할 우려가 있으므로 안전 장치(방폭 설비)가 필요하다.
    ㉡ 설비 비용이 고가로 터빈 발전기나 대형 동기 조상기에 채용한다.

기출예제

동기 발전기 종류 중 회전 계자형의 특징으로 옳은 것은?

① 고주파 발전기에 사용
② 극소용량, 특수용으로 사용
③ 소요 전력이 크고 기구적으로 복잡
④ 기계적으로 튼튼하여 가장 많이 사용

| 해설 |
회전 계자형
- 전기자보다 계자가 철의 분포가 많기 때문에 회전 시 기계적으로 튼튼하다.
- 전기자는 권선을 많이 감아야 하므로 회전자로 하면 크기가 커진다.
- 계자 권선은 직류의 저전압, 소전류이므로 소요 전력이 작다.
- 고압의 전기자 권선을 고정자로 하면 전기자의 절연이 용이하다.
- 고장 시의 과도 안정도를 높이기 위해 회전자의 관성을 크게 하기 쉽기 때문이기도 하다.
- 회전 전기자의 경우보다 발전기 제작과 경제성 면에서 유리하다.

답 ④

THEME 02 동기기의 전기자 권선법

동기기의 전기자 권선법의 종류는 다음과 같으며, 주로 이층권, 중권, 분포권, 단절권을 사용한다.

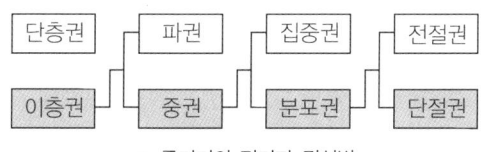

▲ 동기기의 전기자 권선법

> **Tip 강의 꿀팁**
>
> 전기자 권선법의 앞글자를 따서 '이 – 중 – 분 – 단'으로 외우면 좋아요.

1 전절권과 단절권

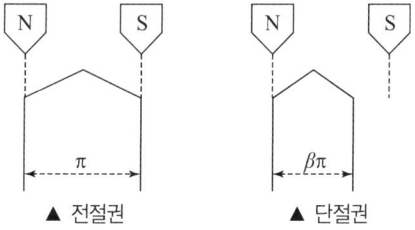

▲ 전절권　　　▲ 단절권

(1) **전절권**: 코일 간격이 극 간격과 같은 권선 방법
(2) **단절권**: 코일 간격이 극 간격보다 작은 권선 방법
　① 특징
　　㉠ 고조파를 제거하여 기전력의 파형이 개선된다.
　　㉡ 권선단의 길이가 짧아져서 기계 전체의 길이가 축소된다.
　　㉢ 동량이 적게 들어 동손이 감소한다.
　　㉣ 전절권에 비해 유기 기전력이 감소한다.

독학이 쉬워지는 기초개념

n차 고조파 단절권 계수 $K_{p,n}$

$K_{p,n} = \sin\dfrac{n\beta\pi}{2}$

고조파 제거 시 β
- 제 3고조파: $\beta = \dfrac{2}{3} = 0.67$
- 제 5고조파: $\beta = \dfrac{4}{5} = 0.8$

누설 리액턴스

누설 리액턴스는 권수 N의 제곱에 비례하므로 분포권에서는 누설 리액턴스가 감소한다.
($L = \dfrac{\mu S N^2}{l}[\text{H}]$, $x_l = \omega L [\Omega]$)

n차 고조파 분포권 계수 $K_{d,n}$

$K_{d,n} = \dfrac{\sin\dfrac{n\pi}{2m}}{q\sin\dfrac{n\pi}{2mq}}$

---

② 단절권 계수

$$K_p = \sin\dfrac{\beta\pi}{2}$$

(단, $\beta = \dfrac{\text{코일 간격}}{\text{극 간격}} = \dfrac{\beta\pi}{\pi}$)

2 집중권과 분포권

(1) **집중권**: 매극 매상의 도체를 1개의 슬롯에 집중시켜 권선하는 방법
(2) **분포권**: 매극 매상의 도체를 2개 이상의 슬롯에 분포시켜 권선하는 방법
　① 특징
　　㉠ 고조파를 감소시켜 기전력의 파형을 개선한다.
　　㉡ 권선의 누설 리액턴스가 감소한다.
　　㉢ 권선의 과열을 방지한다.(열발산 효과 우수)
　　㉣ 집중권에 비해 유기 기전력이 감소한다.
　② 분포권 계수

$$K_d = \dfrac{\sin\dfrac{\pi}{2m}}{q\sin\dfrac{\pi}{2mq}}$$

(단, m: 상수, q: 매극 매상당 슬롯수)

　③ 권선 계수

$$K_w = K_p \times K_d < 1$$

기출예제

교류기에서 분포권이란 매극 매상의 홈(Slot)수가 몇 개인 것을 말하는가?

① 1개 이상　　　　② 2개 이상
③ 3개 이상　　　　④ 4개 이상

| 해설 |
분포권
매극 매상의 도체를 2개 이상의 슬롯에 분포시켜 권선하는 방법이다.

답 ②

3 전기자 권선을 Y결선하는 이유

① 이상 전압의 방지: 중성점을 접지할 수 있으므로 권선 보호 장치의 시설이나 중성점 접지에 의한 이상 전압의 방지 대책이 용이하다.

② 코로나, 열화 감소: 상전압이 낮기 때문에(선간 전압의 $\frac{1}{\sqrt{3}}$) 코일의 절연이 쉽고 코일의 코로나 및 열화 등이 적다.

③ 고조파 순환 전류 발생 방지: 권선의 불평형 및 제3고조파(그 배수 포함) 등에 의한 순환 전류가 흐르지 않는다.

④ 고전압 발생 유리: 같은 상전압에서도 Δ 결선에 비해 $\sqrt{3}$ 배의 선간 전압을 얻을 수 있으므로 고전압 송전에 유리하다.

THEME 03 유기 기전력

1 유기 기전력

(1) 코일에 의한 유기 기전력

$$e = -N\frac{d\phi}{dt}[\text{V}]$$

(단, N: 권선수, ϕ: 자속[Wb])

(2) 기전력의 실효값

$$E = 4.44 K_d K_p f \phi w [\text{V}]$$

(단, K_d: 분포권 계수, K_p: 단절권 계수, ϕ: 자속[Wb], w: 1상당 권수[회])

2 고조파 제거 대책

기전력을 정현파로 하기 위한 방법은 다음과 같다.
① 매극 매상의 슬롯수(q)를 크게 한다.
② 단절권 및 분포권을 사용한다.
③ 반폐 슬롯 사용한다.
④ 전기자 철심을 사구(skewed slot)로 적용한다.
⑤ 공극의 길이를 크게 한다.

강의 꿀팁

$K_d \times K_p = K_w$(권선 계수)로 기전력 $E = 4.44 K_w f \phi w [\text{V}]$로도 표현할 수 있어요.

반폐 슬롯
슬롯의 입구가 슬롯의 폭보다 더 좁은 회전자 슬롯

기출예제

동기 발전기의 기전력의 파형을 정현파로 하기 위한 방법으로 틀린 것은?

① 매극 매상의 슬롯 수를 많게 한다.
② 단절권 및 분포권으로 한다.
③ 전기자 철심을 사(斜)슬롯으로 한다.
④ 공극의 길이를 작게 한다.

| 해설 |
고조파 제거 대책
기전력을 정현파로 하기 위한 방법은 다음과 같다.
• 매극 매상의 슬롯 수를 크게 한다.
• 단절권 및 분포권을 사용한다.
• 반폐 슬롯 사용한다.
• 전기자 철심을 사구(skewed slot)로 적용한다.
• 공극의 길이 확대한다.

답 ④

THEME 04 전기자 반작용

1 전기자 반작용

(1) 의미

전기자 권선에 전류가 흘러 발생한 전기자의 자속이 계자 권선에서 발생한 계자 자속에 영향을 주는 현상이다.

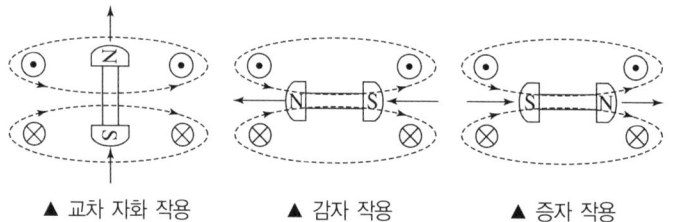

▲ 교차 자화 작용   ▲ 감자 작용   ▲ 증자 작용

(2) 종류

① 교차 자화 작용: 주자속을 한쪽으로 기울게 하는 편자 작용을 한다.
② 감자 작용: 전기자 전류에 의한 자속이 주자속과 반대방향으로 되어 계자극의 자속을 약하게 하는 작용을 한다.
③ 증자 작용: 전기자 전류에 의한 자속이 주자속과 같은 방향으로 되어 계자극의 자속을 강하게 하는 작용을 한다.

2 동기 발전기의 전기자 반작용

(1) 교차 자화 작용(횡축 반작용): I_a와 E가 동상인 경우(R 부하) 교차 자화 작용이 생기며 편자 작용으로 인해 발전기의 기전력이 감소한다.

(2) 감자 작용: I_a가 E 보다 $\frac{\pi}{2}$[rad]만큼 뒤진 지상 전류(L 부하)일 때 발생하며 기전력이 감소한다.

(3) 증자 작용: I_a가 E 보다 $\frac{\pi}{2}$[rad]만큼 앞선 진상 전류(C 부하)일 때 발생하며 기전력이 증가한다.

3 동기 전동기의 전기자 반작용

(1) 교차 자화 작용(횡축 반작용): I_a와 E가 동상인 경우(R 부하) 교차 자화 작용이 생기며 편자 작용으로 인해 전동기의 기전력이 감소한다.

(2) 감자 작용: I_a가 E 보다 $\frac{\pi}{2}$[rad]만큼 앞선 진상 전류(C 부하)일 때 발생한다.

(3) 증자 작용: I_a가 E 보다 $\frac{\pi}{2}$[rad]만큼 뒤진 지상 전류(L 부하)일 때 발생한다.

기기 종류	R 부하(동상)	L 부하(지상)	C 부하(진상)
동기 발전기	교차 자화 작용	감자 작용	증자 작용
동기 전동기	교차 자화 작용	증자 작용	감자 작용

독학이 쉬워지는 기초개념

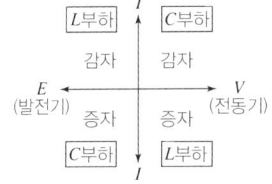

기출예제

3상 동기 발전기에 평형 3상 전류가 흐를 때 전기자 반작용은 이 전류가 기전력에 대하여 (A) 때 감자 작용이 되고 (B) 때 증자 작용이 된다. A, B에 들어갈 말로 적당한 것은?

① A: 90° 뒤질, B: 동상일
② A: 90° 뒤질, B: 90° 앞설
③ A: 90° 앞설, B: 90° 뒤질
④ A: 90° 동상일, B: 90° 뒤질

| 해설 |
동기 발전기의 전기자 반작용
- 교차 자화 작용(횡축 반작용): I_a와 E가 동상인 경우(R 부하) 교차 자화 작용이 생기며 편자 작용으로 인해 전동기의 기전력이 감소한다.
- 감자 작용: I_a가 E보다 $\frac{\pi}{2}$[rad]만큼 뒤진 지상 전류(L 부하)일 때 발생하며 기전력이 감소한다.
- 증자 작용: I_a가 E보다 $\frac{\pi}{2}$[rad]만큼 앞선 진상 전류(C 부하)일 때 발생하며 기전력이 증가한다.

기기 종류	R 부하(동상)	L 부하(지상)	C 부하(진상)
동기 발전기	교차 자화 작용	감자 작용	증자 작용
동기 전동기	교차 자화 작용	증자 작용	감자 작용

답 ②

독학이 쉬워지는 기초개념

THEME 05 동기 발전기의 등가 회로

1 등가회로

다음 그림은 동기 발전기의 해석을 조금 더 쉽게 하기 위해 등가 모델(회로)를 구성한 것이다.

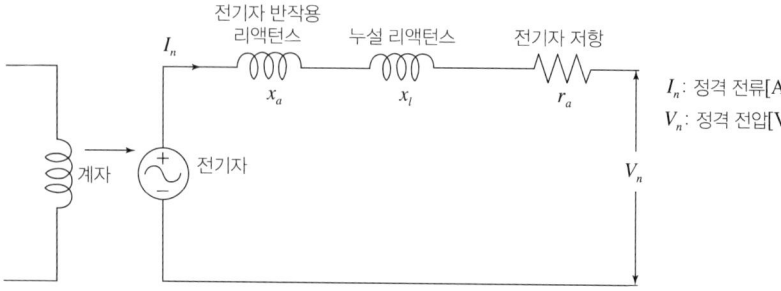

▲ 동기 발전기의 등가 회로

2 동기 임피던스

(1) 전기자 반작용 리액턴스 x_a
  ① 부하가 있을 경우 전기자 반작용에 의해 자속이 발생한다.
  ② 이 자속으로 인해 생기는 리액턴스를 전기자 반작용 리액턴스라고 한다.

(2) 누설 리액턴스 x_l
  ① 전기자 전류에 의해 자속이 발생된다.
  ② 이 자속이 주자속을 통과하지 않고 전기자 권선에만 쇄교하는 누설 자속에 의한 리액턴스를 누설 리액턴스라고 한다.

(3) 동기 리액턴스 x_s
  ① 전기자 전류가 흐름으로써 만들어진 리액턴스의 합을 동기 리액턴스라고 한다.
  ② 동기 리액턴스

$$x_s = x_a + x_l [\Omega]$$

(단, x_a: 전기자 반작용 리액턴스[Ω], x_l: 누설 리액턴스[Ω])

(4) 동기 임피던스 Z_s
  ① 동기 발전기 1상분의 대한 임피던스를 동기 임피던스라고 한다.
  ② 동기 임피던스

$$Z_s = r_a + jx_s = r_a + j(x_a + x_l)[\Omega]$$

(단, r_a: 전기자 저항[Ω])

돌극형 동기 발전기의 동기 리액턴스는 직축이 횡축에 비해 공극이 작아 다음과 같은 특성을 보인다.

직축 반작용 리액턴스 x_d > 횡축 반작용 리액턴스 x_q

Tip 강의 꿀팁

일반적으로 $x_s \gg r_a$의 관계이므로 동기 임피던스 $Z_s ≒ x_s$로도 표현해요.

3 동기 발전기의 출력

(1) 원통형(비돌극형)

① 단상인 경우

$$P = \frac{EV}{x_s} \sin\delta [\text{W}]$$

(단, P: 출력[W], E: 유기 기전력[V], V: 정격 전압[V], x_s: 동기 리액턴스[Ω], δ: 부하각)

② 3상인 경우

$$P = 3 \times \frac{EV}{x_s} \sin\delta [\text{W}]$$

③ 최대 출력: 부하각(δ) 90°일 때 발생

(2) 돌극형(철극형)

① 출력

$$P = \frac{EV}{x_d} \sin\delta + \frac{V^2(x_d - x_q)}{2x_d x_q} \sin 2\delta [\text{W}]$$

(단, x_d: 직축 반작용 리액턴스[Ω], x_q: 횡축 반작용 리액턴스[Ω])

② 최대 출력: 부하각(δ) 60°일 때 발생

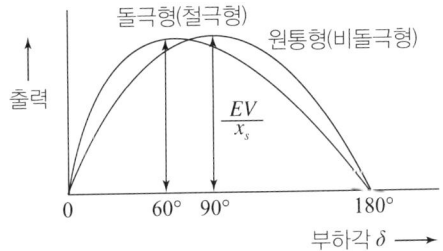

▲ 동기기의 출력

독학이 쉬워지는 기초개념

부하각
기전력 E와 단자 전압 V의 위상 차이

p.u법 벡터도

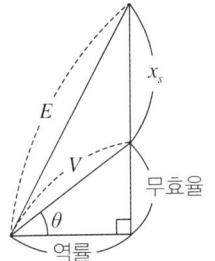

V: 단자 전압[p·u]
E: 유기 기전력[p·u]
E: $\sqrt{(역률)^2 + (무효율 + x_s)^2}$ [p·u]
(단, V는 1[p·u]일 때 기준)

기출예제

원통형 회전자를 가진 동기 발전기는 부하각 δ가 몇 도일 때 최대 출력을 낼 수 있는가?

① 0°   ② 30°
③ 60°   ④ 90°

| 해설 |
- 원통형(비돌극형) 동기 발전기: 부하각 $\delta = 90°$에서 최대 출력
- 돌극형 동기 발전기: 부하각 $\delta = 60°$에서 최대 출력

답 ④

독학이 쉬워지는 기초개념

$V[\text{kV}]$, $P_n[\text{kVA}]$인 경우

$\%Z_s = \dfrac{P_n Z_s}{10 V^2}[\%]$

Tip 강의 꿀팁

돌발 단락 시에는 전기자 반작용이 순간적으로 나타나지 않기 때문에 돌발 단락 전류를 제한하는 것은 누설 리액턴스예요.

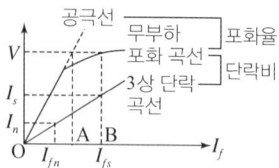

▲ 동기기의 무부하 포화 곡선

• 포화율 $\delta = \dfrac{\overline{AB}}{\overline{OA}}$

3상 단락 곡선(전류)은 계자 전류가 늘어나도 전기자 반작용에 의한 감자 작용이 발생하여 철심의 자기 포화가 되지 않아 직선적으로 증가한다.

4 %동기 임피던스

(1) 동기 임피던스 Z_s
  ① 정격 유기 기전력을 단락 전류로 나눈 값
  ② 동기 임피던스의 크기

$$Z_s = \sqrt{r_a^2 + x_s^2} = \dfrac{E}{I_s} = \dfrac{V}{\sqrt{3}\, I_s}[\Omega]$$

(단, r_a: 전기자 저항[Ω], x_s: 동기 리액턴스[Ω], I_s: 단락 전류[A])

(2) %동기 임피던스 $\%Z_s$
  ① 정격 전류 I_n에 의한 임피던스 강하와 정격 유기 기전력의 비의 백분율
  ② %동기 임피던스

$$\%Z_s = \dfrac{I_n Z_s}{E} \times 100 = \dfrac{P_n Z_s}{V^2} \times 100[\%] = \dfrac{I_n}{I_s} \times 100[\%]$$

(단, V: 선간 전압[V], P_n: 정격 용량[VA], I_n: 정격 전류[A])

5 단락비

(1) 단락 전류
  ① 동기 발전기가 정격 속도, 정격 전압 및 무부하로 운전 중일 때 3상 단락이 일어나는 경우 단락 전류가 다음 그림과 같이 발생한다.

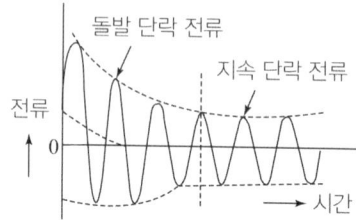

▲ 3상 단락 전류

$$I_s = \dfrac{E}{Z_s} = \dfrac{E}{\sqrt{r_a^2 + x_s^2}} \fallingdotseq \dfrac{E}{x_s}[\text{A}]$$

(단, x_s: 동기 리액턴스[Ω], r_a: 전기자 저항[Ω], I_s: 단락 전류[A])

  ② 돌발 단락 전류: 단락 직후 누설 리액턴스에 의한 전류

$$I_s = \dfrac{E}{x_l}[\text{A}]$$

(단, x_l: 누설 리액턴스[Ω])

  ③ 지속 단락 전류: 단락 후 일정 시간이 지난 뒤 누설 리액턴스와 전기자 반작용 리액턴스에 의한 전류

$$I_s = \dfrac{E}{x_l + x_a} = \dfrac{E}{x_s}[\text{A}]$$

(단, x_a: 전기자 반작용 리액턴스[Ω], x_s: 동기 리액턴스[Ω])

(2) 단락비
 ① 정의
  무부하 시 정격 전압을 유기하는 데 필요한 여자 전류(I_{fs})와 3상 단락 시 정격 전류와 같은 단락 전류를 흘리는 데 필요한 여자 전류(I_{fn})의 비

  $$K_s = \frac{I_{fs}}{I_{fn}} = \frac{I_s}{I_n} = \frac{100}{\%Z_s} = \frac{10^3 V^2}{P_n Z_s} = \frac{1}{Z[\text{p.u}]}$$

  (단, I_s: 단락 전류[A], I_n: 정격 전류[A])

 ② 단락비가 큰 기계의 특성
  ㉠ 장점
   • 동기 임피던스가 작다.
   • 전압 변동률이 작다.
   • 전기자 반작용이 작다.
   • 출력이 증가한다.
   • 과부하 내량이 크고 안정도가 높다.
   • 자기 여자 현상이 적다.
  ㉡ 단점
   • 단락 전류가 크다.
   • 철손이 증가하여 효율이 감소한다.
   • 발전기 구조가 커져 가격이 높아진다.
   • 계자 기자력이 높아져 공극이 커진다.

구분	증가	감소
단락비가 큰 기계	• 송전 용량 • 충전 용량 • 안정도 • 단락 전류 • 손실(철손, 기계손)	• 효율 • 동기 임피던스 • 전압 변동률 • 전기자 반작용

기출예제

단락비가 큰 동기기의 특징으로 옳은 것은?

① 안정도가 떨어진다.
② 전압 변동률이 크다.
③ 선로 충전 용량이 크다.
④ 단자 단락 시 단락 전류가 적게 흐른다.

| 해설 |

구분	증가	감소
단락비가 큰 기계	• 송전 용량 • **충전 용량** • 안정도 • 단락 전류 • 손실(철손, 기계손)	• 효율 • 동기 임피던스 • 전압 변동률 • 전기자 반작용

답 ③

독학이 쉬워지는 기초개념

단락비 계산 시 필요한 시험
• 무부하 포화 시험
• 3상 단락 시험

독학이 쉬워지는 기초개념

💡 강의 꿀팁
앞 글자를 따서 '크위주파상'으로 외우면 좋아요.

여자 전류를 증가 시킨 발전기에는 지상 전류가, 감소 시킨 발전기에는 진상 전류가 흐른다.

수수 전력
병렬 운전하는 두 발전기에 위상차가 생겨 서로 주고 받는 전력

동기 화력
두 발전기의 위상을 일치시키기 위해 발생하는 힘(전력)

기전력의 상회전 방향이 다를 경우
- 상회전 방향이 다르면 어느 순간 두 발전기는 단락 상태가 되어 발전기 파손을 초래한다.
- 대책: 동기 검정기 등을 이용해 상회전 방향을 일치시킨다.

THEME 06 동기 발전기의 병렬 운전

1 병렬 운전 조건
① 기전력의 크기가 같을 것
② 기전력의 위상이 같을 것
③ 기전력의 주파수가 같을 것
④ 기전력의 파형이 같을 것
⑤ 기전력의 상회전 방향이 같을 것

2 병렬 운전 조건 불일치 시 현상

(1) 기전력의 크기가 다를 경우
① 크기가 다르면 발전기 내부에서는 무효 횡류(순환 전류) I_c가 흘러 단자 전압을 같게 만들지만 발전기의 온도 상승을 초래한다.

$$I_c = \frac{E_1 - E_2}{2Z_s} = \frac{E_r}{2Z_s}[A]$$

(단, I_c: 무효 횡류[A], E_r: 기전력의 차[V])

② 대책: 여자 전류를 조정한다.(여자 전류를 증가시킨 발전기는 역률이 저하, 여자 전류를 감소시킨 발전기는 역률이 향상된다.)

(2) 기전력의 위상이 다를 경우
① 위상이 다르면 발전기 내부에서는 유효 순환 전류(동기화 전류)가 흘러 위상을 같게 만들지만 발전기의 온도 상승을 초래한다.

- $I_s = \frac{E}{x_s} \sin\frac{\delta}{2}[A]$ (단, I_s: 동기화 전류[A], δ: 위상차)
- $P_s = \frac{E^2}{2x_s} \sin\delta[W]$ (단, P_s: 수수 전력[W])
- $P_{cs} = \frac{dP_s}{d\delta} = \frac{E^2}{2x_s} \cos\delta[W]$ (단, P_{cs}: 동기 화력[W])

② 대책: 원동기의 출력을 조절한다.(위상이 앞선 발전기에서 위상이 뒤진 발전기 측으로 동기 화력을 발생시켜 위상을 맞춘다.)

(3) 기전력의 주파수가 다를 경우
① 기전력의 위상이 일치하지 않는 시간이 생기고 동기화 전류가 발생하면서 난조가 발생한다.
② 대책: 제동 권선을 설치한다.

(4) 기전력의 파형이 다를 경우
① 고조파가 유입되어 기전력의 파형이 다르면 2대의 발전기의 순시값이 같지 않아 고조파 무효 순환 전류가 발생하여 발전기 과열의 원인이 된다.
② 대책: 발전기의 고조파 유입을 방지한다.

기출예제

병렬 운전하고 있는 2대의 3상 동기 발전기 사이에 무효 순환 전류가 흐르는 경우는?

① 부하의 증가　　② 부하의 감소
③ 여자 전류의 변화　　④ 원동기의 출력 변화

| 해설 |
- 유기 기전력의 크기(여자 전류)가 다르면 발전기 내부에 무효 순환 전류가 흘러 단자 전압을 같게 만들지만 발전기의 온도 상승을 초래한다.
- 대책: 여자 전류를 조정한다.(여자 전류를 증가시킨 발전기는 역률 저하, 여자 전류를 감소시킨 발전기는 역률 향상)

답 ③

3 부하의 분담

(1) 유효 전력 조정(조속기로 원동기 입력 조정)
　① 원동기 입력 증가 시
　　위상이 앞섬 → 유효 전력 증가 → 부하 전류 증가 → 부하 분담 증가
　② 원동기 입력 감소 시
　　위상이 뒤짐 → 유효 전력 감소 → 부하 전류 감소 → 부하 분담 감소

(2) 무효 전력 조정
　계자 전류가 증가한 발전기의 역률은 저하되고 감소한 발전기의 역률은 증가한다.
　① 과여자 시
　　지상 전류 → 역률 감소 → 감자 작용
　② 부족 여자 시
　　진상 전류 → 역률 증가 → 증자 작용

THEME 07　자기 여자 현상과 난조

1 자기 여자 현상

(1) 자기 여자 현상
발전기에 여자 전류가 공급되지 않더라도(무여자 상태) 발전기와 연결된 장거리 송전선로의 충전 전류(진상 전류)의 영향으로 발전기에 전압이 발생하거나 발전기 단자 전압이 이상적으로 상승하는 현상

(2) 방지대책
　① 2대 이상의 동기 발전기를 모선에 연결
　② 수전단에 병렬 리액터(분로 리액터)를 연결
　③ 수전단에 여러대의 변압기를 병렬로 연결
　④ 동기 조상기를 연결하여 부족 여자로 운전
　⑤ 단락비를 크게 할 것(충전 용량 증가)

진상 전류의 영향
- 페란티 현상
- 발전기 자기 여자 현상

> **독학이 쉬워지는 기초개념**

> **플라이 휠**
> 커다란 관성을 갖는 직경이 크고 무거운 회전체

2 난조

(1) 정의
  ① 부하 급변 시 동기 속도보다 낮아져 속도 재조정을 위한 진동이 발생하게 되며, 이때 진동 주기가 동기기의 고유 진동에 가까워지며 공진작용으로 진동이 계속 증대되는 현상이다.
  ② 탈조(동기이탈)
  난조 현상의 정도가 심해질 경우 동기 운전을 이탈하게 되는 현상이다.

(2) 원인
  ① 원동기의 조속기 감도가 너무 예민한 경우
  ② 부하가 급변하거나 전기자 저항이 큰 경우
  ③ 원동기 토크에 고조파가 포함된 경우

(3) 방지 대책
  ① 제동 권선 설치(가장 확실한 난조 방지 대책)
  ② 원동기의 조속기 감도 억제
  ③ 단락비를 크게 하고 속응 여자 방식을 채용
  ④ 회전자에 플라이 휠 사용(관성 모멘트 증대)
  ⑤ 분포권, 단절권 사용(고조파 제거)

(4) 제동 권선
  ① 난조 방지 권선이라고도 하며, 동기 발전기에서 난조를 방지하여 일정한 회전을 하기 위한 권선이다.
  ② 제동 권선의 역할
    ㉠ 난조의 방지
      • 제동 권선의 기능은 기계적인 플라이 휠과 비슷한 작용을 전기적으로 하는 것이다.
      • 일정 속도로 회전하고 있는 발전기가 어떤 이유로 속도가 변할 때 제동 권선에 전류가 발생하고 이 전류에 의해 동력이 발생하여 속도의 변화를 막아준다.
    ㉡ 동기 전동기의 경우에 제동 권선은 유도기의 농형 권선과 같은 역할을 하며, 기동 토크를 발생시킨다.
    ㉢ 불평형 부하 시에 전류, 전압 파형을 개선한다.
    ㉣ 송전선의 불평형 단락 시에 이상 전압을 방지한다.

기출예제

다음 중 일반적인 동기 전동기 난조 방지에 가장 유효한 방법은?

① 자극수를 적게 한다.
② 회전자의 관성을 크게 한다.
③ 자극 면에 제동 권선을 설치한다.
④ 동기 리액턴스 X_s를 작게 하고 동기 화력을 크게 한다.

| 해설 |
난조 방지대책
- 제동 권선 설치(가장 확실한 난조 방지 대책)
- 원동기의 조속기 감도 억제
- 단락비를 크게 하고 속응 여자 방식을 채용
- 회전자에 플라이 휠 사용(관성 모멘트 증대)
- 분포권, 단절권 사용(고조파 제거)

답 ③

THEME 08 동기 발전기의 안정도

1 안정도의 종류

(1) 정태 안정도
　① 여자를 일정하게 유지하고 부하를 증가시킬 경우 탈조현상이 일어나지 않는 범위 내에서 안정하게 운정할 수 있는 정도를 말한다.
　② 정태 안정 극한 전력

$$P = \frac{EV}{x_s}\sin\delta\,[\text{W}]$$

(2) 동태 안정도
　발전기를 송전선에 접속하고 자동 전압 조정기(AVR)로 여자 전류를 제어하며 발전기 단자 전압이 정전압으로 안정하게 운전할 수 있는 정도를 말한다.

(3) 과도 안정도
　부하의 급변, 선로의 개폐, 접지, 단락 등의 고장 또는 기타의 원인에 의해 운전 상태가 급변했을 때, 그 과도 상태가 경과한 후에도 안정하게 운전할 수 있는 정도를 말한다.

2 안정도 증진대책

① 단락비를 크게 한다.
② 회전자에 플라이 휠을 설치하여 관성 모멘트를 크게 한다.
③ 속응 여자 방식을 채용한다.
④ 조속기 동작을 신속히 한다.(전기식 조속기 채용)
⑤ 동기 임피던스를 작게 한다.(정상 임피던스를 작게 한다.)
⑥ 영상 임피던스와 역상 임피던스를 크게 한다.

독학이 쉬워지는 기초개념

기출예제

중요도 동기 발전기의 안정도를 증진시키기 위한 대책이 아닌 것은?

① 속응 여자 방식을 사용한다.
② 정상 임피던스를 작게 한다.
③ 역상·영상 임피던스를 작게 한다.
④ 회전자의 플라이휠 효과를 크게 한다.

| 해설 |
동기 발전기의 안정도 향상 대책
- 단락비를 크게 한다.
- 회전자에 플라이 휠을 설치해 관성을 크게 한다.
- 속응 여자 방식을 채용한다.
- 조속기 동작을 신속히 한다.(전기식 조속기 채용)
- 동기 임피던스를 작게 한다.(정상 임피던스를 작게 한다.)
- 영상 임피던스와 역상 임피던스를 크게 한다.

답 ③

THEME 09 동기 전동기의 특성

1 동기 전동기의 특징과 용도

(1) 동기 전동기의 특징

장점	단점
• 속도가 일정하다. • 역률을 조정할 수 있다. • 효율이 좋다. • 공극이 넓으므로 기계적으로 튼튼하다.	• 속도 조정이 곤란하다. • 기동 토크가 작기 때문에 별도의 기동 장치가 필요하다. • 직류 여자 장치가 필요하다. • 난조 발생이 빈번하다.

(2) 동기 전동기의 용도
① 분쇄기
② 압축기
③ 송풍기

> **Tip 강의 꿀팁**
> 동기 전동기는 주로 대형으로 제작해요.

기출예제

역률이 가장 좋은 전동기는?

① 농형 유도 전동기 ② 권선형 유도 전동기
③ 동기 전동기 ④ 교류 정류자 전동기

| 해설 |
동기 전동기의 장점
- 속도가 일정하다.
- 역률을 조정할 수 있다.
- 효율이 좋다.
- 공극이 넓으므로 기계적으로 튼튼하다.

답 ③

2 동기 전동기의 기동

(1) 자기 기동
① 자극 표면에 제동 권선을 설치하여 기동 토크를 발생시켜 기동하는 방법이다.
② 이때 계자 권선은 고전압이 발생할 우려가 있으므로 단락시킨다.

(2) 기동 전동기
① 3상 유도 전동기를 사용하여 기동하는 방법이다.
② 이때 유도 전동기의 극수는 동기 전동기보다 2극 적게 한다.

3 동기 와트

(1) 동기 전동기의 토크

$$T = 0.975 \frac{P_o}{N_s} [\text{kg} \cdot \text{m}] = 9.55 \frac{P_o}{N_s} [\text{N} \cdot \text{m}]$$

(단, P_o: 출력[W], N_s: 동기 속도[rpm])

(2) 동기 와트
① 전동기의 출력 P_o에서 출력은 토크와 속도의 곱으로 나타낸다.
② 동기 전동기의 경우 속도 N_s은 항상 일정하므로 기계적 출력을 토크로 표시하기도 하는데, 출력을 토크로 표시할 때를 동기 와트라고 한다.
③ 동기 와트

$$P_o = 1.026 N_s T [\text{W}]$$

(단, T: 토크[kg·m], N_s: 동기 속도[rpm])

> **강의 꿀팁**
>
> 동기 전동기의 동기 와트는 동기 속도로 회전할 때 기계적 출력을 의미해요.

THEME 10 위상 특성 곡선

1 위상 특성 곡선

(1) 정의

부하와 공급 전압을 일정하게 유지하고, 계자 전류 I_f를 변화시킬 때 전기자 전류 I_a와 관계를 나타낸 곡선이다.

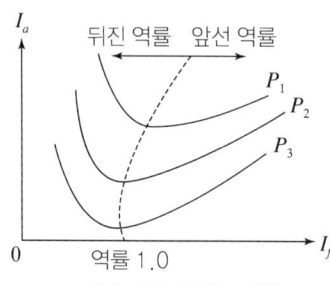

▲ 위상 특성 곡선(V 곡선)

(2) 특징

① 위상 특성 곡선(V 곡선)에서 여자 전류가 변화하면 전기자 전류, 역률, 부하각이 변한다.
  ㉠ 과여자인 경우
    계자 전류가 증가함에 따라 앞선 역률로 작용하게 된다. 따라서 진상 무효 전류가 흘러 콘덴서 작용을 한다.
  ㉡ 부족 여자인 경우
    계자 전류가 감소함에 따라 뒤진 역률로 작용하게 된다. 따라서 지상 무효 전류가 흘러 리액터 작용을 한다.
② 그래프가 위로 올라갈수록 출력은 증가한다. ($P_1 > P_2 > P_3$)
③ 역률이 1인 경우: 전기자 전류는 최소이다.

(3) 동기 조상기

① 동기 전동기를 무부하로 운전하고 계자 전류를 변화시켜 주면 전기자 권선에 흐르는 전류를 앞선 전류 또는 뒤진 전류로 만들 수 있다.
② 위상 특성 곡선의 특성을 이용하여 송배전 계통의 무효 전력을 조정하여 송배전 선로의 전력 손실과 역률 개선을 하는 것으로 무부하 시 동기 전동기를 동기 조상기라고 한다.

기출예제

동기 조상기를 부족 여자로 사용하면?

① 리액터로 작용
② 저항손의 보상
③ 일반 부하의 뒤진 전류를 보상
④ 콘덴서로 작용

| 해설 |
- 동기 조상기는 동기 전동기를 무부하 상태로 운전하는 것이다.
- 과여자 운전 시 계자 전류가 증가함에 따라 앞선 역률로 작용하게 된다. 따라서 진상 무효 전류가 흘러 콘덴서 작용을 한다.
- 부족 여자 운전 시 계자 전류가 감소함에 따라 뒤진 역률로 작용하게 된다. 따라서 지상 무효 전류가 흘러 리액터 작용을 한다.

답 ①

독학이 쉬워지는 기초개념

CHAPTER 03 CBT 적중문제

01
우리나라 발전소에 설치되어 3상 교류를 발생하는 발전기는?

① 동기 발전기
② 분권 발전기
③ 직권 발전기
④ 복권 발전기

해설 동기 발전기
- 대형으로 제작이 가능하여 우리나라의 수력, 화력, 원자력 발전소 대부분이 채용하는 발전기이다.
- 역률 조정이 가능하다.
- 유도 발전기보다 튼튼하게 제작이 가능하다.
- 난조가 발생하기 쉬운 단점이 있다.

02
수백[Hz] ~ 20,000[Hz] 정도의 고주파 발전기에 쓰이는 회전자형은?

① 농형
② 유도자형
③ 회전 전기자형
④ 회전 계자형

해설 고주파 발전기
- 고주파 발전기에 쓰이는 회전자는 유도자형이다.
- 계자극과 전기자를 함께 고정시키고 그 가운데에 유도자라는 회전자를 놓은 발전기이다.
- 수백[Hz]~수만[Hz]의 고주파를 유기시키는 발전기이다.
- 극수가 많은 다극형 특수 동기 발전기이다.
- 유도자는 권선이 없는 금속 회전자의 튼튼한 구조이다.

03
60[Hz]용 3,600[rpm]의 고속기일 때 원심력을 작게 하기 위하여 회전자 직경을 작게 하고 축 방향으로 길게 한 원통형 회전자를 사용한 발전기는?

① 엔진 발전기
② 디젤 발전기
③ 풍력 터빈 발전기
④ 증기(가스) 터빈 발전기

해설
- 돌극형 수차 발전기: 저속기로 원심력이 작으므로 회전자 직경이 크고 축 길이가 짧다.
- 원통형 터빈 발전기: 고속기로 원심력이 크므로 회전자 직경이 작고 축 길이가 길다.
여기서, 터빈 발전기는 가스 터빈 발전기를 의미한다.

04
돌극형 동기 발전기에서 직축 동기 리액턴스를 X_d, 횡축 동기 리액턴스를 X_q라 할 때의 관계는?

① $X_d < X_q$
② $X_d > X_q$
③ $X_d = X_q$
④ $X_d \ll X_q$

해설
돌극형 동기 발전기는 직축이 횡축에 비해 공극이 작아 $X_d > X_q$ 가 된다.

05

$60[\text{Hz}]$, 12극의 동기 전동기 회전 계자의 주변 속도$[\text{m/s}]$는?(단, 회전 계자의 극 간격은 $1[\text{m}]$이다.)

① 10
② 31.4
③ 120
④ 377

해설

- 동기 속도
$$N_s = \frac{120f}{p} = \frac{120 \times 60}{12} = 600[\text{rpm}]$$
- 회전자 둘레
$$l = \pi D = 극수 \times 극\ 간격 = 12 \times 1 = 12[\text{m}]$$
- 회전자 주변 속도
$$v = \pi D n_s = l \times \frac{N_s}{60} = 12 \times \frac{600}{60} = 120[\text{m/s}]$$
(단, n_s: 초당 회전 속도[rps])

06

교류기에서 유기 기전력의 특정 고조파분을 제거하고 권선을 절약하기 위해 자주 사용되는 권선법은?

① 전절권
② 분포권
③ 집중권
④ 단절권

해설 단절권

- 고조파를 제거하여 기전력의 파형 개선
- 권선단의 길이가 짧아져 기계 전체의 길이가 축소
- 동량이 적게 들어 동손 감소
- 전절권에 비해 유기 기전력이 감소

07

3상 동기 발전기의 각 상의 유기 기전력에서 제3고조파를 제거할 수 있는 코일 간격/극 간격은?(단, 전기자 권선은 단절권으로 한다.)

① 0.11
② 0.33
③ 0.67
④ 1.34

해설

- 제n고조파를 제거하기 위한 단절권 계수
$$K_{p,n} = \sin\frac{n\beta\pi}{2}$$
- 제3고조파를 제거하기 위한 단절권 계수
$$K_{p,3} = \sin\frac{3\beta\pi}{2}$$
- $\sin\theta$의 값이 0이 되기 위해 $\theta = \frac{3\beta\pi}{2} = n\pi$를 만족해야 한다. 따라서 $\beta = \frac{2n}{3}$이 되기 위한 β값은 0, 0.67, 1.33, …이 된다. 이때 일반적으로 단절권의 β는 1보다 작으므로 0.67이 가장 적절하다.

08

3상 동기 발전기의 매극 매상의 슬롯수가 3일 때 분포권 계수는?

① $6\sin\frac{\pi}{8}$
② $3\sin\frac{\pi}{9}$
③ $\dfrac{1}{6\sin\dfrac{\pi}{18}}$
④ $\dfrac{1}{3\sin\dfrac{\pi}{18}}$

해설

분포권 계수

$$K_d = \frac{\sin\dfrac{\pi}{2m}}{q\sin\dfrac{\pi}{2mq}} = \frac{\sin\dfrac{\pi}{2\times3}}{3\times\sin\dfrac{\pi}{2\times3\times3}}$$

$$= \frac{\sin\dfrac{\pi}{6}}{3\sin\dfrac{\pi}{18}} = \frac{\dfrac{1}{2}}{3\sin\dfrac{\pi}{18}} = \frac{1}{6\sin\dfrac{\pi}{18}}$$

| 정답 | 05 ③ 06 ④ 07 ③ 08 ③

09
4극 3상 동기기가 48개의 슬롯을 가진다. 전기자 권선 분포 계수 K_d를 구하면?

① 0.923
② 0.945
③ 0.957
④ 0.969

해설
- 매극 매상당 슬롯수
$$q = \frac{48}{4 \times 3} = 4$$
- 분포권 계수
$$K_d = \frac{\sin\dfrac{\pi}{2m}}{q\sin\dfrac{\pi}{2mq}} = \frac{\sin\dfrac{\pi}{2\times 3}}{4\times\sin\dfrac{\pi}{2\times 3\times 4}} = \frac{\dfrac{1}{2}}{4\sin\dfrac{\pi}{24}} = \frac{1}{8\sin\dfrac{\pi}{24}}$$
$$= 0.957$$

10
상수 m, 매극 매상당 슬롯수 q인 동기 발전기에서 n차 고조파분에 대한 분포권 계수는?

① $\dfrac{q\sin\dfrac{n\pi}{mq}}{\sin\dfrac{n\pi}{m}}$
② $\dfrac{\sin\dfrac{n\pi}{m}}{q\sin\dfrac{n\pi}{mq}}$
③ $\dfrac{\sin\dfrac{\pi}{2m}}{q\sin\dfrac{n\pi}{2mq}}$
④ $\dfrac{\sin\dfrac{n\pi}{2m}}{q\sin\dfrac{n\pi}{2mq}}$

해설 n차 고조파분에 대한 분포권 계수
$$K_{d,n} = \frac{\sin\dfrac{n\pi}{2m}}{q\sin\dfrac{n\pi}{2mq}}$$

11
동기 발전기에서 유기 기전력과 전기자 전류가 동상인 경우의 전기자 반작용은?

① 교차 자화 작용
② 증자 작용
③ 감자 작용
④ 직축 반작용

해설

기기 종류	R 부하(동상)	L 부하(지상)	C 부하(진상)
동기 발전기	교차 자화 작용	감자 작용	증자 작용
동기 전동기	교차 자화 작용	증자 작용	감자 작용

12
원통형 회전자를 가진 동기 발전기는 부하각 δ가 몇 도일 때 최대 출력을 낼 수 있는가?

① 0°
② 30°
③ 60°
④ 90°

해설
- 돌극형 동기 발전기: 부하각 $\delta = 60°$에서 최대 출력
- 원통형(비돌극형) 동기 발전기: 부하각 $\delta = 90°$에서 최대 출력

13

비돌극형 동기 발전기 한 상의 단자 전압을 V, 유기 기전력을 E, 동기 리액턴스를 X_s, 부하각이 δ이고, 전기자 저항을 무시할 때 한 상의 최대 출력[W]은?

① $\dfrac{EV}{X_s}$ ② $\dfrac{3EV}{X_s}$

③ $\dfrac{E^2 V}{X_s}\sin\delta$ ④ $\dfrac{EV^2}{X_s}\sin\delta$

해설
- 비돌극형 발전기의 최대 출력: 부하각 $\delta = 90°$
- 한 상의 최대 출력

$$P = \dfrac{EV}{X_s}\sin\delta[\text{W}] = \dfrac{EV}{X_s}\sin 90° = \dfrac{EV}{X_s}[\text{W}]$$

14

비철극형 3상 동기 발전기의 동기 리액턴스 $X_s = 10[\Omega]$, 유도 기전력 $E = 6,000[\text{V}]$, 단자 전압 $V = 5,000[\text{V}]$, 부하각 $\delta = 30°$일 때 출력은 몇 [kW]인가?(단, 전기자 권선 저항은 무시한다.)

① 1,500 ② 3,500
③ 4,500 ④ 5,500

해설
3상 동기 발전기의 출력

$$P = 3\dfrac{EV}{X_s}\sin\delta = 3 \times \dfrac{6,000 \times 5,000}{10} \times \sin 30° \times 10^{-3}$$
$$= 4,500[\text{kW}]$$

15

동기 발전기의 단자 부근에서 단락이 일어났다면 단락 전류는 어떻게 되는가?

① 전류가 계속 증가한다.
② 큰 전류가 증가와 감소를 반복한다.
③ 처음에는 큰 전류이나 점차 감소한다.
④ 일정한 큰 전류가 지속적으로 흐른다.

해설
동기 발전기는 3상 단락 사고 시 처음에는 매우 큰 전류(돌발 단락전류)가 흐르고 이후 점차 단락 전류(지속 단락전류)가 감소하는 특성이 있다.

16

동기 발전기의 돌발 단락 전류를 제한하는 것은?

① 누설 리액턴스 ② 역상 리액턴스
③ 권선 저항 ④ 동기 리액턴스

해설 동기 발전기의 3상 단락 전류
- 돌발 단락 전류: 단락 직후 누설 리액턴스에 의해 제한(전기자 반작용이 순간적으로 나타나지 않기 때문)
- 지속 단락 전류: 단락 후 일정 시간이 지난 뒤 누설 리액턴스와 전기자 반작용에 의해 제한

| 정답 | 13 ① 14 ③ 15 ③ 16 ①

17

정격 출력 $10,000[\text{kVA}]$, 정격 전압 $6,600[\text{V}]$, 정격 역률 0.6인 3상 동기 발전기가 있다. 동기 리액턴스 $0.6[\text{p.u}]$인 경우의 전압 변동률[%]은?

① 21　　　　　　　② 31
③ 40　　　　　　　④ 52

해설

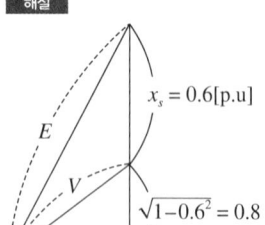

- 유기 기전력
$$E = \sqrt{(\text{역률})^2 + (\text{무효율} + x_s)^2}$$
$$= \sqrt{0.6^2 + (0.8+0.6)^2} = 1.523[\text{p.u}]$$

- 전압 변동률
$$\varepsilon = \frac{E-V_n}{V_n} \times 100 = \frac{1.523-1}{1} \times 100$$
$$= 52.3[\%]$$

18

동기 발전기의 단락비가 1.2이면 이 발전기의 % 동기 임피던스[p.u]는?

① 0.12　　　　　　② 0.25
③ 0.52　　　　　　④ 0.83

해설

- 단락비
$$K_s = \frac{100}{\%Z} = \frac{1}{Z[\text{p.u}]}$$

- 동기 임피던스
$$Z[\text{p.u}] = \frac{1}{K_s} = \frac{1}{1.2} = 0.83[\text{p.u}]$$

19

단락비가 큰 동기기의 특징으로 옳은 것은?

① 안정도가 떨어진다.
② 전압 변동률이 크다.
③ 선로 충전 용량이 크다.
④ 단자 단락 시 단락 전류가 적게 흐른다.

해설 단락비가 큰 기계의 특성

구분	증가	감소
단락비가 큰 기계	· 송전 용량 · 충전 용량 · 안정도 · 단락 전류 · 손실(철손, 기계손)	· 효율 · 동기 임피던스 · 전압 변동률 · 전기자 반작용

20

3상 동기 발전기의 단자를 3상 단락하고 계자 전류 $200[\text{A}]$를 흘린 경우 3상 단락 전류는 $280[\text{A}]$이었다. 계자 전류를 $250[\text{A}]$로 증가했을 때 3상 단락 전류[A]는?

① 300　　　　　　② 330
③ 350　　　　　　④ 370

해설

3상 단락 전류는 계자 전류가 늘어나도 전기자 반작용에 의한 감자 작용이 발생하여 철심의 자기 포화가 되지 않아 직선적으로 증가한다.

$$\therefore I_s' = I_s \times \frac{I_f'}{I_f} = 280 \times \frac{250}{200} = 350[\text{A}]$$

| 정답 | 17 ④　18 ④　19 ③　20 ③

21
동기 발전기의 단락비를 계산하는 데 필요한 시험은?

① 부하 시험과 돌발 단락 시험
② 단상 단락 시험과 3상 단락 시험
③ 무부하 포화 시험과 3상 단락 시험
④ 정상·역상·영상 리액턴스의 측정 시험

해설 단락비 계산 시 필요한 시험
- 무부하 포화 시험
- 3상 단락 시험

22
동기 발전기의 병렬 운전 조건에서 같지 않아도 되는 것은?

① 기전력의 크기
② 기전력의 위상
③ 기전력의 주파수
④ 기전력의 용량

해설 동기 발전기의 병렬 운전 조건
- 기전력의 크기가 같을 것
- 기전력의 위상이 같을 것
- 기전력의 주파수가 같을 것
- 기전력의 파형이 같을 것
- 기전력의 상회전 방향이 같을 것

암기
ㄱ위주파상

23
병렬 운전 중인 A, B 두 동기 발전기 중에서 A 발전기의 여자를 B 발전기보다 강하게 하였을 경우 B 발전기는?

① 진상 전류가 흐른다.
② 지상 전류가 흐른다.
③ 동기화 전류가 흐른다.
④ 부하 전류가 증가한다.

해설 동기 발전기의 병렬 운전
- A 발전기의 여자 전류 증가 시
  - A 발전기는 지상 전류가 흘러 A 발전기의 역률은 저하된다.
  - B 발전기는 반대로 진상 전류가 흘러 B 발전기의 역률은 좋아진다.
- B 발전기의 여자 전류 증가 시
  - B 발전기는 지상 전류가 흘러 B 발전기의 역률은 저하된다.
  - A 발전기는 반대로 진상 전류가 흘러 A 발전기의 역률은 좋아진다.

24
동기 발전기의 병렬 운전에서 기전력의 위상이 다른 경우, 동기 화력(P_s)을 나타낸 식은?(단, P: 수수 전력, δ: 상차각이다.)

① $P_s = \dfrac{dP}{d\delta}$
② $P_s = \int P d\delta$
③ $P_s = P \times \cos\delta$
④ $P_s = \dfrac{P}{\cos\delta}$

해설 동기 화력
$$P_s = \frac{dP}{d\delta} = \frac{d}{d\delta}\left(\frac{E^2}{2x_s}\sin\delta\right) = \frac{E^2}{2x_s}\cos\delta[\text{W}]$$
따라서 보기 ①번이 정답이다.

25
두 동기 발전기의 유도 기전력이 $1,000[V]$, 위상차 $90°$, 동기 리액턴스 $100[\Omega]$일 경우 유효 순환 전류는 약 몇 $[A]$인가?

① 5
② 7
③ 10
④ 20

해설
유효 순환 전류(동기화 전류)
$$I_s = \frac{E}{x_s}\sin\frac{\delta}{2} = \frac{1,000}{100} \times \sin\frac{90°}{2} = 10 \times \sin 45° = 7.07[A]$$

26
동기 발전기의 자기 여자 작용은 부하 전류의 위상이 다음 중 어느 때 일어나는가?

① 역률이 1일 때
② 지상 역률일 때
③ 진상 역률일 때
④ 역률과 무관하다.

해설 자기 여자 현상
발전기에 여자 전류가 공급되지 않더라도(무여자 상태) 발전기와 연결된 장거리 송전선로의 충전 전류(진상 전류)의 영향으로 발전기에 전압이 발생하거나 발전기 단자 전압이 이상적으로 상승하는 현상

27
3상 동기 발전기에 제동 권선을 사용하는 주목적은?

① 출력이 증가한다.
② 효율이 증가한다.
③ 역률을 개선한다.
④ 난조를 방지한다.

해설 제동 권선
- 동기 발전기 및 동기 전동기의 회전자(계자극 면)에 설치
- 동기기의 난조 발생 방지
- 동기 전동기의 기동 토크 발생
- 불평형 부하 시 전류, 전압의 파형 개선
- 송전선의 불평형 단락 시에 이상 전압 방지

28
동기기의 과도 안정도를 증가시키는 방법이 아닌 것은?

① 속응 여자 방식을 채용한다.
② 회전자의 플라이 휠 효과를 크게 한다.
③ 동기화 리액턴스를 크게 한다.
④ 조속기의 동작을 신속히 한다.

해설 동기 발전기의 안정도 향상 대책
- 단락비를 크게 한다.
- 회전자에 플라이 휠을 설치하여 관성을 크게 한다.
- 속응 여자 방식을 채용한다.
- 조속기 동작을 신속히 한다.(전기식 조속기 채용)
- 동기 임피던스를 작게 한다.(정상 임피던스를 작게 한다.)
- 영상 임피던스와 역상 임피던스를 크게 한다.

29
동기 발전기의 안정도를 증진시키기 위한 대책이 아닌 것은?

① 속응 여자 방식을 사용한다.
② 정상 임피던스를 작게 한다.
③ 역상·영상 임피던스를 작게 한다.
④ 회전자의 플라이 휠 효과를 크게 한다.

해설 동기 발전기의 안정도 향상 대책
- 단락비를 크게 한다.
- 회전자에 플라이 휠을 설치하여 관성을 크게 한다.
- 속응 여자 방식을 채용한다.
- 조속기 동작을 신속히 한다.(전기식 조속기 채용)
- 동기 임피던스를 작게 한다.(정상 임피던스를 작게 한다.)
- 영상 임피던스와 역상 임피던스를 크게 한다.

30
동기 전동기에 대한 설명으로 옳은 것은?

① 기동 토크가 크다.
② 역률 조정을 할 수 있다.
③ 가변속 전동기로서 다양하게 응용된다.
④ 공극이 매우 작아 설치 및 보수가 어렵다.

해설 동기 전동기의 특징

장점	단점
• 속도가 일정하다.	• 속도 조정이 곤란하다.
• 역률을 조정할 수 있다.	• 기동 토크가 작기 때문에 별도의 기동 장치가 필요하다.
• 효율이 좋다.	• 직류 여자 장치가 필요하다.
• 공극이 넓으므로 기계적으로 튼튼하다.	• 난조 발생이 빈번하다.

31
동기 전동기가 유도 전동기에 비해 우수한 점은?

① 기동 특성이 양호하다.
② 전부하 효율이 양호하다.
③ 속도 제어가 자유롭다.
④ 구조가 간단하다.

해설 동기 전동기의 특징

장점	단점
• 속도가 일정하다.	• 속도 조정이 곤란하다.
• 역률을 조정할 수 있다.	• 기동 토크가 작기 때문에 별도의 기동 장치가 필요하다.
• 효율이 좋다.	• 직류 여자 장치가 필요하다.
• 공극이 넓으므로 기계적으로 튼튼하다.	• 난조 발생이 빈번하다.

32
동기 전동기의 기동법 중 자기 기동법에서 계자 권선을 저항을 통해 단락시키는 이유는?

① 기동이 쉽다.
② 기동 권선으로 이용한다.
③ 고전압의 유도를 방지한다.
④ 전기자 반작용을 방지한다.

해설 자기 기동
- 자극 표면에 제동 권선을 설치하여 기동 토크를 발생시켜 기동하는 방법이다.
- 계자 권선은 고전압이 발생할 우려가 있으므로 단락시킨다.

33
동기 전동기의 위상 특성 곡선을 나타낸 것은?(단, P를 출력, I_f를 계자 전류, I_a를 전기자 전류, $\cos\theta$를 역률로 한다.)

① $I_f - I_a$ 곡선, P는 일정
② $P - I_a$ 곡선, I_f는 일정
③ $P - I_f$ 곡선, I_a는 일정
④ $I_f - I_a$ 곡선, $\cos\theta$는 일정

해설 위상 특성 곡선
- 부하와 공급 전압을 일정하게 유지하고, 계자 전류 I_f를 변화시킬 때 전기자 전류 I_a와의 관계를 나타낸 곡선이다.
- 부하와 공급 전압을 일정하게 하는 것은 출력을 일정하게 하는 것과 같은 의미이다.

34
동기 전동기의 V 특성 곡선(위상 특성 곡선)에서 무부하 곡선은?

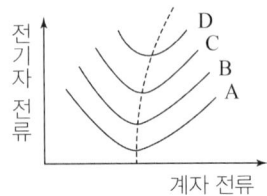

① A
② B
③ C
④ D

해설 동기 전동기의 V 곡선
- 부하를 증가 시켰을 때의 곡선은 위로 올라간다.
- 그래프가 위로 올라갈수록 출력은 증가한다. (D > C > B > A)

35
동기 조상기를 부족 여자로 사용할 때 설명으로 옳은 것은?

① 리액터로 작용
② 저항손의 보상
③ 일반 부하의 뒤진 전류를 보상
④ 콘덴서로 작용

해설 동기 조상기
- 동기 조상기는 동기 전동기를 무부하 상태로 운전하는 것이다.
- 과여자 운전 시 계자 전류가 증가함에 따라 앞선 역률로 작용하게 된다. 따라서 진상 무효 전류가 흘러 콘덴서 작용을 한다.
- 부족 여자 운전 시 계자 전류가 감소함에 따라 뒤진 역률로 작용하게 된다. 따라서 지상 무효 전류가 흘러 리액터 작용을 한다.

36
동기 조상기의 계자를 과여자로 운전하는 경우 틀린 것은?

① 콘덴서로 작용한다.
② 위상이 뒤진 전류가 흐른다.
③ 송전선의 역률을 좋게 한다.
④ 송전선의 전압 강하를 감소시킨다.

해설 동기 조상기
- 동기 조상기는 동기 전동기를 무부하 상태로 운전하는 것이다.
- 과여자 운전 시 계자 전류가 증가함에 따라 앞선 역률로 작용하게 된다. 따라서 진상 무효 전류가 흘러 콘덴서 작용을 한다.
- 부족 여자 운전 시 계자 전류가 감소함에 따라 뒤진 역률로 작용하게 된다. 따라서 지상 무효 전류가 흘러 리액터 작용을 한다.

37
동기 전동기의 공급 전압, 주파수 및 부하를 일정하게 하고 여자 전류를 변화시키면?

① 속도가 증가한다.
② 전기자 전류가 변한다.
③ 토크가 변한다.
④ 속도가 감소한다.

해설 위상 특성 곡선(V 곡선)
여자(계자) 전류가 변하면 전기자 전류가 변한다.

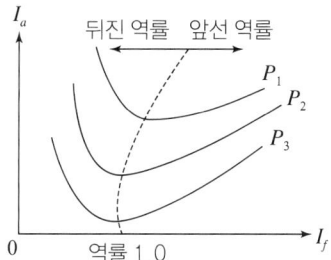

CHAPTER 04

변압기

THEME 01. 변압기의 원리와 구조
THEME 02. 변압기의 유기 기전력
THEME 03. 변압기의 등가 회로
THEME 04. 전압 변동률
THEME 05. 변압기의 손실과 효율
THEME 06. 변압기의 극성
THEME 07. 변압기 3상 결선
THEME 08. 변압기 병렬 운전
THEME 09. 특수 변압기
THEME 10. 변압기의 보호 및 시험

학습 전략

이 챕터에서는 변압기의 권수비와 등가 회로 및 변압기의 특성(전압 변동률, 효율)을 다루는 부분을 집중해서 학습해야 합니다. 또한 변압기의 병렬 운전에 관한 내용도 시험에서 중요하게 다루고 있으므로 반드시 정리해 두어야 합니다.

CHAPTER 04 | 흐름 미리보기

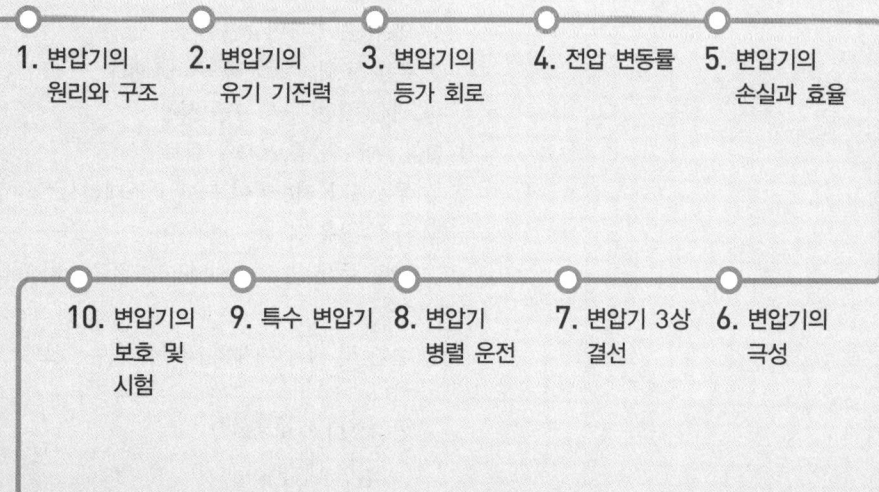

1. 변압기의 원리와 구조
2. 변압기의 유기 기전력
3. 변압기의 등가 회로
4. 전압 변동률
5. 변압기의 손실과 효율
6. 변압기의 극성
7. 변압기 3상 결선
8. 변압기 병렬 운전
9. 특수 변압기
10. 변압기의 보호 및 시험

NEXT **CHAPTER 05**

CHAPTER 04 변압기

> 독학이 쉬워지는 기초개념
>
> **변압기 철심**
> 자속이 통과하는 경로

THEME 01 변압기의 원리와 구조

1 변압기의 원리

① 그림과 같이 철심으로 만들어진 자기 회로 양쪽에 코일을 감고 1차 권선(N_1)에 교류 전압을 인가하면 교번 자계에 의한 자속이 흘러 다른 권선(N_2)에 흐른다.

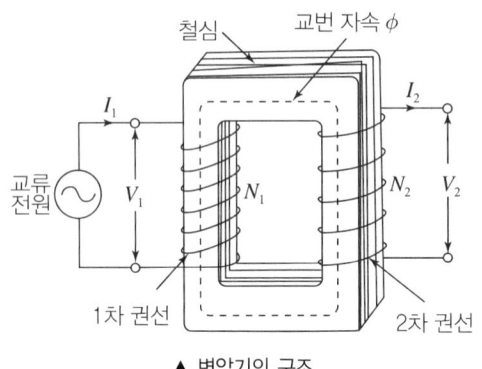

▲ 변압기의 구조

② 이때 2차 권선을 쇄교하는 자속에 의해 권선에 비례하는 유도 기전력이 발생한다. 이러한 유도 기전력이 발생되는 현상을 전자유도 현상이라고 한다.

2 변압기의 구조

(1) 권선(1, 2차)
  ① 연동선, 알루미늄선 사용
  ② 분할 조립: 누설 자속 최소화
  ③ 권선 절연: F ~ H종 사용

(2) 철심: 자속의 통로(자기 회로)
  ① 투자율과 저항률이 크고 히스테리시스손이 작은 규소강판을 사용한다.
  ② 규소 함유량: $4 \sim 4.5[\%]$
  ③ 강판 두께: $0.3 \sim 0.35[\text{mm}]$(최근 $0.3[\text{mm}]$ 이하 사용)

(3) 절연유
  ① 절연 및 냉각 매체의 역할을 하는 것으로 일반적으로 광유(절연유)를 사용한다.
  ② 절연유의 구비조건
    ㉠ 절연 내력이 클 것
    ㉡ 비열이 커서 냉각 효과가 크고 점도가 작을 것
    ㉢ 인화점은 높고 응고점은 낮을 것
    ㉣ 고온에서 산화되지 않고 석출물이 생기지 않을 것

(4) 변압기 절연유의 열화
  ① 변압기 내의 온도 변화에 따른 절연유의 수축, 팽창으로 공기의 침입이 발생하여 절연유와 공기가 화학 반응하는 것을 호흡 작용이라고 한다. 이로 인해 공기 중의 수분을 흡수하고 산소와 반응하여 열화가 일어난다.
  ② 열화로 인한 악영향
    ㉠ 절연 내력의 저하
    ㉡ 냉각 효과의 감소
    ㉢ 절연유의 부식 및 침식 작용으로 인한 변압기 수명 단축
  ③ 열화 방지 대책
    ㉠ 개방형 콘서베이터를 사용하여 공기의 침입을 방지한다.
    ㉡ 콘서베이터 내에 질소 및 흡착제를 삽입한다.

독학이 쉬워지는 기초개념

열화 판정 시험
• 유전 정접 시험
• 절연 내력 시험
• 절연저항 측정 시험

기출예제

유입식 변압기에 콘서베이터(Conservator)를 설치하는 목적으로 옳은 것은?
① 충격 방지
② 열화 방지
③ 통풍 장치
④ 코로나 방지

| 해설 |
열화 방지 대책
• 개방형 콘서베이터를 사용하여 공기의 침입을 방지
• 콘서베이터 내에 질소 및 흡착제 삽입

답 ②

THEME 02 변압기의 유기 기전력

1 이상적인 변압기

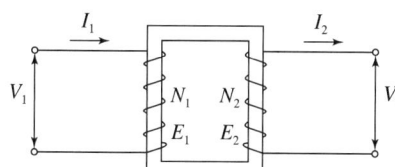

I_1: 1차 전류[A] I_2: 2차 전류[A]
E_1: 1차 유기 기전력[V] E_2: 2차 유기 기전력[V]
N_1: 1차 코일의 권수 N_2: 2차 코일의 권수

▲ 이상적인 변압기 회로

이상적인 변압기
• 철손 무시
• 권선의 저항 = 0
• 누설 자속이 없음
• 철심은 포화되지 않음

(1) 이상적인 변압기에서는 전력 손실이 없으므로 출력 전력 P_2[W]과 입력 전력 P_1[W]이 같다.
  • $P_1 = V_1 I_1$[W], $P_2 = V_2 I_2$[W]
  • $V_1 I_1 = V_2 I_2 \rightarrow \dfrac{V_1}{V_2} = \dfrac{I_2}{I_1}$

독학이 쉬워지는 기초개념

(2) 권수비

$$a = \frac{V_1}{V_2} = \frac{I_2}{I_1} = \frac{E_1}{E_2} = \frac{N_1}{N_2}$$

(단, a: 권수비)

2 변압기의 유기 기전력

(1) 1차 유기 기전력 E_1

① 1차 전압 $v_1 = \sqrt{2}\, V_1 \sin\omega t [\text{V}]$ 인가 시 여자전류 $I_0[\text{A}]$ 발생

② 누설 자속이 없는 경우 교번 자속 $\phi = \phi_m \sin(\omega t - 90°)[\text{Wb}]$ 발생

③ 1차 유기 기전력

$$E_1 = \frac{N_1 \phi_m 2\pi f}{\sqrt{2}} = 4.44 f \phi_m N_1 [\text{V}]$$

(단, N_1: 1차 측 권선수, ϕ_m: 자속의 최대값[Wb], f: 주파수[Hz])

(2) 2차 유기 기전력 E_2

① 교번 자속 $\phi[\text{Wb}]$는 2차 권선을 통과하여 1차 유기 기전력과 동상으로 기전력을 유도한다.

② 2차 유기 기전력

$$E_2 = \frac{N_2 \phi_m 2\pi f}{\sqrt{2}} = 4.44 f \phi_m N_2 [\text{V}]$$

(단, N_2: 2차 측 권선수, ϕ_m: 자속의 최대값[Wb], f: 주파수[Hz])

기출예제

중요도 변압기의 권수비 $a = 6,600/220$, 철심의 단면적 $0.02[\text{m}^2]$, 최대 자속 밀도 $1.2[\text{Wb/m}^2]$일 때 1차 유도 기전력은 약 몇 [V]인가?(단, 주파수는 $60[\text{Hz}]$이다.)

① 1,407　　② 3,521
③ 42,198　　④ 49,814

| 해설 |
유기 기전력
$E_1 = 4.44 f \phi_m N_1 = 4.44 \times 60 \times (0.02 \times 1.2) \times 6,600$
　　$= 42,198[\text{V}]$

답 ③

3 변압기의 누설 리액턴스

(1) 실제 변압기는 1차 권선과 2차 권선에 누설 자속이 있다.
(2) 누설 리액턴스

$$x_l = \omega L = 2\pi f \times \frac{\mu N^2 S}{l} \propto N^2$$

(단, f: 주파수[Hz], μ: 투자율[H/m], l: 자로 길이[m], S: 단면적[m^2])

독학이 쉬워지는 기초개념

각주파수
$\omega = 2\pi f$[rad/s]

THEME 03 변압기의 등가 회로

1 등가 회로

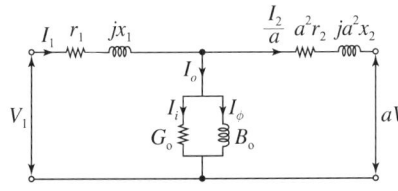

I_o: 무부하 전류(여자 전류)[A]
I_i: 철손 전류[A]
I_ϕ: 자화 전류[A]

▲ 변압기의 등가 회로

(1) 등가 회로에 필요한 시험과 측정 가능한 성분

구분	측정 성분
무부하 시험	• 철손 • 여자(무부하) 전류 • 여자 어드미턴스
단락 시험	• 동손(임피던스 와트) • 임피던스 전압 • 단락 전류
권선 저항 측정 시험	• 권선 저항

(2) 여자 전류
① 변압기의 2차 측을 개방하고 1차 측에 교류 전압 인가 시 1차 측 권선에 무부하 전류 I_o[A]이 발생하는데, 이를 여자 전류라고 한다. 여자 전류는 철심의 자기 포화 및 히스테리시스 현상에 의해 제3고조파가 가장 많이 포함되어 있다.
② 여자 전류 성분
㉠ 여자 전류

$$I_o = I_i + jI_\phi = Y_o V_1 = (G_o - jB_o)V_1$$

(단, Y_o: 여자 어드미턴스[℧], G_o: 여자 컨덕턴스[℧], B_o: 여자 서셉턴스[℧], V_1: 1차 정격 전압[V])

㉡ 철손 전류: 변압기 철심에서 철손을 발생시키는 전류 성분

$$I_i = \frac{P_i}{V_1}[A] (단, P_i: 철손[W])$$

💡 강의 꿀팁

여자 전류의 파형은 제3고조파 전류분이 포함되어 있는 왜형파 에요.

여자 전류의 크기
$I_o = \sqrt{I_i^2 + I_\phi^2}$[A]

서셉턴스
리액턴스의 역수분

> **독학이 쉬워지는 기초개념**
>
> Z_{21}: 2차 측 임피던스를 1차 측으로 변환한 뒤 1차 측에서 본 전체 임피던스

ⓒ 자화 전류: 변압기 철심에서 자속만을 발생시키는 전류 성분

$$I_\phi = \sqrt{I_o^2 - I_i^2}\,[\text{A}]$$

③ 여자 어드미턴스의 성분

㉠ 여자 어드미턴스

$$Y_o = \frac{I_o}{V_1} = \sqrt{G_o^2 + B_o^2}\,[\text{℧}]$$

㉡ 여자 컨덕턴스 $G_o = \dfrac{P_i}{V_1^2}[\text{℧}]$

㉢ 여자 서셉턴스 $B_o[\text{℧}]$

(3) 임피던스 전압

① 변압기 2차 측을 단락하고 1차 측에 전압을 가했을 때 1차 측 전류가 1차 측 정격 전류와 같을 때의 전압으로 변압기 내부의 전압 강하와 같다.

② 임피던스 전압

$$V_s = I_{1n} Z_{21}\,[\text{V}]$$

(단, I_{1n}: 1차 측 정격 전류[A])

(4) 임피던스 와트

① 임피던스 전압을 걸었을 때의 입력으로 동손과 같다.

② 임피던스 와트

$$P_s = I_{1n}^2 \times r_{21}\,[\text{W}]$$

(단, r_{21}: 2차 측 저항을 1차 측으로 변환한 등가 저항[Ω])

기출예제

중요도 변압기에 있어서 부하와는 관계없이 자속만을 발생시키는 전류는?

① 1차 전류　　② 자화 전류
③ 여자 전류　　④ 철손 전류

| 해설 |

변압기의 자화 전류

· 자화 전류(I_ϕ): 자속을 유기(발생)시키는 전류
· 철손 전류(I_i): 철손을 발생시키는 전류
· 여자 전류 $I_o = \sqrt{I_i^2 + I_\phi^2}\,[\text{A}]$

답 ②

2 전압, 전류, 임피던스의 변환

(1) 2차를 1차로 변환

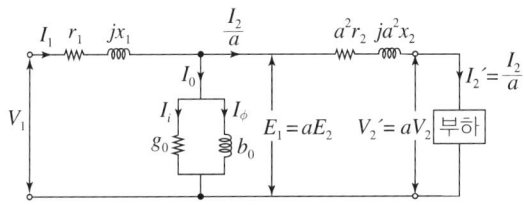

▲ 2차를 1차로 변환한 등가 회로

① 전압, 전류, 임피던스의 변환

- $V_2' = aV_2$ [V]
- $I_2' = \dfrac{1}{a}I_2$ [A]
- $Z_2' = \dfrac{V_2'}{I_2'} = a^2 Z_2$ [Ω]

(단, V_2': 2차를 1차로 변환한 전압[V], I_2': 2차를 1차로 변환한 전류[A], Z_2': 2차를 1차로 변환한 임피던스[Ω])

② 1차 측에서 본 등가 임피던스 Z_{21}

$$Z_{21} = Z_1 + Z_2' = Z_1 + a^2 Z_2 = (r_1 + a^2 r_2) + j(x_1 + a^2 x_2) = r_{21} + jx_{21} [\Omega]$$

(단, r_1: 1차 측 저항[Ω], r_2: 2차 측 저항[Ω], x_1: 1차 측 누설 리액턴스[Ω], x_2: 2차 측 누설 리액턴스[Ω], r_{21}: 2차를 1차로 변환한 등가 저항[Ω], x_{21}: 2차를 1차로 변환한 등가 누설 리액턴스[Ω])

(2) 1차를 2차로 변환

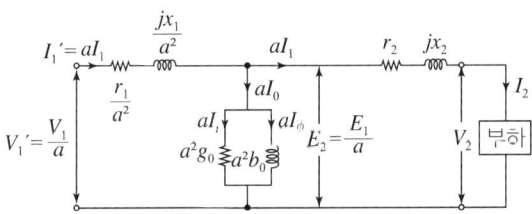

▲ 1차를 2차로 변환한 등가 회로

① 전압, 전류, 임피던스의 변환

- $V_1' = \dfrac{1}{a}V_1$ [V]
- $I_1' = aI_1$ [A]
- $Z_1' = \dfrac{V_1'}{I_1'} = \dfrac{1}{a^2} Z_1$ [Ω]

(단, V_1': 1차를 2차로 변환한 전압[V], I_1': 1차를 2차로 변환한 전류[A], Z_1': 1차를 2차로 변환한 임피던스[Ω])

② 2차 측에서 본 등가 임피던스 Z_{12}

$$Z_{12} = Z_1' + Z_2 = \dfrac{1}{a^2}Z_1 + Z_2 = \left(\dfrac{1}{a^2}r_1 + r_2\right) + j\left(\dfrac{1}{a^2}x_1 + x_2\right) = r_{12} + jx_{12} [\Omega]$$

(단, r_{12}: 1차를 2차로 변환한 등가 저항[Ω], x_{12}: 1차를 2차로 변환한 등가 누설 리액턴스[Ω])

독학이 쉬워지는 기초개념

권수비
$$a = \sqrt{\dfrac{Z_1}{Z_2}} = \sqrt{\dfrac{r_1}{r_2}} = \sqrt{\dfrac{x_1}{x_2}}$$

1차 측에서 본 저항
$r_{21} = r_1 + a^2 r_2$ [Ω]

1차 측에서 본 누설 리액턴스
$x_{21} = x_1 + a^2 x_2$ [Ω]

2차 측에서 본 저항
$r_{12} = \dfrac{1}{a^2}r_1 + r_2$ [Ω]

2차 측에서 본 누설 리액턴스
$x_{12} = \dfrac{1}{a^2}x_1 + x_2$ [Ω]

독학이 쉬워지는 기초개념

전압 변동률
지상: $\varepsilon = p\cos\theta + q\sin\theta [\%]$
진상: $\varepsilon = p\cos\theta - q\sin\theta [\%]$

전압 변동률의 최대값
$\varepsilon_m = \sqrt{p^2 + q^2}[\%] = \%Z$

(Tip) 강의 꿀팁
임피던스 와트는 임피던스 전압을 걸었을 때 입력으로 동손과 같아요.

단락 전류(3상)
$I_s = \dfrac{100}{\%Z} \times I_n = \dfrac{100}{\%Z} \times \dfrac{P_n[\text{VA}]}{\sqrt{3}\,V[\text{V}]}[\text{A}]$

THEME 04 전압 변동률

1 전압 변동률

$$\varepsilon = \frac{V_{2o} - V_{2n}}{V_{2n}} \times 100\,[\%] = p\cos\theta \pm q\sin\theta\,[\%]\ (+:\ \text{지상 역률},\ -:\ \text{진상 역률})$$

(단, V_{2o}: 무부하 2차 단자 전압[V], V_{2n}: 2차 정격 전압[V])

기출예제

중요도 변압기의 백분율 저항 강하가 $3[\%]$, 백분율 리액턴스 강하가 $4[\%]$일 때 뒤진 역률 $80[\%]$인 경우의 전압 변동률[%]은?

① 2.5 ② 3.4
③ 4.8 ④ -3.6

| 해설 |
전압 변동률
주어진 조건이 지상(뒤진) 역률이므로 전압 변동률은 아래와 같다.
$\varepsilon = p\cos\theta + q\sin\theta = 3 \times 0.8 + 4 \times 0.6 = 4.8[\%]$

답 ③

2 백분율 강하

(1) % 저항 강하(백분율 저항 강하)

$$\%R = p = \frac{I_{1n} r_{21}}{V_{1n}} \times 100 = \frac{I_{2n} r_{12}}{V_{2n}} \times 100 = \frac{P_s}{P_n} \times 100\,[\%]$$

(단, I_{1n}, V_{1n}: 1차 측 정격 전류, 전압, I_{2n}, V_{2n}: 2차 측 정격 전류, 전압, P_s: 임피던스 와트[W], P_n: 정격 출력[W])

(2) % 리액턴스 강하(백분율 리액턴스 강하)

$$\%X = q = \frac{I_{1n} x_{21}}{V_{1n}} \times 100 = \frac{I_{2n} x_{12}}{V_{2n}} \times 100 = \sqrt{(\%Z)^2 - p^2}\,[\%]$$

(3) % 임피던스 강하(백분율 임피던스 강하)

$$\%Z = z = \frac{I_{1n} Z_{21}}{V_{1n}} \times 100 = \frac{V_s}{V_{1n}} \times 100 = \frac{I_n}{I_s} \times 100 = \frac{PZ}{V^2} \times 100 = \sqrt{p^2 + q^2}\,[\%]$$

(단, I_s: 단락 전류[A])

기출예제

중요도 15[kVA], 3,000/200[V] 변압기의 1차 측 환산 등가 임피던스가 $5.4+j6[\Omega]$일 때 % 저항 강하 p와 % 리액턴스 강하 q는 각각 약 몇 [%]인가?

① $p=0.9$, $q=1$ ② $p=0.7$, $q=1.2$
③ $p=1.2$, $q=1$ ④ $p=1.3$, $q=0.9$

| 해설 |
- 1차 측 정격 전류
$$I_{1n} = \frac{15,000}{3,000} = 5[A]$$
- % 저항 강하
$$\%R = p = \frac{I_{1n} \times r_{21}}{V_{1n}} \times 100 = \frac{5 \times 5.4}{3,000} \times 100 = 0.9[\%]$$
- % 리액턴스 강하
$$\%X = q = \frac{I_{1n} \times x_{21}}{V_{1n}} \times 100 = \frac{5 \times 6}{3,000} \times 100 = 1[\%]$$

답 ①

THEME 05 변압기의 손실과 효율

1 변압기의 손실

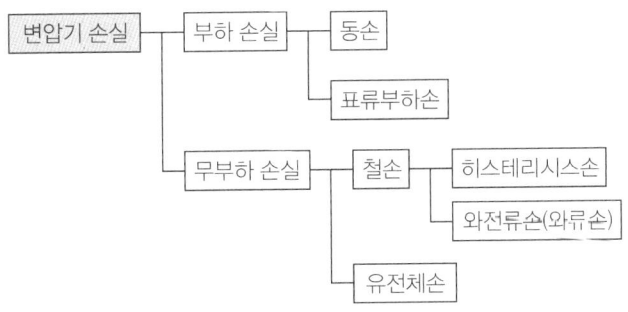

▲ 변압기 손실의 종류

유전체손
유전체가 큰 케이블과 같은 기기에서 발생하는 손실로 유전체손은 주로 절연물에서 발생한다.

(1) 히스테리시스손

$$P_h[\text{W/m}^3] = k_h f B_m^2 = k_h f \left(\frac{E}{4.44fN}\right)^2 \propto \frac{E^2}{fN^2}$$

(전압의 제곱에 비례, 주파수에 반비례)

k_h: 히스테리시스 상수

(2) 와류손

$$P_e[\text{W/m}^3] = k_e t^2 f^2 B_m^2 = k_e f^2 t^2 \left(\frac{E}{4.44fN}\right)^2 \propto \frac{E^2}{N^2}$$

(전압의 제곱에 비례, 주파수와 무관)

k_e: 와전류 상수

독학이 쉬워지는 기초개념

기출예제

중요도 변압기에서 생기는 철손 중 와류손(Eddy Current Loss)은 철심의 규소강판 두께와 어떤 관계에 있는가?

① 두께에 비례
② 두께의 2승에 비례
③ 두께의 3승에 비례
④ 두께의 $\frac{1}{2}$승에 비례

| 해설 |
- 와류손
  $P_e = k_e(tfB_m)^2 \, [\text{W/m}^3] \propto t^2$
- 와류손은 두께의 제곱(2승)에 비례한다.

답 ②

2 변압기의 효율

(1) 규약 효율

$$\eta = \frac{2차\ 출력}{2차\ 출력 + 손실} \times 100[\%]$$

(2) 전부하 시 효율

① 효율

$$\eta = \frac{P_a\cos\theta}{P_a\cos\theta + P_i + P_c} \times 100 = \frac{V_2 I_2 \cos\theta}{V_2 I_2 \cos\theta + P_i + P_c} \times 100[\%]$$

(단, P_a: 피상전력[VA], P_i: 철손[W], P_c: 전부하 동손[W])

② 최대 효율 조건: $P_i = P_c$

(3) m 부하 시 효율

① 효율

$$\eta_m = \frac{m \times P_a \cos\theta}{m \times P_a \cos\theta + P_i + m^2 P_c} \times 100[\%]$$

(단, m: 부하율)

② 최대 효율 조건: $P_i = m^2 P_c$

(4) 전일 사용 시 효율

① 하루 중 일정 시간(h)만큼 운전 시

$$\eta_d = \frac{\sum h \times P_a \cos\theta}{\sum h \times P_a \cos\theta + 24P_i + \sum h \times P_c} \times 100[\%]$$

(단, h: 운전 시간[h])

② 최대 효율 조건: $24P_i = \sum h \times P_c$

Tip 강의 꿀팁

철손은 부하율에 영향을 받지 않는 고정 손실이에요.

전일 효율 최대 조건
하루 중의 무부하손의 합
= 하루 중의 부하손의 합

기출예제

50[kVA] 전부하 동손 1,200[W], 무부하손 800[W]인 단상 변압기의 부하 역률 80[%]에 대한 전부하 효율은?

① 95.24[%]
② 96.15[%]
③ 96.65[%]
④ 97.53[%]

| 해설 |
변압기 효율
$$\eta = \frac{P_a \cos\theta}{P_a \cos\theta + P_i + P_c} \times 100[\%]$$
$$= \frac{50 \times 10^3 \times 0.8}{50 \times 10^3 \times 0.8 + 800 + 1,200} \times 100 = 95.24[\%]$$

답 ①

THEME 06 변압기의 극성

1 감극성

(1) 고압 측 단자 U, V와 저압 측 단자 u, v가 나란히 배치된 변압기 권선법이다.
(2) 감극성일 때 고압 측 전압과 저압 측 전압 실험을 하면 전압의 차로 나타난다.
(3) $V = V_1 - V_2$[V]

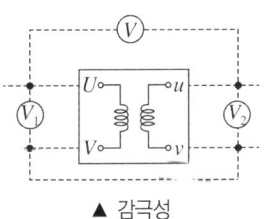

▲ 감극성

2 가극성

(1) 고압 측 단자 U, V와 저압 측 단자 u, v가 반대로 배치된 변압기 권선법이다.
(2) 가극성일 때 고압 측 전압과 저압 측 전압 실험을 하면 전압의 합으로 나타난다.
(3) $V = V_1 + V_2$[V]

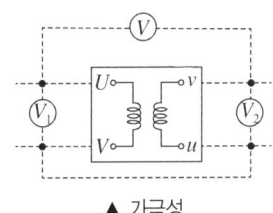

▲ 가극성

> **독학이 쉬워지는 기초개념**

> **(Tip) 강의 꿀팁**
> 우리나라에서 사용하는 변압기의 극성은 대부분 감극성이에요.

THEME 07 변압기 3상 결선

1 $Y-Y$ 결선법

(1) 결선도 및 전압, 전류
    ① 선간 전압은 상전압에 비해 크기가 $\sqrt{3}$ 배이다.
    ② 선전류와 상전류의 크기가 같다.
    $$V_l = \sqrt{3}\, V_p \angle 30°[\text{V}], \quad I_l = I_p \angle 0°[\text{A}]$$

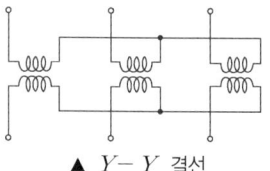
▲ $Y-Y$ 결선

(2) 장점
    ① 1차 전압, 2차 전압 사이에 위상차가 없다.
    ② 1차, 2차 모두 중성점을 접지할 수 있으며 고압의 경우 이상 전압을 감소시킬 수 있다.
    ③ 상전압이 선간 전압의 $\frac{1}{\sqrt{3}}$ 배이므로 절연이 용이하다.
    ④ 선간 전압은 상전압의 $\sqrt{3}$ 배이므로 고전압에 유리하다.

(3) 단점
    ① 제3고조파 전류의 통로가 없으므로 기전력의 파형이 제3고조파를 포함한 왜형파가 된다.
    ② 중성점을 접지하면 제3고조파 전류가 흘러 통신선에 유도 장해를 일으킨다.
    ③ 부하의 불평형에 의해 중성점 전위가 변동하여 3상 전압이 불평형을 일으키므로 송배전 계통에 거의 사용하지 않는다.(주로 $Y-Y-\Delta$의 3권선 변압기 채용)

2 $\Delta-\Delta$ 결선법

(1) 결선도 및 전압, 전류
    ① 선간 전압과 상전압의 크기가 같다.
    ② 선전류는 상전류에 비해 크기가 $\sqrt{3}$ 배이다.
    $$V_l = V_p \angle 0°[\text{V}], \quad I_l = \sqrt{3}\, I_p \angle -30°[\text{A}]$$

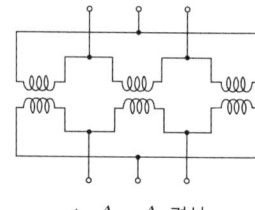
▲ $\Delta-\Delta$ 결선

(2) 장점
    ① 제3고조파 전류가 Δ 결선 내를 순환하므로 정현파 교류 전압을 유기하여 기전력의 파형이 왜곡되지 않는다.
    ② 1상분이 고장 나면 나머지 2대로서 V 결선 운전이 가능하다.
    ③ 각 변압기의 선전류가 상전류의 $\sqrt{3}$ 배가 되어 대전류에 적당하다.

(3) 단점
    ① 중성점을 접지할 수 없으므로 지락 사고의 검출이 곤란하다.
    ② 권수비가 다른 변압기를 결선하면 순환 전류가 흐른다.
    ③ 각 상의 임피던스가 다른 경우 3상 부하가 평형이 되어도 변압기의 부하 전류는 불평형이 된다.

3 $\Delta-Y$ 또는 $Y-\Delta$ 결선법

(1) $\Delta-Y$, $Y-\Delta$ 결선

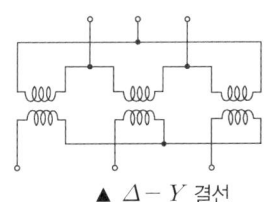
▲ $\Delta-Y$ 결선

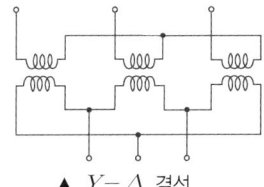
▲ $Y-\Delta$ 결선

(2) 장점
① 한쪽 Y 결선의 중성점을 접지할 수 있다.
② Y 결선의 상전압은 선간 전압의 $\dfrac{1}{\sqrt{3}}$ 배이므로 절연이 용이하다.
③ 1·2차 중에 Δ 결선이 있어 제3고조파의 장해가 적다.
④ $Y-\Delta$ 결선은 강압용으로 $\Delta-Y$ 결선은 승압용으로 사용할 수 있어 송전 계통에 융통성 있게 사용된다.

(3) 단점
① 1·2차 선간 전압 사이에 $30°$의 위상차가 있다.
② 1상에 고장이 생기면 전원 공급이 불가능해진다.
③ 중성점 접지로 인한 유도 장해를 초래한다.

4 V 결선

(1) 고장 전(단상 변압기 3대 Δ 결선) 출력
$P_\Delta = 3P\,[\text{kVA}]$ (단, P: 변압기 1대의 용량[kVA])

(2) 변압기 1대 고장 후(단상 변압기 2대 V 결선) 출력
$P_V = 2P\,[\text{kVA}]$ (이론 출력)
$P_V = \sqrt{3}\,P\,[\text{kVA}]$ (실제 출력)

(3) V 결선 출력비
출력비 $= \dfrac{V \text{ 결선 실제 출력}}{\Delta \text{ 결선 출력}} = \dfrac{\sqrt{3}\,P}{3P} = \dfrac{1}{\sqrt{3}} = 0.577\,(\therefore 57.7[\%])$

(4) V 결선 이용률
이용률 $= \dfrac{V \text{ 결선 실제 출력}}{V \text{ 결선 이론 출력}} = \dfrac{\sqrt{3}\,P}{2P} = \dfrac{\sqrt{3}}{2} = 0.866\,(\therefore 86.6[\%])$

독학이 쉬워지는 기초개념

V 결선
델타(Δ) 결선된 전원 중 1상의 변압기가 고장나면 나머지 2대를 V 결선하여 3상 전력을 지속 공급할 수 있음

독학이 쉬워지는 기초개념

기출예제

용량 $P[\text{kVA}]$인 동일 정격의 단상 변압기 4대로 낼 수 있는 3상 최대 출력 용량은?

① $3P$
② $\sqrt{3}P$
③ $2\sqrt{3}P$
④ $3\sqrt{3}P$

| 해설 |
단상 변압기 4대로 최대 출력을 낼 수 있는 방법은 V 결선을 2조로 하는 방법이다.
$2P_v = 2 \times \sqrt{3}P = 2\sqrt{3}P[\text{kVA}]$

답 ③

THEME 08 변압기 병렬 운전

1 변압기의 병렬 운전 조건

병렬 운전 조건	운전 조건이 맞지 않을 경우
극성이 같을 것	매우 큰 순환 전류가 흘러 권선이 소손됨
1·2차 정격 전압이 같고 권수비가 같을 것	큰 순환 전류가 흘러 권선이 과열됨
%임피던스 강하가 같을 것 (저항과 리액턴스 비가 같을 것)	%임피던스가 작은 변압기에 과부하 발생
상회전 방향과 각 변위가 같을 것 (3상 변압기인 경우)	• 위상 차이에 의한 횡류 발생 • 장시간 운전 시 변압기 소손 발생

2 병렬 운전이 가능한 결선과 불가능한 결선

가능한 결선	불가능한 결선
$Y-Y$와 $Y-Y$ $\Delta-\Delta$와 $\Delta-\Delta$ $Y-\Delta$와 $Y-\Delta$ $\Delta-Y$와 $\Delta-Y$ $\Delta-Y$와 $Y-\Delta$ $\Delta-\Delta$와 $Y-Y$ (짝수일 경우 가능)	$Y-Y$와 $Y-\Delta$ $Y-Y$와 $\Delta-Y$ $\Delta-\Delta$와 $\Delta-Y$ $\Delta-\Delta$와 $Y-\Delta$ (홀수일 경우 불가능)

3 부하 분담

(1) 분담 전류는 정격 전류에 비례하고 누설 임피던스에 반비례한다.
(2) 분담 용량은 정격 용량에 비례하고 누설 임피던스에 반비례한다.

$$\cdot \frac{I_a}{I_b} = \frac{I_A}{I_B} \times \frac{\%Z_B}{\%Z_A} \qquad \cdot \frac{P_a}{P_b} = \frac{P_A}{P_B} \times \frac{\%Z_B}{\%Z_A}$$

(단, I_a: 발전기 A의 분담 전류[A], I_b: 발전기 B의 분담 전류[A], P_a: 발전기 A의 분담 용량[VA], P_b: 발전기 B의 분담 용량[VA])

강의 꿀팁

동기 발전기의 병렬 운전 조건과 혼동하지 않게 학습하세요.

(3) 순환 전류

$$I_c = \frac{V_A - V_B}{Z_A + Z_B} = \frac{I_A Z_A - I_B Z_B}{Z_A + Z_B}[A]$$

(단, Z_A, Z_B: 변압기 A, B의 1차 변환 등가 누설 임피던스[Ω])

기출예제

출력과 단상 변압기를 병렬 운전하는 경우 부하 전류의 분담에 관한 설명 중 옳은 것은?

① 누설 리액턴스에 비례한다.
② 누설 임피던스에 비례한다.
③ 누설 임피던스에 반비례한다.
④ 누설 리액턴스의 제곱에 반비례한다.

| 해설 |
변압기의 병렬 운전 시 부하 분담
• 분담 전류

$$\frac{I_a}{I_b} = \frac{I_A}{I_B} \times \frac{\%Z_B}{\%Z_A}$$

(분담 전류는 정격 전류에 비례, 누설 임피던스에 반비례)
• 분담 용량

$$\frac{P_a}{P_b} = \frac{P_A}{P_B} \times \frac{\%Z_B}{\%Z_A}$$

(분담 용량은 용량에 비례, 누설 임피던스에 반비례)

답 ③

THEME 09 특수 변압기

1 상수 변환용 변압기

(1) 3상 입력에서 2상 출력을 내는 결선법
① 우드 브리지 결선
② 메이어 결선
③ 스코트 결선(T 결선)
  ㉠ T 결선 이용률: $86.6[\%]$
  ㉡ 권수비

$$a_T = \frac{\sqrt{3}}{2} \times a \text{ (즉, 일반 보통 변압기 권수비 } a \text{의 } \frac{\sqrt{3}}{2} \text{ 배)}$$

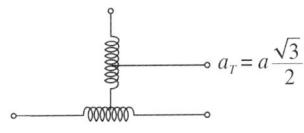

▲ 스코트 결선법

독학이 쉬워지는 기초개념

(2) 3상 입력에서 6상 출력을 내는 결선법
　① 환상 결선
　② 대각 결선
　③ 2중 △결선
　④ 포크 결선
　⑤ 2중 Y(성형) 결선

2 3상 변압기

(1) 단상 변압기 3대를 하나의 철심으로 합친 변압기로 내철형과 외철형이 있다.

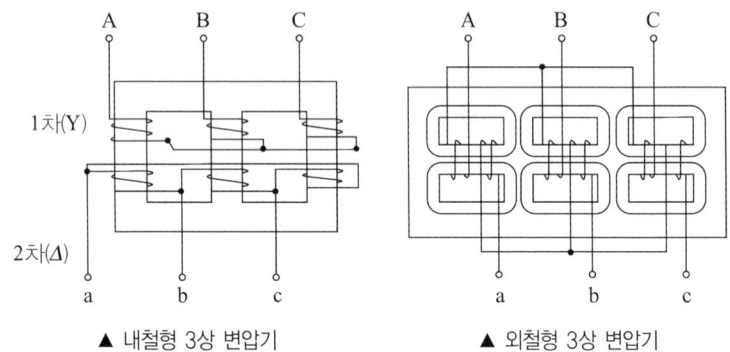

▲ 내철형 3상 변압기　　▲ 외철형 3상 변압기

(2) 특징
　① 장점
　　㉠ 사용 철심량이 감소하여 철손이 감소한다.(효율 증가)
　　㉡ 값이 저렴하고 좁은 면적에 설치가 가능하다.
　　㉢ Y, △ 결선 시 단상 변압기보다 부싱이 적다.
　② 단점
　　㉠ 단상 변압기로 사용이 불가능하다.
　　㉡ 1상 고장 시 사용할 수 없다.(V 결선 사용 불가)

3 3권선 변압기

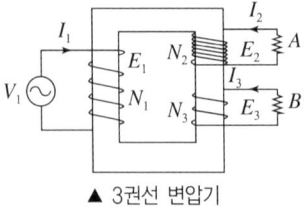

▲ 3권선 변압기

(1) 한 변압기의 철심에 3개의 권선이 있는 변압기를 3권선 변압기라고 한다.
(2) 관계식
　① 유기 기전력
　　1차, 2차, 3차 기전력을 E_1, E_2, E_3라 하고 권선수를 N_1, N_2, N_3라 하면

- $E_2 = \dfrac{N_2}{N_1} E_1 [\text{V}]$ 　　· $E_3 = \dfrac{N_3}{N_1} E_1 [\text{V}]$

② 전류

1차, 2차, 3차 권선에 흐르는 전류를 I_1, I_2, I_3 라 하면

$$I_1 = \dfrac{N_2}{N_1} I_2 + \dfrac{N_3}{N_1} I_3 [\text{A}]$$

(3) 3차 권선의 용도

① 3차 권선으로부터 2종의 전원을 얻을 수 있어 발전소나 변전소의 구내 전력을 공급할 수 있다.
② 3차 권선에 콘덴서를 접속하여 1차 측 역률을 개선하는 선로 조상기로 사용할 수 있다.
③ $Y-Y$ 결선에서 제3고조파를 제거하기 위해 설치한다.
④ 통신 유도 장해 경감용으로 사용한다.

4 누설 변압기

(1) 자기 회로의 일부에 공극이 있는 누설 자속 통로를 두어 자속이 많이 누설되도록 한 변압기이다. 이 특성을 이용하여 부하 전류 증가 시 누설 자속이 증가하게 되고, 누설 리액턴스 증가로 인한 단자 전압 감소로 전류의 변화를 억제한다.(2차 정전류 변압기)

(2) 용도

① 네온관 점등용 변압기
② 아크 용접용 변압기

(3) 특징

① 누설 리액턴스가 크다.
② 전압 변동률이 크고 역률이 낮다.
③ 수하 특성(정전류)이 있다.

누설 변압기
기동 순간에는 높은 전압을 요구하고 운전중에는 낮은 전압을 요구하는 곳에 사용한다.

5 단권 변압기

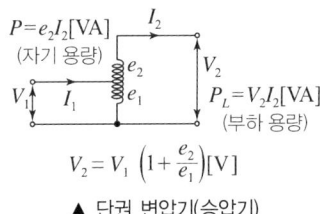

▲ 단권 변압기(승압기)

(1) 변압기의 1차, 2차 권선을 공통으로 사용하는 변압기이다.

(2) 용도

① 승압용, 강압용, 초고압 전력용
② 단상 3선식 계통의 저압 밸런서(balancer)
③ 유도 전동기 기동의 기동보상기

독학이 쉬워지는 기초개념

(3) 용량 계산

구분	단권 변압기	Y 결선	$\triangle$ 결선	V 결선
자기 용량 / 부하 용량	$\dfrac{V_h - V_l}{V_h}$	$\dfrac{V_h - V_l}{V_h}$	$\dfrac{V_h^2 - V_l^2}{\sqrt{3}\, V_h V_l}$	$\dfrac{2(V_h - V_l)}{\sqrt{3}\, V_h}$

(단, V_h: 고압 측 전압[V], V_l: 저압 측 전압[V])

(4) 특징
   ① 장점
      ㉠ 동량이 적게 소요되어 변압기가 소형, 경량화가 가능하다.
      ㉡ 동량이 적어 손실이 줄어들게 되어 효율이 좋아진다.
      ㉢ 누설 자속이 적어 누설 임피던스가 작고 여자 임피던스가 크다.(전압 변동이 작음)
   ② 단점
      ㉠ 누설 임피던스가 작아 단락 전류가 크다.
      ㉡ 한쪽 회로의 단락 사고 시 다른 쪽 회로에 미치는 사고 영향이 크다.
      ㉢ 저압 측에도 고압 측과 같이 절연을 해야 하며, 고압 측 전압이 높아질 경우 저압 측에서 고전압이 유기되어 파급 영향이 크다.

기출예제

중요도 용량 1[kVA], 3,000/200[V]의 단상 변압기를 단권변압기로 결선해서 3,000/3,200[V]의 승압기로 사용할 때 그 부하 용량[kVA]은?

① $\dfrac{1}{16}$ ② 1

③ 15   ④ 16

| 해설 |

$\dfrac{\text{자기 용량}}{\text{부하 용량}} = \dfrac{V_h - V_l}{V_h}$

∴ 부하 용량 $= \dfrac{V_h}{V_h - V_l} \times$ 자기 용량 $= \dfrac{3,200}{3,200 - 3,000} \times 1 = 16[\text{kVA}]$

답 ④

6 계기용 변성기

고압 회로의 전압이나 전류 또는 저압 회로의 대전류를 측정하려고 할 경우, 안전을 위해 계기용 변성기를 이용한다. 계기용 변성기는 계기용 변압기와 변류기로 구성되어 있다.

(1) 계기용 변압기(PT)
   ① 용도: 고전압을 저전압으로 변성하여 계측기나 계전기 전압 측정을 위해 사용한다.
   ② 2차 측 전압: 110[V]
   ③ 계기용 변압기(PT) 점검 시 2차 측을 반드시 개방시킨다. 2차 측을 단락시킬 경우 과전류가 PT에 흘러 소손이 발생한다.

(2) 변류기(CT)
   ① 용도: 대전류를 소전류로 변성하여 계측기나 계전기 전류 측정을 위해 사용
   ② 2차 측 전류: 5[A]
   ③ 변류기(CT) 점검 시 2차 측을 반드시 단락시킨다. 2차 측을 개방시킬 경우 과전압이 유기되어 절연이 파괴될 수 있다.
   ④ CT 접속 방법 및 1차 전류 계산식

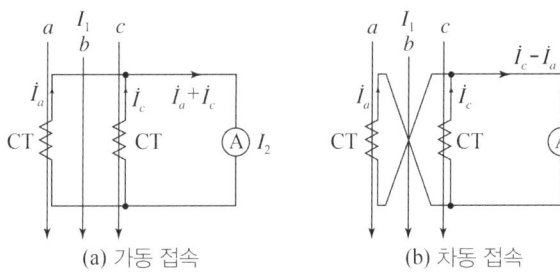

▲ CT의 접속 방법

   ㉠ 가동 접속 시 CT 1차 전류: $I_1 = aI_2$ [A]
   ㉡ 차동 접속 시 CT 1차 전류: $I_1 = aI_2 \times \dfrac{1}{\sqrt{3}}$ [A] (단, a: CT비, I_2: 전류계 지시값)

THEME 10 변압기의 보호 및 시험

1 변압기 내부고장 검출용 보호 계전기

(1) 전기적 보호 장치
   ① 차동 계전기
   ② 비율 차동 계전기: 동작 전류의 비율이 억제 전류의 일정 값 이상일 때 동작한다.

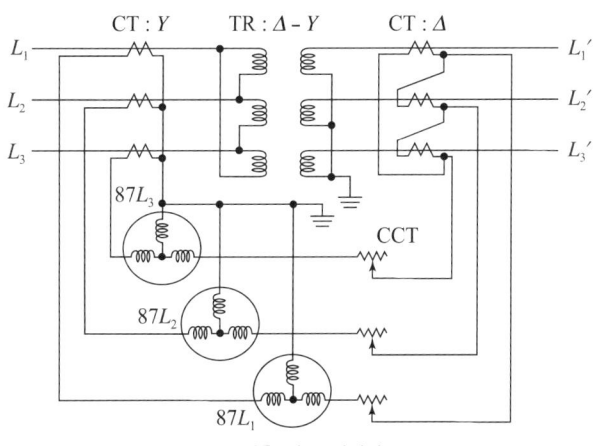

▲ 비율 차동 계전기

독학이 쉬워지는 기초개념

가동 접속

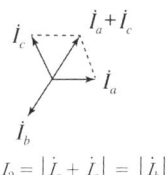

$I_2 = |\dot{I}_a + \dot{I}_c| = |\dot{I}_b|$

차동 접속

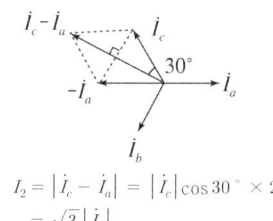

$I_2 = |\dot{I}_c - \dot{I}_a| = |\dot{I}_c|\cos 30° \times 2$
$= \sqrt{3}\,|\dot{I}_c|$

강의 꿀팁

비율 차동 계전기는 발전기나 변압기 권선의 상간 단락 사고로부터 기기를 보호하기 위해 많이 쓰여요.

독학이 쉬워지는 기초개념

(2) 기계적 보호 장치
① 충격 압력 계전기: 내부 사고 시 가스가 발생하여 이상 압력 상승이 발생하는데, 이를 검출 및 차단하는 기능을 한다.
② 부흐홀츠 계전기: 변압기 내부 고장을 검출하는 계전기로, 변압기 본체와 콘서베이터를 연결하는 관 도중에 설치한다.

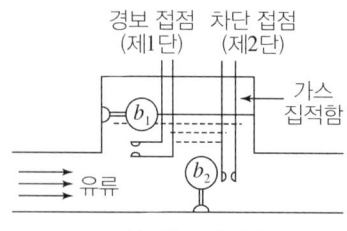

▲ 부흐홀츠 계전기

2 변압기의 절연 내력 시험

(1) 유도 시험: 권선의 단자 사이에 상호 유도 전압의 2배 전압을 유도시켜 층간 절연 강도를 측정하는 시험이다.
(2) 가압 시험: 상용 주파수의 전압을 1분간 인가하여 절연 강도를 측정하는 시험이다.
(3) 충격 전압 시험: 낙뢰와 같은 충격 전압에 대한 절연 내력 시험이다.

기출예제

중요도
변압기의 절연 내력 시험 방법이 아닌 것은?
① 가압 시험　　② 유도 시험
③ 무부하 시험　　④ 충격 전압 시험

| 해설 |
변압기의 절연 내력 시험의 종류
• 유도 시험
• 가압 시험
• 충격 전압 시험

답 ③

3 변압기의 온도 상승 시험

(1) 반환 부하법: 중용량 이상에 사용하는 시험법이다.
(2) 단락 시험법(등가 부하법): 변압기 한쪽 권선을 단락시킨 후 발생하는 온도 상승 시험법이다.
(3) 실부하법: 실제 부하를 연결하여 시행하는 시험법으로, 전력 손실이 많아 소형에만 사용한다.

Tip 강의 꿀팁

변압기 온도 시험을 할 때는 반환 부하법을 가장 많이 사용해요.

4 변압기 건조법

(1) **열풍법**: 전열기로 열풍을 변압기에 불어 넣어 건조시키는 방법이다.

(2) **단락법**: 변압기 한쪽 권선을 단락시켜 발생하는 줄열을 이용하여 건조시키는 방법이다.

(3) **진공법**: 변압기에 증기를 집어넣고 진공 펌프로 증기와 수분을 빼내는 방법이다.

CHAPTER 04 CBT 적중문제

01
교류 전력에 의한 전자 유도 작용을 이용한 기기는?

① 정류기　　② 충전기
③ 여자기　　④ 변압기

해설
변압기는 1차 권선에 전류를 흘리면 철심 내에서 자속이 흐르고, 이 자속에 의해 2차 코일에 전자 유도 원리에 따라 전압이 유기되는 원리를 이용한 전력 기기이다.

02
변압기유가 갖추어야 할 조건으로 옳은 것은?

① 절연 내력이 낮을 것
② 인화점이 높을 것
③ 비열이 적어 냉각 효과가 클 것
④ 응고점이 높을 것

해설 변압기 절연유의 구비 조건
- 변압기유는 절연 및 냉각 매체의 역할을 하는 것으로 보통 광유(절연유) 사용
- 절연 내력이 클 것
- 비열이 커 냉각 효과가 크고 점도가 작을 것
- 인화점은 높고 응고점은 낮을 것
- 고온에서 산화되지 않고 석출물이 생기지 않을 것

03
변압기유 열화 방지 방법이 아닌 것은?

① 질소 밀봉 방식　　② 흡착제 방식
③ 수소 봉입 방식　　④ 개방형 콘서베이터

해설 변압기유 열화 방지 대책
- 개방형 콘서베이터 설치
- 질소 밀봉 방식
- 흡착제(실리카겔) 사용

04
변압기에서 콘서베이터의 용도는?

① 통풍 장치
② 변압기유의 열화 방지
③ 강제 순환
④ 코로나 방지

해설
콘서베이터는 변압기유의 열화 방지를 위하여 설치한다.

| 정답 | 01 ④　02 ②　03 ③　04 ②

05

$E_1 = 2,000[\text{V}]$, $E_2 = 100[\text{V}]$의 변압기에서 $r_1 = 0.2[\Omega]$, $r_2 = 0.0005[\Omega]$, $X_1 = 0.005[\Omega]$이다. 권수비 a는?

① 60
② 30
③ 20
④ 10

해설

변압기 권수비
$$a = \frac{N_1}{N_2} = \frac{E_1}{E_2} = \frac{2,000}{100} = 20$$

06

1차 측 권수가 $1,500$인 변압기의 2차 측에 $16[\Omega]$의 저항을 접속하니 1차 측에서는 $8[\text{k}\Omega]$으로 환산되었다. 2차 측 권수는?

① 약 67회
② 약 87회
③ 약 107회
④ 약 207회

해설

- 변압기 권수비
$$a = \frac{N_1}{N_2} = \frac{V_1}{V_2} = \frac{I_2}{I_1} = \sqrt{\frac{R_1}{R_2}} = \sqrt{\frac{8 \times 10^3}{16}} = 22.36$$

- 변압기 2차 측 권수
$$N_2 = \frac{N_1}{a} = \frac{1,500}{22.36} \fallingdotseq 67$$

07

$\Delta - Y$ 결선의 3상 변압기 군 A와 $Y - \Delta$ 결선의 변압기 군 B를 병렬로 사용할 때 A 군의 변압기 권수비가 30이라면 B 군의 변압기 권수비는?

① 10
② 30
③ 60
④ 90

해설

- A 군 변압기 권수비(1차: Δ결선, 2차: Y결선)
$$a_1 = \frac{E_1}{E_2} = \frac{V_1}{\frac{V_2}{\sqrt{3}}} = \sqrt{3}\frac{V_1}{V_2}$$

- B 군 변압기 권수비(1차: Y결선, 2차: Δ결선)
$$a_2 = \frac{E_1'}{E_2'} = \frac{\frac{V_1}{\sqrt{3}}}{V_2} = \frac{V_1}{\sqrt{3}\,V_2}$$

- A 군과 B 군 변압기의 권수비의 크기 비교
$$\frac{a_2}{a_1} = \frac{\frac{V_1}{\sqrt{3}\,V_2}}{\frac{\sqrt{3}\,V_1}{V_2}} = \frac{1}{3}$$

$$\therefore a_2 = \frac{1}{3} \times a_1 = \frac{1}{3} \times 30 = 10$$

08

1차 전압 $6,900[\text{V}]$, 1차 권선 $3,000[\text{회}]$, 권수비 20의 변압기가 $60[\text{Hz}]$에 사용될 때 철심의 최대 자속$[\text{Wb}]$은?

① 863×10^{-3}
② 86.3×10^{-3}
③ 8.63×10^{-3}
④ 0.863×10^{-3}

해설

- 1차 유기 기전력
$$E_1 = 4.44 f \phi_m N_1 \,[\text{V}]$$
- 최대 자속
$$\phi_m = \frac{E_1}{4.44 f N_1} = \frac{6,900}{4.44 \times 60 \times 3,000}$$
$$= 8.63 \times 10^{-3}\,[\text{Wb}]$$

09
변압기 1차 측 공급 전압이 일정할 때, 1차 코일 권수를 4배로 하면 누설 리액턴스와 여자 전류 및 최대 자속은?(단, 자로는 포화 상태가 되지 않는다.)

	누설 리액턴스	여자 전류	최대 자속
①	16	$\dfrac{1}{4}$	$\dfrac{1}{16}$
②	16	$\dfrac{1}{16}$	$\dfrac{1}{4}$
③	$\dfrac{1}{16}$	4	16
④	16	$\dfrac{1}{16}$	4

해설

- 누설 리액턴스 $x_l = \omega L = \omega \times \dfrac{\mu S N^2}{l}[\mathrm{H}] \propto N^2$

  따라서 코일 권수가 4배가 되면 누설 리액턴스는 16배가 된다.

- 여자 전류 $I_o \propto \dfrac{1}{N^2}$

  따라서 코일 권수가 4배가 되면 여자 전류는 $\dfrac{1}{16}$ 배가 된다.

- 유기 기전력 $E = 4.44 f \phi_m N[\mathrm{V}]$ 에서 $\phi_m \propto \dfrac{1}{N}$

  따라서 코일 권수가 4배가 되면 최대 자속은 $\dfrac{1}{4}$ 배가 된다.

10
변압기의 등가 회로를 작성하기 위해 필요한 시험은?

① 권선 저항 측정 시험, 무부하 시험, 단락 시험
② 상회전 시험, 절연 내력 시험, 권선 저항 측정 시험
③ 온도 상승 시험, 절연 내력 시험, 무부하 시험
④ 온도 상승 시험, 절연 내력 시험, 권선 저항 측정 시험

해설

구분	측정 성분
무부하 시험	• 철손 • 여자(무부하) 전류 • 여자 어드미턴스
단락 시험	• 동손(임피던스 와트) • 임피던스 전압 • 단락 전류
권선 저항 측정 시험	• 권선 저항

11
변압기의 단락 시험으로 측정할 수 없는 항목은?

① 동손
② 임피던스 와트
③ 임피던스 전압
④ 철손

해설

구분	측정 성분
무부하 시험	• 철손 • 여자(무부하) 전류 • 여자 어드미턴스
단락 시험	• 동손(임피던스 와트) • 임피던스 전압 • 단락 전류
권선 저항 측정 시험	• 권선 저항

12
변압기 여자 회로의 어드미턴스 $Y_o[\mho]$를 구하면?(단, I_o는 여자 전류, I_i는 철손 전류, I_ϕ는 자화 전류, g_o는 컨덕턴스, V_1은 인가 전압이다.)

① $\dfrac{I_o}{V_1}$
② $\dfrac{I_i}{V_1}$
③ $\dfrac{I_\phi}{V_1}$
④ $\dfrac{g_o}{V_1}$

해설

무부하 전류(여자 전류) $I_o = Y_o V_1 [\mathrm{A}]$에서

여자 어드미턴스 $Y_o = \dfrac{I_o}{V_1}[\mho]$

13
부하에 관계없이 변압기에 흐르는 전류로서 자속만을 만드는 전류는?

① 1차 전류
② 철손 전류
③ 여자 전류
④ 자화 전류

해설 변압기의 전류
- 자화 전류(I_ϕ): 자속을 발생시키는 전류
- 철손 전류(I_i): 철손을 발생시키는 전류

14
$2[\text{kVA}]$, $3{,}000/100[\text{V}]$인 단상 변압기의 철손이 $200[\text{W}]$이면 1차에 환산한 여자 컨덕턴스$[\mho]$는?

① 66.6×10^{-6}
② 22.2×10^{-6}
③ 66.6×10^{-5}
④ 22.2×10^{-5}

해설
- 철손

$$P_i = \frac{V_1^2}{R} = G_o V^2 [\text{W}]$$

- 여자 컨덕턴스

$$G_o = \frac{P_i}{V_1^2} = \frac{200}{3{,}000^2} = 22.2 \times 10^{-6} [\mho]$$

15
전력용 변압기에서 1차에 정현파 전압을 인가하였을 때 2차에 정현파 전압이 유기되기 위해서는 1차에 흘러들어가는 여자 전류는 기본파 전류 외에 주로 몇 고조파 전류가 포함되는가?

① 제2고조파
② 제3고조파
③ 제4고조파
④ 제5고조파

해설
변압기 여자 전류는 기본파에 제3고조파 성분이 포함된다.
제3고조파 성분을 제거하기 위해 변압기 결선 시 Δ 결선을 채용한다.

16
변압기의 임피던스 전압이란?

① 정격 전류 시 2차 측 단자 전압이다.
② 변압기의 1차를 단락, 1차에 1차 정격 전류와 같은 전류를 흐르게 하는 데 필요한 1차 전압이다.
③ 변압기 내부 임피던스와 정격 전류의 곱인 내부 전압 강하이다.
④ 변압기 2차를 단락, 2차에 2차 정격 전류와 같은 전류를 흐르게 하는 데 필요한 2차 전압이다.

해설 임피던스 전압
변압기 2차 측을 단락하고 1차 측에 전압을 가했을 때 1차 측 단락 전류가 1차 측 정격 전류와 같을 때의 전압으로 변압기 내부 전압 강하와 같다.

| 정답 | 13 ④ 14 ② 15 ② 16 ③

17

$30[\text{kVA}]$, $3{,}300/200[\text{V}]$, $60[\text{Hz}]$의 3상 변압기 2차 측에 3상 단락이 생겼을 경우 단락 전류는 약 몇 $[\text{A}]$인가?(단, %임피던스 전압은 $3[\%]$이다.)

① 2,250
② 2,620
③ 2,730
④ 2,886

해설 3상 단락 전류

$$I_s = \frac{100}{\%Z} I_n = \frac{100}{\%Z} \times \frac{P}{\sqrt{3}\,V}$$
$$= \frac{100}{3} \times \frac{30 \times 10^3}{\sqrt{3} \times 200}$$
$$= 2{,}886.75\,[\text{A}]$$

18

고압 단상 변압기의 %임피던스 강하를 $4[\%]$, 2차 정격 전류를 $300[\text{A}]$라고 하면 정격 전압의 2차 단락 전류$[\text{A}]$는?(단, 변압기에서 전원 측의 임피던스는 무시한다.)

① 0.75
② 75
③ 1,200
④ 7,500

해설 단상 단락 전류

$$I_s = \frac{100}{\%Z} I_n = \frac{100}{4} \times 300 = 7{,}500\,[\text{A}]$$

19

단상 변압기의 1차 전압 E_1, 1차 저항 r_1, 2차 저항 r_2, 1차 누설 리액턴스 x_1, 2차 누설 리액턴스 x_2, 권수비 a라 하면 2차 권선을 단락했을 때의 1차 단락 전류는?

① $I_{1s} = \dfrac{E_1}{\sqrt{(r_1 + a^2 r_2)^2 + (x_1 + a^2 x_2)^2}}$

② $I_{1s} = \dfrac{E_1}{a\sqrt{(r_1 + a^2 r_2)^2 + (x_1 + a^2 x_2)^2}}$

③ $I_{1s} = \dfrac{E_1}{\sqrt{(r_1 + r_2/a^2)^2 + (x_1/a^2 + x_2)^2}}$

④ $I_{1s} = \dfrac{aE_1}{\sqrt{(r_1/a^2 + r_2)^2 + (x_1/a^2 + x_2)^2}}$

해설
- 1차 측에서 바라본 전체 합성 임피던스
$$Z_{21} = \sqrt{(r_{21})^2 + (x_{21})^2}$$
$$= \sqrt{(r_1 + a^2 r_2)^2 + (x_1 + a^2 x_2)^2}\,[\Omega]$$

- 1차 단락 전류
$$I_{1s} = \frac{E_1}{Z_{21}} = \frac{E_1}{\sqrt{(r_1 + a^2 r_2)^2 + (x_1 + a^2 x_2)^2}}\,[\text{A}]$$

20

권선비 20의 $10[\text{kVA}]$ 변압기가 있다. 1차 저항이 $3[\Omega]$이라면 2차로 환산한 저항은 약 몇 $[\Omega]$인가?

① 0.0038
② 0.0075
③ 0.38
④ 0.749

해설 2차로 환산한 저항

$$R_2 = \frac{R_1}{a^2} = \frac{3}{20^2} = 0.0075\,[\Omega]$$

| 정답 | 17 ④ | 18 ④ | 19 ① | 20 ② |

21

단상 변압기에서 전부하 시 2차 단자 전압이 $115[\text{V}]$이고, 전압 변동률이 $2[\%]$이다. 1차 공급 전압$[\text{V}]$은?(단, 권선비는 $20:1$이다.)

① 2,346
② 2,356
③ 2,366
④ 2,376

해설

- 전압 변동률
$$\varepsilon = \frac{V_{2o} - V_{2n}}{V_{2n}} \times 100[\%]$$
- 무부하 2차 단자 전압
$$V_{2o} = V_{2n} + \frac{\varepsilon}{100} V_{2n} = \left(1 + \frac{\varepsilon}{100}\right) \times V_{2n} = (1+0.02) \times 115$$
$$= 117.3[\text{V}]$$
- 1차 공급 전압
$$V_1 = a V_{2o} = 20 \times 117.3 = 2,346[\text{V}]$$

22

단상 변압기에서 전부하의 2차 전압은 $100[\text{V}]$이고, 전압 변동률은 $4[\%]$이다. 1차 단자 전압$[\text{V}]$은?(단, 1차와 2차 권선비는 $20:1$이다.)

① 1,920
② 2,080
③ 2,160
④ 2,260

해설

- 전압 변동률
$$\varepsilon = \frac{V_{2o} - V_{2n}}{V_{2n}} \times 100[\%]$$
- 무부하 2차 단자 전압
$$V_{2o} = V_{2n} + \frac{\varepsilon}{100} V_{2n} = \left(1 + \frac{\varepsilon}{100}\right) \times V_{2n} = (1+0.04) \times 100$$
$$= 104[\text{V}]$$
- 1차 단자 전압
$$V_1 = a V_{2o} = 20 \times 104 = 2,080[\text{V}]$$

23

변압기 내부의 %저항 강하와 %리액턴스 강하가 각각 $1.5[\%]$, $4[\%]$일 때 부하 역률 $80[\%]$(뒤짐)에서의 전압 변동률$[\%]$은?

① 1.2
② 1.5
③ 2.3
④ 3.6

해설 전압 변동률

- 지상 : $\varepsilon = p\cos\theta + q\sin\theta[\%]$
- 진상 : $\varepsilon = p\cos\theta - q\sin\theta[\%]$

문제에서 뒤짐이라고 주어졌으므로 지상이다.
따라서 $\varepsilon = p\cos\theta + q\sin\theta = 1.5 \times 0.8 + 4 \times 0.6 = 3.6[\%]$

24

어떤 변압기의 단락 시험에서 %저항 강하 $1.5[\%]$와 %리액턴스 강하 $3[\%]$를 얻었다. 부하 역률이 $80[\%]$ 앞선 경우의 전압 변동률$[\%]$은?

① -0.6
② 0.6
③ -3.0
④ 3.0

해설 전압 변동률

- 지상 : $\varepsilon = p\cos\theta + q\sin\theta[\%]$
- 진상 : $\varepsilon = p\cos\theta - q\sin\theta[\%]$

문제에서 앞선 경우라고 하였으므로 진상이다.
따라서 $\varepsilon = p\cos\theta - q\sin\theta = 1.5 \times 0.8 - 3 \times 0.6 = -0.6[\%]$

25
부하의 역률이 0.6일 때 전압 변동률이 최대로 되는 변압기가 있다. 역률이 1일 때의 전압 변동률이 $3[\%]$라고 하면 역률 0.8에서의 전압 변동률은 몇 $[\%]$인가?

① 4.4 ② 4.6
③ 4.8 ④ 5.0

해설
- $\cos\theta = 1$일 경우
$\varepsilon = p\cos\theta + q\sin\theta = p\times1+q\times0 = p = 3[\%]$
- $\cos\theta = 0.6$일 경우
최대 전압 변동률 $\varepsilon_m = \sqrt{p^2+q^2}$이므로
역률 $\cos\theta = \dfrac{p}{\sqrt{p^2+q^2}} = \dfrac{3}{\sqrt{3^2+q^2}} = 0.6$
$\therefore q = 4[\%]$
- 역률이 0.8일 경우
$\varepsilon = p\cos\theta + q\sin\theta = 3\times0.8+4\times0.6 = 4.8[\%]$

26
$10[\text{kVA}]$, $2,000/100[\text{V}]$ 변압기의 1차로 환산한 임피던스는 $6.2 + j7[\Omega]$이다. % 저항 강하$[\%]$는?

① 1.55 ② 1.75
③ 0.175 ④ 0.35

해설
- 1차 측 정격 전류
$I_{1n} = \dfrac{P_n}{V_{1n}} = \dfrac{10,000}{2,000} = 5[\text{A}]$
- % 저항 강하
$\%R = \dfrac{I_{1n}r_{21}}{V_{1n}}\times 100 = \dfrac{5\times 6.2}{2,000}\times 100 = 1.55[\%]$

27
$3,300/210[\text{V}]$, $5[\text{kVA}]$ 단상 변압기의 퍼센트 저항 강하는 $2.4[\%]$, 퍼센트 리액턴스 강하는 $1.8[\%]$이다. 임피던스 와트 $[\text{W}]$는?

① 90   ② 120
③ 240 ④ 320

해설
- % 저항 강하
$\%R = \dfrac{P_s}{P_n}\times 100[\%]$
- 임피던스 와트
$P_s = \dfrac{\%R \times P_n}{100} = \dfrac{2.4\times 5\times 10^3}{100} = 120[\text{W}]$

28
$5[\text{kVA}]$, $2,000/200[\text{V}]$의 단상 변압기가 있다. 2차로 환산한 등가 저항과 등가 리액턴스는 각각 $0.14[\Omega]$, $0.16[\Omega]$이다. 이 변압기에 역률 0.8(뒤짐)의 정격 부하를 걸었을 때의 전압 변동률$[\%]$은?

① 0.026 ② 0.26
③ 2.6   ④ 26

해설
- 2차 측 정격 전류
$I_{2n} = \dfrac{P_n}{V_{2n}} = \dfrac{5,000}{200} = 25[\text{A}]$
- % 저항 강하
$\%R = p = \dfrac{I_{2n}\times r_{12}}{V_{2n}}\times 100[\%]$
$= \dfrac{25\times 0.14}{200}\times 100[\%] = 1.75[\%]$
- % 리액턴스 강하
$\%X = q = \dfrac{I_{2n}\times x_{12}}{V_{2n}}\times 100[\%]$
$= \dfrac{25\times 0.16}{200}\times 100[\%] = 2[\%]$
- 전압 변동률(지상)
$\varepsilon = p\cos\theta + q\sin\theta = 1.75\times 0.8+2\times 0.6 = 2.6[\%]$

29

3,300/200[V], 10[kVA]의 단상 변압기의 2차를 단락하여 1차 측에 300[V]를 가하니 2차에 120[A]가 흘렀다. 이 변압기의 임피던스 전압[V]과 백분율 임피던스 강하[%]는?

① 125, 3.8
② 200, 4
③ 125, 3.5
④ 200, 4.2

해설

• 1차 정격 전류 및 단락 전류

$$I_{1n} = \frac{P_n}{V_{1n}} = \frac{10,000}{3,300} = 3.03[A]$$

$$I_{1s} = \frac{1}{a}I_{2s} = \frac{200}{3,300} \times 120 = 7.27[A]$$

• 1차 환산 등가 임피던스

$$Z_{21} = \frac{V_s}{I_{1s}} = \frac{300}{7.27} = 41.3[\Omega]$$

• 임피던스 전압

$$V_{1s} = I_{1n}Z_{21} = 3.03 \times 41.3 = 125[V]$$

• % 임피던스 강하

$$\%Z = \frac{V_{1s}}{V_{1n}} \times 100 = \frac{125}{3,300} \times 100 = 3.79[\%]$$

30

10[kVA], 2,000/380[V]의 변압기 1차 환산 등가 임피던스가 $3+j4[\Omega]$이다. % 임피던스 강하는 몇 [%]인가?

① 0.75
② 1.0
③ 1.25
④ 1.5

해설

• 정격 전류

$$I_{1n} = \frac{10 \times 10^3}{2,000} = 5[A]$$

• 1차 측 환산 등가 임피던스

$$Z_{21} = \sqrt{(r_{21})^2 + (x_{21})^2} = \sqrt{3^2 + 4^2} = 5[\Omega]$$

• % 임피던스 강하

$$\%Z = \frac{I_{1n}Z_{21}}{V_{1n}} \times 100 = \frac{5 \times 5}{2,000} \times 100 = 1.25[\%]$$

31

6,600/210[V], 10[kVA] 단상 변압기의 퍼센트 저항 강하는 1.2[%], 리액턴스 강하는 0.9[%]이다. 임피던스 전압[V]은?

① 99
② 81
③ 65
④ 37

해설

• % 임피던스 강하

$$\%Z = \sqrt{\%R^2 + \%X^2} = \sqrt{p^2 + q^2} = \sqrt{1.2^2 + 0.9^2} = 1.5[\%]$$

• 임피던스 전압

$$V_{1s} = \frac{\%Z \times V_{1n}}{100} = \frac{1.5 \times 6,600}{100} = 99[V]$$

32

변압기의 정격에 대한 설명으로 옳은 것은?

① 전부하의 경우 1차 단자 전압을 정격 1차 전압이라고 한다.
② 정격 2차 전압은 명판에 기재되어 있는 2차 권선의 단자 전압이다.
③ 정격 2차 전압을 2차 권선의 저항으로 나눈 것이 정격 2차 전류이다.
④ 2차 단자 간에서 얻을 수 있는 유효 전력을 [kW]로 표시한 것이 정격 출력이다.

해설

변압기의 정격 2차 전압은 변압기 명판에 기재되어 있는 2차 권선의 단자 전압이다.

33
손실 중 변압기의 온도 상승에 관계가 가장 적은 요소는?

① 철손
② 동손
③ 유전체손
④ 와류손

해설 유전체손
- 유전체가 큰 케이블과 같은 기기에서 발생하는 손실로, 유전체손은 주로 절연물에서 발생한다.
- 변압기에서 주로 발생하는 손실은 철손과 동손으로, 유전체손은 상당히 적어 보통은 변압기에서 무시한다.

34
전기기기에 있어 와전류손(Eddy Current Loss)을 감소시키기 위한 방법은?

① 냉각 압연
② 보상 권선 설치
③ 교류 전원을 사용
④ 규소 강판을 성층하여 사용

해설
- 와전류손 감소 방법: 성층 철심 사용
- 히스테리시스손 감소 방법: 규소 강판 사용

35
용량 $150[\text{kVA}]$의 단상 변압기의 철손이 $1[\text{kW}]$, 전부하 동손이 $4[\text{kW}]$이다. 이 변압기의 최대 효율은 몇 $[\text{kVA}]$에서 나타나는가?

① 50
② 75
③ 100
④ 150

해설
- 변압기의 최대 효율 조건
$$P_i = m^2 P_c$$
- 최대 효율일 때의 부하율
$$m = \sqrt{\frac{P_i}{P_c}} = \sqrt{\frac{1}{4}} = 0.5 (\therefore 50[\%])$$
- 최대 효율 시 운전 용량
$$150 \times 0.5 = 75[\text{kVA}]$$

36
m 부하 운전 시 변압기의 최대 효율 운전 조건에 해당되지 않는 것은?(단, P_i는 철손, P_c는 전부하시 동손이다.)

① 철손 = 동손
② $P_i = m^2 P_c$
③ 전손실은 $P_i - m^2 P_c$가 된다.
④ $m = \sqrt{\dfrac{P_i}{P_c}}$

해설
- m 부하 운전 시 변압기의 최대 효율 조건
$$P_i = m^2 P_c (\text{철손} = \text{동손})$$
- 최대 효율일 때의 부하율
$$m^2 = \frac{P_i}{P_c} \rightarrow m = \sqrt{\frac{P_i}{P_c}}$$
- 최대 효율 시 변압기의 전손실
$$P_i + m^2 P_c$$

| 정답 | 33 ③　34 ④　35 ②　36 ③

37

변압기의 철손이 전부하 동손보다 크게 설계되었다면 이 변압기의 최대 효율은 어떤 부하에서 생기는가?

① $\frac{1}{2}$ 부하
② $\frac{3}{4}$ 부하
③ 전부하
④ 과부하

해설
- 변압기의 철손이 전부하 동손보다 크게 설계된 경우는 $P_i > P_c$의 조건이 된다.
- 변압기는 $P_i = m^2 P_c$의 조건에서 최고 효율 운전점이므로 부하율 $m > 1$의 조건(과부하)일 때 최대 효율이 된다.

38

$200[\text{kVA}]$의 단상 변압기가 있다. 철손이 $1.6[\text{kW}]$이고 전부하 동손이 $2.5[\text{kW}]$이다. 이 변압기의 역률이 0.8일 때 전부하 시의 효율은 약 몇 $[\%]$인가?

① 96.5
② 97.0
③ 97.5
④ 98.0

해설 변압기의 효율

$\eta = \dfrac{P_a \cos\theta}{P_a \cos\theta + P_i + P_c} \times 100$

$= \dfrac{200 \times 0.8}{200 \times 0.8 + 1.6 + 2.5} \times 100$

$= 97.5[\%]$

39

$50[\text{Hz}]$, $6.3[\text{kV}]/210[\text{V}]$, $50[\text{kVA}]$, 정격 역률 0.8(지상)의 단상 변압기에 있어서 무부하손은 $0.65[\%]$, %저항 강하는 $1.4[\%]$라 하면 이 변압기의 전부하 효율은 약 몇 $[\%]$인가?

① 96.5
② 97.7
③ 98.6
④ 99.4

해설
- 정격 출력
  $P_n = V_n I_n \cos\theta[\text{W}]$
- 무부하손
  $P_i = P_n \times \left(\dfrac{0.65}{100}\right)[\text{W}]$
- 동손
  $P_c = I^2 R = \left(\dfrac{I_{1n} r_{21}}{V_{1n}}\right) V_n I_n = \dfrac{\%R}{100} \times \dfrac{P_n}{\cos\theta}$
  $= \dfrac{1.4}{100} \times \dfrac{P_n}{\cos\theta}[\text{W}]$
- 전부하 효율
  $\eta = \dfrac{P_n}{P_n + P_i + P_c} \times 100$
  $= \dfrac{P_n}{P_n + P_n\left(\dfrac{0.65}{100}\right) + \dfrac{1.4}{100} \times \dfrac{P_n}{\cos\theta}} \times 100$
  $= \dfrac{1}{1 + \dfrac{0.65}{100} + \dfrac{1.4}{100} \times \dfrac{1}{0.8}} \times 100$
  $= 97.7[\%]$

| 정답 | 37 ④ 38 ③ 39 ②

40
변압기의 전일 효율이 최대가 되는 조건은?

① 하루 중의 무부하손의 합 = 하루 중의 부하손의 합
② 하루 중의 무부하손의 합 < 하루 중의 부하손의 합
③ 하루 중의 무부하손의 합 > 하루 중의 부하손의 합
④ 하루 중의 무부하손의 합 = 2×하루 중의 부하손의 합

해설
변압기의 최고 효율 조건은 철손(무부하손)과 동손(부하손)이 같은 조건이다.

41
변압기의 결선 방식에 대한 설명으로 옳지 않은 것은?

① $\Delta-\Delta$ 결선에서 1상분의 고장 시 나머지 2대로 V 결선 운전이 가능하다.
② $Y-Y$ 결선에서 1차, 2차 모두 중성점을 접지할 수 있으며 고압의 경우 이상 전압을 감소시킬 수 있다.
③ $Y-Y$ 결선에서 중성점을 접지하면 제5고조파 전류가 흘러 통신선에 유도 장해를 일으킨다.
④ $Y-\Delta$ 결선에서 1상에 고장이 생기면 전원 공급이 불가능해진다.

해설 $Y-Y$ 결선
• 중성점을 접지하여 이상 전압을 억제한다.
• 변압기의 단절연, 저감 절연이 가능하다.
• 지락 전류가 커 지락 계전기의 동작이 확실하다.
• 지락 전류(영상 전류, 제3고조파 성분)가 커 주변 통신선에 대한 유도 장해 영향이 비접지보다 심하다.

42
다음 그림과 같이 단상 변압기를 단권 변압기로 사용한다면 출력 단자의 전압[V]은?(단, $V_{1n}[V]$를 1차 정격 전압이라고 하고, $V_{2n}[V]$를 2차 정격 전압이라고 한다.)

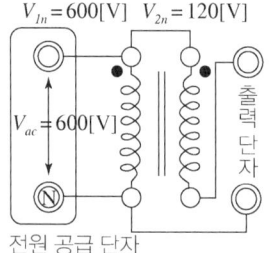

① 120
② 480
③ 600
④ 720

해설
문제의 변압기 접속은 감극성이다.
$$V_2 = \left(1 - \frac{n_2}{n_1}\right)V_1 = \left(1 - \frac{120}{600}\right) \times 600 = 480[\text{V}]$$

43
변압기 결선 방식에서 $\Delta-\Delta$ 결선 방식의 특성이 아닌 것은?

① 중성점 접지를 할 수 없다.
② 110[kV] 이상 되는 계통에서 많이 사용되고 있다.
③ 외부에 고조파 전압이 나오지 않으므로 통신 장해의 염려가 없다.
④ 단상 변압기 3대 중 1대의 고장이 생겼을 때 2대로 V 결선하여 송전할 수 있다.

해설 $\Delta-\Delta$ 결선
• 중성점을 접지할 수 없어 이상 전압 발생이 크다.
• 주로 저전압 계통에 적용된다.
• 단상 변압기 3대 중 1대의 고장이 생겼을 때 V 결선하여 송전할 수 있다.
• 외부에 고조파 전압이 나오지 않으므로 통신 장해의 염려가 없다.

44
단상 변압기 3대를 이용하여 3상 $\Delta-\Delta$ 결선을 했을 때, 1차와 2차 전압의 각 변위(위상차)는?

① 30° ② 60°
③ 120° ④ 180°

해설
각 변위는 1차 유기 전압을 기준으로 했을 때 이에 대한 2차 유기 전압의 뒤진 각을 말한다. 단상 변압기 3대를 이용하여 3상 $\Delta-\Delta$ 결선을 했을 때 1차와 2차 전압의 각 변위(위상차)는 180°이다.

45
3대의 단상 변압기를 $\Delta-Y$로 결선하고 1차 단자 전압 V_1, 1차 전류 I_1이라 하면 2차 단자 전압 V_2[V]와 2차 전류 I_2[A]의 값은?(단, 권수비는 a이고, 저항, 리액턴스, 여자 전류는 무시한다.)

① $V_2 = \sqrt{3}\dfrac{V_1}{a}$, $I_2 = \sqrt{3}\,aI_1$

② $V_2 = V_1$, $I_2 = \dfrac{a}{\sqrt{3}}I_1$

③ $V_2 = \sqrt{3}\dfrac{V_1}{a}$, $I_2 = \dfrac{a}{\sqrt{3}}I_1$

④ $V_2 = \dfrac{V_1}{a}$, $I_2 = I_1$

해설
• 변압기 권수비
$$a = \frac{N_1}{N_2} = \frac{V_1}{V_2} = \frac{I_2}{I_1} = \sqrt{\frac{Z_1}{Z_2}}$$
• 변압기 2차 측의 상전압
$$E_2 = \frac{E_1}{a} = \frac{V_1}{a}[\text{V}]\,(\Delta\text{ 결선에서는 상전압과 선간 전압이 같다.})$$
• Y 결선의 2차 측 선간 전압
$$V_2 = \sqrt{3}\,E_2 = \sqrt{3}\,\frac{V_1}{a}[\text{V}]$$
• 2차 측 전류
$$I_2 = \frac{V_1}{V_2}I_1 = \frac{a}{\sqrt{3}}I_1[\text{A}]$$

46
Δ 결선 변압기의 한 대가 고장으로 제거되어 V 결선으로 전력을 공급할 때 고장 전 전력에 대해 몇 [%]의 전력을 공급할 수 있는가?

① 81.6 ② 75.0
③ 66.7 ④ 57.7

해설 V 결선
• 출력비
$$\frac{V \text{ 결선 시 출력}}{\Delta \text{ 결선 시 출력}} = \frac{\sqrt{3}P}{3P} = \frac{1}{\sqrt{3}} = 0.577(\therefore 57.7[\%])$$
• 이용률
$$\frac{V \text{ 결선 시 실제 출력}}{V \text{ 결선 시 이론 출력}} = \frac{\sqrt{3}P}{2P} = \frac{\sqrt{3}}{2} = 0.866(\therefore 86.6[\%])$$

47
정격 용량 100[kVA]인 단상 변압기 3대를 $\Delta-\Delta$ 결선하여 300[kVA]의 3상 출력을 얻고 있다. 한 상에 고장이 발생하여 결선을 V 결선으로 하는 경우 뱅크 용량[kVA]과 각 변압기의 출력[kVA]은?

① 253, 126.5 ② 200, 100
③ 173, 86.5 ④ 152, 75.6

해설
• 뱅크 용량
$$P_v = \sqrt{3}P = \sqrt{3}\times 100 = 173[\text{kVA}]$$
• 각 변압기의 출력
$$P_1 = \frac{P_v}{2} = \frac{173}{2} = 86.5[\text{kVA}]$$

| 정답 | 44 ④ 45 ③ 46 ④ 47 ③

48
단상 변압기의 병렬 운전 조건이 아닌 것은?

① 권수비와 1·2차의 정격 전압이 같을 것
② 권선의 저항과 누설 리액턴스의 비가 같을 것
③ %저항 강하 및 리액턴스 강하가 같을 것
④ 출력이 같을 것

해설 변압기의 병렬 운전 조건

병렬 운전 조건	운전 조건이 맞지 않을 경우
극성이 같을 것	매우 큰 순환 전류가 흘러 권선이 소손됨
1·2차 정격 전압이 같고 권수비가 같을 것	큰 순환 전류가 흘러 권선이 과열됨
%임피던스 강하가 같을 것 (저항과 리액턴스 비가 같을 것)	%임피던스가 작은 변압기에 과부하 발생
상회전 방향과 각 변위가 같을 것 (3상 변압기인 경우)	• 위상 차이에 의한 횡류 발생 • 장시간 운전 시 변압기 소손 발생

49
단상 변압기를 병렬 운전할 경우 부하 전류의 분담은?

① 용량에 비례하고 누설 임피던스에 비례
② 용량에 비례하고 누설 임피던스에 반비례
③ 용량에 반비례하고 누설 리액턴스에 비례
④ 용량에 반비례하고 누설 리액턴스의 제곱에 비례

해설 변압기의 병렬 운전 시 부하 분담

• 분담 전류

$$\frac{I_a}{I_b} = \frac{I_A}{I_B} \times \frac{\%Z_B}{\%Z_A}$$

(분담 전류는 정격 전류에 비례, 누설 임피던스에 반비례)

• 분담 용량

$$\frac{P_a}{P_b} = \frac{P_A}{P_B} \times \frac{\%Z_B}{\%Z_A}$$

(분담 용량은 용량에 비례, 누설 임피던스에 반비례)

50
2차로 환산한 임피던스가 각각 $0.03 + j0.02[\Omega]$, $0.02 + j0.03[\Omega]$인 단상 변압기 2대를 병렬로 운전시킬 때 분담 전류는?

① 크기는 같으나 위상이 다르다.
② 크기와 위상이 같다.
③ 크기는 다르나 위상이 같다.
④ 크기와 위상이 다르다.

해설

$$Z_A = \sqrt{0.03^2 + 0.02^2} \angle \tan^{-1} \frac{0.02}{0.03} = 0.04 \angle 33.7°[\Omega]$$

$$Z_B = \sqrt{0.02^2 + 0.03^2} \angle \tan^{-1} \frac{0.03}{0.02} = 0.04 \angle 56.3°[\Omega]$$

두 임피던스는 크기는 같으나 위상의 차로 인해 병렬 운전 시 변압기 내부에서 크기는 같으나 위상이 다른 순환 전류가 흐르게 된다.

51
변압기의 병렬 운전에서 1차 환산 누설 임피던스가 $3 + j2[\Omega]$과 $2 + j3[\Omega]$일 때 변압기에 흐르는 부하 전류가 $50[A]$이면 순환 전류[A]는?(단, 다른 정격은 모두 같다.)

① 10
② 8
③ 5
④ 3

해설
순환 전류

$$I_c = \frac{V_1 - V_2}{Z_1 + Z_2} = \frac{I_1 Z_1 - I_2 Z_2}{Z_1 + Z_2}$$

$$= \frac{25 \times (3+j2) - 25 \times (2+j3)}{(3+j2) + (2+j3)}$$

$$= -j5[A]$$

$$\therefore |I_c| = 5[A]$$

참고
두 변압기의 임피던스의 크기가 같으므로 서로 같은 크기의 전류 $\left(\frac{50}{2} = 25[A]\right)$가 흐른다.

| 정답 | 48 ④ 49 ② 50 ① 51 ③

52
3상 전원을 이용하여 2상 전압을 얻고자 할 때 사용하는 결선 방법은?

① 스코트 결선
② Fork 결선
③ 환상 결선
④ 2중 3각 결선

해설
3상 입력에서 2상 출력을 내는 결선법
- 우드브리지 결선
- 메이어 결선
- 스코트 결선(T 결선)

3상 입력에서 6상 출력을 내는 결선법
- 포크 결선(6상 2중 성형 결선): 수은 정류기에 주로 사용
- 환상 결선
- 대각 결선
- 2중 Δ 결선
- 2중 성형 결선

53
T 결선에 의해 $3,300[\text{V}]$의 3상으로부터 $200[\text{V}]$, $40[\text{kVA}]$의 전력을 얻는 경우 T좌 변압기의 권수비는?

① 16.5
② 14.3
③ 11.7
④ 10.2

해설 스코트 결선(T 결선) 시 권수비
$$a_T = a \times \frac{\sqrt{3}}{2} = \frac{3,300}{200} \times \frac{\sqrt{3}}{2} = 14.3$$

54
일반적으로 전철이나 화학용과 같이 비교적 용량이 큰 수은 정류기용 변압기의 2차 측 결선 방식으로 쓰이는 것은?

① 6상 2중 성형
② 3상 반파
③ 3상 전파
④ 3상 크로즈파

해설
3상 입력에서 2상 출력을 내는 결선법
- 우드브리지 결선
- 메이어 결선
- 스코트 결선(T 결선)

3상 입력에서 6상 출력을 내는 결선법
- 포크 결선(6상 2중 성형 결선): 수은 정류기에 주로 사용
- 환상 결선
- 대각 결선
- 2중 Δ 결선
- 2중 성형 결선

55
$100[\text{V}]$를 $120[\text{V}]$로 승압하는 단권 변압기의 자기 용량 $[\text{kVA}]$은?(단, 부하 용량은 $6[\text{kVA}]$이다.)

① 1
② 3.3
③ 5
④ 10

해설
$$\text{자기 용량} = \frac{V_h - V_l}{V_h} \times \text{부하 용량}$$
$$= \frac{120 - 100}{120} \times 6 = 1[\text{kVA}]$$

56

1차 전압 V_1, 2차 전압 V_2인 단권 변압기를 Y 결선했을 때 등가 용량과 부하 용량의 비는?(단, $V_1 > V_2$이다.)

① $\dfrac{V_1 - V_2}{\sqrt{3}\,V_1}$ ② $\dfrac{V_1 - V_2}{V_1}$

③ $\dfrac{\sqrt{3}\,(V_1 - V_2)}{2\,V_1}$ ④ $\dfrac{V_1^2 - V_2^2}{\sqrt{3}\,V_1 V_2}$

해설 3상 단권 변압기의 자기 용량과 부하 용량의 비

- Y 결선

  $\dfrac{\text{자기 용량}}{\text{부하 용량}} = \dfrac{V_h - V_l}{V_h}$

- Δ 결선

  $\dfrac{\text{자기 용량}}{\text{부하 용량}} = \dfrac{V_h^2 - V_l^2}{\sqrt{3}\,V_h V_l}$

- V 결선

  $\dfrac{\text{자기 용량}}{\text{부하 용량}} = \dfrac{2(V_h - V_l)}{\sqrt{3}\,V_h}$

57

단권 변압기의 설명으로 옳지 않은 것은?

① 1차 권선과 2차 권선의 일부가 공통으로 사용된다.
② 분로 권선과 직렬 권선으로 구분된다.
③ 누설 자속이 없기 때문에 전압 변동률이 작다.
④ 3상에는 사용할 수 없고 단상으로만 사용한다.

해설 단권 변압기의 구조 및 특징

- 일반 2권선 변압기에 비해 구조를 1차 권선과 2차 권선으로 한 회로로 만든 변압기이다.
- 변압기가 소형으로 되고 동량이 감소한다.
- 손실이 적어 효율이 좋다.
- 자기 용량보다 큰 부하를 걸 수 있다.
- 단상 및 3상에 모두 사용이 가능하다.
- 단락 사고 시 대전류가 흐른다.

58

주상 변압기의 고압 측에 몇 개의 탭을 만드는 이유는?

① 부하 전류를 적게 하기 위해
② 변압기의 역률을 조정하기 위해
③ 수전점의 전압을 조정하기 위해
④ 변압기의 철손을 조정하기 위해

해설 주상 변압기

- 배전 선로의 $22.9[\text{kV}]$를 저압인 $380/220[\text{V}]$로 강압시키는 변압기이다.
- 배전 선로에서 발생하는 전압 강하를 보상하여 수전점의 전압을 조정하기 위해 고압 측 권선에 탭을 설치한다.

59

평형 3상 회로의 전류를 측정하기 위해 변류비 $200:5$의 변류기를 그림과 같이 접속하였더니 전류계의 지시가 $1.5[\text{A}]$이었다. 1차 전류는 몇 $[\text{A}]$인가?

① 60
② $60\sqrt{3}$
③ 30
④ $30\sqrt{3}$

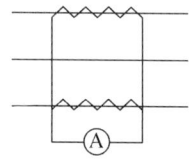

해설

$I_1 = I_2 \times \text{CT 비} = 1.5 \times \dfrac{200}{5} = 60[\text{A}]$

60
전기 설비 운전 중 계기용 변류기(CT)의 고장 발생으로 변류기를 개방할 때 2차 측을 단락해야 하는 이유는?

① 2차 측의 절연 보호
② 1차 측의 과전류 방지
③ 2차 측의 과전류 보호
④ 계기의 측정 오차 방지

해설 변류기 사용 시 주의 사항
- 변류기 교체 시 2차 측을 개방하면 1차 전류가 모두 여자 전류가 되어 2차 권선에 매우 큰 전압이 유기되어 CT의 2차 측 절연이 파괴된다.
- 따라서 변류기 교체 시 반드시 2차 측을 단락시킨 후 개방시켜야 한다.

61
발전기나 변압기 권선의 층간 단락 사고를 검출하는 계전기는?

① 방향 단락 계전기
② 과전류 계전기
③ 비율 차동 계전기
④ 과전압 계전기

해설
비율 차동 계전기는 발전기나 변압기 권선의 상간(층간) 단락 사고로부터 기기를 보호하기 위해 사용되는 계전기이다.

62
변압기 온도 상승 시험을 하는 데 가장 좋은 방법은?

① 충격 전압 시험
② 단락 시험
③ 반환 부하법
④ 무부하 시험

해설 변압기 온도 상승 시험법
- 반환 부하법(손실이 적어 가장 효율이 높음)
- 실부하법(손실이 커 소형기에만 적용)
- 단락 시험법(등가 부하법)

변압기 온도 상승 시험 시 가장 많이 사용하는 방법은 반환 부하법이다.

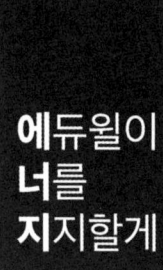

**에듀윌이
너를
지지할게**

ENERGY

성공은 우리가 생각하는
자신의 모습을 끌어올리는 것에서
시작한다.

— 덱스터 예거(Dexter Yager)

유도기

THEME 01. 유도 전동기의 원리와 구조
THEME 02. 회전 속도와 슬립
THEME 03. 회전자 특성
THEME 04. 비례 추이
THEME 05. 원선도
THEME 06. 유도 전동기 기동
THEME 07. 유도 전동기 속도 제어
THEME 08. 유도 전동기 제동과 이상 현상
THEME 09. 특수 유도기
THEME 10. 단상 유도 전동기
THEME 11. 유도 전압 조정기

학습 전략

이 챕터에서는 유도기와 밀접한 관련이 있는 슬립의 전반적인 내용을 이해해야 합니다. 슬립에 대한 특성을 파악하지 못한다면 이 챕터가 매우 부담스러운 내용이 될 수 있으므로 이를 중점적으로 학습하는 것이 좋습니다. 또한 각종 전동기에 대해 틈틈이 정리하는 것이 좋습니다.

CHAPTER 05 | 흐름 미리보기

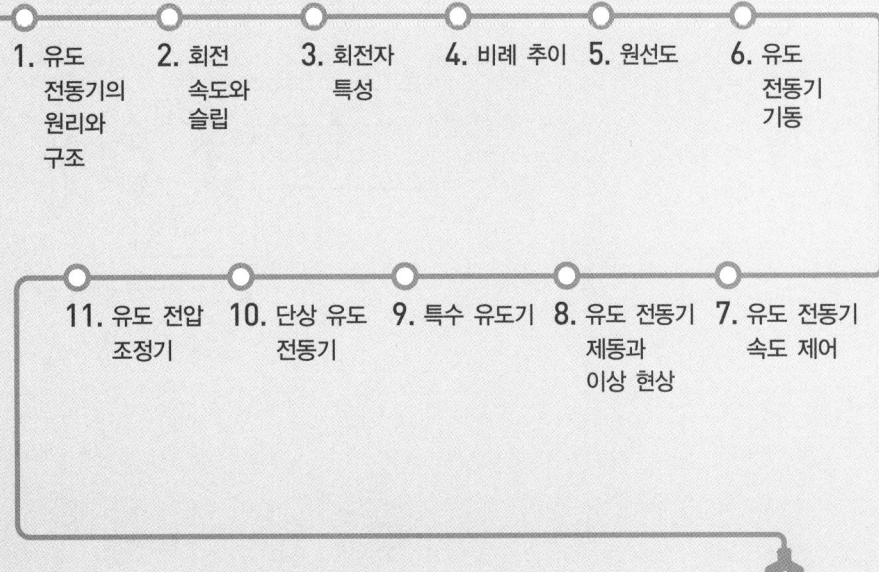

NEXT **CHAPTER 06**

CHAPTER 05 유도기

독학이 쉬워지는 기초개념

유도 전동기의 동작원리
- 전자 유도 법칙
- 플레밍의 왼손 법칙

THEME 01 유도 전동기의 원리와 구조

1 유도 전동기의 원리

(1) 아라고 원판의 원리

영구자석을 회전시키면 원판이 자속을 끊으면서 전자 유도 법칙에 의해 기전력이 발생한다. 이 기전력에 의해 원판에는 맴돌이 전류가 생겨 자속이 발생하게 되는데, 이때 플레밍의 왼손 법칙에 의해 영구자석의 회전 방향으로 원판이 힘을 받아 회전하게 된다.

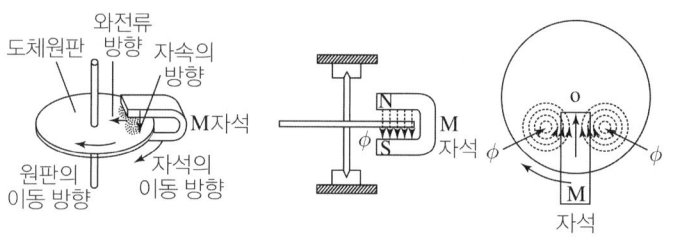

▲ 유도 작용의 원리

(2) 3상 회전 자계

고정자 철심에 코일 a-a′, b-b′, c-c′의 간격을 120°가 되도록 배치한다. 이를 3상 교류 전원의 입력 단자 A, B, C에 접속하여 교류 전압을 공급하면 코일에 i_a, i_b, i_c의 전류가 흐르고, 이 전류에 의해 합성 자기장이 발생한다. 이때 시간에 따라 합성 자계는 표와 같이 한쪽 방향으로 회전을 하기 시작한다.

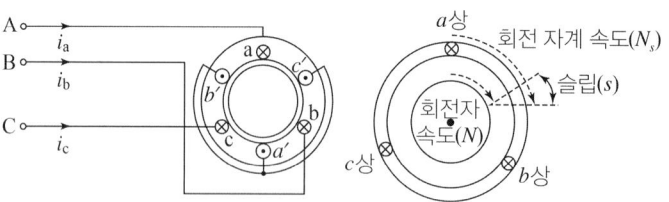

▲ 회전 자계와 회전자 속도의 관계

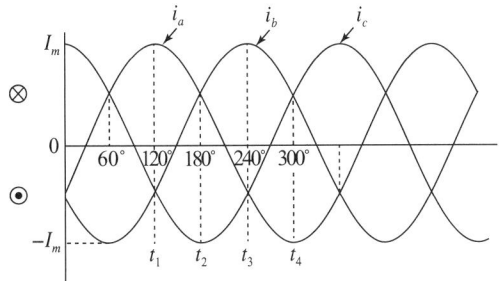
▲ 3상 교류 입력

구분	3상 전류	합성 자계
$t = t_1$	$i_a = I_m [A] (a: \otimes,\ a': \odot)$ $i_b = -\dfrac{1}{2} I_m [A] (b: \odot,\ b': \otimes)$ $i_c = -\dfrac{1}{2} I_m [A] (c: \odot,\ c': \otimes)$	
$t = t_2$	$i_a = \dfrac{1}{2} I_m [A] (a: \otimes,\ a': \odot)$ $i_b = \dfrac{1}{2} I_m [A] (b: \otimes,\ b': \odot)$ $i_c = -I_m [A] (c: \odot,\ c': \otimes)$	
$t = t_3$	$i_a = -\dfrac{1}{2} I_m [A] (a: \odot,\ a': \otimes)$ $i_b = I_m [A] (b: \otimes,\ b': \odot)$ $i_c = -\dfrac{1}{2} I_m [A] (c: \odot,\ c': \otimes)$	
$t = t_4$	$i_a = -I_m [A] (a: \odot,\ a': \otimes)$ $i_b = \dfrac{1}{2} I_m [A] (b: \otimes,\ b': \odot)$ $i_c = \dfrac{1}{2} I_m [A] (c: \otimes,\ c': \odot)$	

독학이 쉬워지는 기초개념

독학이 쉬워지는 기초개념

단락환
농형 유도 전동기의 회전자 도체를 단락하는 고리

강의 꿀팁
농형 유도 전동기는 2차 측(회전자) 권선 없이 단락환 형태의 구리 막대를 넣은 구조이므로 2차 측 전압 측정이 어려워요.

2 유도 전동기의 구조

(1) 고정자

유도 전동기에서 회전하지 않고 고정되어 있는 부분으로 철심은 두께 $0.35 \sim 0.5[\text{mm}]$의 규소 강판을 사용한다. 고정자는 고정자 틀, 고정자 철심 및 고정자 권선으로 이루어져 있다.

(2) 회전자

유도 전동기에서 회전하는 부분으로 구조에 따라 농형 회전자와 권선형 회전자로 나누어진다.

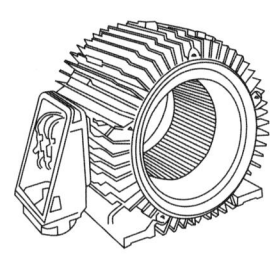
▲ 고정자(계자)

① 농형 회전자

㉠ 구조: 철심의 홈을 원형 또는 사각형 모양으로 만들고 구리막대를 넣어 양 끝을 구리로 만든 단락 고리에 붙여 농형 도체와 단락환이 접속하도록 한 구조이다.

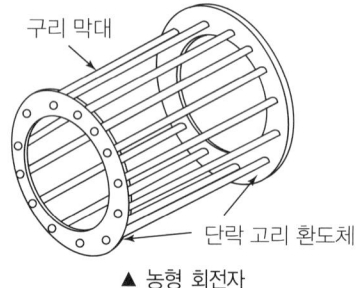
▲ 농형 회전자

㉡ 특징
- 구조가 간단하고 보수가 용이하다.
- 취급이 간단하며 가격이 저렴하다.
- 속도 조정이 곤란하다.
- 기동 토크가 작아 소형기기에 적합하다.

② 권선형 회전자

㉠ 구조: 회전자에도 고정자와 같이 3상 권선을 할 수 있도록 만든 구조이다.

㉡ 특징

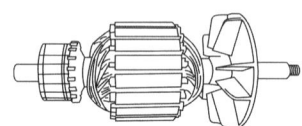
▲ 권선형 회전자

- 농형에 비해 구조가 복잡하고, 효율이 떨어진다.
- 기동 저항기를 이용하여 기동 전류를 감소시킬 수 있어 속도 조정이 용이하다.
- 기동 토크가 커서 대형기기에 적합하다.

THEME 02 회전 속도와 슬립

1 회전 속도

(1) 동기 속도

회전 자계의 속도로 일반적으로 $N_s[\text{rpm}]$으로 표현한다.

$$N_s = \frac{120f}{p}[\text{rpm}]$$

(단, f: 주파수[Hz], p: 극수)

(2) 상대 속도

동기 속도와 회전 속도의 차를 의미한다.

$$N_s - N = sN_s[\text{rpm}]$$

(단, s: 슬립)

(3) 회전자 속도

회전자가 회전하는 속도로 일반적으로 $N[\text{rpm}]$으로 표현한다.

$$N = (1-s)N_s[\text{rpm}]$$

2 슬립(slip)

(1) 슬립

① 동기 속도와 회전 속도의 차를 나타낸 비율이다.

② 슬립 계산식

$$s = \frac{N_s - N}{N_s}$$

(2) 슬립의 범위

슬립	운전 상태
$s = 1(N=0)$	정지 상태
$s = 0(N=N_s)$	동기 속도로 회전
$0 < s < 1$	유도 전동기로 운전
$s < 0$	유도 발전기로 운전
$1 < s < 2$	유도 제동기로 운전

(3) 슬립 측정법

① 직류 밀리볼트계법

② 수화기법

③ 스트로보스코프법

독학이 쉬워지는 기초개념

$N_s = \frac{120f}{p}[\text{rpm}]$

$n_s = \frac{N_s}{60} = \frac{2f}{p}[\text{rps}]$

Tip 강의 꿀팁

일반적으로 유도 전동기의 슬립은 $0 < s < 1$ 사이에요.

독학이 쉬워지는 기초개념

기출예제

유도 전동기의 슬립 s의 범위는?

① $s < -1$ ② $-1 < s < 0$
③ $0 < s < 1$ ④ $1 < s$

| 해설 |
유도기의 슬립 범위

정지	전동기	발전기	제동기
$s = 1$	$0 < s < 1$	$s < 0$	$1 < s < 2$

답 ③

THEME 03 회전자 특성

1 회전 시 슬립의 관계

(1) 2차 주파수(슬립 주파수: f_{2s})

① 1차 주파수를 f_1이라고 할 때 주파수와 속도는 비례 관계이므로 회전자의 속도는 회전 자계보다 슬립만큼의 속도차가 발생한다. 따라서 회전 시 2차에 유기되는 주파수 f_{2s}도 슬립만큼 감소한다.

② 정지 시: $f_2 = f_1 [\text{Hz}]$

③ 회전 시: $f_{2s} = sf_2 = sf_1 [\text{Hz}]$

(2) 2차 유기 기전력(E_{2s})

① 유도 전동기에 가해지는 기전력은 정지 시에는 변압기와 같으며 회전 시에는 슬립만큼 주파수가 감소하므로 회전 시 2차 유기 기전력은 다음과 같다.

② 정지 시 1차 유기 기전력: $E_1 = 4.44 f_1 \phi N_1 k_{w1} [\text{V}]$

③ 정지 시 2차 유기 기전력: $E_2 = 4.44 f_2 \phi N_2 k_{w2} [\text{V}]$

④ 회전 시 2차 유기 기전력: $E_{2s} = 4.44 f_{2s} \phi N_2 k_{w2} = sE_2 [\text{V}]$

(3) 2차 리액턴스(x_{2s})

① 정지 시 2차 리액턴스: $x_2 = \omega L = 2\pi f_2 L [\Omega]$

② 회전 시 2차 리액턴스: $x_{2s} = \omega' L = 2\pi f_{2s} L = sx_2 [\Omega]$

(4) 전압비

① 정지 시 전압 비: $\dfrac{E_1}{E_2} = a$

② 회전 시 전압 비: $\dfrac{E_1}{E_{2s}} = \dfrac{E_1}{sE_2} = \dfrac{1}{s}a$

Tip 강의 꿀팁

유도 전동기는 고정자를 1차로, 회전자를 2차로 표현해요.

(5) 2차 전류(I_{2s})

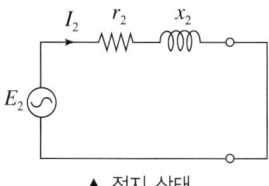
▲ 정지 상태

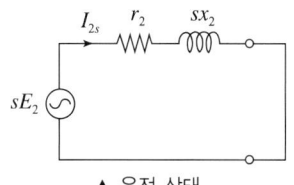
▲ 운전 상태

① 정지 시 2차 전류: $I_2 = \dfrac{E_2}{Z_2} = \dfrac{E_2}{\sqrt{r_2^2 + x_2^2}}$ [A]

② 회전 시 2차 전류: $I_{2s} = \dfrac{E_{2s}}{Z_{2s}} = \dfrac{sE_2}{\sqrt{r_2^2 + (sx_2)^2}} = \dfrac{E_2}{\sqrt{\left(\dfrac{r_2}{s}\right)^2 + x_2^2}}$ [A]

(6) 등가 부하 저항

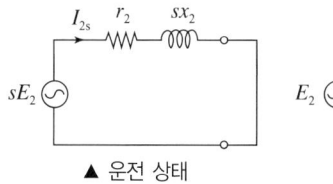
▲ 운전 상태

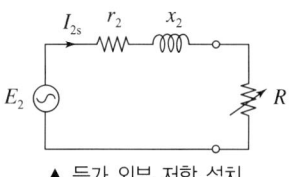
▲ 등가 외부 저항 설치

① 등가 부하 저항: $R = \left(\dfrac{1-s}{s}\right) r_2$ [Ω]

② 슬립 s에 따라 가변적인 특성이 있다.

(7) 2차 역률

$$\cos\theta_2 = \dfrac{r_2}{Z_{2s}} = \dfrac{r_2}{\sqrt{r_2^2 + (sx_2)^2}} = \dfrac{\dfrac{r_2}{s}}{\sqrt{\left(\dfrac{r_2}{s}\right)^2 + x_2^2}}$$

독학이 쉬워지는 기초개념

$Z_2 = r_2 + jx_2$ [Ω]
$Z_{2s} = r_2 + jsx_2$ [Ω]

권수비 α와 상수비 β를 고려한 전류, 저항 특성

$I_1 = I_2 \times \dfrac{1}{\alpha\beta}$ [A]

$R' = R \times \alpha^2 \beta$ [Ω]

독학이 쉬워지는 기초개념

기출예제

10극 50[Hz] 3상 유도 전동기가 있다. 회전자도 3상이고 회전자가 정지할 때 2차 1상 간의 전압이 150[V]이다. 이것을 회전 자계와 같은 방향으로 400[rpm]으로 회전시킬 때 2차 전압은 몇 [V]인가?

① 50 ② 75
③ 100 ④ 150

| 해설 |
- 동기 속도
$$N_s = \frac{120f}{p} = \frac{120 \times 50}{10} = 600[\text{rpm}]$$
- 슬립
$$s = \frac{N_s - N}{N_s} = \frac{600 - 400}{600} = 0.333$$
- 2차 전압
$$E_{2s} = sE_2 = 0.333 \times 150 = 50[\text{V}]$$

답 ①

2 전력 변환

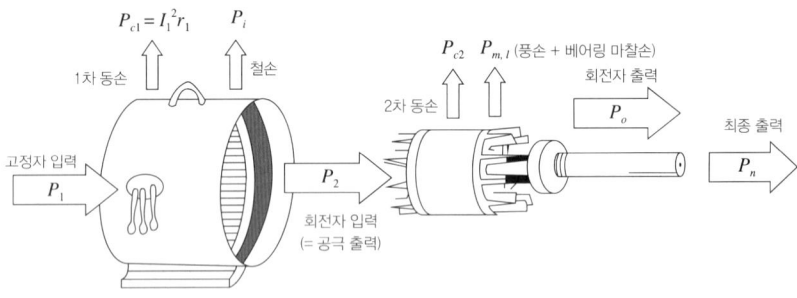

▲ 유도기의 전력 변환

(1) 전력 변환 과정
① 고정자에 공급된 전력 P_1은 고정자 권선의 동손 P_{c1}과 철심의 철손 P_i의 손실을 뺀 나머지 전력 P_2만큼 회전자 입력으로 전달된다.
② 회전자에 공급된 전력 P_2는 회전자의 동손 P_{c2}를 뺀 나머지 P_o만큼 회전자(2차) 출력으로 변환된다.
③ 회전자 출력 P_o는 회전자의 기계손(풍손, 마찰손) $P_{m,l}$을 뺀 만큼 전부하(기계적) 출력 P_n으로 변환된다.

(2) 입력, 손실, 출력
① 고정자 입력(1차 입력): $P_1 = V_1 I_1 \cos\theta_1 [\text{W}]$
② 고정자 동손(1차 동손): $P_{c1} = I_1^2 r_1 [\text{W}]$
③ 회전자 입력(2차 입력): $P_2 = E_2 I_2 \cos\theta_2 = I_2^2 \frac{r_2}{s} [\text{W}]$
④ 회전자 동손(2차 동손): $P_{c2} = I_2^2 r_2 = sP_2 [\text{W}]$

유도 전동기의 동기와트
전동기가 동기 속도 N_s로 회전할 때 2차 입력(P_2)

슬립 $s = \dfrac{2\text{차 동손}}{2\text{차 입력}} = \dfrac{P_{c2}}{P_2}$

⑤ 회전자 출력(2차 출력): 회전자 입력과 회전자 동손의 차

$$P_o = P_2 - P_{c2} = P_2 - sP_2 = (1-s)P_2 [\text{W}]$$

(단, P_o: 회전자 출력(2차 출력)[W])

(3) 2차 효율(η_2)

$$\eta_2 = \frac{P_o}{P_2} \times 100[\%] = \frac{(1-s)P_2}{P_2} \times 100[\%] = (1-s) \times 100[\%] = \frac{N}{N_s} \times 100[\%]$$

독학이 쉬워지는 기초개념

$\frac{N}{N_s} = \frac{\omega}{\omega_s}$
(단, ω: 회전자 각속도[rad/s], ω_s: 동기 각속도[rad/s])

(4) 비례식

$$P_2 : P_{c2} : P_o = 1 : s : (1-s)$$

3 토크 특성

(1) 토크의 계산

① 2차 입력 기준

$$T = \frac{P_2}{\omega_s} = \frac{P_2}{2\pi \frac{N_s}{60}} [\text{N·m}] = 0.975 \frac{P_2}{N_s} [\text{kg·m}]$$

(단, ω_s: 동기 각속도[rad/s], N_s: 동기 속도[rpm])

② 2차 출력 기준

$$T = \frac{P_o}{\omega} = \frac{P_o}{2\pi \frac{N}{60}} [\text{N·m}] = 0.975 \frac{P_o}{N} [\text{kg·m}]$$

(단, ω: 회전자 각속도[rad/s], N: 회전자 속도[rpm])

회전자 출력(2차 출력)
$P_o = \omega T [\text{W}]$

③ 슬립과 토크

$$T = K \frac{sE_2^2 r_2}{r_2^2 + (sx_2)^2} [\text{N·m}]$$

㉠ 토크는 전압의 제곱에 비례한다.($T \propto V^2$)

㉡ 슬립은 전압의 제곱에 반비례한다.($s \propto \frac{1}{V^2}$)

Tip 강의 꿀팁

토크에서 K는 임의의 상수를 의미해요.

(2) 최대 토크

$$T_m = K \frac{E_2^2}{2x_2} [\text{N·m}]$$

최대 토크는 2차 저항과 무관하다.

(3) 최대 토크를 발생하는 슬립

$$s_{\max} = \frac{r_2'}{\sqrt{r_1^2 + (x_1 + x_2')^2}} \fallingdotseq \frac{r_2}{x_2}$$

최대 토크를 발생하는 슬립은 전압과 무관하게 2차 저항에 비례한다.

독학이 쉬워지는 기초개념

(4) 속도-토크 특성

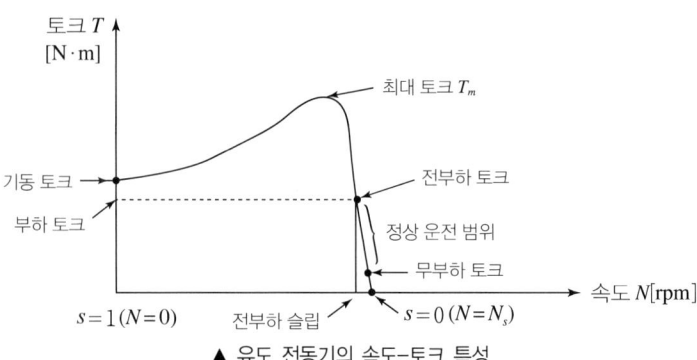

▲ 유도 전동기의 속도-토크 특성

① 기동 토크: $s=1$일 때 발생하는 토크로 부하 토크보다 커야 전동기 기동이 가능하다.
② 전부하 토크: 전동기 토크와 부하 토크가 만나는 점으로 이때 전동기는 일정한 속도로 운전한다.
③ 무부하 토크: 전동기 무부하 상태에서 발생하는 토크로 마찰 손실로 인해 슬립 s가 0이 아닌 지점에서 발생한다.

기출예제

유도 전동기의 회전력에 대하여 옳게 설명한 것은?
① 단자 전압에 비례
② 단자 전압과 관계없음
③ 단자 전압 2승에 비례
④ 단자 전압 3승에 비례

| 해설 |
토크의 특성 $T \propto V^2$에서 토크는 전압의 제곱에 비례한다.

답 ③

THEME 04 비례 추이

1 비례 추이

(1) 토크의 비례 추이
① 3상 권선형 유도 전동기는 회전자에도 권선이 감겨 있으므로 2차 회로에 저항(R)을 연결할 수 있다.
② 회전자에 외부 저항을 접속 시켜 전동기의 최대 토크가 낮은 속도 쪽으로 이동하는 것을 토크의 비례 추이라고 한다.

Tip 강의 꿀팁
비례 추이는 3상 권선형 유도 전동기에만 적용이 가능해요.

토크
T_m ---- $3r_2$ $2r_2$ r_2
T_3
T_2
T_1

- r_2
- $r_2 + R = 2r_2$
- $r_2 + 2R = 3r_2$

$s = 1$ $s = 0$ 슬립

▲ 비례 추이 특성

(2) 2차 저항 증가 시 변화
① 기동 전류는 감소하고, 기동 토크가 증가한다.
② 슬립이 증가한다.
③ 전부하 효율이 낮아진다.
④ 속도가 낮아진다.
⑤ 최대 토크는 2차 저항과 관계없이 변하지 않는다.
⑥ 최대 토크를 발생시키는 슬립은 저항에 따라 변한다.

기출예제

비례 추이와 관계가 있는 전동기는?
① 동기 전동기
② 정류자 전동기
③ 3상 농형 유도 전동기
④ 3상 권선형 유도 전동기

| 해설 |
비례 추이
- 3상 권선형 유도 전동기는 회전자에도 권선이 감겨 있으므로 2차 회로에 저항을 연결할 수 있다.
- 회전자에 외부 저항을 접속 시켜 전동기의 최대 토크가 낮은 속도 쪽으로 이동하는 것을 토크의 비례 추이라고 한다.

답 ④

2 비례 추이 요소

구분	요소
비례 추이 가능한 것	· 토크 T · 1차 전류 I_1 · 2차 전류 I_2 · 역률 $\cos\theta$ · 1차 입력 P_1
비례 추이 불가능한 것	· 출력 P_o · 2차 효율 η_2 · 2차 동손 P_{c2} · 최대 토크 T_m

독학이 쉬워지는 기초개념

토크의 비례 추이 관계식
$$\frac{r_2}{s} = \frac{r_2 + R}{s'}$$
$$\left(\text{ex. } \frac{r_2}{s} = \frac{2r_2}{2s} = \frac{3r_2}{3s} \right)$$

THEME 05 원선도

1 헤일랜드 원선도

(1) 유도 전동기의 특성을 복잡한 시험을 거치지 않고 쉽게 구할 수 있도록 간이 등가 회로의 해석에 이용한 것을 헤일랜드 원선도(Heyland circle diagram)라고 한다.

(2) 원선도 작성에 필요한 시험
  ① 무부하 시험
  ② 구속 시험
  ③ 권선의 저항 측정

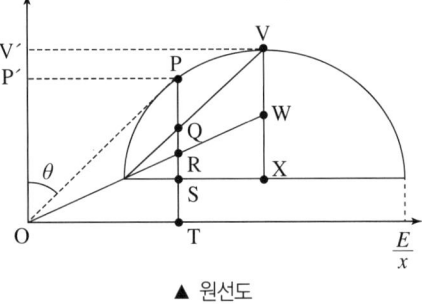

▲ 원선도

기출예제

3상 유도 전동기의 원선도 작성에 필요한 기본량이 아닌 것은?

① 저항 측정 ② 슬립 측정
③ 구속 시험 ④ 무부하 시험

| 해설 |
원선도 작성에 필요한 시험
• 무부하 시험
• 구속 시험
• 권선의 저항 측정

답 ②

2 원선도 해석

(1) 원선도의 지름은 전압 E에 비례하고 리액턴스 x에 반비례한다.

(2) 원선도 해석

2차 출력	$\overline{PQ}$	1차 입력	$\overline{PT}$
2차 동손	$\overline{QR}$	전부하 효율	$\dfrac{\overline{PQ}}{\overline{PT}}$
2차 입력	$\overline{PR}$	2차 효율	$\dfrac{\overline{PQ}}{\overline{PR}}$
1차 동손	$\overline{RS}$	슬립	$\dfrac{\overline{QR}}{\overline{PR}}$
철손	$\overline{ST}$	역률	$\dfrac{\overline{OP'}}{\overline{OP}}$

독학이 쉬워지는 기초개념

전부하 효율

$\eta = \dfrac{2\text{차 출력}}{1\text{차 입력}} = \dfrac{\overline{PQ}}{\overline{PT}}$

2차 효율

$\eta_2 = \dfrac{2\text{차 출력}}{2\text{차 입력}} = \dfrac{\overline{PQ}}{\overline{PR}}$

슬립

$s = \dfrac{2\text{차 동손}}{2\text{차 입력}} = \dfrac{\overline{QR}}{\overline{PR}}$

THEME 06 유도 전동기 기동

1 농형 유도 전동기의 기동

(1) 전전압 기동(직입 기동)
   ① 정지 상태의 전동기에 정격 전압을 가해 기동하는 방식이다.
   ② 5[kW] 이하 소용량 또는 기동 전류가 작고, 특히 소형으로 설계된 특수 농형 전동기에 적용한다.

(2) $Y-\triangle$ 기동
   ① 기동 시 1차 권선을 Y 접속으로 기동하고 정격 속도에 가까워지면 $\triangle$ 접속으로 교체 운전하는 방식이다.
   ② 기동할 때 1차 각 상의 권선에는 정격 전압의 $\frac{1}{\sqrt{3}}$ 배, 기동 전류는 직입 기동의 $\frac{1}{3}$ 배, 기동 토크도 $\frac{1}{3}$ 배로 감소한다.
   ③ 5~15[kW]급 농형 유도 전동기에 적합하다.

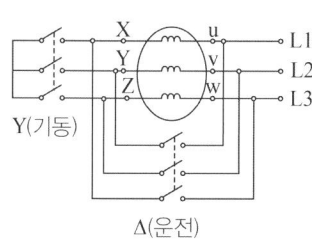

▲ $Y-\triangle$ 기동

(3) 리액터 기동
   ① 리액터를 고정자 권선에 직렬로 삽입하여 단자 전압을 저감하여 기동시키고, 일정 시간이 지난 후 리액터를 단락시킨다.
   ② 리액터의 크기는 보통 정격 전압의 50~80[%] 값을 선택한다.

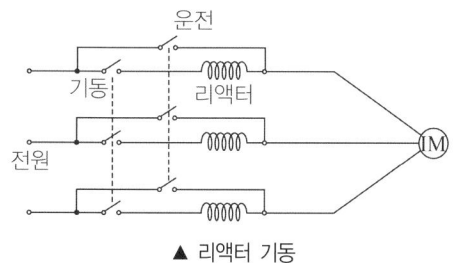

▲ 리액터 기동

독학이 쉬워지는 기초개념

Tip 강의 꿀팁

전전압 기동방식은 기동 시간이 짧아요.

농형 유도 전동기의 용량별 기동

기동	용량
전전압 기동	5[kW] 이하
$Y-\triangle$ 기동	5~15[kW]
기동 보상기에 의한 기동	15[kW] 이상

(4) 기동 보상기에 의한 기동
  ① 기동 보상기로 3상 단권 변압기를 이용하여 기동 전압을 낮추는 방식이다. (약 15[kW] 이상 전동기에 적용)
  ② 기동 전류를 약 50 ~ 80[%] 정도로 저감시킨다.

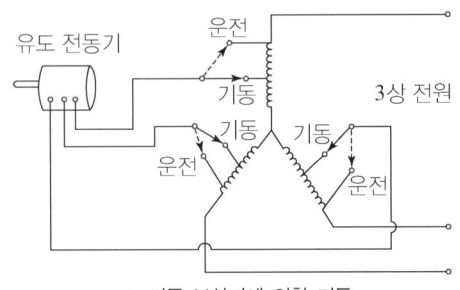

▲ 기동 보상기에 의한 기동

(5) 콘도로퍼 기동
  ① 기동 보상기에 의한 기동 방법과 리액터 기동 방법을 혼합한 방식이다.
  ② 기동 시 단권 변압기를 이용하여 기동한 후 리액터를 단락시켜 과도 전류를 억제한다.
  ③ 원활한 기동이 가능하지만 가격이 비싸다.

기출예제

유도 전동기의 기동 시 공급하는 전압을 단권 변압기에 의해서 일시 강하시켜서 기동 전류를 제한하는 기동 방법은?
  ① $Y-\triangle$ 기동
  ② 저항 기동
  ③ 직접 기동
  ④ 기동 보상기에 의한 기동

| 해설 |
- 기동 보상기로 3상 단권 변압기를 이용하여 기동 전압을 낮추는 방식이다.(약 15[kW] 이상 전동기에 적용)
- 기동 전류를 약 50[%] ~ 80[%] 정도로 저감시킨다.

답 ④

2 권선형 유도 전동기의 기동

(1) 2차 저항 기동
  ① 2차 저항 조정기를 사용하여 최대 위치에서 저항이 기동한 후 점차 저항을 줄여 정상적으로 운전하는 방식이다.
  ② 2차 저항의 변화, 즉 비례 추이를 이용하여 기동 전류는 감소, 기동 토크는 증가시킨다.

독학이 쉬워지는 기초개념

2차 저항 증가 시 기동
2차 합성 저항 증가 → 슬립 s 증가
→ 기동 토크 증가 → 기동 전류 감소
→ 속도 감소

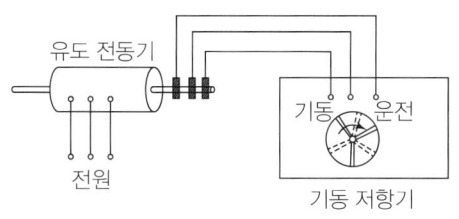

▲ 2차 저항 기동

(2) 2차 임피던스 기동
① 2차 권선(회전자 권선) 회로에 고유 저항 R과 리액터 L 또는 과포화 리액터를 병렬 접속으로 삽입하는 방식이다.
② 초기에는 슬립이 크고 회전자 회로의 주파수가 높아 리액턴스가 커지고 대부분의 전류는 저항으로 흘러 2차 저항 상태로 기동한다.
③ 속도가 상승하면서 슬립 감소로 2차 주파수가 낮아져 리액턴스는 단락 상태가 되어 2차 전류는 리액터 쪽으로 흐른다.

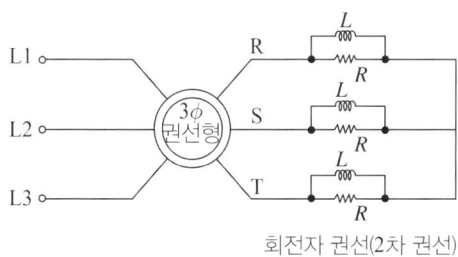

▲ 2차 임피던스 기동

THEME 07 유도 전동기 속도 제어

1 유도 전동기의 속도 제어

(1) 유도 전동기의 속도

$$N = \frac{120f}{p}(1-s)\,[\text{rpm}]$$

(2) 속도 N을 제어하기 위한 방법
① 주파수(f) 제어
② 극수(p) 제어: 극수 변환, 종속법
③ 슬립(s) 제어: 2차 저항 제어, 2차 여자 제어, 1차(전원) 전압 제어

2 농형 유도 전동기의 속도 제어

(1) 주파수 제어
① 공급전원에 주파수를 변화시켜 동기 속도를 바꾸는 방법으로 인버터 시스템을 이용하여 주파수 $f[\text{Hz}]$를 변환시켜 속도를 제어한다.
② 포트모터, 선박 추진용 모터 등에 사용한다.

동기속도

$N_s = \dfrac{120f}{p}[\text{rpm}]$

> **독학이 쉬워지는 기초개념**

③ 자속을 일정하게 유지하기 위해 전압과 주파수를 비례하게 가변시킨다.(VVVF 제어)

(2) 극수 변환
① 연속적인 속도 제어가 아닌 승강기와 같은 단계적인 속도 제어에 사용한다.
② 운전 중에 제어가 불가능하다.
③ 비교적 효율이 좋다.

(3) 전압 제어
① 유도 전동기의 토크가 전압의 제곱에 비례하는 성질을 이용한 제어 방법이다.
② 선풍기 등에 사용한다.

3 권선형 유도 전동기의 속도 제어

(1) 2차 저항 제어
2차 외부 저항을 이용한 비례 추이를 응용한 방법이다.
① 장점
 ㉠ 기동용 저항기를 겸한다.
 ㉡ 구조가 간단하여 제어 조작이 용이하고 내구성이 좋다.
② 단점

> 2차 효율 $\eta_2 = \dfrac{P_o}{P_2} = 1 - s$

 ㉠ 속도 변화의 비율과 같은 비율의 효율을 회생하므로 운전 효율이 나쁘다.
 ㉡ 부하에 대한 속도 변동이 크다.
 ㉢ 부하가 적을 때는 광범위한 속도 조정이 어렵다.
 ㉣ 제어용 저항기는 장시간 운전해도 과열되지 않을 만큼의 충분한 크기가 필요하므로 가격이 비싸다.

(2) 2차 여자 제어
외부에서 슬립 주파수 전압(E_c)을 권선형 회전자 슬립링에 가해 속도를 제어하는 방법이다.

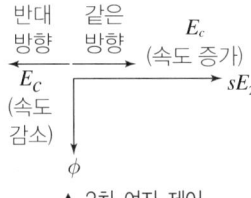

▲ 2차 여자 제어

① 특성
 ㉠ sE_2와 E_c가 동일한 방향인 경우: 속도 상승(증가)
 ㉡ sE_2와 E_c가 반대방향인 경우: 속도 감소
 ㉢ $sE_2 = E_c$(동일 방향): 동기 속도(N_s)
 ㉣ $sE_2 < E_c$(동일 방향): 동기 속도 이상(발전기 동작)
② 2차 여자 제어의 종류
 ㉠ 세르비우스 방식: 2차 저항 손실에 해당하는 전력을 전원에 반송하는 방식
 ㉡ 크레머 방식: 2차 전력을 동력으로 하여 주전동기에 가하는 방식

(3) 종속법

극수가 다른 2대의 권선형 유도 전동기를 서로 종속시켜 극수를 변화하여 속도를 제어하는 방식이다.

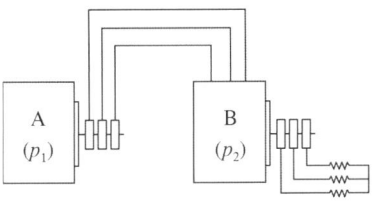

▲ 종속법

① 직렬 종속: $N = \dfrac{120f}{p_1 + p_2}[\text{rpm}]$

② 차동 종속: $N = \dfrac{120f}{p_1 - p_2}[\text{rpm}]$

③ 병렬 종속: $N = \dfrac{120f}{p_1 + p_2} \times 2[\text{rpm}]$

기출예제

유도 전동기의 회전자에 슬립 주파수의 전압을 공급하여 속도를 제어하는 방법은?

① 2차 저항법　　② 2차 여자법
③ 직류 여자법　　④ 주파수 변환법

| 해설 |
2차 여자 제어
외부에서 슬립 주파수 전압(E_c)을 권선형 회전자 슬립 링에 가해 속도를 제어하는 방법이다.

답 ②

THEME 08 유도 전동기 제동과 이상 현상

1 유도 전동기의 제동

(1) 발전 제동(직류 제동)

제동 시 전원으로부터 분리한 후 직류 전원을 연결하면 계자에 고정자속이 생기고 회전자에 교류 기전력이 발생하며 제동하는 방법이다.

(2) 회생 제동

제동 시 전원에 연결시킨 상태로 외력에 의해 동기 속도 이상으로 회전시키면 유도 발전기가 되어 발생된 전력을 전원으로 반환하면서 제동하는 방법이다.

(3) 역상 제동(플러깅)

운전 중인 유도 전동기에 3선 중 2선의 접속을 바꾸어 역회전 토크를 발생시켜 전동기를 급제동하는 방법이다.

> **Tip 강의 꿀팁**
> 전동기 제동은 직류 전동기와, 유도 전동기를 구분하지 않고 공통으로 사용해요.

독학이 쉬워지는 기초개념

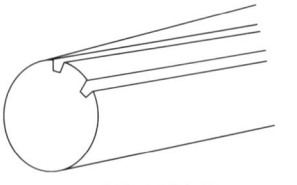

▲ 스큐 슬롯의 구조

2 유도 전동기의 이상현상

(1) 크로우링(Crawling) 현상
  ① 정의: 농형 유도 전동기에서 발생하는 현상으로, 정격 속도보다 낮은 속도에서 안정되어 속도가 더 이상 상승하지 않는 현상이다.
  ② 원인
    ㉠ 공극이 불균일할 때
    ㉡ 고조파가 전동기에 유입될 때
  ③ 방지 대책
    ㉠ 공극을 균일하게 한다.
    ㉡ 스큐 슬롯(사구)을 채용한다.

(2) 게르게스 현상
  ① 정의: 권선형 유도 전동기에서 무부하 또는 경부하 운전 시 2차 측 3상 권선 중 1상이 결상되어도 전동기가 소손되지 않고 슬립이 50[%] 근처에서(정격 속도의 $\frac{1}{2}$배) 운전되며 더 이상 가속되지 않는 현상이다.
  ② 원인: 3상 권선형 전동기의 단상 운전으로 인해 발생한다.
  ③ 방지 대책: 결상 운전을 방지한다.

(3) 고조파에 의한 회전 자계 방향과 속도 변동

구분	기본파와 같은 방향	기본파와 반대 방향	회전 자계 없음
고조파 h	$h=2mn+1$ (7, 13, …)	$h=2mn-1$ (5, 11, …)	$h=3n$ (3, 6, 9, …)
속도	$\frac{1}{h}$배 속도로 회전	$\frac{1}{h}$배 속도로 회전	-

(단, $m=3$(상수), $n=1, 2, 3, …$)

기출예제

중요도
3상 권선형 유도 전동기의 2차 회로의 한상이 단선된 경우에 부하가 약간 커지면 슬립이 50[%]인 곳에서 운전이 되는 것을 무엇이라고 하는가?
① 차동기 운전 ② 자기여자
③ 게르게스 현상 ④ 난조

| 해설 |
게르게스 현상
권선형 유도 전동기에서 무부하 또는 경부하 운전 중 2차 측 3상 권선 중 1상이 결상되어도 전동기가 소손되지 않고 슬립이 50[%] 근처에서(정격 속도의 $\frac{1}{2}$배) 운전되며 그 이상 가속되지 않는 현상이다.

답 ③

THEME 09 특수 유도기

1 2중 농형 유도 전동기

(1) 구조
회전자의 농형 권선을 이중으로 설치한 전동기이다.

(2) 도체
① 회전자 외측: 저항이 크고 리액턴스가 작은 도체를 사용한다.(단면적이 작음)
② 회전자 내측: 저항이 작고 리액턴스가 큰 도체를 사용한다.(단면적이 큼)

(3) 운전 특성
① 기동 시: 외측 도체에 전류가 흐름(큰 기동토크를 얻음)
② 운전 시: 내측 도체에 전류가 흐름

▲ 2중 슬롯 구조

2 심구형 농형 유도 전동기

(1) 구조
2차 도체의 회전자의 반경 길이가 그 두께에 비해 대단히 큰 면적으로 되어 있는 전동기이다.

(2) 운전 특성
① 기동 시
  ㉠ 도체 표면으로만 전류가 흘러 도선의 저항이 높아진다.
  ㉡ 높은 저항에서 기동되므로 전류 제한이 가능하다.
② 운전 시
  ㉠ 도체에 균일하게 전류가 흘러 도선의 저항이 낮아진다.
  ㉡ 정상 운전 시 저항이 작은 상태로 운전이 가능하다.

(3) 특징
① 2중 농형에 비하여 냉각 효과가 크다.
② 2중 농형에 비해 기동 특성은 감소하지만, 운전특성은 우수하다.

▲ 심구형 슬롯 구조

3 유도 발전기

(1) 회전자의 회전 방향과 같은 방향으로 동기 속도 이상($N > N_s$)으로 회전시킬 경우 슬립 $s < 0$이 되고, 회전 자속을 반대방향으로 자르게 되어 발전기로 동작하게 된다.

(2) 유도 발전기의 특징

장점	단점
• 경제적이다. • 기동과 취급이 간단하고 고장이 적다. • 동기 발전기와 같이 동기화할 필요가 없다. • 난조 등의 이상현상이 없다. • 동기기에 비해 단락 전류가 적고 지속 시간이 짧다.	• 효율과 역률이 낮다. • 병렬로 운전되는 동기기에서 여자 전류를 취해야 한다.

독학이 쉬워지는 기초개념

기출예제

중요도
■ 유도 발전기의 특징으로 옳지 않은 것은?
① 농형 회전자를 사용할 수 있으므로 구조가 간단하고 가격이 싸다.
② 선로에 단락이 생기면 여자가 없어지므로 동기 발전기에 비해 단락 전류가 적다.
③ 공극이 크고 역률이 동기기에 비해 좋다.
④ 유도 발전기는 여자기로서 동기 발전기가 필요하다.

| 해설 |
유도 발전기의 특징

장점	단점
• 경제적이다. • 기동과 취급이 간단하고 고장이 적다. • 동기 발전기와 같이 동기화할 필요가 없다. • 난조 등의 이상현상이 없다. • 동기기에 비해 단락 전류가 적고 지속 시간이 짧다.	• 효율과 역률이 낮다. • 병렬로 운전되는 동기기에서 여자 전류를 취해야 한다.

답 ③

THEME 10 단상 유도 전동기

1 단상 유도 전동기의 구조

① 단상 유도 전동기의 구조는 3상 유도 전동기의 구조와 비슷하다.
② 고정자는 단상 권선을 사용하고, 회전자는 농형회전자를 사용한다.

2 단상 유도 전동기의 특징

① 기동 시($s=1$) 기동 토크가 없으므로 기동장치가 필요하다.
② 슬립이 0이 되기 전에 토크가 0이 된다. 즉, 슬립이 0이 되는 경우 부($-$) 토크가 발생한다.
③ 2차 저항 증가 시 최대 토크가 감소하며, 비례 추이할 수 없다.

3 단상 유도 전동기의 종류

(1) 반발 기동형
① 기동 시 회전자 권선을 브러시로 단락시켜 생기는 반발력으로 기동하는 방식이다.
② 기동 토크가 가장 크다.
③ 브러시 이동만으로 기동, 역전 및 속도 제어를 할 수 있다.

(2) 반발 유도형
① 반발 기동형보다 기동 토크는 작지만 최대 토크가 크다.
② 부하에 의한 속도 변화가 반발 기동형보다 크다.

Tip 강의 꿀팁
단상 유도 전동기는 인가 전압이 단상이므로 교번 자계에 의해 회전하게 돼요.

단상 유도 전동기의 기동 토크가 큰 순서
반발 기동형 > 반발 유도형 > 콘덴서 기동형 > 분상 기동형 > 셰이딩 코일형

(3) 콘덴서 기동형
① 기동 권선에 콘덴서를 설치하여 기동 권선이 전기자 권선에 비해 90° 진상 전류가 흐르도록 기동하는 방식이다.
② 기동 토크는 크고 기동 전류는 작다.
③ 역률과 효율이 좋으며 토크의 맥동은 작다.

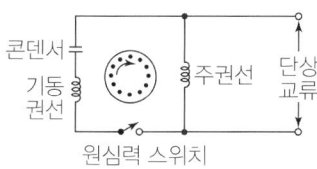

▲ 콘덴서 기동형

(4) 분상 기동형
① 별도로 기동 권선을 설치하여 기동 시 전류를 기동 권선에 흘려 기동 토크를 얻는 방식이다.
② 기동 토크는 보통이다.
③ 기동이 끝난 후 원심력 스위치가 작동하여 기동 권선이 개방된다.
  • 기동 권선: R은 크게, X는 작게(동상 전류가 되도록)
  • 운전 권선: R은 작게, X는 크게(지상 전류가 되도록)

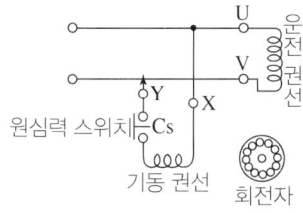

▲ 분상 기동형

(5) 셰이딩 코일형
① 자극 일부에 셰이딩 코일을 삽입하여 기동하는 방식이다.
② 구조는 간단하지만, 기동 토크가 작다.
③ 역률과 효율이 떨어지며 회전 방향을 바꿀 수 없다.

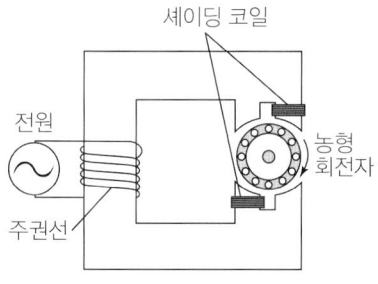

▲ 셰이딩 코일형

> **강의 꿀팁**
> 셰이딩 코일형은 기동 권선이 고정식이므로 회전 방향을 바꿀 수 없어요.

독학이 쉬워지는 기초개념

기출예제

단상 유도 전동기의 기동 시 브러시를 필요로 하는 것은?
① 분상 기동형
② 반발 기동형
③ 콘덴서 분상 기동형
④ 셰이딩 코일 기동형

| 해설 |
반발 기동형 전동기의 회전자
• 기동 시 반발 전동기로 동작시키고 일정 속도에 이르면 유도 전동기로 동작하는 전동기이다.
• 브러시 이동만으로 기동, 정지, 속도 제어, 회전 방향 변경 등이 가능한 장점이 있다.

답 ②

THEME 11 유도 전압 조정기

1 단상 유도 전압 조정기

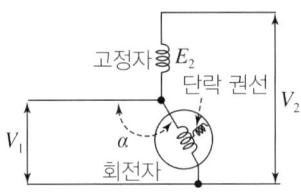

▲ 단상 유도 전압 조정기

(1) 단권 변압기의 원리를 이용하며 회전자 위상각 조정으로 전압 조정이 자연스럽게 이루어진다.
(2) 전압 조정 범위
$V_2 = V_1 + E_2 \cos\alpha\,[\text{V}]\,(\alpha = 0 \sim 180°)$
(3) 정격(조정) 용량
$P = E_2 I_2\,[\text{VA}]$, 부하 출력: $P_L = V_2 I_2\,[\text{VA}]$
(4) 특징
① 교번 자계의 전자 유도를 이용한다.
② 입력 전압과 출력 전압의 위상차가 없다.
③ 단락 권선은 2차 측의 누설 리액턴스에 의한 전압 강하를 감소시킨다.

2 3상 유도 전압 조정기

(1) 3상 유도 전동기의 회전 자계를 이용한다.
(2) 전압 조정 범위
$V_2 = \sqrt{3}\,(V_1 \pm E_2)\,[\text{V}]$
(3) 정격(조정) 용량
$P = \sqrt{3}\,E_2 I_2\,[\text{VA}]$, 부하 출력: $P_L = \sqrt{3}\,V_2 I_2\,[\text{VA}]$

(4) 특징
① 입력 전압과 출력 전압의 위상차가 있다.
② 단락 권선이 필요하지 않다.

기출예제

3상 유도 전압 조정기의 특징이 아닌 것은?

① 분로 권선에 회전자계가 발생한다.
② 입력 전압과 출력 전압의 위상이 같다.
③ 두 권선은 2극 또는 4극으로 감는다.
④ 1차 권선은 회전자에 감고 2차 권선은 고정자에 감는다.

| 해설 |
3상 유도 전압 조정기
- 3상 유도 전동기의 회전 자계를 이용한 것
- 전압 조정 범위: $V_2 = \sqrt{3}(V_1 \pm E_2)[\text{V}]$
- 정격(조정) 용량: $P = \sqrt{3} E_2 I_2 [\text{VA}]$
- 부하 출력: $P_L = \sqrt{3} V_2 I_2 [\text{VA}]$
- 특징
  - 입력 전압과 출력 전압의 위상차가 있다.
  - 단락 권선이 필요 없다.

답 ②

독학이 쉬워지는 기초개념

CHAPTER 05 CBT 적중문제

01
유도 전동기의 동작 원리로 옳은 것은?

① 전자 유도와 플레밍의 왼손 법칙
② 전자 유도와 플레밍의 오른손 법칙
③ 정전 유도와 플레밍의 왼손 법칙
④ 정전 유도와 플레밍의 오른손 법칙

해설 유도 전동기의 동작 원리
- 전자 유도 법칙(기전력 발생)
- 플레밍의 왼손 법칙(자계 회전)

02
주파수 $50[Hz]$, 슬립 0.2, 회전자 속도가 $600[rpm]$일 때 3상 유도 전동기의 극수는?

① 4
② 8
③ 12
④ 16

해설
- 동기 속도
$$N_s = \frac{N}{1-s} = \frac{600}{1-0.2} = 750[rpm]$$
- 극수
$$p = \frac{120f}{N_s} = \frac{120 \times 50}{750} = 8[극]$$

03
3상 유도 전동기의 슬립이 $s<0$인 경우 이에 대한 설명으로 옳지 않은 것은?

① 동기 속도 이상이다.
② 유도 발전기로 사용된다.
③ 유도 전동기 단독 동작이 가능하다.
④ 속도를 증가시키면 출력이 증가한다.

해설 유도 전동기의 슬립이 $s<0$인 경우의 특성
- $s = \frac{N_s - N}{N_s}$ 에서 $N_s < N$인 경우 $s<0(-)$ 값이 된다.
- 회전 속도(N)가 동기 속도(N_s) 이상으로 올라간다.
- 회전자 속도(N)가 회전 자계 속도(N_s)보다 빠르게 회전하여 전동기가 유도 발전기로 동작한다.
- 실제 회전 속도가 빨라져 출력이 증가한다.
- 유도 발전기는 단독 동작이 어려우며, 병렬 연결된 동기기에서 여자 전류를 취한다.

04
유도 전동기의 슬립을 측정하려고 할 때 슬립의 측정법이 아닌 것은?

① 동력계법
② 수화기법
③ 직류 밀리볼트계법
④ 스트로보스코프법

해설 슬립 측정 방법
- 직류 밀리볼트계법
- 수화기법
- 스트로보스코프법

동력계법은 토크 측정 방법이다.

| 정답 | 01 ① 02 ② 03 ③ 04 ①

05

3상, $60[\text{Hz}]$ 전원에 의해 여자되는 6극 권선형 유도 전동기가 있다. 이 전동기가 $1{,}150[\text{rpm}]$으로 회전할 때 회전자 전류의 주파수는 약 몇 $[\text{Hz}]$인가?

① 1
② 1.5
③ 2
④ 2.5

해설

- 회전 자계 속도
  $N_s = \dfrac{120f}{p} = \dfrac{120 \times 60}{6} = 1{,}200[\text{rpm}]$
- 슬립
  $s = \dfrac{N_s - N}{N_s} = \dfrac{1{,}200 - 1{,}150}{1{,}200} = 0.0417$
- 회전자(2차) 주파수
  $f_{2s} = sf_1 = 0.0417 \times 60 = 2.5[\text{Hz}]$

06

4극, $60[\text{Hz}]$ 3상 유도 전동기가 있다. 회전자도 3상이고 회전자가 정지할 때 2차 1상 간의 전압은 $200[\text{V}]$이다. 이 전동기를 정상 상태에서 $1{,}760[\text{rpm}]$으로 회전시킬 때 2차 전압은 몇 $[\text{V}]$인가?

① 4
② 15
③ 26
④ 34

해설

- 회전 자계 속도
  $N_s = \dfrac{120f}{p} = \dfrac{120 \times 60}{4} = 1{,}800[\text{rpm}]$
- 슬립
  $s = \dfrac{N_s - N}{N_s} = \dfrac{1{,}800 - 1{,}760}{1{,}800} = 0.02$
- 2차 전압
  $E_{2s} = sE_2 = 0.02 \times 200 = 4[\text{V}]$

07

3상 유도 전동기에서 회전자가 슬립 s로 회전하고 있을 때 2차 유기 전압 E_{2s} 및 2차 주파수 f_{2s}와 s의 관계는?(단, E_2는 회전자가 정지하고 있을 때의 2차 유기 기전력이며, f_1은 1차 주파수이다.)

① $E_{2s} = sE_2,\ f_{2s} = sf_1$
② $E_{2s} = sE_2,\ f_{2s} = \dfrac{f_1}{s}$
③ $E_{2s} = \dfrac{E_2}{s},\ f_{2s} = \dfrac{f_1}{s}$
④ $E_{2s} = (1-s)E_2,\ f_{2s} = (1-s)f_1$

해설

- 회전 시 2차 유기 기전력
  $E_{2s} = sE_2[\text{V}]$
- 회전 시 2차 주파수
  $f_{2s} = sf_1[\text{Hz}]$

08

3상 유도 전동기의 2차 입력이 P_2, 슬립이 s일 때 2차 동손 P_{c2}은?

① $\dfrac{P_2}{s}$
② sP_2
③ $s^2 P_2$
④ $(1-s)P_2$

해설 유도 전동기의 입·출력 특성

- $P_2 : P_{c2} : P_o = 1 : s : (1-s)$
- 2차 동손: $P_{c2} = sP_2$
- 출력: $P_o = (1-s)P_2$

09

유도 전동기의 2차 동손을 P_c, 2차 입력을 P_2, 슬립을 s라고 할 때 그 관계는?

① $s = \dfrac{P_c}{P_2}$ ② $s = \dfrac{P_2}{P_c}$

③ $s = P_2 \cdot P_c$ ④ $s = P_2 + P_c$

해설

- 슬립 $s = \dfrac{2\text{차 동손}}{2\text{차 입력}} = \dfrac{P_{c2}}{P_2}$
- 문제에서 2차 동손은 P_c라 하였으므로 $P_{c2} = P_c$

  따라서 슬립 $s = \dfrac{P_c}{P_2}$

11

8극, $60[\text{Hz}]$, 3상 권선형 유도 전동기의 전부하 시 2차 주파수가 $3[\text{Hz}]$, 2차 동손이 $500[\text{W}]$일 때 발생하는 토크는 약 몇 $[\text{kg} \cdot \text{m}]$인가?(단, 기계손은 무시한다.)

① 10.4 ② 10.8
③ 11.1 ④ 12.5

해설

- 회전 자계 속도
  $N_s = \dfrac{120f}{p} = \dfrac{120 \times 60}{8} = 900[\text{rpm}]$
- 슬립
  $s = \dfrac{f_{2s}}{f_1} = \dfrac{3}{60} = 0.05$
- 2차 입력
  $P_2 = \dfrac{P_{c2}}{s} = \dfrac{500}{0.05} = 10[\text{kW}]$
- 토크
  $T = 0.975\dfrac{P_2}{N_s} = 0.975 \times \dfrac{10,000}{900} = 10.8[\text{kg} \cdot \text{m}]$

10

슬립이 $6[\%]$인 유도 전동기의 2차 측 효율$[\%]$은?

① 94 ② 84
③ 90 ④ 88

해설

2차 효율
$\eta = \dfrac{P_o}{P_2} \times 100[\%] = \dfrac{(1-s)P_2}{P_2} \times 100[\%]$
$= (1-s) \times 100 = (1-0.06) \times 100 = 94[\%]$

12

3상 유도 전동기에서 회전력과 단자 전압의 관계는?

① 단자 전압과 무관하다.
② 단자 전압에 비례한다.
③ 단자 전압의 제곱에 비례한다.
④ 단자 전압의 제곱에 반비례한다.

해설

유도 전동기의 토크는 전압의 제곱에 비례하는 특성이 있다.
$T \propto V^2$

13

6극, $220[\text{V}]$의 3상 유도 전동기가 있다. 정격 전압을 가해 기동시킬 때 기동 토크는 전부하 토크의 $220[\%]$이다. 기동 토크를 전부하 토크의 1.5배로 하려면 기동 전압[V]을 약 얼마로 해야 하는가?

① 163
② 182
③ 200
④ 220

해설

유도 전동기의 토크 특성은 $T \propto V^2$이므로
기동 전압 $V' = V \times \sqrt{\dfrac{T'}{T}} = 220 \times \sqrt{\dfrac{1.5}{2.2}} = 181.65[\text{V}]$

14

3상 농형 유도 전동기를 전전압으로 기동할 때의 토크는 전부하 시의 $\dfrac{1}{\sqrt{2}}$ 배이다. 기동 보상기로 전전압의 $\dfrac{1}{\sqrt{3}}$ 로 기동하면 토크는 전부하 토크의 몇 배가 되는가?(단, 주파수는 일정하다.)

① $\dfrac{\sqrt{3}}{2}$
② $\dfrac{1}{\sqrt{3}}$
③ $\dfrac{\sqrt{2}}{3}$
④ $\dfrac{1}{3\sqrt{2}}$

해설

유도 전동기의 토크 특성은 $T \propto V^2$이므로
전부하 토크를 T라 하면
- 전전압 기동 토크
 $T_1 = \dfrac{1}{\sqrt{2}} T$
- 기동 보상기 기동 토크

$T_s = T_1 \times \left(\dfrac{V'}{V_1}\right)^2 = T_1 \times \left(\dfrac{\frac{1}{\sqrt{3}} V_1}{V_1}\right)^2$
$= \dfrac{1}{\sqrt{2}} T \times \left(\dfrac{1}{\sqrt{3}}\right)^2 = \dfrac{1}{3\sqrt{2}} T$

15

유도 전동기의 회전력 발생 요소 중 제곱에 비례하는 요소는?

① 슬립
② 2차 권선 저항
③ 2차 임피던스
④ 2차 기전력

해설 유도 전동기의 토크

$T = K \dfrac{s E_2^2 r_2}{r_2^2 + (s x_2)^2} [\text{kg} \cdot \text{m}]$

위의 식에서 토크(T)는 2차 기전력(E_2)의 제곱에 비례한다.

16

3상 유도 전동기에서 2차 측 저항을 2배로 늘리면 그 최대 토크는?

① 3배로 커진다.
② $\sqrt{2}$ 배로 커진다.
③ 2배로 커진다.
④ 변하지 않는다.

해설

3상 유도 전동기의 최대 토크 $T_m = k \dfrac{E_2^2}{2 x_2} [\text{N} \cdot \text{m}]$

최대 토크(T_m)는 2차 저항(r_2) 및 슬립(s)과 관계없이 일정하다.

17
유도 전동기의 최대 토크를 발생시키는 슬립을 s_t, 최대 출력을 발생시키는 슬립을 s_p라고 할 때 대소 관계는?

① $s_p = s_t$
② $s_p > s_t$
③ $s_p < s_t$
④ 일정하지 않다.

해설
- 최대 토크 발생 슬립
$$s_t = \frac{r_2'}{\sqrt{r_1^2 + (x_1 + x_2')^2}}$$
- 최대 출력 발생 슬립
$$s_p = \frac{r_2'}{r_2' + \sqrt{(r_1 + r_2')^2 + (x_1 + x_2')^2}}$$
- 각 슬립의 분모항을 비교하면 다음과 같다.
$$\sqrt{r_1^2 + (x_1 + x_2')^2} < r_2' + \sqrt{(r_1 + r_2')^2 + (x_1 + x_2')^2}$$
따라서 $s_p < s_t$를 만족한다.

18
다음 중 비례 추이와 관련 있는 전동기는?

① 동기 전동기
② 정류자 전동기
③ 3상 농형 유도 전동기
④ 3상 권선형 유도 전동기

해설 비례 추이
3상 권선형 유도 전동기는 비례 추이를 할 수 있다.

19
권선형 유도 전동기에서 비례 추이를 할 수 없는 것은?

① 회전력
② 1차 전류
③ 2차 전류
④ 출력

해설

구분	요소	
비례 추이 가능한 것	• 토크 T • 2차 전류 I_2 • 1차 입력 P_1	• 1차 전류 I_1 • 역률 $\cos\theta$
비례 추이 불가능한 것	• 출력 P_o • 2차 동손 P_{c2}	• 2차 효율 η_2 • 최대 토크 T_m

20
6극 $60[\text{Hz}]$의 3상 권선형 유도 전동기가 $1,140[\text{rpm}]$의 정격 속도로 회전할 때 1차 측 단자를 전환해 상회전 방향을 반대로 바꾸어 역전 제동하는 경우, 제동 토크를 전부하 토크와 같게 하기 위한 2차 삽입 저항 $R[\Omega]$은?(단, 회전자 1상의 저항은 $0.005[\Omega]$, Y 결선이다.)

① 0.19
② 0.27
③ 0.38
④ 0.5

해설
- 회전 자계의 속도
$$N_s = \frac{120f}{p} = \frac{120 \times 60}{6} = 1,200[\text{rpm}]$$
- 정격 속도로 회전할 때의 슬립
$$s = \frac{N_s - N}{N_s} = \frac{1,200 - 1,140}{1,200} = 0.05$$
- 회전 방향이 바뀔 때의 슬립
$$s' = \frac{N_s + N}{N_s} = \frac{1,200 + 1,140}{1,200} = 1.95$$
- 2차에 삽입되는 저항 R
$$\frac{r_2}{s} = \frac{r_2 + R}{s'} \rightarrow R = \frac{r_2}{s} \times s' - r_2 = r_2\left(\frac{s'}{s} - 1\right)$$
$$\therefore R = 0.005 \times \left(\frac{1.95}{0.05} - 1\right) = 0.19[\Omega]$$

21

4극, 60[Hz], 3상 권선형 유도 전동기에서 전부하 회전수가 1,600[rpm]이다. 같은 토크로 회전수를 1,200[rpm]으로 하려면 2차 회로에 몇 [Ω]의 저항을 삽입해야 하는가?(단, 2차 회로는 Y 결선이고 각 상의 저항은 $r_2[\Omega]$이다.)

① r_2
② $2r_2$
③ $3r_2$
④ $4r_2$

해설

- 회전 자계의 속도

$$N_s = \frac{120f}{p} = \frac{120 \times 60}{4} = 1,800[\text{rpm}]$$

- 전부하 시 슬립

$$s = \frac{N_s - N_1}{N_s} = \frac{1,800 - 1,600}{1,800} = 0.11$$

- 회전수를 낮출 때의 슬립

$$s' = \frac{N_s - N_2}{N_s} = \frac{1,800 - 1,200}{1,800} = 0.33$$

- 2차에 삽입되는 저항 R

$$\frac{r_2}{s} = \frac{r_2 + R}{s'} \rightarrow R = \frac{r_2}{s} \times s' - r_2 = r_2\left(\frac{s'}{s} - 1\right)$$

$$\therefore R = r_2\left(\frac{0.33}{0.11} - 1\right) = 2r_2[\Omega]$$

22

다음의 설명에서 빈칸에 알맞은 말은?

> 권선형 유도 전동기에서 2차 저항을 증가시키면 기동 전류는 (㉠)하고 기동 토크는 (㉡)하며 2차 회로의 역률이 (㉢)되고 최대 토크는 일정하다.

① ㉠ 감소, ㉡ 증가, ㉢ 좋아지게
② ㉠ 감소, ㉡ 감소, ㉢ 좋아지게
③ ㉠ 감소, ㉡ 증가, ㉢ 나빠지게
④ ㉠ 증가, ㉡ 감소, ㉢ 나빠지게

해설

권선형 유도 전동기에서 2차 저항을 증가시키면 기동 전류는 감소하고 기동 토크는 증가한다. 또한 2차 회로의 역률이 개선되고 최대 토크는 일정하다.

23

3상 유도 전동기의 원선도 작성 시 필요하지 않은 시험은?

① 저항 측정 시험
② 무부하 시험
③ 구속 시험
④ 슬립 측정 시험

해설 원선도 작성 시 필요한 시험

- 저항 측정 시험
- 무부하 시험
- 구속 시험

24

유도 전동기의 원선도에서 원의 지름은?(단, E는 1차 전압, r은 1차 환산 저항, x는 1차 환산 누설 리액턴스라고 한다.)

① rE에 비례
② $\frac{r}{E}$에 비례
③ $\frac{E}{r}$에 비례
④ $\frac{E}{x}$에 비례

해설 원선도의 특성

- 원선도의 지름: $\frac{E}{x}$에 비례
- 역률: $\cos\theta = \frac{\overline{OP'}}{\overline{OP}}$
- 2차 효율: $\eta_2 = \frac{\overline{PQ}}{\overline{PR}}$

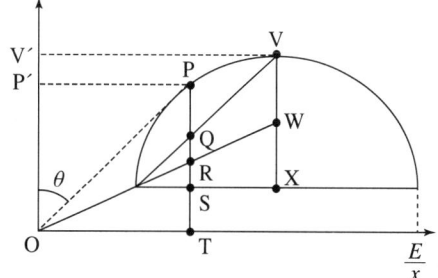

25
다음 3상 유도 전동기의 원선도에서 역률[%]을 표시하는 것은?

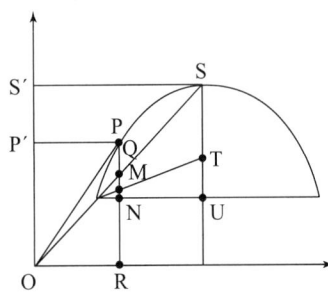

① $\dfrac{\overline{OS'}}{\overline{OS}} \times 100$
② $\dfrac{\overline{SS'}}{\overline{OS}} \times 100$
③ $\dfrac{\overline{OP'}}{\overline{OP}} \times 100$
④ $\dfrac{\overline{OS}}{\overline{OP}} \times 100$

해설 주어진 원선도에서 구할 수 있는 것
- $\overline{NR}$: 철손
- $\overline{MN}$: 1차 동손
- $\overline{QM}$: 2차 동손
- $\overline{PQ}$: 2차 출력
- $\overline{PM}$: 동기 와트(2차 입력)
- $\eta_2 = \dfrac{\overline{PQ}}{\overline{PM}}$: 2차 효율
- $s = \dfrac{\overline{QM}}{\overline{PM}}$: 슬립
- $\cos\theta = \dfrac{\overline{OP'}}{\overline{OP}}$: 역률

26
전전압 기동 용량이 $50[\text{kVA}]$인 3상 유도 전동기를 $Y-\Delta$로 기동하는 경우 기동 용량은 약 몇 $[\text{kVA}]$인가?

① 17
② 25
③ 47
④ 53

해설
- $Y-\Delta$ 운전 시 기동 전류는 직입(전전압) 기동의 $\dfrac{1}{3}$배이다.
- 기동 용량 P는 기동 전류 I에 비례하므로
  기동 용량 $P = 50 \times \dfrac{1}{3} = 16.67[\text{kVA}]$

27
권선형 유도 전동기의 기동법에 대한 설명으로 옳지 않은 것은?

① 기동 시 2차 회로의 저항을 크게 하면 큰 토크를 얻을 수 있다.
② 기동 시 2차 회로의 저항을 크게 하면 기동 전류를 억제할 수 있다.
③ 2차 권선 저항을 크게 하면 속도 상승에 따라 외부 저항이 증가한다.
④ 2차 권선 저항을 크게 하면 운전 상태의 특성이 나빠진다.

해설 2차 저항 기동
- 비례 추이의 원리 이용
- 최대 토크는 불변, 최대 토크의 발생 슬립은 변화
- 2차 합성 저항 증가 → 슬립 s 증가 → 기동 토크 증가 → 기동 전류 감소 → 속도 감소

28
농형 유도 전동기에 주로 사용되는 속도 제어법은?

① 극수 제어법
② 2차 여자 제어법
③ 2차 저항 제어법
④ 종속 제어법

해설 농형 유도 전동기의 속도 제어
- 주파수 제어
- 극수 변환(극수 제어)
- 전압 제어

29
3상 유도 전동기의 속도 제어법이 아닌 것은?

① 1차 주파수 제어
② 2차 저항 제어
③ 극수 변환법
④ 1차 여자 제어

해설
- 농형 유도 전동기 속도 제어
  - 주파수 제어
  - 극수 변환
  - 전압 제어
- 권선형 유도 전동기 속도 제어
  - 2차 저항 제어
  - 2차 여자 제어

30
권선형 유도 전동기의 저항 제어법의 장점은?

① 부하에 대한 속도 변동이 크다.
② 구조가 간단하며 제어 조작이 쉽다.
③ 역률이 우수하고 운전 효율이 양호하다.
④ 전부하로 장시간 운전해도 온도 상승이 적다.

해설 2차 저항 제어의 장점
- 기동용 저항기를 겸한다.
- 구조가 간단하여 제어 조작이 용이하고 내구성이 좋다.

31
2차 여자에 의한 권선형 3상 유도 전동기의 속도 제어에서 2차 유기 전압의 반대방향으로 슬립 주파수 전압 E_c를 크게 하면 속도는?

① 속도가 증가한다.
② 속도가 감소한다.
③ 속도 변화가 없다.
④ 속도는 증가하지만 역률은 떨어진다.

해설 2차 여자 제어
- 슬립 주파수 전압을 2차 유기 전압과 같은 방향으로 인가하면 유도 전동기 속도는 빨라진다.
- 슬립 주파수 전압을 2차 유기 전압의 반대방향으로 인가하면 유도 전동기 속도는 느려진다.

32
권선형 유도 전동기의 2차 여자법 중 2차 단자에서 나오는 전력을 동력으로 바꿔서 직류 전동기에 가하는 방식은?

① 회생 방식
② 크레머 방식
③ 플러깅 방식
④ 세르비우스 방식

해설 2차 여자 제어의 종류
- 세르비우스 방식: 2차 저항 손실에 해당하는 전력을 전원에 반송하는 방식
- 크레머 방식: 2차 전력을 동력으로 하여 주전동기에 가하는 방식

33
권선형 유도 전동기 2대를 직렬 종속으로 운전하는 경우, 그 동기 속도는 어떤 전동기 속도와 같은가?

① 두 전동기 중 적은 극수의 전동기
② 두 전동기 중 많은 극수의 전동기
③ 두 전동기 극수의 합과 같은 극수의 전동기
④ 두 전동기 극수의 차와 같은 극수의 전동기

해설 종속법
- 극수가 다른 2대의 권선형 유도 전동기를 서로 종속시켜 극수를 변화시켜 속도를 제어하는 방법이다.

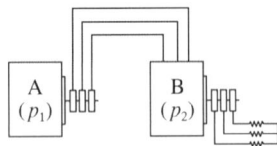

- 종속법의 운전법 종류
  - 직렬 종속: $N = \dfrac{120f}{p_1 + p_2}$ [rpm]
  - 차동 종속: $N = \dfrac{120f}{p_1 - p_2}$ [rpm]
  - 병렬 종속: $N = \dfrac{120f}{p_1 + p_2} \times 2$ [rpm]

34
유도 전동기의 크로우링 현상에 대한 설명으로 옳은 것은?

① 기동 시 회전자의 슬롯수 및 권선법이 부적합한 경우, 정격 속도보다 저속으로 안정 운전되는 현상
② 기동 시 회전자의 슬롯수 및 권선법이 부적합한 경우, 정격 속도보다 고속으로 안정 운전되는 현상
③ 회전자 3상 중 1상이 단선된 경우, 정격 속도의 $50[\%]$ 속도에서 안정 운전되는 현상
④ 회전자 3상 중 1상이 단락된 경우, 정격 속도보다 고속으로 안정 운전되는 현상

해설 크로우링 현상
농형 유도 전동기에서 발생하는 현상으로 정격 속도보다 낮은 속도에서 안정되어 속도가 더 이상 상승하지 않는 현상이다.

35
3상 권선형 유도 전동기의 2차 회로의 1상이 단선된 경우, 부하가 약간 커지면 슬립이 $50[\%]$인 곳에서 운전이 되는 것은?

① 차동기 운전
② 자기 여자
③ 게르게스 현상
④ 난조

해설 게르게스 현상
권선형 유도 전동기에서 무부하 또는 경부하 운전 중 2차 측 3상 권선 중 1상이 결상되어도 전동기가 소손되지 않고 슬립이 $50[\%]$ 근처에서 (정격 속도의 $\dfrac{1}{2}$배) 운전되며 그 이상 가속되지 않는 현상이다.

36
3상 유도 전동기의 제5차 고조파에 의한 기자력의 회전 방향 및 회전 속도와 기본파 회전자계의 관계는?

① 기본파와 같은 방향이고 5배 속도
② 기본파의 역방향이고 5배 속도
③ 기본파와 같은 방향이고 $\dfrac{1}{5}$배 속도
④ 기본파의 역방향이고 $\dfrac{1}{5}$배 속도

해설 유도 전동기의 고조파 차수

구분	기본파와 같은 방향	기본파와 반대 방향	회전자계 없음
고조파 h	$h = 2mn+1$ (7, 13, …)	$h = 2mn-1$ (5, 11, …)	$h = 3n$ (3, 6, 9, …)
속도	$\dfrac{1}{h}$배 속도로 회전	$\dfrac{1}{h}$배 속도로 회전	–

(단, $m = 3$(상수), $n = 1, 2, 3, \cdots$)

따라서 5고조파의 경우 기자력의 회전 방향은 기본파와 역방향이고 $\dfrac{1}{5}$배의 속도이다.

37

13차 고조파에 의한 회전 자계의 회전 방향과 속도를 기본파 회전 자계 방향과 옳게 비교한 것은?

① 기본파의 반대 방향이고 $\frac{1}{13}$배 속도

② 기본파와 같은 방향이고 $\frac{1}{13}$배 속도

③ 기본파와 같은 방향이고 13배 속도

④ 기본파의 반대 방향이고 13배 속도

해설 유도 전동기의 고조파 차수

구분	기본파와 같은 방향	기본파와 반대 방향	회전자계 없음
고조파 h	$h = 2mn+1$ (7, 13, ⋯)	$h = 2mn-1$ (5, 11, ⋯)	$h = 3n$ (3, 6, 9, ⋯)
속도	$\frac{1}{h}$배 속도로 회전	$\frac{1}{h}$배 속도로 회전	–

(단, $m = 3$(상수), $n = 1, 2, 3, \cdots$)

따라서 13고조파의 경우 기자력의 회전 방향은 기본파와 같은 방향이고 $\frac{1}{13}$배의 속도이다.

38

단상 유도 전동기 기동 시 브러시가 필요한 것은?

① 분상 기동형
② 반발 기동형
③ 콘덴서 분상 기동형
④ 셰이딩 코일 기동형

해설 반발 기동형 전동기
• 브러시 이동으로 기동, 정지, 속도 제어가 가능하다.
• 기동 시 반발 전동기로 동작한다.
• 일정 속도 도달 시 유도 전동기로 동작한다.

39

단상 유도 전동기의 기동법이 아닌 것은?

① 분상 기동
② $Y-\Delta$ 기동
③ 콘덴서 기동
④ 반발 기동

해설 단상 유도 전동기의 종류
• 반발 기동형
• 콘덴서 기동형
• 분상 기동형
• 셰이딩 코일형

40

단상 유도 전동기의 기동 방법 중 기동 토크가 가장 큰 것은?

① 반발 기동형
② 분상 기동형
③ 셰이딩 코일형
④ 콘덴서 분상 기동형

해설 단상 유도 전동기의 기동 토크 순서
반발 기동형 > 콘덴서 기동형 > 분상 기동형 > 셰이딩 코일형

암기
반콘분셰

41

단상 유도 전압 조정기의 2차 전압이 $100 \pm 30[\text{V}]$이고 직렬 권선의 전류가 $6[\text{A}]$인 경우 정격 용량은 몇 $[\text{VA}]$인가?

① $780[\text{VA}]$ ② $420[\text{VA}]$
③ $312[\text{VA}]$ ④ $180[\text{VA}]$

해설 단상 유도 전압 조정기
- 단권 변압기의 원리를 이용한 것(2차 전압 조정 가능)
- 전압 제어 범위: $V_2 = V_1 + E_2 \cos\alpha [\text{V}]$
- 단상 유도 전압 조정기 용량
  $W = E_2 I_2 = 30 \times 6 = 180[\text{VA}]$
  (단, E_2: 단상 유도 전압 조정기의 조정 전압[V])

42

단상 및 3상 유도 전압 조정기에 대한 설명으로 옳은 것은?

① 단락 권선은 단상 및 3상 유도 전압 조정기 모두 필요하다.
② 3상 유도 전압 조정기에는 단락 권선이 필요하지 않다.
③ 3상 유도 전압 조정기의 1차와 2차 전압은 동상이다.
④ 단상 유도 전압 조정기의 기전력은 회전자계에 의해 유도된다.

해설
단상 유도 전압 조정기
- 교번 자계의 전자 유도를 이용한다.
- 입력 전압과 출력 전압의 위상차가 없다.
- 단락 권선: 2차 측의 누설 리액턴스에 의한 전압 강하를 감소시키는 역할을 한다.

3상 유도 전압 조정기
- 입력 전압과 출력 전압의 위상차가 있다.
- 단락 권선이 필요하지 않다.

43

분로 권선 및 직렬 권선 1상에 유도되는 기전력을 각각 E_1, $E_2[\text{V}]$라고 하고 회전자를 $0 \sim 180°$까지 변화시킬 때 3상 유도 전압 조정기의 출력 측 선간 전압의 조정 범위는?

① $\dfrac{E_1 \pm E_2}{\sqrt{3}}$

② $\sqrt{3}(E_1 \pm E_2)$

③ $(E_1 - E_2)$

④ $3(E_1 + E_2)$

해설 3상 유도 전압 조정기
- 3상 유도 전동기의 회전자계를 이용한다.
- 전압 조정 범위: $V_2 = \sqrt{3}(E_1 \pm E_2)[\text{V}]$

44

$100[\text{kW}]$, 4극, $3,300[\text{V}]$, 주파수 $60[\text{Hz}]$의 3상 유도 전동기의 효율이 $92[\%]$, 역률이 $90[\%]$일 때 입력은 몇 $[\text{kVA}]$인가?

① 101.1 ② 110.2
③ 120.8 ④ 130.8

해설
- 입력
  $\dfrac{출력}{효율} = \dfrac{100}{0.92} = 108.7[\text{kW}]$
- 피상 전력(입력)
  $\dfrac{입력}{역률} = \dfrac{108.7[\text{kW}]}{0.9} = 120.8[\text{kVA}]$

45

명판에 정격 전압 $220[\text{V}]$, 정격 전류 $14.4[\text{A}]$, 출력 $3.7[\text{kW}]$로 기재되어 있는 3상 유도 전동기가 있다. 이 전동기의 역률을 $84[\%]$라고 할 때 이 전동기의 효율$[\%]$은?

① $78.25[\%]$
② $78.84[\%]$
③ $79.15[\%]$
④ $80.27[\%]$

해설

- 3상 유도 전동기의 출력
  $P_o = \sqrt{3}\,VI\cos\theta\,\eta\,[\text{W}]$
- 효율
  $\eta = \dfrac{P}{\sqrt{3}\,VI\cos\theta} = \dfrac{3{,}700}{\sqrt{3}\times 220\times 14.4\times 0.84}$
  $= 0.8027\,(\therefore 80.27[\%])$

46

4극 3상 유도 전동기가 있다. 전원 전압 $200[\text{V}]$로 전부하를 걸었을 때 전류는 $21.5[\text{A}]$이다. 이 전동기의 출력은 몇 $[\text{W}]$인가?(단, 전부하 역률은 $86[\%]$, 효율은 $85[\%]$이다.)

① $5{,}029$
② $5{,}444$
③ $5{,}820$
④ $6{,}103$

해설

3상 유도 전동기의 출력
$P_o = \sqrt{3}\,VI\cos\theta\,\eta = \sqrt{3}\times 200\times 21.5\times 0.86\times 0.85$
$= 5{,}444[\text{W}]$

CHAPTER 06

특수기기

THEME 01. 정류자 전동기
THEME 02. 서보 전동기
THEME 03. 스텝 모터
THEME 04. 선형 전동기

학습 전략

이 챕터에서는 고전적인 전기기기(전동기)의 특성을 보완하여 각각의 용도에 따라 사용되는 특수기기를 다룹니다. 특수기기의 종류는 다양하므로 각 기기별 명칭과 특징 등을 헷갈리지 않도록 확실하게 이해하는 것이 중요합니다.

CHAPTER 06 | 흐름 미리보기

1. 정류자 전동기
2. 서보 전동기
3. 스텝 모터
4. 선형 전동기

NEXT **CHAPTER 07**

CHAPTER 06 특수기기

THEME 01 정류자 전동기

1 단상 직권 정류자 전동기

(1) 특징

단상 직권 전동기는 공급 전압의 방향을 변경해도 계자 권선과 전기자 권선의 극성 방향이 모두 반대로 되므로 회전 방향이 변경되지 않는다. 따라서 직류, 교류 모두에서 사용할 수 있다.

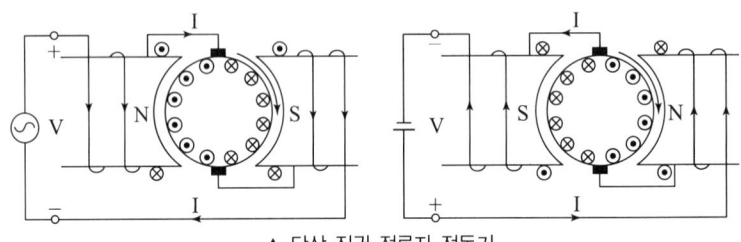

▲ 단상 직권 정류자 전동기

(2) 구조

① 계자극에서 발생하는 철손을 줄이기 위해 성층 철심을 사용한다.
② 약계자, 강전기자형으로 한다.
  ㉠ 계자 권선에서 리액턴스 영향으로 역률이 나빠지므로 약계자 구조로 한다.
  ㉡ 약계자에 의한 토크 부족을 보상하기 위해 강전기자 구조로 한다.
③ 보상 권선 설치: 역률 개선, 전기자 반작용 억제, 누설 리액턴스 감소
④ 저항 도선 설치: 변압기 기전력에 의한 단락 전류 감소
⑤ 변압기 기전력: 직권 정류자 전동기의 브러시에 의해 단락되는 코일 내의 전압
⑥ 회전 속도가 고속일수록 역률이 개선된다.(주로 고속도 운전)

(3) 용도

기동 토크와 고속 회전수가 필요한 재봉틀, 소형 공구, 치과 의료용 기기 등에 사용된다.

독학이 쉬워지는 기초개념

Tip 강의 꿀팁

단상 직권 정류자 전동기는 만능 전동기라고도 불러요.

약계자 사용 이유

계자 권수를 줄여 리액턴스를 감소시키며 역률 보상이 가능하다.

기출예제

다음 중 직류, 교류 모두에 사용되는 만능 전동기는?

① 직권 정류자 전동기 ② 복권 전동기
③ 유도 전동기 ④ 동기 전동기

| 해설 |
단상 직권 정류자 전동기(만능 전동기)는 계자 권선과 전기자 권선이 직렬로 연결되어 있어 직류, 교류 모두에서 사용할 수 있다.

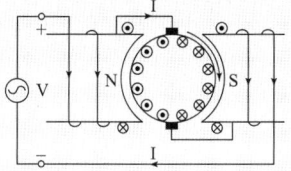 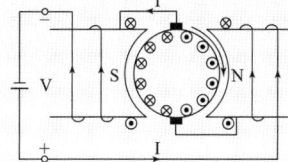

답 ①

2 3상 직권 정류자 전동기

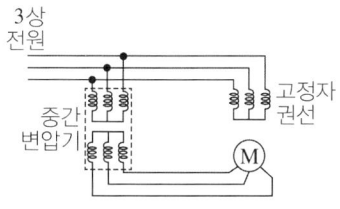

▲ 3상 직권 정류자 전동기

(1) 특징

① $T \propto I^2 \propto \dfrac{1}{N^2}$ 의 변속도 특성이 있으며 기동 토크가 매우 크다.

② 브러시를 이동하여 속도 제어 및 회전 방향 변환이 가능하다.

③ 저속에서는 효율과 역률이 나빠진다.(고속도, 동기 속도 이상에서 효율과 역률이 좋음)

(2) 중간 변압기 사용 이유

① 실효 권수비를 조정하여 전동기 특성을 조정하고 정류 전압을 조정한다.

② 직권 특성이므로 경부하 시 속도 상승이 우려되지만 중간 변압기를 사용하여 철심을 포화하면 속도 상승을 제어할 수 있다.

독학이 쉬워지는 기초개념

직권 전동기의 토크 특성
$T \propto I^2 \propto \dfrac{1}{N^2}$

Tip 강의 꿀팁

3상 직권 정류자 전동기의 중간 변압기 사용 이유와 관련된 문제가 자주 출제돼요.

독학이 쉬워지는 기초개념

Tip 강의 꿀팁

단상 반발 전동기는 반드시 브러시가 필요해요.

3 단상 반발 전동기

(1) 정의

회전자 권선을 브러시로 단락하고 고정자 권선을 전원에 접속하여 회전자에 유도 전류를 공급하는 직권형 교류 정류자 전동기이다.

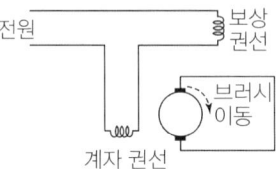

▲ 단상 반발 전동기

(2) 특징
① 기동 토크가 매우 크다.
② 브러시를 이동하여 연속적인 속도 제어가 가능하다.

(3) 종류
① 아트킨손형
② 톰슨형
③ 데리형

4 교류 분권 정류자 전동기(슈라게 전동기)

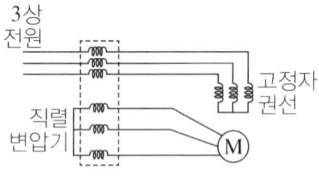

▲ 슈라게 전동기

(1) 특징
① 토크 변화에 비해 속도 변화가 매우 작아 정속도 전동기인 동시에 가변 속도 전동기로 널리 사용된다.
② 분권식인 슈라게(시라게) 전동기를 가장 널리 사용한다.
③ 브러시를 이동하여 속도 제어가 가능하다.
④ 역률과 효율이 좋다.

(2) 전압 정류 개선 방법
① 보상 권선 설치
② 보극 설치
③ 저항 브러시 사용

분권 전동기의 특성

전원의 극성을 바꾸어도 회전 방향은 바뀌지 않는다.

기출예제

교류 분권 정류자 전동기는 다음 중 어느 때 가장 적합한 특성이 있는가?

① 속도의 연속 가감과 정속도 운전을 모두 요구하는 경우에 적용하면 적합하다.
② 여러 단으로 속도를 변화시킬 수 있고 각 단에서 정속도 운전을 요구하는 경우에 적합하다.
③ 부하 토크와 상관없이 완전히 일정 속도를 요구하는 경우에 적합하다.
④ 무부하와 전부하의 속도 변화가 적고 거의 일정한 속도를 요구하는 경우에 적용하면 적합하다.

| 해설 |
교류 분권 정류자 전동기(슈라게 전동기)
- 토크 변화에 비해 속도 변화가 매우 작아 정속도 전동기인 동시에 가변 속도 전동기로 널리 사용된다.
- 분권식인 슈라게 전동기를 가장 널리 사용한다.
- 브러시를 이동하여 속도 제어가 가능하다.
- 역률과 효율이 좋다.

답 ①

THEME 02 서보 전동기

1 서보 모터

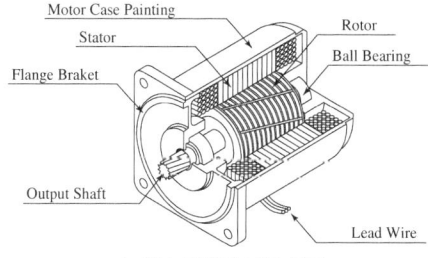

▲ 서보 모터의 내부 구조

(1) 정의
① 자동 제어 구조나 자동 평형 계기에서 전압 입력을 회전각으로 바꾸기 위해 사용되는 전동기이다.
② 2상 교류 서보 모터나 직류 서보 모터가 사용되며 특히 소형은 마이크로 모터로 불린다.

(2) 원리
① 주권선은 상용 주파 또는 400 사이클의 일정 전압(E_r)으로 직접 여자되고 제어 권선에는 증폭된 입력 신호 전압(E_c)이 들어간다.
② 모터는 $E_c = 0$이 될 때까지 회전하며 회전 방향은 E_r에 대한 E_c의 위상으로 결정되므로 이 성질을 이용하여 일반 제어 기구의 조절부와 자동 평형 계기의 섭동 저항부를 움직이는 데 이용된다.

독학이 쉬워지는 기초개념

2상 서보 모터 제어 방식
- 전압 제어
- 위상 제어
- 전압·위상 혼합 제어

(3) 특징
　① 직류 서보 모터의 원리, 구조 등은 보통 직류 전동기와 동일하며 단지 회전자가 가늘고 길게 되어 있다.
　② 기동 전압이 작고 토크가 크다.
　③ 회전축의 관성이 작아 정지 및 반전을 신속히 할 수 있다.
　④ 입력 전력 100[mW] 내지 수[kW] 범위의 것이 사용되고 있다.
　⑤ 0[V]에서 제어 권선 전압이 신속히 정지한다.
　⑥ 직류 서보 모터의 기동 토크가 교류 서보 모터보다 크다.
　⑦ 속응성이 뛰어나고 시정수가 짧으며 기계적 응답이 뛰어나다.
(4) 종류
　① DC 서보 모터(브러시 모터)
　② AC 서보 모터(브러시리스 모터)

THEME 03 스텝 모터

1 스텝 모터

(1) 정의
　① 입력 펄스 수에 대응하여 일정 각도만큼 움직이는 모터로 펄스 모터 또는 스텝 모터라고 한다.
　② 입력 펄스 수와 모터 회전 각도가 완전히 비례하므로 회전 각도를 정확히 제어할 수 있다. 이런 특징 때문에 NC 공작기계, 산업용 로봇, 프린터나 복사기 등의 OA기기에 사용된다.
　③ 메카트로닉스 기계에서 중요한 전기 모터의 한 종류이다.
　④ 특히 선형 운동하는 것은 리니어 스테핑 모터라고 부른다.

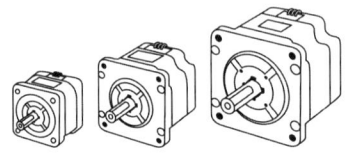

▲ 스텝 모터

(2) 특징
　① 디지털 신호로 직접 제어할 수 있으므로 컴퓨터 등과의 인터페이스가 쉽다.
　② 가속, 감속이 쉽고 정·역전 및 변속이 쉽다.
　③ 속도 제어가 광범위하며 저속에서 매우 큰 토크를 얻을 수 있다.
　④ 위치를 제어할 때 각도 오차가 적고 누적되지 않는다.
　⑤ 브러시 등이 없으므로 특별한 유지, 보수가 필요 없다.
　⑥ 피드백 루프가 필요없어 속도 및 위치 제어가 쉽다.
　⑦ 큰 관성 부하에 적용하기에는 부적합하다.
　⑧ 대용량기 제작이 곤란하다.

⑨ 오버 슈트 및 진동 문제가 있고 공진이 발생하면 전체 시스템의 불안정 현상이 생길 수 있다.

(3) 종류
① 가변 릴럭턴스형(VR형)
㉠ 전류의 극성과 무관하게 회전한다.
㉡ Unipolar 구동 방식
② 영구자석형(PM형)
㉠ 전류의 극성이 회전방향을 결정한다.
㉡ Bipolar 구동 방식
③ 복합형(H형)
㉠ 전류의 극성이 회전방향을 결정한다.
㉡ Bipolar 구동 방식

(4) 스텝 모터의 여자 방식
① 1상 여자 방식: 항상 1개의 상에 전류가 흐르게 하여 여자시키는 방식
② 2상 여자 방식: 항상 2개의 상에 전류가 흐르게 하여 여자시키는 방식
③ 1~2상 여자 방식: 1상 여자 방식과 2상 여자 방식을 교대로 여자시키는 방식

(5) 스텝 모터의 계산
① 회전자가 회전한 총 회전 각도 = 스텝각 × 스텝 수
② 분해능(resolution) = $\dfrac{360°}{\text{스텝각}}$
③ 속도(n) = $\dfrac{\text{스텝각} \times \text{스테핑 주파수}}{360°}$ [rps]

독학이 쉬워지는 기초개념

복합형(H형)을 하이브리드형이라고도 한다.

Tip 강의 꿀팁

스텝 모터의 회전 각도와 속도에 관한 문제가 자주 출제돼요.

기출예제

스텝각이 2°, 스테핑 주파수(Pulse rate)가 1,800[pps]인 스테핑 모터의 축 속도[rps]는?

① 8 ② 10
③ 12 ④ 14

| 해설 |
- 1초당 스텝각
  $2° \times 1,800 = 3,600°$
- 스테핑 전동기의 회전 속도
  $n = \dfrac{3,600°}{360°} = 10$[rps]

답 ②

| 독학이 쉬워지는 기초개념 |

THEME 04 선형 전동기

1 선형 전동기(리니어 모터)

(1) 정의
  ① 전기적인 입력을 받아 직선 운동을 하는 모터이다.
  ② 일반 모터는 회전 운동을 하지만 리니어 모터는 직선 운동을 한다.
  ③ 리니어 모터의 동작 원리는 자기장 내 전류가 흐르는 도선이 받는 힘의 방향을 설명하는 이론 중 하나인 '플레밍의 왼손 법칙'으로 이해할 수 있다.
  ④ 전류를 코일에 흘려 보내면 영구 자석과의 흡인·반발력에 의해 추진력이 발생한다.

(2) 특징
  ① 회전 운동을 직선 운동으로 바꾸어 주는 부품이 필요 없다.
  ② 카메라 모듈 장비, 유기 발광 다이오드(OLED) 생산 장비, 스마트폰 생산 및 검사 장비, 초정밀 공작 기계 등에 사용된다.
  ③ 간단한 구조로 직선 운동 에너지를 얻을 수 있다.

리니어 모터의 속도
$v_s = 2\tau f \,[\text{m/s}]$
(단, τ: 극 간격(피치)[m]
 f: 주파수[Hz])

리니어 모터의 속도는 극수와 관계가 없다.

기출예제

리니어 모터에 대한 설명으로 옳지 않은 것은?
 ① 기어, 벨트 등 동력 변환 기구가 필요 없고 직접 원 운동이 얻어진다.
 ② 회전형 모터를 축 방향으로 잘라 펼쳐 놓은 형상이다.
 ③ 마찰을 거치지 않고 추진력이 얻어진다.
 ④ 모터 자체 구조가 간단해 신뢰성이 높다.

| 해설 |
리니어 전동기
• 회전 운동을 직선 운동으로 바꾸어 주는 부품이 필요 없다.
• 카메라 모듈 장비, 유기 발광 다이오드(OLED) 생산 장비, 스마트폰 생산 및 검사 장비, 초정밀 공작 기계 등에 사용된다.
• 간단한 구조로 직선 운동 에너지를 얻을 수 있다.

답 ①

CHAPTER 06 CBT 적중문제

01
단상 직권 정류자 전동기에 대한 설명으로 옳지 않은 것은?

① 계자 권선의 리액턴스 강하 때문에 계자 권선수를 적게 한다.
② 토크를 증가시키기 위해 전기자 권선수를 늘린다.
③ 전기자 반작용을 감소시키기 위해 보상 권선을 설치한다.
④ 변압기 기전력을 증가시키기 위해 브러시 접촉 저항을 적게 한다.

해설
단상 직권 정류자 전동기는 브러시에 의한 단락 전류가 크게 흐른다. 이 때문에 브러시 접촉 저항이 큰 것을 사용하여 보통 저항 정류를 취한다.

02
다음은 단상 직권 정류자 전동기의 개념도이다. C는 무엇 인가?

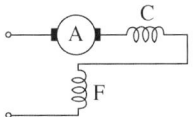

① 제어 권선   ② 보상 권선
③ 보극 권선   ④ 단층 권선

해설 단상 직권 정류자 전동기의 구성
- A: 전기자(Armature)
- F: 계자(Field)
- C: 보상 권선(Compensating winding)

03
단상 정류자 전동기에 보상 권선을 사용하는 이유는?

① 정류 개선   ② 기동 토크 조절
③ 속도 제어   ④ 역률 개선

해설 단상 직권 정류자 전동기(만능 전동기)
- 정의: 계자 권선과 전기자 권선이 직렬로 연결되어 직류, 교류, 모두에서 사용할 수 있는 전동기이다.
- 구조
  – 계자극에서 발생하는 철손을 줄이기 위해 성층 철심으로 한다.
  – 약계자, 강전기자형으로 한다. 계자 권선에서 리액턴스 영향으로 역률이 떨어지므로 약계자 구조이다.
  – 약계자에 의한 토크 부족을 보상하기 위해 강전기자 구조이다.
  – 보상 권선 설치: 역률 개선, 전기자 반작용 억제, 누설 리액턴스 감소
  – 저항 도선 설치: 변압기 기전력에 의한 단락 전류 감소

04
3상 직권 정류자 전동기의 중간 변압기는 고정자 권선과 회전자 권선 사이에 직렬로 접속되는데, 이 중간 변압기를 사용하는 중요한 이유는?

① 경부하 시 속도의 급상승 방지를 위해
② 주파수 변동으로 속도를 조정하기 위해
③ 회전자 상수를 감소시키기 위해
④ 역회전을 방지하기 위해

해설 중간 변압기 사용 이유
- 실효 권수비를 조정하여 전동기 특성을 조정하고 정류 전압을 조정한다.
- 직권 특성이므로 경부하 시 속도 증가가 우려되지만 중간 변압기를 사용하여 철심을 포화하면 속도 상승을 제어할 수 있다.

| 정답 | 01 ④   02 ②   03 ④   04 ①

05

반발 전동기의 특성으로 옳은 것은?

① 분권 특성이다.
② 특히 기동 토크가 큰 전동기이다.
③ 직권 특성으로 부하 증가 시 속도가 증가한다.
④ $\frac{1}{2}$ 동기 속도에서 정류가 양호하다.

해설 단상 정류자 전동기(단상 반발 전동기)
- 정의: 회전자 권선을 브러시로 단락하고 고정자 권선을 전원에 접속하여 회전자에 유도 전류를 공급하는 직권형 교류 정류자 전동기이다.
- 특징
  - 기동 토크가 매우 크다.
  - 브러시를 이동하여 연속적인 속도 제어가 가능하다.
- 종류: 아트킨손형, 톰슨형, 데리형

06

단상 반발 전동기에 해당하지 않는 것은?

① 아트킨손 전동기   ② 슈라게 전동기
③ 데리 전동기   ④ 톰슨 전동기

해설 단상 반발 전동기의 종류
- 아트킨손형
- 톰슨형
- 데리형
슈라게 전동기는 3상 분권 정류자 전동기에 속한다.

07

교류 전동기에서 브러시 이동으로 속도 변화가 가능한 것은?

① 농형 전동기   ② 2중 농형 전동기
③ 동기 전동기   ④ 슈라게 전동기

해설 슈라게 전동기(3상 분권 정류자 전동기)
- 직류 분권 전동기와 비슷한 정속도 전동기이다.
- 브러시 이동만으로 간단히 속도를 제어할 수 있다.

08

슈라게 전동기의 특성과 가장 가까운 전동기는?

① 3상 평복권 정류자 전동기
② 3상 복권 정류자 전동기
③ 3상 직권 정류자 전동기
④ 3상 분권 정류자 전동기

해설
슈라게 전동기(3상 분권 정류자 전동기)는 직류 분권 전동기와 비슷한 특성의 정속도 전동기이다.

09

서보 모터의 마이컴 제어에서 기능상 3요소에 속하지 않는 것은?

① 토크 제어   ② 속도 제어
③ 위치 제어   ④ 순서 제어

해설 서보 모터의 제어 기능
- 토크 제어
- 속도 제어
- 위치 제어

| 정답 | 05 ② 06 ② 07 ④ 08 ④ 09 ④

10
서보 모터가 갖추어야 할 조건이 아닌 것은?

① 기동 토크가 클 것
② 관성 모멘트가 클 것
③ 가속, 감속이 쉬울 것
④ 토크-속도 곡선이 수하 특성을 가질 것

해설 서보 모터의 특징
- 기동 토크가 커야 한다.
- 기동 및 정지가 빨라야 한다.
- 관성 모멘트가 작아야 한다.
- 가속, 감속 및 정·역회전이 가능해야 한다.
- 토크-속도 곡선이 수하 특성이어야 한다.

11
자동 제어 장치에 쓰이는 서보 모터의 특성으로 옳지 않은 것은?

① 빈번한 시동, 정지, 역전 등의 가혹한 상태에도 견디도록 견고하고 큰 돌입 전류에도 견딜 것
② 시동 토크는 크지만 회전부의 관성 모멘트가 작고 전기적 시정수가 짧을 것
③ 발생 토크는 입력 신호에 비례하고 그 비가 클 것
④ 직류 서보 모터보다 교류 서보 모터의 시동 토크가 매우 클 것

해설 서보 모터의 특성
- 견고하고 큰 돌입전류에도 견뎌야 한다.
- 시동(기동)토크가 커야 한다.
- 관성 모멘트가 작아야 한다.
- 발생 토크는 입력 신호에 비례하고 그 비가 커야 한다.
- 직류 서보 모터의 기동 토크가 교류 서보 모터보다 크다.

12
2상 서보 모터의 제어 방식이 아닌 것은?

① 온도 제어
② 전압 제어
③ 위상 제어
④ 전압·위상 혼합 제어

해설
2상 서보 모터의 제어 방식으로는 전압 제어, 위상 제어, 전압·위상 혼합 제어가 있다.

13
스테핑 모터의 일반적인 특징으로 옳지 않은 것은?

① 기동·정지 특성이 떨어진다.
② 회전각은 입력 펄스 수에 비례한다.
③ 회전 속도는 입력 펄스 주파수에 비례한다.
④ 고속 응답이 뛰어나고 고출력 운전이 가능하다.

해설 스테핑 모터
- 디지털 신호로 제어되는 전동기이다.
- 컴퓨터 등과 직접 연계하여 운전 제어가 쉽다.
- 속도 및 위치 제어가 쉽다.
- 회전각과 속도는 펄스 수에 비례하여 동작한다.
- 고속 응답이 뛰어나고 고출력 운전이 가능하다.

14
스테핑 모터에 대한 설명으로 옳지 않은 것은?

① 가속과 감속이 쉽다.
② 정역전 및 변속이 쉽다.
③ 위치 제어 시 각도 오차가 작다.
④ 브러시 등 부품 수가 많아 유지 및 보수의 필요성이 크다.

해설
- 브러시 등이 없으므로 특별한 유지, 보수가 필요 없다.
- 가속, 감속이 쉽고 정·역전 및 변속이 쉽다.
- 위치를 제어할 때 각도 오차가 적고 누적되지 않는다.

| 정답 | 10 ② 11 ④ 12 ① 13 ① 14 ④

15
스테핑 모터의 여자 방식이 아닌 것은?

① 2~4상 여자
② 1~2상 여자
③ 2상 여자
④ 1상 여자

해설 스테핑 모터의 여자 방식
- 1상 여자 방식: 항상 1상에만 전류가 흐르게 해 여자시키는 방식
- 2상 여자 방식: 항상 2개의 상에 전류가 흐르게 해 여자시키는 방식
- 1~2상 여자 방식: 1상 여자 방식과 2상 여자 방식을 교대로 여자시키는 방식

16
스테핑 모터에 대한 설명으로 옳지 않은 것은?

① 회전 속도는 스테핑 주파수에 반비례한다.
② 총 회전 각도는 스텝각과 스텝수의 곱이다.
③ 분해능은 스텝각에 반비례한다.
④ 펄스 구동 방식의 전동기이다.

해설 스테핑 모터
- 회전속도는 스테핑 주파수에 비례한다.
- 총 회전 각도는 스텝각과 스텝수의 곱이다.
- 분해능은 스텝각에 반비례한다.
- 입력 펄스 수에 대응하여 일정 각도 만큼 움직이는 펄스 구동 방식의 전동기이다.

17
리니어 모터에 대한 설명으로 옳지 않은 것은?

① 기어, 벨트 등 동력 변환 기구가 필요 없고 직접 원 운동이 얻어진다.
② 회전형 모터를 축 방향으로 잘라 펼쳐 놓은 형상이다.
③ 마찰을 거치지 않고 추진력이 얻어진다.
④ 모터 자체 구조가 간단하여 신뢰성이 높다.

해설 선형 전동기(리니어 모터)
- 일반적인 전동기는 축 회전 운동을 일으키는 반면, 리니어 전동기는 전기 입력을 받아 직선 운동을 하는 것이 가장 큰 차이점이다.
- 전동기 구조가 간단하다.
- 기어, 벨트 등의 동력 전달 기구가 필요 없다.
- 회전형 모터를 축 방향으로 잘라 펼쳐 놓은 형상이다.
- 마찰을 거치지 않고 추진력이 얻어진다.
- 모터 자체 구조가 간단하여 신뢰성이 높다.

18
회전형 전동기와 선형 전동기를 비교한 설명으로 옳지 않은 것은?

① 선형은 회전형보다 공극 크기가 작다.
② 선형은 직선 운동을 직접 얻을 수 있다.
③ 선형은 회전형보다 부하 관성 영향이 크다.
④ 선형은 전원의 상 순서를 바꾸어 이동 방향을 변경한다.

해설 선형 전동기(리니어 모터)
- 회전형에 비해 공극의 크기가 크다.
- 회전자에서 발생하는 전자력을 직선의 기계 에너지로 변환시키는 전동기이다.
- 회전형에 비해 부하 관성의 영향이 크다.
- 전원의 상 순서를 바꾸어 이동 방향을 변경할 수 있다.

19
특수 전동기에 대한 설명으로 옳지 않은 것은?

① 릴럭턴스 동기 전동기는 릴럭턴스 토크에 의한 동기 속도로 회전한다.
② 히스테리시스 전동기 고정자는 유도 전동기 고정자와 같다.
③ 스테퍼 전동기나 스테핑 모터는 피드백 없이 정밀 위치 제어가 가능하다.
④ 선형 유도 전동기의 동기 속도는 극수에 비례한다.

해설
선형 전동기의 속도는 극 간격과 주파수에 비례한다.(극수와는 무관하다.)

20
VVVF(Variable Voltage Variable Frequency)는 어떤 전동기의 속도 제어에 사용되는가?

① 동기 전동기   ② 유도 전동기
③ 직류 복권 전동기   ④ 직류 타여자 전동기

해설 VVVF(가변 전압 가변 주파수 제어)
- 전압 제어를 통해 주파수를 변환시키는 제어 방법으로 유도 전동기 속도제어에 주로 사용한다.
- 인버터를 이용한 PWM(Pulse Width Modulation) 제어를 한다.

21
정류자형 주파수 변환기의 특성이 아닌 것은?

① 유도 전동기의 2차 여자용 교류 여자기로 사용된다.
② 회전자는 정류자와 3개 슬립 링으로 구성된다.
③ 정류자 위에는 1개의 자극마다 전기각 $\frac{\pi}{3}$ 간격으로 3조의 브러시로 구성되어 있다.
④ 회전자는 3상 회전 변류기의 전기자와 거의 같은 구조이다.

해설 정류자형 주파수 변환기
- 정류자 위에는 1개 자극마다 전기각으로 $\frac{2}{3}\pi$ 간격의 3조의 브러시를 설치한 구조이다.
- 용량이 큰 변환기는 고정자에 보상 권선과 보극 권선을 설치한다.(정류 작용을 양호하게 하기 위함)
- 3개 슬립링은 회전자 권선을 3등분한 점에 각각 접속시킨다.

CHAPTER 07

전력변환장치

THEME 01. 전력 변환
THEME 02. 회전 변류기
THEME 03. 수은 정류기
THEME 04. 반도체 소자
THEME 05. 정류 회로
THEME 06. 위상 제어 정류 회로

학습 전략

이 챕터에서는 직류와 교류의 변환 기기에 대한 내용을 우선하여 학습하고, 각 정류 방식의 종류별 직류 출력 관계식에 대한 공식 정리도 충분히 해야 합니다. 최근에는 사이리스터 정류 방식에 대한 내용을 묻는 문제가 자주 출제되는 편이므로 관련 내용 학습에 주의를 기울여야 합니다.

CHAPTER 07 | 흐름 미리보기

1. 전력 변환
2. 회전 변류기
3. 수은 정류기
4. 반도체 소자
5. 정류 회로
6. 위상 제어 정류 회로

합격!

CHAPTER 07 전력변환장치

THEME 01 전력 변환

1 전력 변환의 종류

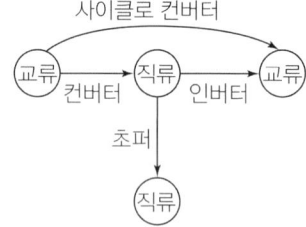

▲ 전력 변환 기기의 종류

(1) AC-DC 변환
   ① 교류 전력을 직류 전력으로 변환한다.
   ② 종류: 다이오드 정류기, 위상 제어 정류기, PWM 컨버터
(2) DC-AC 변환
   ① 직류 전력을 교류 전력으로 변환한다.
   ② 종류: 인버터
(3) DC-DC 변환
   ① 입력된 직류 전력에 대해 크기나 극성이 변환된 다른 직류 출력으로 변환한다.
   ② 종류: DC 초퍼, SMPS(Switching Mode Power Supply)
(4) AC-AC 변환
   ① 입력된 교류 전력에 대해 크기, 주파수, 위상, 상수 등을 변환하여 다른 교류 전력으로 변환한다.
   ② 종류: 사이클로 컨버터

기출예제

직류에서 교류로 변환하는 기기는?

① 초퍼　　　　　　　② 인버터
③ 회전 변류기　　　　④ 사이클로 컨버터

| 해설 |
전력 변환 기기

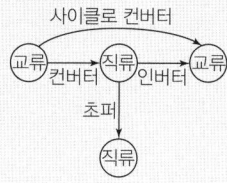

- 컨버터: 교류(AC)를 직류(DC)로 변환하는 장치
- 인버터: 직류(DC)를 교류(AC)로 변환하는 장치
- 초퍼: 직류(DC)를 직류(DC)로 직접 제어하는 장치
- 사이클로 컨버터: 교류(AC)를 교류(AC)로 주파수 변환하는 장치

답 ②

THEME 02　회전 변류기

1 회전 변류기의 구조 및 특성

(1) 입력 측 3상 교류(AC)를 이용하여 동기 전동기를 회전시킨 후, 동기 전동기 축과 직결 연결된 직류 발전기를 회전시켜 직류(DC) 출력을 얻는 컨버터이다.

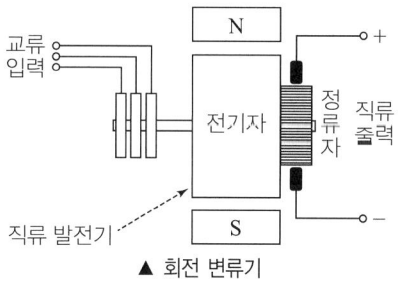

▲ 회전 변류기

(2) 교류 전압(E_a)과 직류 전압(E_d)의 관계

① 전압비: $\dfrac{E_a}{E_d} = \dfrac{1}{\sqrt{2}} \sin \dfrac{\pi}{m}$ (단, m: 상수)

② 전류비: $\dfrac{I_a}{I_d} = \dfrac{2\sqrt{2}}{m \cos \theta}$ (단, m: 상수)

(3) 회전 변류기의 전압 조정 방법

① 직렬 리액턴스에 의한 방법
② 유도 전압 조정기에 의한 방법
③ 부하 시 전압 조정 변압기에 의한 방법
④ 동기 승압기에 의한 방법

독학이 쉬워지는 기초개념

회전 변류기
회전자가 있는 컨버터

I_a: 교류 전류[A]
I_d: 직류 전류[A]

독학이 쉬워지는 기초개념

기출예제

중요도 회전 변류기의 교류 측 선전류를 I_a[A], 직류 측 선전류를 I_d[A]라 하면 $\dfrac{I_a}{I_d}$는?(단, 손실은 없고, 역률은 1이며, m은 상수이다.)

① $\dfrac{2\sqrt{2}}{m}$ ② $2\sqrt{2}$

③ $\dfrac{2\sqrt{2}}{3m}$ ④ $\dfrac{m}{2\sqrt{2}}$

| 해설 |
회전 변류기의 전류비
$\dfrac{I_a}{I_d} = \dfrac{2\sqrt{2}}{m\cos\theta} = \dfrac{2\sqrt{2}}{m}$ (단, m: 상수)

답 ①

난조
외부 영향으로 회전기 축이 진동하는 현상

2 회전 변류기의 난조

(1) 회전 변류기의 난조 원인
　① 브러시의 위치가 중성점보다 늦은 위치에 있을 경우
　② 직류 측 부하가 급변하는 경우
　③ 교류 측 주파수가 주기적으로 변동하는 경우
　④ 역률이 매우 나쁜 경우
　⑤ 전기자 회로의 저항이 리액턴스보다 큰 경우
(2) 난조 방지 대책
　① 제동 권선을 설치한다.
　② 전기자 저항보다 리액턴스를 크게 해야 한다.
　③ 자극 수를 적게 하고 기하각과 전기각 차이를 작게 한다.
　④ 역률을 개선한다.

THEME 03　수은 정류기

1 수은 정류기의 원리

(1) 수은 정류기의 구조 및 원리
　진공관 안에 수은 기체를 넣고 순방향에서는 수은 기체가 방전하고 역방향에서는 방전하지 않는 특성을 이용한다.

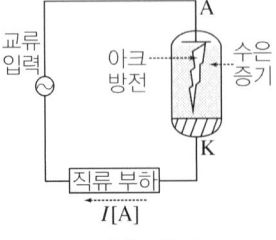

▲ 수은 정류기

(2) 교류 전압(E_a)과 직류 전압(E_d)의 관계
    ① 전압비: (3상) $E_d = 1.17 E_a$[V]
              (6상) $E_d = 1.35 E_a$[V]
    ② 전류비: $\dfrac{I_a}{I_d} = \dfrac{1}{\sqrt{m}}$ (단, m : 상수)

2 수은 정류기의 이상 현상

(1) 역호
    ① 정의: 수은 정류기가 역방향으로 방전되어 밸브 작용이 상실되는 현상이다.
    ② 원인
        ㉠ 과전압, 과전류
        ㉡ 증기 밀도 과다
        ㉢ 내부 잔존 가스 압력 상승
        ㉣ 양극 재료 불량 및 불순물 부착
    ③ 방지 대책
        ㉠ 냉각 장치에 주의해 과열 및 과냉을 피할 것
        ㉡ 과부하 운전을 피할 것
        ㉢ 진공도를 적당히 높일 것
        ㉣ 수은 증기가 양극에 부착되지 않도록 할 것

(2) 통호
    필요 이상으로 수은 정류기가 지나치게 방전되는 현상이다.

(3) 실호
    수은 정류기 양극의 점호가 실패하는 현상이다.

(4) 이상 전압
    수은 정류기가 정류되지만 직류 측 전압이 너무 높아 과열되는 현상이다.

> **독학이 쉬워지는 기초개념**
>
> I_a: 교류 전류[A]
> I_d: 직류 전류[A]

기출예제

수은 정류기에 있어서 정류기의 밸브 작용이 상실되는 현상을 무엇이라고 하는가?

① 통호　　　　② 실호
③ 역호　　　　④ 점호

| 해설 |
수은 정류기의 밸브 작용이 상실되어 역전류에서도 통전되는 현상을 역호라고 하고, 발생 원인은 다음과 같다.
• 과전압, 과전류
• 증기 밀도 과다
• 내부 잔존 가스 압력 상승
• 양극 재료 불량 및 불순물 부착

답 ③

독학이 쉬워지는 기초개념

A: Anode
G: Gate
K: Cathode
C: Collector
E: Emitter

Tip 강의 꿀팁

Cathode(캐소드)는 Collector(콜렉터)와 구분짓기 위해 'C'가 아닌 'K'로 표기해요.

THEME 04 반도체 소자

1 반도체 소자별 심벌

구분	심벌
다이오드(정류소자)	
제너 다이오드	
TRIAC	$T_2(A_2)$, $T_1(A_1)$, G
SSS	
GTO	Anode(A), Cathode(K), G
SCS	A, K, G_1, G_2
DIAC	A_2, A_1
BJT	B, C, E
MOSFET	D(Drain), G(Gate), S(Source)
IGBT	C, G, E

2 다이오드

(1) 다이오드의 구조 및 원리

양극(애노드)에서 음극(캐소드) 측으로는 전류가 흐르고 역방향으로 전류가 차단되는 PN 접합 반도체의 특성을 이용한다.

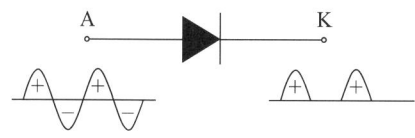

▲ 다이오드의 역할

(2) 다이오드의 종류
① 정류용 다이오드: AC를 DC로 정류
② 바랙터 다이오드: 정전용량이 전압에 따라 변화하는 소자
③ 바리스터 다이오드: 과도 전압, 이상 전압에 대한 회로 보호용으로 사용되는 소자
④ 제너 다이오드: 정전압 회로용 소자

(3) 다이오드의 접속
① 직렬 접속: 과전압 방지
② 병렬 접속: 과전류 방지

기출예제

다이오드를 사용한 정류 회로에서 여러 개를 병렬로 연결하여 사용할 경우 얻는 효과는?
① 인가 전압 증가
② 다이오드 효율 증가
③ 부하 출력의 맥동률 감소
④ 다이오드의 허용 전류 증가

| 해설 |
- 다이오드 직렬 연결 사용: 다이오드의 인가 전압 증가
- 다이오드 병렬 연결 사용: 다이오드의 허용 전류 증가

답 ④

3 SCR(Silicon Controlled Rectifier)

(1) SCR의 구조 및 원리

일반적인 다이오드 정류기에 제어 단자인 게이트(Gate) 단자를 부착한 3단자 실리콘 반도체 정류기로 가장 널리 사용된다.
① 실리콘 PNPN 4층 구조(접합층 3개)로 되어 있으며, 전극은 A(Anode), K(Cathode), G(Gate)로 구성된다.
② SCR에 흐르는 전류의 방향은 A → K로만 흐른다.(단방향)

> 독학이 쉬워지는 기초개념

독학이 쉬워지는 기초개념

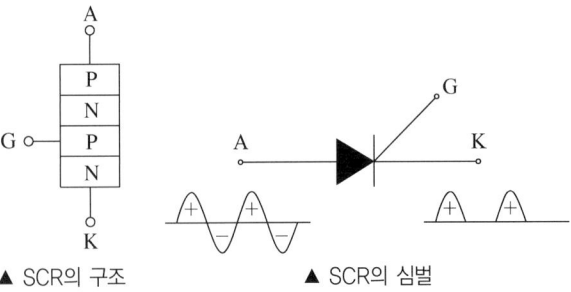

▲ SCR의 구조   ▲ SCR의 심벌

(2) SCR의 특징
　① 소형 경량이다.
　② 소음이 작다.
　③ 내부 전압 강하가 작다.
　④ 아크가 생기지 않으므로 열의 발생이 적다.
　⑤ 열용량이 적어 고온에 약하다.
　⑥ 과전압에 약하다.
　⑦ 제어각(위상각)이 역률각보다 커야 한다.

(3) SCR의 동작
　① ON 조건: Gate에 전류가 흐르면 SCR이 turn on 되는데, 이때 래칭 전류 이상의 전류가 흘러야 on이 된다.
　　㉠ 래칭 전류: SCR을 turn on 시키기 위한 최소 전류(애노드에서 캐소드로 흐르는 전류)
　　㉡ 유지 전류: ON 상태를 유지하기 위한 최소 전류
　② OFF 조건
　　㉠ SCR에 역전압을 인가하거나 유지 전류 이하가 되면 OFF가 된다.(Gate 전류와 무방)
　　㉡ 애노드 전압을 0 또는 (−)로 한다.

GTO
Gate Turn-Off thyristor

4 GTO

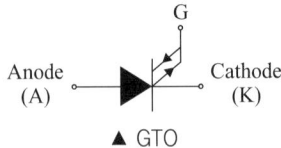

▲ GTO

① SCR과 달리 게이트에 흐르는 전류를 점호할 때의 전류와 반대방향의 전류를 흐르게 함으로 GTO를 소호시킬 수 있다.
② 단방향성 3단자 소자로 초퍼 직류 스위치에 사용한다.

5 TRIAC

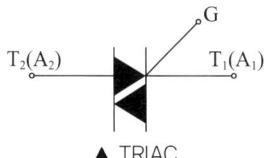

▲ TRIAC

① 쌍방향성 3단자 소자로 2개의 SCR을 역병렬 접속한 구조이다.
② Gate에 전류를 흘리면 전압이 높은 쪽에서 낮은 쪽으로 도통하게 된다.
③ 조광장치, 교류 스위치 등에 쓰인다.

6 트랜지스터

(1) BJT(Bipolar Junction Transistor)

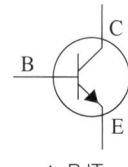

▲ BJT

① 전력용 트랜지스터라고 한다.
② 컬랙터(C), 에미터(E), 베이스(B) 3개 단자로 이루어진 구조이다.
③ 도통 시 전류는 컬랙터에서 에미터 쪽으로만 흐를 수 있고, 역방향으로는 흐를 수 없다.
④ 트랜지스터에 도통 상태를 유지하기 위해서는 베이스 전류를 지속적으로 흐르게 해야 한다.

(2) MOSFET(Metal Oxide Silicon Field Effect Transistor)

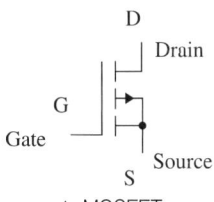

▲ MOSFET

① 전계 효과 트랜지스터라고 하며 전압 제어용 소자로 사용한다.
② 드레인(D), 소스(S), 게이트(G) 3개 단자로 이루어진 구조이다.
③ 게이트와 소스 사이에 걸리는 전압으로 구동한다.
④ 높은 입력 임피던스를 가지므로 미세한 입력 전류만을 필요로 한다.
⑤ 스위칭 속도가 매우 빠르고 [ns]단위의 스위칭 시간을 가지며, 용량이 적어서 저전력 범위에서 적용이 가능하다.

(3) IGBT(Insulated Gate Bipolar Transistor)

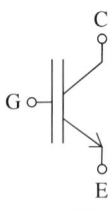
▲ IGBT

① BJT와 MOSFET의 장점을 취한 소자이다.
② 게이트(G)와 에미터(E) 사이에 전압을 인가하여 구동한다.
③ 스위칭 속도는 MOSFET과 BJT의 중간 정도로 비교적 빠른 편에 속한다.
④ 용량은 BJT와 비슷한 수준이다.

7 방향성과 단자수에 따른 구분

(1) 단방향 사이리스터
　① SCR(3단자)　　　　② LASCR(3단자)
　③ GTO(3단자)　　　　④ SCS(4단자)

(2) 쌍방향 사이리스터
　① SSS(2단자)　　　　② TRIAC(3단자)
　③ DIAC(2단자)

기출예제

다음 중 2 방향성 3단자 사이리스터는 어느 것인가?
① TRIAC　　　　② SCR
③ SCS　　　　　④ SSS

| 해설 |
사이리스터의 종류

구분	2단자	3단자	4단자
단방향	-	SCR, LASCR, GTO	SCS
쌍방향	DIAC, SSS	TRIAC	-

답 ①

THEME 05 정류 회로

1 정류 회로의 종류

(1) 단상 반파 정류 회로

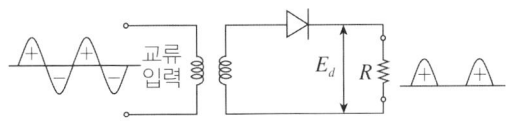

▲ 단상 반파 정류 회로

① 직류 평균 전압: $E_d = \dfrac{\sqrt{2}}{\pi}E = 0.45E\,[\text{V}]$

② 최대 역전압(PIV: Peak Inverse Voltage): $PIV = \sqrt{2}\,E\,[\text{V}]$

(2) 단상 전파 정류 회로(중간탭)

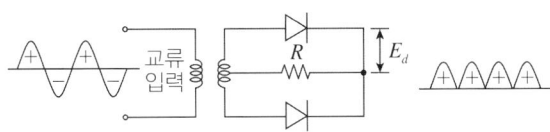

▲ 단상 전파 정류 회로(중간탭)

① 직류 평균 전압: $E_d = \dfrac{2\sqrt{2}}{\pi}E = 0.9E\,[\text{V}]$

② 최대 역전압(PIV: Peak Inverse Voltage): $PIV = 2\sqrt{2}\,E\,[\text{V}]$

(3) 단상 전파 정류 회로(브리지)

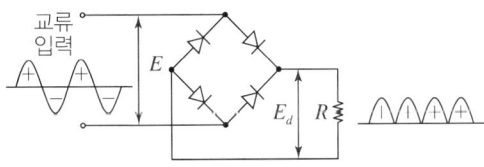

▲ 단상 전파 정류 회로(브리지)

① 직류 평균 전압: $E_d = \dfrac{2\sqrt{2}}{\pi}E = 0.9E\,[\text{V}]$

② 최대 역전압(PIV: Peak Inverse Voltage): $PIV = \sqrt{2}\,E\,[\text{V}]$

(4) 3상 반파 정류 회로

① 직류 평균 전압: $E_d = \dfrac{3\sqrt{6}}{2\pi}E = 1.17E\,[\text{V}]$

② 최대 역전압(PIV: Peak Inverse Voltage): $PIV = \sqrt{6}\,E\,[\text{V}]$

(5) 3상 전파 정류 회로

① 직류 평균 전압: $E_d = \dfrac{3\sqrt{6}}{\pi}E = 2.34E\,[\text{V}]$

② 최대 역전압(PIV: Peak Inverse Voltage): $PIV = \sqrt{6}\,E\,[\text{V}]$

독학이 쉬워지는 기초개념

Tip 강의 꿀팁

직류 전류값을 구하는 방법은 평균 전압에 저항을 나누어주면 돼요.

Tip 강의 꿀팁

단상 전파 정류 회로에서 중간 탭과 브리지는 최대 역전압이 달라요.

독학이 쉬워지는 기초개념

정류효율

$\eta = \dfrac{\text{출력 직류 전력}}{\text{입력 교류 전력}} \times 100[\%]$

$= \dfrac{P_{DC}}{P_{AC}} \times 100[\%]$

맥동률

$\gamma = \dfrac{\text{교류 성분 실효값}}{\text{직류 평균값}} \times 100[\%]$

2 정류 회로의 비교

종류	직류 출력[V]	PIV[V]	맥동 주파수	정류 효율	맥동률
단상 반파	$E_d = \dfrac{\sqrt{2}}{\pi}E = 0.45E$	$PIV = \sqrt{2}E$	f[Hz]	40.5[%]	121[%]
단상 전파 (중간탭)	$E_d = \dfrac{2\sqrt{2}}{\pi}E = 0.9E$	$PIV = 2\sqrt{2}E$	$2f$[Hz]	57.5[%]	48[%]
단상 전파 (브리지)	$E_d = \dfrac{2\sqrt{2}}{\pi}E = 0.9E$	$PIV = \sqrt{2}E$	$2f$[Hz]	81.1[%]	48[%]
3상 반파	$E_d = \dfrac{3\sqrt{6}}{2\pi}E = 1.17E$	$PIV = \sqrt{6}E$	$3f$[Hz]	96.7[%]	17[%]
3상 전파 (브리지)	$E_d = \dfrac{3\sqrt{6}}{\pi}E = 2.34E$ 또는 $E_d = 1.35E_l$	$PIV = \sqrt{6}E$	$6f$[Hz]	99.8[%]	4[%]

기출예제

중요도 그림과 같은 정류 회로에서 전류계의 지시값은 약 몇 [mA]인가?(단, 전류계는 가동 코일형이고 정류기 저항은 무시한다.)

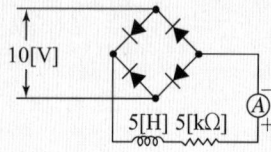

① 1.8 ② 4.5
③ 6.4 ④ 9.0

| 해설 |
단상 전파 정류 회로(브리지)
• 직류 전압

$E_d = \dfrac{2\sqrt{2}}{\pi}E_a = \dfrac{2\sqrt{2}}{\pi} \times 10 = 9[V]$

• 직류 전류

$I_d = \dfrac{E_d}{R} = \dfrac{9}{5 \times 10^3} = 1.8 \times 10^{-3}[A] = 1.8[mA]$

답 ①

THEME 06 위상 제어 정류 회로

1 위상 정류 회로의 종류

(1) 단상 반파 제어 정류 회로

① R부하인 경우

$V_o = \dfrac{V_m}{2\pi}(1 + \cos\alpha) = \dfrac{\sqrt{2}V}{2\pi}(1 + \cos\theta) = 0.45V\left(\dfrac{1 + \cos\alpha}{2}\right)[V]$

(단, α : 점호각)

> **Tip 강의 꿀팁**
> 점호각을 위상각이라고도 해요.

② $R-L$부하인 경우

$$V_o = \frac{V_m}{2\pi}(\cos\alpha + \cos\beta) = \frac{\sqrt{2}\,V}{2\pi}(\cos\alpha + \cos\beta)$$

$$= 0.45\,V\left(\frac{\cos\alpha + \cos\beta}{2}\right)[\text{V}] \quad (단, \beta: 소호각)$$

(2) 단상 전파 제어 정류 회로

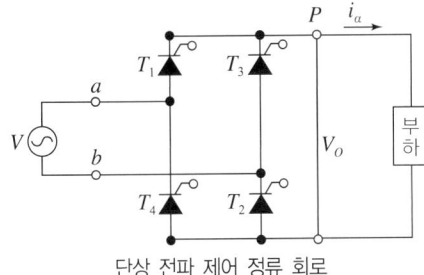

단상 전파 제어 정류 회로

① R부하인 경우(정상 상태인 경우)

$$V_o = \frac{V_m}{\pi}(1+\cos\alpha) = \frac{\sqrt{2}\,V}{\pi}(1+\cos\alpha)$$

$$= 0.9\,V\left(\frac{1+\cos\alpha}{2}\right)[\text{V}]$$

② $R-L$부하인 경우(전류가 연속인 경우)

$$V_o = \frac{2V_m}{\pi}\cos\alpha = \frac{2\sqrt{2}\,V}{\pi}\cos\alpha = 0.9\,V\cos\alpha\,[\text{V}]$$

(3) 3상 위상 제어 정류 회로

① 3상 반파 제어 정류 회로

$$V_o = \frac{3\sqrt{3}\,V_m}{2\pi}\cos\alpha = \frac{3\sqrt{6}\,V}{2\pi}\cos\alpha = 1.17\,V\cos\alpha\,[\text{V}]$$

② 3상 전파 제어 정류 회로

$$V_o = \frac{3\sqrt{3}\,V_m}{\pi}\cos\alpha = \frac{3\sqrt{6}\,V_p}{\pi}\cos\alpha = 2.34\,V_p\cos\alpha = 1.35\,V_l\cos\alpha\,[\text{V}]$$

(단, V_p: 상전압[V], V_l: 선간 전압[V])

독학이 쉬워지는 기초개념

V_m(최대값) $= \sqrt{2}\,V$(실효값)

$\cos\alpha$: 격자율
$1+\cos\alpha$: 제어율

선간 전압과 상전압의 관계
$V_l = \sqrt{3}\,V_p\,[\text{V}]$

CHAPTER 07 CBT 적중문제

01
직류 전압을 교류 전압으로 변환하는 기기는?

① 인버터
② 정류기
③ 초퍼
④ 사이클로 컨버터

해설 변환기의 종류

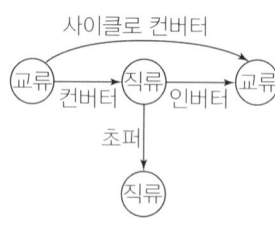

- 컨버터: 교류(AC)를 직류(DC)로 변환하는 장치
- **인버터: 직류(DC)를 교류(AC)로 변환하는 장치**
- 초퍼: 직류(DC)를 직류(DC)로 직접 제어하는 장치
- 사이클로 컨버터: 교류(AC)를 교류(AC)로 주파수 변환하는 장치

02
무정전 전원 장치(UPS)에 사용되는 컨버터의 주사용 목적은?

① 교류 전압 변화 안정화
② 교류 전압 주파수 변화
③ 교류 전압을 직류 전압으로 변화
④ 교류 전압을 다른 교류 전압으로 변화

해설
- **컨버터: 교류(AC)를 직류(DC)로 변환시키는 정류기**
- 인버터: 직류(DC)를 교류(AC)로 변환시키는 역변환기

03
6상 회전 변류기의 직류 측 전압(E_d)과 교류 측 전압(E_a) 실효값의 비 $\left(\dfrac{E_d}{E_a}\right)$는?

① $\dfrac{\sqrt{2}}{2}$
② $\sqrt{2}$
③ $\sqrt{3}$
④ $2\sqrt{2}$

해설
- 회전 변류기의 전압비

$$\dfrac{E_a}{E_d} = \dfrac{1}{\sqrt{2}}\sin\dfrac{\pi}{m}$$

- 6상 회전 변류기의 직류 측 전압과 교류 측 전압 실효값의 비

$$\dfrac{E_d}{E_a} = \dfrac{\sqrt{2}}{\sin\dfrac{\pi}{m}} = \dfrac{\sqrt{2}}{\sin\dfrac{\pi}{6}} = \dfrac{\sqrt{2}}{\sin 30°} = 2\sqrt{2}$$

04
다이오드를 사용하는 정류 회로에서 과대 부하 전류로 인하여 다이오드가 소손될 우려가 있을 때 가장 적절한 조치는?

① 다이오드를 병렬로 추가한다.
② 다이오드를 직렬로 추가한다.
③ 다이오드 양단에 적당한 값의 저항을 추가한다.
④ 다이오드 양단에 적당한 값의 콘덴서를 추가한다.

해설 다이오드의 접속
- 직렬 접속: 과전압 방지
- **병렬 접속: 과전류 방지**

| 정답 | 01 ① 02 ③ 03 ④ 04 ①

05
다이오드를 사용한 정류 회로에서 다이오드 여러 개를 직렬로 연결하면?

① 고조파 전류를 감소시킬 수 있다.
② 출력 전압의 맥동률을 감소시킬 수 있다.
③ 입력 전압을 증가시킬 수 있다.
④ 부하 전류를 증가시킬 수 있다.

해설 다이오드의 접속
- 직렬 접속: 과전압 방지(입력 전압 증가 가능)
- 병렬 접속: 과전류 방지

06
SCR에 대한 설명으로 옳지 않은 것은?

① 게이트 전류로 통전 전압을 가변시킨다.
② 주전류를 차단하려면 게이트 전압을 (0) 또는 (−)로 해야 한다.
③ 게이트 전류의 위상각으로 통전 전류의 평균값을 제어할 수 있다.
④ 대전류 제어 정류용으로 이용된다.

해설 SCR(사이리스터)
- A, K, G 3단자 소자이다.
- 다이오드보다 사용 온도가 높아 안정적이다.
- 위상 제어, 인버터, 초퍼 등에 사용한다.
- 차단하려면 애노드 전압을 (0) 또는 (−)로 한다.

07
SCR이 턴 오프(Turn-off) 되는 조건은?

① 게이트에 역방향 전류를 흘린다.
② 게이트에 역방향 전압을 가한다.
③ 게이트의 순방향 전류를 0으로 한다.
④ 애노드 전류를 유지 전류 이하로 한다.

해설 SCR을 턴 오프(Turn-off) 시키기 위한 조건
- 애노드 전압을 (0) 또는 (−)로 한다.
- 애노드 전류를 유지 전류 이하로 한다.

08
사이리스터의 특성으로 옳지 않은 것은?

① 하나의 스위치 작용을 하는 반도체이다.
② PN 접합을 여러 개 적당히 결합한 전력용 스위치이다.
③ 사이리스터를 턴 온(Turn-on)시키기 위해 필요한 최소 순방향 전류를 래칭 전류라고 한다.
④ 유지 전류는 래칭 전류보다 크다.

해설 SCR(사이리스터)
- 래칭 전류: 사이리스터를 턴 온(Turn-on)시키기 위해 필요한 최소의 순방향 전류이다.
- 유지 전류: 사이리스터가 도통되고 있을 때 그 상태를 유지하기 위한 최소의 순방향 전류이다.
- 래칭 전류는 유지 전류보다 항상 크다.

09
SCR의 특징이 아닌 것은?

① 아크가 생기지 않으므로 열 발생이 적다.
② 열용량이 적어 고온에 약하다.
③ 전류가 흐를 때 양극의 전압 강하가 작다.
④ 과전압에 강하다.

해설 SCR(사이리스터)
- 아크가 생기지 않으므로 열 발생이 적다.
- 게이트 신호를 인가할 때부터 도통할 때까지의 시간이 짧다.
- 전류가 흐를 때 양극의 전압 강하가 작다.
- 과전압에 약하다.
- 열용량이 적어 고온에 약하다.

10
반도체 사이리스터에 의한 제어는 무엇을 변화시키는가?

① 주파수   ② 전류
③ 위상각   ④ 최댓값

해설
사이리스터에 의한 제어는 위상각을 조정하여 제어하는 방식이다.

11
게이트 조작에 의해 부하 전류 이상으로 유지 전류를 높일 수 있어 게이트의 턴 온, 턴 오프가 가능한 사이리스터는?

① SCR   ② GTO
③ LASCR   ④ TRIAC

해설 GTO(Gate Turn Off thyristor)
- 역저지 3단자 소자이다.
- 게이트 신호로 소자 온·오프가 가능하다.

12
1방향성 4단자 사이리스터는?

① TRIAC   ② SCS
③ SCR   ④ SSS

해설
- 2극 소자: DIAC, SSS, 다이오드
- 3극 소자: SCR, GTO, TRIAC, LASCR
- 4극 소자: SCS

| 정답 | 09 ④   10 ③   11 ②   12 ②

13

전력용 MOSFET와 전력용 BJT에 대한 설명으로 옳지 않은 것은?

① 전력용 BJT는 전압 제어 소자로 On 상태를 유지하는 데 거의 무시할 만큼의 전류가 필요하다.
② 전력용 MOSFET는 비교적 스위칭 시간이 짧아 높은 스위칭 주파수로 사용할 수 있다.
③ 전력용 BJT는 일반적으로 턴 온(Turn-on) 상태에서의 전압 강하가 전력용 MOSFET보다 작아 전력 손실이 적다.
④ 전력용 MOSFET는 온 오프 제어가 가능한 소자이다.

해설 BJT
- 전류 제어 소자이다.(베이스 전류로 컬렉터 전류 제어)
- 스위칭을 On시키기 위해 지속적인 베이스 전류가 필요하다.

14

반파 정류 회로에서 직류 전압 $200[\text{V}]$를 얻는 데 필요한 변압기 2차 상전압은 약 몇 $[\text{V}]$인가?(단, 부하는 순저항, 변압기 내 전압 강하를 무시하면 정류기 내의 전압 강하는 $5[\text{V}]$로 한다.)

① 68
② 113
③ 333
④ 455

해설
- 부하 운전 시 전압 강하를 고려한 직류 출력 전압 $E_d = 0.45E - e[\text{V}]$을 이용한다.
- 2차 상전압
$$E = \frac{E_d + e}{0.45} = \frac{200 + 5}{0.45} = 455[\text{V}]$$

15

단상 반파 정류 회로에서 교류 측 공급 전압이 $690\sin\omega t[\text{V}]$, 직류 측 부하 저항이 $10[\Omega]$일 때 직류 측 전압과 전류는?

① $E_d = 220[\text{V}], I_d = 22[\text{A}]$
② $E_d = 440[\text{V}], I_d = 44[\text{A}]$
③ $E_d = 550[\text{V}], I_d = 55[\text{A}]$
④ $E_d = 660[\text{V}], I_d = 66[\text{A}]$

해설
- 교류 전압의 실효값
$$E = \frac{690}{\sqrt{2}} = 488[\text{V}]$$
- 단상 반파 정류의 직류 출력 전압
$$E_d = 0.45E = 0.45 \times 488 = 220[\text{V}]$$
- 직류 전류
$$I_d = \frac{E_d}{R} = \frac{220}{10} = 22[\text{A}]$$

16

단상 반파 정류 회로에서 변압기 2차 전압의 실효값을 $E[\text{V}]$라고 할 때 직류 전류 평균값[A]은?(단, 정류기의 전압 강하는 $e[\text{V}]$, 부하 저항은 $R[\Omega]$이다.)

① $\dfrac{\dfrac{\sqrt{2}}{\pi}E - e}{R}$
② $\dfrac{1}{2} \cdot \dfrac{E-e}{R}$
③ $\dfrac{2\sqrt{2}}{\pi} \cdot \dfrac{E}{R}$
④ $\dfrac{\sqrt{2}}{\pi} \cdot \dfrac{E-e}{R}$

해설
- 단상 반파 정류 회로의 무부하 시 직류 출력 전압
$$E_d = \frac{\sqrt{2}}{\pi}E[\text{V}]$$
- 부하 운전 시 전압 강하를 고려한 직류 출력 전압
$$E_d = \frac{\sqrt{2}}{\pi}E - e[\text{V}]$$
- 부하 저항에 흐르는 직류 전류
$$I_d = \frac{\dfrac{\sqrt{2}}{\pi}E - e}{R}[\text{A}]$$

| 정답 | 13 ① 14 ④ 15 ① 16 ①

17
정류 회로에서 평활 회로를 사용하는 이유는?

① 출력 전압의 맥류분을 감소하기 위해
② 출력 전압의 크기를 증가시키기 위해
③ 정류 전압의 직류분을 감소하기 위해
④ 정류 전압을 2배로 늘리기 위해

해설
- 정류기에 의한 파형: 완전한 직류가 아닌 맥동 파형이다.
- 평활 회로: 정류기의 출력 맥동분(맥류분)을 감소시키기 위해 사용하는 콘덴서와 초크 코일 및 저항 회로이다.

18
다음 중 전압 맥동률이 가장 작은 정류기는?

① 단상 반파 정류기
② 단상 전파 정류기
③ 3상 반파 정류기
④ 3상 전파 정류기

해설 정류기 종류별 맥동률
- 단상 반파: 121[%]
- 단상 전파: 48[%]
- 3상 반파: 17[%]
- 3상 전파: 4[%]

19
Y 결선한 변압기의 2차 측에 사이리스터 6개로 결선하여 3상 전파 정류 회로를 구성했을 때 직류 평균 전압은?(단, E는 교류 측 상전압, α는 점호 제어각이다.)

① $\dfrac{6\sqrt{2}}{2\pi}E\cos\alpha[\text{V}]$ ② $\dfrac{3\sqrt{6}}{2\pi}E\cos\alpha[\text{V}]$

③ $\dfrac{3\sqrt{6}}{\pi}E\cos\alpha[\text{V}]$ ④ $\dfrac{3\sqrt{3}}{2\pi}E\cos\alpha[\text{V}]$

해설
- 3상 전파 제어 정류
$$V_o = \dfrac{3\sqrt{6}}{\pi}V_p\cos\alpha = \dfrac{3\sqrt{2}}{\pi}V_l\cos\alpha[\text{V}]$$
- 상전압을 $E[\text{V}]$라 하였으므로
$$V_o = \dfrac{3\sqrt{6}}{\pi}E\cos\alpha[\text{V}]$$

20
저항 부하인 사이리스터 단상 반파 정류기로 위상 제어를 할 경우에 점호각을 $0°$에서 $60°$로 한다면 다른 조건이 같은 경우 출력 평균 전압은 몇 배가 되는가?

① $\dfrac{3}{4}$ ② $\dfrac{4}{3}$

③ $\dfrac{3}{2}$ ④ $\dfrac{2}{3}$

해설
- 점호각이 $0°$일 때
$$V_o = \dfrac{\sqrt{2}}{\pi}V\left(\dfrac{1+\cos\alpha}{2}\right)$$
$$= \dfrac{\sqrt{2}}{\pi}V\left(\dfrac{1+\cos 0°}{2}\right) = 0.45V[\text{V}]$$
- 점호각이 $60°$일 때
$$V_o = \dfrac{\sqrt{2}}{\pi}V\left(\dfrac{1+\cos\alpha}{2}\right)$$
$$= \dfrac{\sqrt{2}}{\pi}V\left(\dfrac{1+\cos 60°}{2}\right) = 0.45V \times \dfrac{3}{4}[\text{V}]$$

따라서 $0°$에서 $60°$가 될 경우 $\dfrac{3}{4}$배가 된다.

| 정답 | 17 ① 18 ④ 19 ③ 20 ①

21

단상 전파 제어 정류 회로에서 순저항 부하일 때의 평균 출력 전압은?(단, V_m은 가해진 전압의 최대값이고, 점호각은 α 이다.)

① $\dfrac{V_m}{\pi}(1+\cos\alpha)$ ② $\dfrac{V_m}{\pi}(1+\tan\alpha)$

③ $\dfrac{2V_m}{\pi}(1+\cos\alpha)$ ④ $\dfrac{2V_m}{\pi}(1+\tan\alpha)$

해설 SCR의 평균 직류 출력

• 단상 반파 정류

$V_o = \dfrac{\sqrt{2}}{2\pi}V(1+\cos\alpha) = \dfrac{V_m}{2\pi}(1+\cos\alpha)\,[\text{V}]$

• 단상 전파 정류

$V_o = \dfrac{\sqrt{2}}{\pi}V(1+\cos\alpha) = \dfrac{V_m}{\pi}(1+\cos\alpha)\,[\text{V}]$

(단, V: 교류 실효값[V], V_m: 교류 최대값[V])

22

그림과 같은 단상 브리지 정류 회로(혼합 브리지)에서 직류 평균 전압[V]은?(단, E는 교류 측 실효치 전압, α는 점호 제어각이다.)

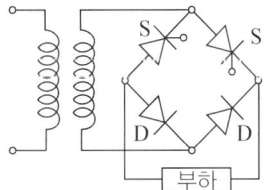

① $\dfrac{2\sqrt{2}E}{\pi}\left(\dfrac{1+\cos\alpha}{2}\right)$

② $\dfrac{\sqrt{2}E}{\pi}\left(\dfrac{1+\cos\alpha}{2}\right)$

③ $\dfrac{2\sqrt{2}E}{\pi}\left(\dfrac{1-\cos\alpha}{2}\right)$

④ $\dfrac{\sqrt{2}E}{\pi}\left(\dfrac{1-\cos\alpha}{2}\right)$

해설 단상 전파 정류 평균 전압

$V_o = \dfrac{\sqrt{2}}{\pi}E(1+\cos\alpha) = \dfrac{2\sqrt{2}}{\pi}E\left(\dfrac{1+\cos\alpha}{2}\right) = 0.9E\left(\dfrac{1+\cos\alpha}{2}\right)[\text{V}]$

23

제어 정류기 중 특정 고조파를 제거하는 방법은?

① 대칭각 제어 기법
② 소호각 제어 기법
③ 대칭 소호각 제어 기법
④ 펄스폭 변조 제어 기법

해설
PWM(펄스폭 변조 방식)은 특정 고조파 제거에 탁월한 효과가 있다.

삶의 순간순간이
아름다운 마무리이며
새로운 시작이어야 한다.

- 법정 스님

2026 에듀윌 전기기기 필기 기본서 + 유형별 N제

발 행 일	2025년 8월 12일 초판
편 저 자	에듀윌 전기수험연구소
펴 낸 이	양형남
개발책임	목진재
개 발	박원서, 최윤석, 서보경
펴 낸 곳	(주)에듀윌
I S B N	979-11-360-3816-6
등록번호	제25100-2002-000052호
주 소	08378 서울특별시 구로구 디지털로34길 55 코오롱싸이언스밸리 2차 3층

* 이 책의 무단 인용·전재·복제를 금합니다.

www.eduwill.net
대표전화 1600-6700

여러분의 작은 소리
에듀윌은 크게 듣겠습니다.

본 교재에 대한 여러분의 목소리를 들려주세요.
공부하시면서 어려웠던 점, 궁금한 점,
칭찬하고 싶은 점, 개선할 점, 어떤 것이라도 좋습니다.

에듀윌은 여러분께서 나누어 주신 의견을
통해 끊임없이 발전하고 있습니다.

에듀윌 도서몰 book.eduwill.net
- 부가학습자료 및 정오표: 에듀윌 도서몰 → 도서자료실
- 교재 문의: 에듀윌 도서몰 → 문의하기 → 교재(내용, 출간) / 주문 및 배송

꿈을 현실로 만드는
에듀윌

DREAM

공무원 교육
- 선호도 1위, 신뢰도 1위! 브랜드만족도 1위!
- 합격자 수 2,100% 폭등시킨 독한 커리큘럼

자격증 교육
- 9년간 아무도 깨지 못한 기록 합격자 수 1위
- 가장 많은 합격자를 배출한 최고의 합격 시스템

종합출판
- 온라인서점 베스트셀러 1위!
- 출제위원급 전문 교수진이 직접 집필한 합격 교재

어학 교육
- 토익 베스트셀러 1위
- 토익 동영상 강의 무료 제공

콘텐츠 제휴 · B2B 교육
- 고객 맞춤형 위탁 교육 서비스 제공
- 기업, 기관, 대학 등 각 단체에 최적화된 고객 맞춤형 교육 및 제휴 서비스

학점은행제
- 99%의 과목이수율
- 17년 연속 교육부 평가 인정 기관 선정

대학 편입
- 편입 교육 1위!
- 최대 200% 환급 상품 서비스

직영학원
- 검증된 합격 프로그램과 강의
- 1:1 밀착 관리 및 컨설팅
- 호텔 수준의 학습 환경

부동산 아카데미
- 부동산 실무 교육 1위!
- 상위 1% 고소득 창업/취업 비법
- 부동산 실전 재테크 성공 비법

국비무료 교육
- '5년우수훈련기관' 선정
- K-디지털, 산대특 등 특화 훈련과정
- 원격국비교육원 오픈

에듀윌 교육서비스 **공무원 교육** 9급공무원/소방공무원/계리직공무원 **자격증 교육** 공인중개사/주택관리사/손해평가사/감정평가사/노무사/전기기사/경비지도사/검정고시/소방설비기사/소방시설관리사/사회복지사1급/대기환경기사/수질환경기사/건축기사/토목기사/직업상담사/전기기능사/산업안전기사/건설안전기사/위험물산업기사/위험물기능사/유통관리사/물류관리사/행정사/한국사능력검정/한경TESAT/매경TEST/KBS한국어능력시험/실용글쓰기/IT자격증/국제무역사/무역영어 **어학 교육** 토익 교재/토익 동영상 강의 **세무/회계** 전산세무회계/ERP정보관리사/재경관리사 **대학 편입** 편입 영어·수학/연고대/의약대/경찰대/논술/면접 **직영학원** 공무원학원/소방학원/공인중개사 학원/주택관리사 학원/전기기사 학원/편입학원 **종합출판** 공무원·자격증 수험교재 및 단행본 **학점은행제** 교육부 평가인정기관 원격평생교육원(사회복지사2급/경영학/CPA) **콘텐츠 제휴·B2B 교육** 콘텐츠 제휴/기업 맞춤 자격증 교육/대학취업역량 강화 교육 **부동산 아카데미** 부동산 창업CEO/부동산 경매 마스터/부동산 컨설팅 **주택취업센터** 실무 특강/실무 아카데미 **국비무료 교육(국비교육원)** 전기기능사/전기(산업)기사/소방설비(산업)기사/IT(빅데이터/자바프로그램/파이썬)/게임그래픽/3D프린터/실내건축디자인/웹퍼블리셔/그래픽디자인/영상편집(유튜브) 디자인/온라인 쇼핑몰광고 및 제작(쿠팡, 스마트스토어)/전산세무회계/컴퓨터활용능력/ITQ/GTQ/직업상담사

교육문의 **1600-6700** www.eduwill.net

- 2022 소비자가 선택한 최고의 브랜드 공무원·자격증 교육 1위(조선일보) · 2023 대한민국 브랜드만족도 공무원·자격증·취업·학원·편입·부동산 실무 교육 1위(한경비즈니스)
- 2017/2022 에듀윌 공무원 과정 최종 환급자 수 기준 · 2023년 성인 자격증, 공무원 직영학원 기준 · YES24 공인중개사 부문, 2025 에듀윌 공인중개사 1차 기출응용 예상문제집 민법 및 민사특별법(2025년 6월 월별 베스트) · 교보문고 취업/수험서 부문, 2020 에듀윌 농협은행 6급 NCS 직무능력평가+실전모의고사 4회(2020년 1월 27일~2월 5일, 인터넷 주간 베스트) 그 외 다수
- YES24 컴퓨터활용능력 부문, 2024 컴퓨터활용능력 1급 필기 초단기끝장(2023년 10월 3~4주 주별 베스트) 그 외 다수 · YES24 신규 자격증 부문, 2024 에듀윌 데이터분석 준전문가 ADsP 2주끝장(2024년 4월 2주, 9월 5주 주별 베스트) · 인터파크 자격서/수험서 부문, 에듀윌 한국사능력검정시험 2주끝장 심화(1, 2, 3급)(2020년 6~8월 월간 베스트) 그 외 다수 · YES24 국어 외국어 사전영어 토익/TOEIC 기출문제/모의고사 분야 베스트셀러 1위(에듀윌 토익 READING RC 4주끝장 리딩 종합서, 2022년 9월 4주 주별 베스트) · 에듀윌 토익 교재 입문~실전 인강 무료 제공(2022년 최신 강좌 기준/109강) · 2024년 종강반 중 모든 평가항목 정상 참여자 기준, 99%(평생교육원 기준) · 2008년~2024년까지 234만 누적수강학점으로 과목 운영(평생교육원 기준)
- 에듀윌 국비교육원 구로센터 고용노동부 지정 "5년우수훈련기관" 선정(2023~2027) · KRI 한국기록원 2016, 2017, 2019년 공인중개사 최다 합격자 배출 공식 인증(2025년 현재까지 업계 최고 기록)

YES24 수험서 자격증 한국산업인력공단 전기분야 전기기기 베스트셀러 1위
(2019년 1월~7월, 10월~12월, 2020년 2월~12월, 2021년 1월~11월, 2022년 2월, 4월~6월,
2023년 2월~8월, 11월~12월, 2024년 1월~3월, 5월~7월, 9월, 10월, 2025년 1월~3월, 5월 월별 베스트)
2023, 2022, 2021 대한민국 브랜드만족도 전기기사 교육 1위(한경비즈니스)
2020, 2019 한국소비자만족지수 전기기사 교육 1위(한경비즈니스, G밸리뉴스)

2026 에듀윌 전기
전기기기 필기 +무료특강

기사맛집 합격 레시피

1 끝맺음 노트: 핵심이론+빈출문제+최신기출 CBT 모의고사 3회
  혜택받기 교재 내 별책부록 제공

2 최신기출 CBT 모의고사 무료 해설강의(3회분)
  혜택받기 교재 내 'QR코드 스캔' 또는 'URL 링크'로 접속

3 한국전기설비규정 용어 표준화 및 국문순화 신구비교표 제공(PDF)
  혜택받기 교재 내 'QR코드 스캔' 또는 'URL 링크'로 접속

고객의 꿈, 직원의 꿈, 지역사회의 꿈을 실현한다

에듀윌 도서몰
book.eduwill.net
- 부가학습자료 및 정오표: 에듀윌 도서몰 > 도서자료실
- 교재 문의: 에듀윌 도서몰 > 문의하기 > 교재(내용, 출간) / 주문 및 배송

2026

에듀윌 전기
전기기기
[필기]
+무료특강

합격자 수가 선택의 기준!

유형별 N제
- 전기기사, 전기산업기사
- 전기공사기사, 전기공사산업기사
- 전기직 공사, 공단, 공무원 대비

YES24 25년 5월
월별 베스트 기준
베스트셀러 1위

YES24 수험서 자격증
한국산업인력공단 전기분야
전기기기 베스트셀러 1위

57개월 베스트셀러 1위! 산출근거 후면표기

- [끝맺음 노트] 핵심이론 + 빈출문제 + 최신기출 CBT 모의고사 3회
- [무료특강] 최신기출 CBT 모의고사 해설
- [학습자료] 용어 표준화 및 국문순화 신구비교표

eduwill

**에듀윌이
너를
지지할게**

ENERGY

처음에는 당신이 원하는 곳으로
갈 수는 없겠지만,
당신이 지금 있는 곳에서
출발할 수는 있을 것이다.

– 작자 미상

에듀윌 전기 전기기기

필기 유형별 N제

CONTENTS
유형별 N제 차례

CHAPTER 01 직류 발전기

THEME 02. 직류 발전기의 구조	8
THEME 03. 전기자 권선법	10
THEME 04. 유기 기전력	12
THEME 05. 전기자 반작용	14
THEME 06. 정류 작용	18
THEME 07. 직류 발전기의 종류	20
THEME 08. 직류 발전기의 특성 곡선	24
THEME 09. 전압 변동률	25
THEME 10. 직류 발전기의 병렬 운전	26

CHAPTER 02 직류 전동기

THEME 02. 역기전력	30
THEME 03. 회전 속도와 토크	31
THEME 04. 직류 전동기의 종류	33
THEME 05. 직류 전동기의 속도-토크 특성	40
THEME 06. 직류 전동기의 운전	42
THEME 07. 직류기의 손실과 효율	44
THEME 08. 직류기의 시험법	47

CHAPTER 03 동기기

THEME 01. 동기 발전기의 원리와 구조	50
THEME 02. 전기자 권선법	54
THEME 03. 유기 기전력	57
THEME 04. 전기자 반작용	59
THEME 05. 동기 발전기의 등가 회로	61
THEME 06. 동기 발전기의 병렬 운전	69
THEME 07. 자기 여자 현상과 난조	72
THEME 08. 동기 발전기의 안정도	74
THEME 09. 동기 전동기의 특성	75
THEME 10. 위상 특성 곡선	76

CHAPTER 04 변압기

THEME 01. 변압기의 원리와 구조	82
THEME 02. 변압기의 유기 기전력	84
THEME 03. 변압기의 등가 회로	87
THEME 04. 전압 변동률	90
THEME 05. 변압기의 손실과 효율	95
THEME 06. 변압기의 극성	103
THEME 07. 변압기 3상 결선	103
THEME 08. 변압기의 병렬 운전	108
THEME 09. 특수 변압기	110
THEME 10. 변압기의 보호 및 시험	114

CHAPTER 05 유도기

THEME 01. 유도 전동기의 원리와 구조	120
THEME 02. 회전 속도와 슬립	121
THEME 03. 회전자 특성	122
THEME 04. 비례 추이	132
THEME 05. 원선도	136
THEME 06. 유도 전동기 기동	137
THEME 07. 유도 전동기 속도 제어	138
THEME 08. 유도 전동기 제동과 이상 현상	143
THEME 09. 특수 유도기	145
THEME 10. 단상 유도 전동기	147
THEME 11. 유도 전압 조정기	150

CHAPTER 07 전력변환장치

THEME 01. 전력 변환	166
THEME 02. 회전 변류기	167
THEME 03. 수은 정류기	168
THEME 04. 반도체 소자	169
THEME 05. 정류 회로	177
THEME 06. 위상 제어 정류 회로	181

CHAPTER 06 특수기기

THEME 01. 정류자 전동기	154
THEME 02. 서보 전동기	159
THEME 03. 스텝 모터	160
THEME 04. 신형 진동기	161

직류 발전기

THEME 02. 직류 발전기의 구조
THEME 03. 전기자 권선법
THEME 04. 유기 기전력
THEME 05. 전기자 반작용
THEME 06. 정류 작용
THEME 07. 직류 발전기의 종류
THEME 08. 직류 발전기의 특성 곡선
THEME 09. 전압 변동률
THEME 10. 직류 발전기의 병렬 운전

CBT 완벽대비 가능한 유형마스터 학습!

THEME	유형분석	관련 번호
THEME 02 직류 발전기의 구조	직류 발전기의 구조 및 원리에 대한 문제가 출제됩니다. 직류기의 기본 요소이므로 반드시 알아두어야 합니다.	001~010
THEME 03 전기자 권선법	고상권, 폐로권, 이층권, 중권 등 전기자 권선별 특징에 관한 문제가 출제됩니다.	011~017
THEME 04 유기 기전력	발전기의 유기 기전력에 관한 내용이 등장합니다. 전기자 권선법에 따른 병렬 회로수를 반드시 암기해야 풀 수 있습니다.	018~025
THEME 05 전기자 반작용	전기자 반작용의 현상과 영향, 방지 대책에 대한 문제가 출제됩니다. 관련 내용은 직류 발전기뿐만 아니라 전동기까지 함께 출제됩니다.	026~038
THEME 06 정류 작용	과정류, 직선 정류, 부족 정류 등 정류의 종류와 특징에 관한 문제가 출제됩니다.	039~046
THEME 07 직류 발전기의 종류	여러 가지 발전기의 특징을 이해하는 것이 중요합니다. 각 발전기별로 계산하는 방법이 다르므로 충분한 연습이 필요합니다.	047~061
THEME 08 직류 발전기의 특성 곡선	무부하 특성 곡선, 외부 특성 곡선 등 발전기의 특성을 묻는 문제가 출제됩니다.	062~067
THEME 09 전압 변동률	전압 변동률의 공식을 이해해야 문제를 풀 수 있습니다. 특히 무부하 단자 전압이 의미하는 것을 완벽하게 학습하는 것이 중요합니다.	068~070
THEME 10 직류 발전기의 병렬 운전	발전기의 병렬 운전과, 균압선의 설치 목적 등을 묻는 문제가 출제됩니다. 정형화된 패턴으로 출제되는 경향이 있습니다.	071~077

학습 효과를 높이는 N제 3회독 시스템

챕터별 전체 1회독이 끝났다면 회독 체크표에 날짜를 기입하고 체크표시를 해주세요.

회독 체크표	☐ 1회독	월 일	☐ 2회독	월 일	☐ 3회독	월 일

CHAPTER 01 직류 발전기

THEME 02 직류 발전기의 구조

001 ★★☆
직류기에서 계자 자속을 만들기 위하여 전자석의 권선에 전류를 흘리는 것을 무엇이라고 하는가?
① 보극
② 여자
③ 보상 권선
④ 자화 작용

해설
자속을 만들기 위해 전자석의 권선에 전류를 흘리는 것을 여자라고 한다.

002 ★★☆
직류 발전기의 단자 전압을 조정하려면 어느 것을 조정하여야 하는가?
① 기동 저항
② 계자 저항
③ 방전 저항
④ 전기자 저항

해설
직류 발전기는 계자 저항을 조정하여 계자 전류를 조절한다. 이 계자 전류는 발전기의 단자 전압을 제어한다.

003 ★★★
직류 발전기에서 자속을 끊어 기전력을 유기시키는 부분을 무엇이라고 하는가?
① 계자
② 계철
③ 전기자
④ 정류자

해설
- 계자: 직류 전류를 흘리면 자속을 발생시키는 부분
- 전기자: 계자에서 발생된 자속을 끊어 기전력을 유도시키는 부분
- 정류자: 전기자에서 유기된 교류 기전력을 직류로 변환하는 부분

004 ★★☆
직류기에 탄소 브러시를 사용하는 주된 이유는?
① 고유 저항이 작기 때문에
② 접촉 저항이 작기 때문에
③ 접촉 저항이 크기 때문에
④ 고유 저항이 크기 때문에

해설
직류기에 탄소 브러시를 사용하는 이유는 접촉 저항이 커 정류 코일의 단락 전류를 억제하여 양호한 정류가 가능하기 때문이다.

| 정답 | 001 ② 002 ② 003 ③ 004 ③

005 ★☆☆

직류기에서 전류 용량이 크고 저전압 대전류에 가장 적합한 브러시 재료는?

① 탄소질 ② 금속 탄소질
③ 금속 흑연질 ④ 전기 흑연질

해설

종류	특징
탄소 브러시	접촉 저항이 큼
흑연질 브러시	접촉 저항이 작음
전기 흑연질 브러시	정류 능력이 높아 대부분의 전기기계에 사용
금속 흑연질 브러시	전기 분해 등의 저전압 대전류용 기기에 사용

006 ★★★

표면을 절연 피막 처리한 규소 강판을 성층하는 이유로 옳은 것은?

① 절연성을 높이기 위해
② 히스테리시스손을 작게 하기 위해
③ 자속을 보다 잘 통하게 하기 위해
④ 와전류에 의한 손실을 작게 하기 위해

해설 와전류손

철심이 자계 내에서 회전하면 자속을 끊기 때문에 철심에는 기전력이 발생하여 단락 전류가 흐르게 된다. 이를 와전류라고 하고, 와전류에 의한 손실을 와전류손이라 한다. 이 손실을 감소시키기 위해 철심은 표면을 절연 피막 처리한 규소 강판을 성층하여 만든다.

007 ★★★

전기기계에 있어서 히스테리시스손을 감소시키기 위한 방법은?

① 성층 철심 사용 ② 규소 강판 사용
③ 보극 설치 ④ 보상 권선 설치

해설
- 히스테리시스손 감소 대책: 규소 강판 사용
- 와전류손 감소 대책: 성층 철심 사용

008 ★★☆

6극 직류 발전기의 정류자 편수가 132, 무부하 단자 전압이 220[V], 직렬 도체수가 132개이고 중권이다. 정류자 편간 전압은 몇 [V]인가?

① 10 ② 20
③ 30 ④ 40

해설

정류자 편간 평균 전압

$$e_a = \frac{pE}{k} = \frac{6 \times 220}{132} = 10[V]$$

(단, k: 정류자 편수)

| 정답 | 005 ③ 006 ④ 007 ② 008 ①

009 ★★☆

직류 발전기의 유기 기전력이 $230[V]$, 극수가 4, 정류자 편수가 162인 정류자 편간 평균 전압은 약 몇 $[V]$인가?(단, 권선법은 중권이다.)

① 5.68 ② 6.28
③ 9.42 ④ 10.2

해설
정류자 편간 평균 전압
$e_a = \dfrac{pE}{k} = \dfrac{4 \times 230}{162} = 5.68[V]$
(단, k: 정류자 편수)

010 ★☆☆

극수 p인 전기기계에서 전기 각도 α_e와 기하학적 각도 α 사이에는 어떤 관계가 있는가?

① $\alpha = \dfrac{\alpha_e}{p}$ ② $\alpha = \dfrac{2\alpha_e}{p}$
③ $\alpha = \dfrac{\alpha_e}{2p}$ ④ $\alpha = 2p\alpha_e$

해설
전기 각도(전기각) α_e = 기하학적 각도(기하각) $\alpha \times \dfrac{p}{2}$
$\therefore \alpha = \dfrac{2\alpha_e}{p}$

THEME 03 전기자 권선법

011 ★☆☆

정현 파형의 회전 자계 중에 정류자가 있는 회전자를 놓으면 각 정류자편 사이에 연결되어 있는 회전자 권선에는 크기가 같고 위상이 다른 전압이 유기된다. 정류자 편수를 K라 하면 정류자편 사이의 위상차는?

① $\dfrac{\pi}{K}$ ② $\dfrac{2\pi}{K}$
③ $\dfrac{K}{\pi}$ ④ $\dfrac{K}{2\pi}$

해설
일반적으로 정류자의 모양은 원통형이므로 정류자 편수가 K인 정류자 편 사이의 위상차는 $\dfrac{2\pi}{K}$ 이다.

012 ★★★

직류기의 전기자에 일반적으로 사용되는 전기자 권선법은?

① 이층권 ② 개로권
③ 환상권 ④ 단층권

해설 전기자 권선법의 종류

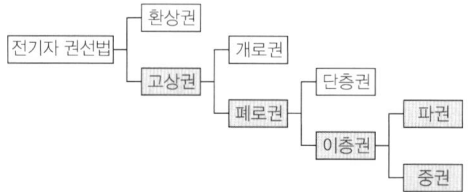

013 ★★☆

4극 단중 파권 직류 발전기의 전전류가 I[A]일 때, 전기자 권선의 각 병렬 회로에 흐르는 전류는 몇 [A]가 되는가?

① $4I$
② $2I$
③ $\dfrac{I}{2}$
④ $\dfrac{I}{4}$

해설

- 파권의 병렬 회로수: $a = 2$
- 각 병렬 회로에 흐르는 전류: $\dfrac{I}{a} = \dfrac{I}{2}$[A]

014 ★☆☆

직류기의 다중 중권 권선법에서 전기자 병렬 회로수 a와 극수 p 사이에는 어떤 관계가 있는가?(단, m은 다중도이다.)

① $a = 2$
② $a = 2m$
③ $a = p$
④ $a = mp$

해설

- 중권의 병렬 회로수: $a = p$
- 다중도 m을 고려한 중권의 병렬 회로 수: $a = mp$

015 ★★☆

직류기의 권선을 단중 파권으로 감으면 어떻게 되는가?

① 저압 대전류용 권선이다.
② 균압환을 연결해야 한다.
③ 내부 병렬 회로수가 극수만큼 생긴다.
④ 전기자 병렬 회로수가 극수에 관계없이 언제나 2이다.

해설

파권의 병렬 회로수는 극수에 관계없이 언제나 2이다.

구분	파권(직렬권)	중권(병렬권)
병렬 회로수(a)	2	극수(p)와 같음
브러시 수(b)	2	극수(p)와 같음
균압환	필요 없음	필요함(4극 이상인 경우)
용도	소전류, 고전압	대전류, 저전압
다중도 m인 경우 병렬 회로수	$2m$	mp

016 ★★☆

직류 발전기의 전기자 권선법 중 단중 파권과 단중 중권을 비교했을 때 단중 파권에 해당하는 것은?

① 고전압 대전류
② 저전압 소전류
③ 고전압 소전류
④ 저전압 대전류

해설

- 파권: 전기자 권선이 직렬식으로 구성되므로 고전압, 소전류용으로 적당하다.
- 중권: 전기자 권선이 병렬식으로 구성되므로 저전압, 대전류용으로 적당하다.

017 ★★☆

8극, 유도 기전력 100[V], 전기자 전류 200[A]인 직류 발전기의 전기자 권선을 중권에서 파권으로 변경했을 경우의 유도 기전력과 전기자 전류는?

① 100[V], 200[A]
② 200[V], 100[A]
③ 400[V], 50[A]
④ 800[V], 25[A]

해설

- 중권에서 파권 변경 시 병렬 회로수
  $a_{중권} = p = 8$
  $a_{파권} = 2$
- 중권 유기 기전력 E, 파권 유기 기전력을 E'라 하면
  $E = \dfrac{pZ\phi}{60a}N \propto \dfrac{1}{a}$ 이므로
  $E' = E \times \left(\dfrac{a_{중권}}{a_{파권}}\right) = 100 \times \dfrac{8}{2} = 400[V]$
- 중권 병렬 회로에 흐르는 전류 $I_1 = \dfrac{I_a}{a} = \dfrac{200}{8} = 25[A]$

중권에서 파권 변경 시 유기 기전력은 $\dfrac{p}{2}$배 증가하고 병렬 회로의 저항도 $\dfrac{p}{2}$배 증가하므로 병렬 회로에 흐르는 전류 I_1은 동일하다.

∴ 파권 전기자 전류 $I_a' = 2I_1 = 2 \times 25 = 50[A]$

THEME 04 유기 기전력

018 ★★★

극수 4이며 전기자 권선은 파권, 전기자 도체수가 250인 직류 발전기가 있다. 이 발전기가 1,200[rpm]으로 회전할 때 600[V]의 기전력을 유기하려면 1극당 자속은 몇 [Wb]인가?

① 0.04
② 0.05
③ 0.06
④ 0.07

해설

- 유기 기전력
  $E = \dfrac{pZ\phi}{60a}N[V]$
- 자속
  $\phi = E \times \dfrac{60a}{pZN}[Wb] = 600 \times \dfrac{60 \times 2}{4 \times 250 \times 1,200} = 0.06[Wb]$

(∵ 파권이므로 $a = 2$)

019 ★★★

직류 분권 발전기가 있다. 극수는 6, 전기자 도체수는 600, 각 자극의 자속은 0.005[Wb]이고 그 회전수가 800[rpm]일 때 전기자에 유기되는 기전력은 몇 [V]인가?(단, 전기자 권선은 파권이라고 한다.)

① 100
② 110
③ 115
④ 120

해설

유기 기전력
$E = \dfrac{pZ\phi}{60a}N = \dfrac{6 \times 600 \times 0.005}{60 \times 2} \times 800 = 120[V]$

(∵ 파권이므로 $a = 2$)

020 ★★★

극수 8, 중권 직류기의 전기자 총 도체수 960, 매극 자속 0.04[Wb], 회전수 400[rpm]이라면 유기 기전력은 몇 [V]인가?

① 256
② 327
③ 425
④ 625

해설

유기 기전력

$E = \dfrac{pZ\phi}{60a}N = \dfrac{8 \times 960 \times 0.04}{60 \times 8} \times 400 = 256[\text{V}]$

($\because$ 중권이므로 $a = p = 8$)

021 ★★★

4극, 중권, 총 도체수 500, 극당 자속이 0.01[Wb]인 직류 발전기가 100[V]의 기전력을 발생시키는 데 필요한 회전수는 몇 [rpm]인가?

① 800
② 1,000
③ 1,200
④ 1,600

해설

- 직류 발전기의 유기 기전력

  $E = \dfrac{pZ\phi}{60a}N[\text{V}]$

- 회전수

  $N = E \times \dfrac{60a}{pZ\phi} = 100 \times \dfrac{60 \times 4}{4 \times 500 \times 0.01} = 1,200[\text{rpm}]$

  ($\because$ 중권이므로 $a = p = 4$)

022 ★★☆

포화되지 않은 직류 발전기의 회전수가 4배로 증가되었을 때 기전력을 전과 같은 값으로 하려면 자속을 속도 변화 전에 비해 얼마로 하여야 하는가?

① $\dfrac{1}{2}$
② $\dfrac{1}{3}$
③ $\dfrac{1}{4}$
④ $\dfrac{1}{8}$

해설

- 유기 기전력

  $E = \dfrac{pZ\phi}{60a}N[\text{V}] \propto N$

- 회전수 N이 4배 증가 시 자속 ϕ는 $\dfrac{1}{4}$배로 감소해야 유기 기전력이 변하지 않고 일정해진다.

023 ★★☆

직류 분권 발전기의 극수 4, 전기자 총 도체수 600으로 매분 600 회전할 때 유기 기전력이 220[V]라 한다. 전기자 권선이 파권일 때 매극당 자속은 약 몇 [Wb]인가?

① 0.0154
② 0.0183
③ 0.0192
④ 0.0199

해설

- 유기 기전력

  $E = \dfrac{pZ\phi}{60a}N[\text{V}]$

- 자속

  $\phi = E \times \dfrac{60a}{pZN} = 220 \times \dfrac{60 \times 2}{4 \times 600 \times 600} = 0.0183[\text{Wb}]$

  ($\because$ 파권이므로 $a = 2$)

024 ★★☆

직류 발전기의 유기 기전력과 반비례하는 것은?

① 자속 ② 회전수
③ 전체 도체수 ④ 병렬 회로수

해설

- 유기 기전력

$$E = \frac{pZ\phi}{60a}N[\text{V}]$$

- 유기 기전력 E와 반비례하는 요소는 병렬 회로수 a이다.

025 ★☆☆

전기자의 지름 $D[\text{m}]$, 길이 $l[\text{m}]$가 되는 전기자에 권선을 감은 직류 발전기가 있다. 자극의 수 p, 각각의 자속수가 $\phi[\text{Wb}]$일 때 전기자 표면의 자속 밀도$[\text{Wb}/\text{m}^2]$는?

① $\dfrac{\pi Dp}{60}$ ② $\dfrac{p\phi}{\pi Dl}$
③ $\dfrac{\pi Dl}{p\phi}$ ④ $\dfrac{\pi Dl}{p}$

해설

전기자를 통과하는 자속의 면적은 $\pi Dl[\text{m}^2]$이고 한 극당 면적은 $\dfrac{\pi Dl}{p}[\text{m}^2]$이 된다.

- 극당 자속수

$$\phi = B \times S = B \times \frac{\pi Dl}{p}[\text{Wb}]$$

- 자속 밀도

$$B = \frac{p\phi}{\pi Dl}[\text{Wb}/\text{m}^2]$$

THEME 05 전기자 반작용

026 ★★☆

직류 발전기의 전기자 반작용에 대한 설명으로 틀린 것은?

① 전기자 반작용으로 인하여 전기적 중성축을 이동시킨다.
② 정류자 편간 전압이 불균일하게 되어 섬락의 원인이 된다.
③ 전기자 반작용이 생기면 주자속이 왜곡되고 증가하게 된다.
④ 전기자 반작용이란, 전기자 전류에 의하여 생긴 자속이 계자에 의해 발생되는 주자속에 영향을 주는 현상을 말한다.

해설 직류 발전기 전기자 반작용

- 주자속 분포를 일그러뜨려 전기적인 중성축을 이동시킨다.
- 계자(주)자속을 감소시켜 유기 기전력을 감소시킨다.
- 정류자 편간 전압이 국부적으로 높아져 불꽃이 발생한다.
- 브러시 사이에 불꽃이 발생하여 정류 불량을 초래한다.

027 ★★★

직류기의 전기자 반작용 중 교차 자화 작용을 근본적으로 없애는 실제적인 방법은?

① 보극 설치 ② 브러시의 이동
③ 계자 전류 조정 ④ 보상 권선 설치

해설 전기자 반작용 방지 대책

- 보상 권선 설치(가장 좋은 방지 대책)
- 보극 설치
- 브러시 중성축 이동

| 정답 | 024 ④ 025 ② 026 ③ 027 ④

028 ★★☆
직류기에 관련된 사항으로 잘못 짝지어진 것은?

① 보극 – 리액턴스 전압 감소
② 보상 권선 – 전기자 반작용 감소
③ 전기자 반작용 – 직류 전동기 속도 감소
④ 정류 기간 – 전기자 코일이 단락되는 기간

해설 직류기에서 보극의 역할
① 보극 설치: 리액턴스 전압을 상쇄하기 위해 적당한 위치에 설치
② 보상 권선: 전기자 반작용을 상쇄시킬 수 있는 가장 효과적인 방법
③ 전기자 반작용
  • 발전기: 자속(ϕ) 감소 → 기전력(E) 감소 → 단자 전압(V) 감소
  • 전동기: 자속(ϕ) 감소 → 회전수(N) 증가 → 토크(T) 감소
④ 정류 기간: 코일이 브러시에 단락되는 순간부터 단락이 끝나는 시간

029 ★★☆
직류 발전기에서 전기자 반작용에 대한 설명으로 틀린 것은?

① 전기자 중성축이 이동하여 주자속이 증가하고 기전력을 상승시킨다.
② 직류 발전기에 미치는 영향으로는 중성축이 이동되고 정류자 편간의 불꽃 섬락이 일어난다.
③ 전기자 전류에 의한 자속이 계자 자속에 영향을 미치게 하여 자속 분포를 변화시키는 것이다.
④ 전기자 권선에 전류가 흘러서 생긴 기자력은 계자 기자력에 영향을 주어 자속의 분포가 기울어진다.

해설 전기자 반작용의 영향
• 주자속 분포를 일그러뜨려 전기적인 중성축을 이동시킨다.
• 계자(주)자속을 감소시켜 유기 기전력을 감소시킨다.
• 정류자 편간 전압이 국부적으로 높아져 불꽃이 발생한다.
• 브러시 사이에 불꽃이 발생하여 정류 불량을 초래한다.

030 ★☆☆
직류기에 보극을 설치하는 목적은?

① 정류 개선
② 토크의 증가
③ 회전수 일정
④ 기동 토크의 증가

해설 직류기에서 보극의 역할
• 전기자 전류에 의해 정류 전압을 얻는다.
• 리액턴스 전압을 상쇄시킬 수 있으므로 정류 작용이 잘 되게 해 준다.
• 전기적 중성축의 이동을 막는다.

031 ★★☆
직류 분권 발전기의 브러시를 중성축에서 회전 방향 쪽으로 이동하면 전압은?

① 상승한다.
② 급격히 상승한다.
③ 변화하지 않는다.
④ 감소한다.

해설
브러시가 중성축에서 이동하면 코일에 단락 전류가 흘러 불꽃이 발생하고, 전압 강하가 발생하여 기전력이 감소한다.

| 정답 | 028 ③ 029 ① 030 ① 031 ④

032 ★★☆

직류기의 전기자 반작용에 대한 설명으로 옳은 것은?

① 전기자 반작용을 방지하기 위해 보상 권선의 전류 방향을 전기자 전류의 방향과 동일하게 한다.
② 전기자 반작용이란 전기자 전류에 의한 자속이 계자 자속에 영향을 미쳐 공극에서의 자속 분포가 변하는 현상을 말한다.
③ 전기자 반작용을 방지하기 위해 전동기의 경우 브러시를 새로운 중성점으로 회전 방향과 같은 방향으로 이동시켜야 한다.
④ 전기자 반작용을 방지하기 위해 발전기의 경우 브러시를 새로운 중성점으로 회전 방향과 반대방향으로 이동시켜야 한다.

해설
① 보상 권선: 전기자 권선과 직렬로 설치하며 전기자 전류 방향과 반대로 전류를 흘려 전기자 전류의 기자력을 상쇄
② 전기자 반작용: 전기자 전류에 의해 발생한 자속이 계자에 의해 발생되는 주자속에 영향을 주어 공극에서의 자속 분포가 변하는(일그러지는) 현상
③ 전동기에서 전기자 반작용을 방지하기 위한 브러시의 이동방향: 회전 방향과 반대방향
④ 발전기에서 전기자 반작용을 방지하기 위한 브러시의 이동방향: 회전 방향과 동일 방향

033 ★★★

직류기에서 전기자 반작용의 영향을 설명한 것으로 틀린 것은?

① 주자극의 자속이 감소한다.
② 정류자 편 사이의 전압이 불균일하게 된다.
③ 국부적으로 전압이 높아져 섬락을 일으킨다.
④ 전기적 중성점이 전동기인 경우 회전 방향으로 이동한다.

해설 전기자 반작용의 영향
주자속 분포를 일그러뜨려 전기적인 중성축을 이동시킨다.
• 발전기의 경우: 회전 방향으로 중성축 이동
• 전동기의 경우: 회전 반대방향으로 중성축 이동

034 ★★☆

보극이 없는 직류 발전기에서 부하의 증가에 따라 브러시의 위치를 어떻게 하여야 하는가?

① 그대로 둔다.
② 계자극의 중간에 놓는다.
③ 발전기의 회전 방향으로 이동시킨다.
④ 발전기의 회전 방향과 반대로 이동시킨다.

해설
보극이 없는 경우 브러시를 전기자 반작용에 의해 이동한 중성축으로 이동시킨다.
• 발전기의 경우: 발전기의 회전 방향으로 브러시 이동
• 전동기의 경우: 전동기의 회전 반대 방향으로 브러시 이동

035 ★★☆

직류기의 전기자 반작용의 영향이 아닌 것은?

① 주자속이 증가한다.
② 전기적 중성축이 이동한다.
③ 정류 작용에 악영향을 준다.
④ 정류자 편간 전압이 상승한다.

해설 전기자 반작용의 영향
- 주자속 분포를 일그러뜨려 전기적인 중성축을 이동시킨다.
- 계자(주)자속을 감소시켜 유기 전압을 감소시킨다.
- 정류자 편간 전압이 국부적으로 높아져 불꽃이 발생한다.
- 브러시 사이에 불꽃이 발생하여 정류 불량을 초래한다.

036 ★★☆

직류 발전기에서 기하학적 중성축과 $\alpha[\text{rad}]$만큼 브러시의 위치가 이동되었을 때 극당 감자 기자력은 몇 $[\text{AT}]$인가? (단, 극수 p, 전기자 전류 I_a, 전기자 도체수 Z, 병렬 회로수 a이다.)

① $\dfrac{I_a Z}{2pa} \times \dfrac{\alpha}{180°}$
② $\dfrac{2pa}{I_a Z} \times \dfrac{\alpha}{180°}$
③ $\dfrac{I_a Z}{2pa} \times \dfrac{2\alpha}{180°}$
④ $\dfrac{2pa}{I_a Z} \times \dfrac{2\alpha}{180°}$

해설
- 감자 기자력: $AT_d = \dfrac{I_a Z}{2pa} \times \dfrac{2\alpha}{180°}[\text{AT/pole}]$
- 교차 기자력: $AT_c = \dfrac{ZI_a}{2pa} \times \dfrac{\beta}{180°}[\text{AT/pole}]$
  (단, $\beta = 180° - 2\alpha$)

037 ★☆☆

직류 발전기에서 기하학적 중성축과 각도 θ만큼 브러시의 위치가 이동되었을 때 감자 기자력$[\text{AT/극}]$은? (단, $K = \dfrac{I_a Z}{2pa}$)

① $K\dfrac{\theta}{\pi}$
② $K\dfrac{2\theta}{\pi}$
③ $K\dfrac{3\theta}{\pi}$
④ $K\dfrac{4\theta}{\pi}$

해설
- 감자 기자력: $AT_d = \dfrac{2\theta}{\pi} \times \dfrac{Z}{2p} \times \dfrac{I_a}{a} = K\dfrac{2\theta}{\pi}[\text{AT/극}]$
- 교차 기자력: $AT_c = \dfrac{Z}{2p} \times \dfrac{\beta}{\pi} \times \dfrac{I_a}{a} = K\dfrac{\beta}{\pi}[\text{AT/극}]$
  (단, $\beta = \pi - 2\theta$)

038 ★☆☆

전기자 총 도체수 152, 4극, 파권인 직류 발전기가 전기자 전류를 $100[\text{A}]$로 할 때 매극당 감자 기자력$[\text{AT/p}]$은 얼마인가? (단, 브러시의 이동각은 $10°$이다.)

① 33.6
② 52.8
③ 105.6
④ 211.2

해설
감자 기자력
$AT_d = \dfrac{I_a Z}{2pa} \times \dfrac{2\alpha}{180°} = \dfrac{100 \times 152}{2 \times 4 \times 2} \times \dfrac{2 \times 10°}{180°}$
$= 105.6[\text{AT/p}]$
(∵ 파권이므로 $a = 2$)

| 정답 | 035 ① 036 ③ 037 ② 038 ③

THEME 06 정류 작용

039 ★★★
불꽃 없는 정류를 하기 위해 평균 리액턴스 전압(A)과 브러시 접촉면 전압 강하(B) 사이에 필요한 조건은?

① $A > B$
② $A < B$
③ $A = B$
④ A, B에 관계 없다.

해설
불꽃 없는 정류를 하기 위해 평균 리액턴스 전압(A)을 작게 하고, 탄소 브러시를 사용하여 접촉 저항(B)을 크게 한다.

040 ★★☆
직류 발전기의 정류 초기에 전류 변화가 크며 이때 발생되는 불꽃 정류로 옳은 것은?

① 과정류
② 직선 정류
③ 부족 정류
④ 정현파 정류

해설
과정류는 정류 초기에 전류 변화가 크다.

암기
- 직선 정류(가장 이상적인 정류 작용)
- 부족 정류(브러시 말단 부분에서 불꽃 발생)
- 정현파 정류(양호한 정류 작용)
- 과정류(브러시 앞단 부분에서 불꽃 발생)

041 ★★★
직류기에 있어서 불꽃 없는 정류를 얻는 데 가장 유효한 방법은?

① 보극과 보상 권선
② 보극과 탄소 브러시
③ 탄소 브러시와 보상 권선
④ 자기 포화와 브러시의 이동

해설 양호한 정류 대책
- 코일의 자기 인덕턴스를 줄여 평균 리액턴스 전압을 감소시키기 위해 단절권으로 적용한다.
- 정류 주기를 길게 한다.(회전 속도를 낮춤)
- 리액턴스 전압을 상쇄하기 위해 보극을 적당한 위치에 설치한다.(전압 정류 효과)
- 접촉 저항이 큰 탄소 브러시를 사용한다.(저항 정류 효과)
- 불꽃 없는 정류를 위한 조건: 브러시 접촉면 전압 강하(e_b) > 평균 리액턴스 전압(e_L)

042 ★☆☆
직류기에서 정류 코일의 자기 인덕턴스를 L이라 할 때 정류 코일의 전류가 정류 주기 T_c 사이에 I_c에서 $-I_c$로 변한다면 정류 코일의 리액턴스 전압[V]의 평균값은?

① $L\dfrac{T_c}{2I_c}$
② $L\dfrac{I_c}{2T_c}$
③ $L\dfrac{2I_c}{T_c}$
④ $L\dfrac{I_c}{T_c}$

해설
리액턴스 전압
$$e_a = L\frac{di}{dt} = L\frac{I_c - (-I_c)}{T_c} = L\frac{2I_c}{T_c} [\text{V}]$$

043 ★★☆

직류기에서 정류가 불량하게 되는 원인은 무엇인가?

① 탄소 브러시 사용으로 인한 접촉 저항 증가
② 코일의 인덕턴스에 의한 리액턴스 전압
③ 유도 기전력을 균등하게 하기 위한 균압 접속
④ 전기자 반작용 보상을 위한 보극의 설치

해설
정류 불량의 원인은 코일의 인덕턴스에 의한 리액턴스 전압이 발생하기 때문이다.

044 ★★★

다음은 직류 발전기의 정류 곡선이다. 이 중에서 정류 말기에 정류의 상태가 좋지 않은 것은?

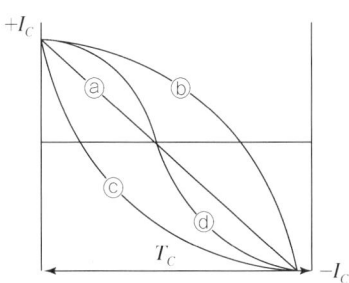

① ⓐ
② ⓑ
③ ⓒ
④ ⓓ

해설 직류 발전기 정류 곡선

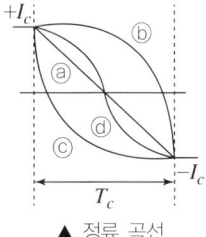

▲ 정류 곡선

ⓐ 직선 정류(가장 이상적인 정류 작용)
ⓑ 부족 정류(브러시 말단 부분에서 불꽃 발생)
ⓒ 과정류(브러시 앞단 부분에서 불꽃 발생)
ⓓ 정현 정류(양호한 정류 작용)

따라서 정류 말기에 정류의 상태가 좋지 않은 것은 부족 정류인 ⓑ가 된다.

045 ★★☆

직류기에서 양호한 정류를 얻는 조건으로 틀린 것은?

① 정류 주기를 크게 한다.
② 브러시의 접촉 저항을 크게 한다.
③ 전기자 권선의 인덕턴스를 작게 한다.
④ 평균 리액턴스 전압을 브러시 접촉면 전압 강하보다 크게 한다.

해설 양호한 정류 대책
- 코일의 자기 인덕턴스를 줄여 평균 리액턴스 전압을 감소시키기 위해 단절권으로 적용한다.
- 정류 주기를 길게 한다.(회전 속도를 낮춤)
- 리액턴스 전압을 상쇄하기 위해 보극을 적당한 위치에 설치한다.(전압 정류 효과)
- 접촉 저항이 큰 탄소 브러시를 사용한다.(저항 정류 효과)
- 불꽃 없는 정류를 위한 조건: 브러시 접촉면 전압 강하(e_b) > 평균 리액턴스 전압(e_L)

046 ★★☆

직류기에서 정류를 좋게 하기 위한 방법이 아닌 것은?

① 보상 권선을 설치하여 전기자 반작용을 보상한다.
② 보극을 설치하여 정류 전압을 얻어 리액턴스 전압을 보상한다.
③ 저항 정류를 위하여 브러시의 접촉 저항이 큰 것을 선정한다.
④ 자속 변화를 줄이기 위하여 자극 편의 모양을 좋게 하고 전기자 교차 기자력에 대한 자기 저항을 적게 하여 반작용 자속을 늘린다.

해설 양호한 정류 대책
- 코일의 자기 인덕턴스를 줄여 평균 리액턴스 전압을 감소시키기 위해 단절권으로 적용한다.
- 정류 주기를 길게 한다.(회전 속도를 낮춤)
- 리액턴스 전압을 상쇄하기 위해 보극을 적당한 위치에 설치한다.(전압 정류 효과)
- 접촉 저항이 큰 탄소 브러시를 사용한다.(저항 정류 효과)
- 불꽃 없는 정류를 위한 조건: 브러시 접촉면 전압 강하(e_b) > 평균 리액턴스 전압(e_L)

THEME 07 직류 발전기의 종류

047 ★★☆
직류 타여자 발전기의 부하 전류와 전기자 전류의 크기는?

① 전기자 전류와 부하 전류가 같다.
② 부하 전류가 전기자 전류보다 크다.
③ 전기자 전류가 부하 전류보다 크다.
④ 전기자 전류와 부하 전류는 항상 0이다.

해설 타여자 발전기
- 외부에서 계자 전류를 공급하므로 잔류 자기가 필요 없다.
- 전기자 전류와 부하 전류는 같다.($I_a = I$)

048 ★★★
계자 권선이 전기자에 병렬로만 연결된 직류기는?

① 분권기 ② 직권기
③ 복권기 ④ 타여자기

해설 직류 발전기의 종류
- 타여자 발전기: 독립된 직류 전원에 의해 여자되는 발전기
- 분권 발전기: 계자 권선이 전기자에 병렬로 있는 발전기
- 직권 발전기: 계자 권선이 전기자에 직렬로 있는 발전기
- 복권 발전기: 계자 권선이 전기자에 직렬 및 병렬로 있는 발전기

049 ★★★
단자 전압 220[V], 부하 전류 50[A]인 분권 발전기의 유도 기전력은 몇 [V]인가?(단, 전기자 저항은 0.2[Ω]이며, 계자 전류 및 전기자 반작용은 무시한다.)

① 200 ② 210
③ 220 ④ 230

해설
- 전기자 전류
  $I_a = I + I_f ≒ I = 50[A]$ (∵ 계자 전류 무시)
- 유도 기전력
  $E = V + I_a R_a = 220 + 50 \times 0.2 = 230[V]$

050 ★★★
단자 전압 220[V], 부하 전류 48[A], 계자 전류 2[A], 전기자 저항 0.2[Ω]인 직류 분권 발전기의 유도 기전력[V]은? (단, 전기자 반작용은 무시한다.)

① 210 ② 220
③ 230 ④ 240

해설
- 전기자 전류
  $I_a = I + I_f = 48 + 2 = 50[A]$
- 유도 기전력
  $E = V + I_a R_a = 220 + 50 \times 0.2 = 230[V]$

| 정답 | 047 ① | 048 ① | 049 ④ | 050 ③

051 ★★★

전기자 저항이 $0.3[\Omega]$인 분권 발전기가 단자 전압 $550[V]$에서 부하 전류가 $100[A]$일 때 발생하는 유도 기전력$[V]$은? (단, 계자 전류는 무시한다.)

① 260 ② 420
③ 580 ④ 750

해설

- 전기자 전류
  $I_a = I + I_f \fallingdotseq I = 100[A]$ (∵ 계자 전류 무시)
- 유도 기전력
  $E = V + I_a R_a = 550 + 100 \times 0.3 = 580[V]$

052 ★★☆

$50[\Omega]$의 계자 저항을 갖는 직류 분권 발전기가 있다. 이 발전기의 출력이 $5.4[kW]$일 때 단자 전압은 $100[V]$, 유기 기전력은 $115[V]$이다. 이 발전기의 출력이 $2[kW]$일 때 단자 전압이 $125[V]$라면 유기 기전력은 약 몇 $[V]$인가?

① 130 ② 145
③ 152 ④ 159

해설

- 출력 $5.4[kW]$인 경우
  - 전기자 전류
    $I_a = I + I_f = \dfrac{P}{V} + \dfrac{V}{R_f} = \dfrac{5,400}{100} + \dfrac{100}{50} = 56[A]$
  - 전기자 저항
    $E = V + I_a R_a = 115[V]$에서
    $R_a = \dfrac{E-V}{I_a} = \dfrac{115-100}{56} = 0.267[\Omega]$
- 출력 $2[kW]$인 경우
  - 전기자 전류
    $I_a = I + I_f = \dfrac{P}{V} + \dfrac{V}{R_f} = \dfrac{2,000}{125} + \dfrac{125}{50} = 18.5[A]$
  - 유기 기전력
    $E = V + I_a R_a = 125 + 18.5 \times 0.267 = 130[V]$

053 ★★☆

정격 전압 $220[V]$, 무부하 단자 전압 $230[V]$, 정격 출력이 $40[kW]$인 직류 분권 발전기의 계자 저항이 $22[\Omega]$, 전기자 반작용에 의한 전압 강하가 $5[V]$라면 전기자 회로의 저항$[\Omega]$은 약 얼마인가?

① 0.026 ② 0.028
③ 0.035 ④ 0.042

해설

- 전기자 전류
  $I_a = I + I_f = \dfrac{P}{V} + \dfrac{V}{R_f}$
  $= \dfrac{40,000}{220} + \dfrac{220}{22} = 191.8[A]$
- 무부하 단자 전압
  $E = V + I_a R_a + e_a = 230[V]$
  (∵ 반작용에 의한 전압 강하(e_a) 고려)
- 전기자 저항
  $R_a = \dfrac{E - V - e_a}{I_a} = \dfrac{230 - 220 - 5}{191.8} = 0.026[\Omega]$

암기

분권 발전기의 무부하 단자 전압은 유기 기전력과 같다.

054 ★☆☆

$100[\text{V}]$, $10[\text{A}]$, $1,500[\text{rpm}]$인 직류 분권 발전기의 정격 시의 계자 전류는 $2[\text{A}]$이다. 이때 계자 회로에는 $10[\Omega]$의 외부 저항이 삽입되어 있다. 계자 권선의 저항$[\Omega]$은?

① 20
② 40
③ 80
④ 100

해설
- 계자 전류
$$I_f = \frac{V}{R_f + R'}[\text{A}]$$
(단, R' : 외부 저항$[\Omega]$)
- 계자 저항
$$R_f = \frac{V}{I_f} - R' = \frac{100}{2} - 10 = 40[\Omega]$$

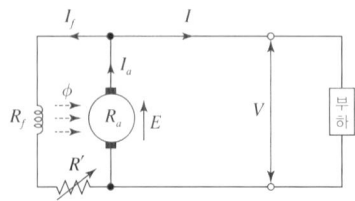

▲ 외부 저항이 삽입된 분권 발전기

055 ★★★

다음 ( )에 알맞은 것은?

> 직류 발전기에서 계자 권선이 전기자에 병렬로 연결된 직류기는 (ⓐ) 발전기라고 하며, 전기자 권선과 계자 권선이 직렬로 접속된 직류기는 (ⓑ) 발전기라 한다.

① ⓐ 분권, ⓑ 직권
② ⓐ 직권, ⓑ 분권
③ ⓐ 복권, ⓑ 분권
④ ⓐ 자여자, ⓑ 타여자

해설
- 분권 발전기: 계자와 전기자가 병렬로 접속된 발전기
- 직권 발전기: 계자와 전기자가 직렬로 접속된 발전기

056 ★★★

무부하에서 자기 여자로 전압을 확립하지 못하는 직류 발전기는?

① 분권 발전기
② 직권 발전기
③ 타여자 발전기
④ 차동 복권 발전기

해설 직권 발전기
- 구조: 계자와 전기자가 직렬로 접속되어 있는 발전기
- 특징
  - 직렬 회로이므로 부하에 따라 전압 변동이 심하다.
  - 무부하 시 폐회로가 되지 않아 여자되지 않으므로 발전이 되지 않는다.
- 용도: 선로의 전압 강하 보상 용도의 승압기로 사용된다.

057 ★★☆

차동 복권 발전기를 분권 발전기로 하려면 어떻게 하여야 하는가?

① 분권 계자를 단락시킨다.
② 직권 계자를 단락시킨다.
③ 분권 계자를 단선시킨다.
④ 직권 계자를 단선시킨다.

해설 복권(외분권) 발전기
- 직권 계자 단락 시 분권 발전기로 사용 가능
- 분권 계자 개방 시 직권 발전기로 사용 가능

058 ★☆☆

직류 가동 복권 발전기를 전동기로 사용하면 어느 전동기가 되는가?

① 직류 직권 전동기
② 직류 분권 전동기
③ 직류 가동 복권 전동기
④ 직류 차동 복권 전동기

해설
직류 가동 복권 발전기를 전동기로 사용하면 분권 계자 전류의 방향은 변함이 없으나 직권 계자 전류의 방향이 반대가 되어 직류 차동 복권 전동기로 된다.

059 ★★★

용접용으로 사용되는 직류 발전기의 특성 중에서 가장 중요한 것은?

① 과부하에 견딜 것
② 전압 변동률이 적을 것
③ 경부하일 때 효율이 좋을 것
④ 전류에 대한 전압 특성이 수하 특성일 것

해설 수하 특성
- 부하 증가 시 단자 전압이 현저하게 강하하고, 부하 전류가 급격히 감소되어 전류가 일정해지는 정전류 특성
- 용접용 발전기, 누설 변압기 등에 수하 특성을 이용한다.

060 ★★☆

무부하 전압 213[V], 정격 전압 200[V], 정격 출력 80[kW]인 분권 발전기가 있다. 계자 저항이 20[Ω], 전부하 때의 전기자 반작용에 의한 전압 강하가 4.8[V]라면 그 전기자 회로의 저항[Ω]은?

① 0.02
② 0.05
③ 0.06
④ 0.1

해설
- 전기자 전류
$$I_a = I + I_f = \frac{P}{V} + \frac{V}{R_f} = \frac{80 \times 10^3}{200} + \frac{200}{20} = 400 + 10 = 410[\text{A}]$$
- 무부하 단자 전압
$$E = V + I_a R_a + e_a = 213[\text{V}]$$
(∵ 반작용에 의한 전압 강하(e_a) 고려)
- 전기자 저항
$$R_a = \frac{E - V - e_a}{I_a} = \frac{213 - 200 - 4.8}{410}$$
$$= 0.02[\Omega]$$

061 ★★☆

직류 분권 발전기의 무부하 포화 곡선이 $V = \dfrac{950 I_f}{30 + I_f}$ 이고, I_f는 계자 전류[A], V는 무부하 전압[V]으로 주어질 때 계자 회로의 저항이 25[Ω]이면 몇 [V]의 전압이 유기되는가?

① 200
② 250
③ 280
④ 300

해설
- 계자 전류
$$I_f = \frac{V}{R_f} = \frac{V}{25}[\text{A}]$$
- 무부하 전압
$$V = \frac{950 I_f}{30 + I_f} = \frac{950 \times \dfrac{V}{25}}{30 + \dfrac{V}{25}} = \frac{950 V}{750 + V} \rightarrow 750 + V = 950$$

∴ $V = 200[\text{V}]$

THEME 08 직류 발전기의 특성 곡선

062 ★★★
분권 발전기의 회전 방향을 반대로 하면 일어나는 현상은?

① 전압이 유기된다.
② 발전기가 소손된다.
③ 잔류 자기가 소멸된다.
④ 높은 전압이 발생한다.

해설
분권 발전기는 운전 중 전기자 회전 방향을 반대로 하면 잔류 자기가 소멸되어 발전이 불가능하다.

063 ★★☆
직류 분권 발전기가 운전 중 단락이 발생하면 나타나는 현상으로 옳은 것은?

① 과전압이 발생한다.
② 계자 저항선이 확립한다.
③ 큰 단락 전류로 소손된다.
④ 작은 단락 전류가 흐른다.

해설
직류 분권 발전기를 운전 중 서서히 단락시킬 경우 큰 단락 전류가 흐르나 서서히 감소하여 소전류가 흐른다.

064 ★★☆
직류 발전기의 외부 특성 곡선에서 나타내는 관계로 옳은 것은?

① 계자 전류와 단자 전압
② 계자 전류와 부하 전류
③ 부하 전류와 단자 전압
④ 부하 전류와 유기 기전력

해설 직류 발전기의 특성 곡선

구분	가로축	세로축
무부하 특성 곡선	계자 전류 I_f	유기 기전력 E (무부하 단자 전압 V)
부하 특성 곡선	계자 전류 I_f	단자 전압 V
외부 특성 곡선	부하 전류 I	단자 전압 V
내부 특성 곡선	부하 전류 I	유기 기전력 E

065 ★☆☆
직류 발전기의 특성 곡선에서 각 축에 해당하는 항목으로 틀린 것은?

① 외부 특성 곡선: 부하 전류와 단자 전압
② 부하 특성 곡선: 계자 전류와 단자 전압
③ 내부 특성 곡선: 무부하 전류와 단자 전압
④ 무부하 특성 곡선: 계자 전류와 유도 기전력

해설 직류 발전기의 특성 곡선

구분	가로축	세로축
무부하 특성 곡선	계자 전류 I_f	유기 기전력 E (무부하 단자 전압 V)
부하 특성 곡선	계자 전류 I_f	단자 전압 V
외부 특성 곡선	부하 전류 I	단자 전압 V
내부 특성 곡선	부하 전류 I	유기 기전력 E

066 ★★☆

직류 발전기의 무부하 특성 곡선은 다음 중 어느 관계를 표시한 것인가?

① 계자 전류 - 부하 전류
② 단자 전압 - 계자 전류
③ 단자 전압 - 회전 속도
④ 부하 전류 - 단자 전압

해설 직류 발전기의 특성 곡선

구분	가로축	세로축
무부하 특성 곡선	계자 전류 I_f	유기 기전력 E (무부하 단자 전압 V)
부하 특성 곡선	계자 전류 I_f	단자 전압 V
외부 특성 곡선	부하 전류 I	단자 전압 V
내부 특성 곡선	부하 전류 I	유기 기전력 E

067 ★★★

그림은 복권 발전기의 외부 특성 곡선이다. 이 중 과복권을 나타내는 곡선은?

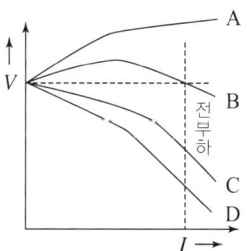

① A
② B
③ C
④ D

해설 발전기 종류별 외부 특성 곡선

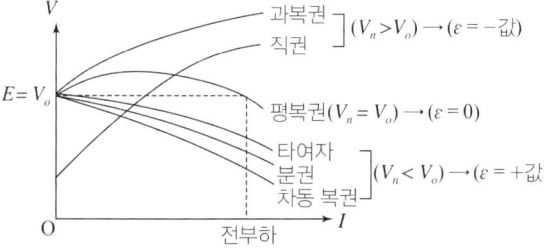

과복권 발전기는 전부하 전압 V_n이 무부하 전압 V_o보다 큰 특성이 있다. 즉, 곡선 A가 과복권 발전기의 외부 특성 곡선이다.

THEME 09 전압 변동률

068 ★★★

직류 분권 발전기의 정격 전압 $200[\text{V}]$, 정격 출력 $10[\text{kW}]$, 이때의 계자 전류는 $2[\text{A}]$, 전압 변동률이 $4[\%]$라고 한다. 발전기의 무부하 전압[V]은?

① 208
② 210
③ 220
④ 228

해설
- 전압 변동률
$$\varepsilon = \frac{V_o - V_n}{V_n} \times 100 [\%]$$

- 무부하 전압
$$V_o = \left(1 + \frac{\varepsilon}{100}\right) \times V_n = (1 + 0.04) \times 200 = 208[\text{V}]$$

069 ★★★

$200[\text{kW}]$, $200[\text{V}]$의 직류 분권 발전기가 있다. 전기자 권선의 저항이 $0.025[\Omega]$일 때 전압 변동률은 몇 $[\%]$인가?

① 6.0
② 12.5
③ 20.5
④ 25.0

해설
- 무부하 단자 전압
$$V_o = V_n + I_a R_a = 200 + \frac{200 \times 10^3}{200} \times 0.025 = 225[\text{V}]$$

- 전압 변동률
$$\varepsilon = \frac{V_o - V_n}{V_n} \times 100 = \frac{225 - 200}{200} \times 100 = 12.5[\%]$$

070 ★★★

무부하에서 119[V]되는 분권 발전기의 전압 변동률이 6[%]이다. 정격 전부하 전압[V]은?

① 11.22
② 112.3
③ 12.5
④ 125

해설

- 전압 변동률
$$\varepsilon = \frac{V_o - V_n}{V_n} \times 100[\%]$$

- 정격 전압
$$V_n = \frac{V_o}{1+\varepsilon} = \frac{119}{1.06} = 112.3[V]$$

THEME 10 직류 발전기의 병렬 운전

071 ★★☆

직류 복권 발전기의 병렬 운전에 있어 균압선을 붙이는 목적은 무엇인가?

① 손실을 경감한다.
② 운전을 안정하게 한다.
③ 고조파 발생을 방지한다.
④ 직권 계자 간의 전류 증가를 방지한다.

해설 균압선의 설치 목적

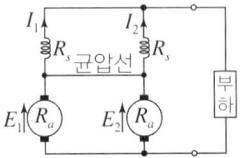

▲ 균압선의 설치

두 발전기의 기전력과 전압 강하 등이 동일하지 않을 때 **기전력이 큰 발전기가 모든 부하 분담을 가지게 된다. 이를 방지하기 위해 균압선을 반드시 설치하여야** 병렬 운전을 안전하게 할 수 있다.

072 ★★☆

직류 발전기의 병렬 운전에서 균압 모선을 필요로 하지 않는 것은?

① 분권 발전기
② 직권 발전기
③ 평복권 발전기
④ 과복권 발전기

해설 직권 발전기와 복권 발전기의 병렬 운전

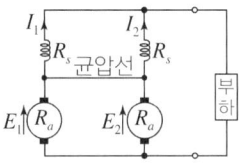

▲ 균압선의 설치

두 발전기의 기전력과 전압 강하 등이 동일하지 않을 때 기전력이 큰 발전기가 모든 부하 분담을 가지게 된다. 이를 방지하기 위해 균압선을 반드시 설치하여야 병렬 운전을 안전하게 할 수 있다.

073 ★★☆

직류 발전기의 병렬 운전에 있어 균압선을 붙이는 발전기는?

① 타여자 발전기
② 직권 발전기와 분권 발전기
③ 직권 발전기와 복권 발전기
④ 분권 발전기와 복권 발전기

해설 직권 발전기와 복권 발전기의 병렬 운전

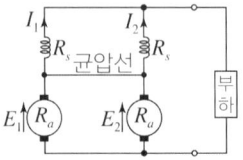

▲ 균압선의 설치

두 발전기의 기전력과 전압 강하 등이 동일하지 않을 때 기전력이 큰 발전기가 모든 부하 분담을 가지게 된다. 이를 방지하기 위해 균압선을 반드시 설치하여야 병렬 운전을 안전하게 할 수 있다.

074 ★☆☆
직류 발전기의 병렬 운전에서 부하 분담 방법은?

① 계자 전류와 무관하다.
② 계자 전류를 증가하면 부하 분담은 감소한다.
③ 계자 전류를 증가하면 부하 분담은 증가한다.
④ 계자 전류를 감소하면 부하 분담은 증가한다.

해설 발전기의 부하 분담
- 계자 전류를 증가시킨 발전기: 자속이 증가하여 유기 기전력이 증가한다. 따라서 출력이 증가하여 부하 분담이 증가한다.
- 계자 전류를 감소시킨 발전기: 자속이 감소하여 유기 기전력이 감소한다. 따라서 출력이 감소하여 부하 분담이 감소한다.

075 ★☆☆
전기자 저항이 각각 $R_A = 0.1[\Omega]$과 $R_B = 0.2[\Omega]$인 $100[V]$, $10[kW]$의 두 분권 발전기의 유기 기전력을 같게 해서 병렬 운전하여 정격 전압으로 $135[A]$의 부하 전류를 공급할 때 각 기기의 분담 전류는 몇 $[A]$인가?

① $I_A = 80$, $I_B = 55$
② $I_A = 90$, $I_B = 45$
③ $I_A = 100$, $I_B = 35$
④ $I_A = 110$, $I_B = 25$

해설
- 단자 전압
  $V_A = E_A - I_A R_A = 100[V]$
  $V_B = E_B - I_B R_B = 100[V]$
- 분담 전류비
  $V_A = V_B = 100[V]$, $E_A = E_B$ 이므로
  $I_A R_A = I_B R_B$
  $I_A = I_B \times \left(\dfrac{R_B}{R_A}\right) = I_B \times \dfrac{0.2}{0.1} = 2I_B$ ⋯ ㉠
- 부하 전류
  $I_A + I_B = 135[A]$ ⋯ ㉡
- 분담 전류
  ㉠과 ㉡을 연립하여 풀면
  $2I_B + I_B = 3I_B = 135[A] \rightarrow I_B = 45[A]$
  ∴ $I_A = 135 - I_B = 135 - 45 = 90[A]$

076 ★★☆
2대의 직류 발전기를 병렬 운전하여 부하에 $80[A]$를 공급하고 있다. 각 발전기의 유기 기전력과 내부 저항이 각각 $E_1 = 110[V]$, $R_1 = 0.05[\Omega]$, $E_2 = 112[V]$, $R_2 = 0.07[\Omega]$일 경우, 각 발전기에 흐르는 전류 $I_1[A]$, $I_2[A]$는?

① 25, 55
② 30, 50
③ 35, 45
④ 40, 40

해설
- 분담 전류에 관한 식을 구하면
  $V = E_1 - I_1 R_1 = E_2 - I_2 R_2$
  $110 - 0.05 I_1 = 112 - 0.07 I_2$
  ∴ $5I_1 - 7I_2 = -200$ ⋯ ㉠
- 부하 전류
  $I_1 + I_2 = 80[A]$ ⋯ ㉡
- 분담 전류
  ㉠과 ㉡을 연립하여 풀면
  $I_1 = 30[A]$, $I_2 = 50[A]$

077 ★★☆
A, B 두 대의 직류 발전기를 병렬 운전하여 부하에 $100[A]$를 공급하고 있다. A 발전기의 유기 기전력과 내부 저항은 $110[V]$와 $0.04[\Omega]$이고 B 발전기의 유기 기전력과 내부 저항은 $112[V]$와 $0.06[\Omega]$이다. 이때 A 발전기에 흐르는 전류 $[A]$는?

① 4
② 6
③ 40
④ 60

해설
- 분담 전류에 관한 식을 구하면
  $V = E_1 - I_1 R_1 = E_2 - I_2 R_2$
  $110 - 0.04 I_A = 112 - 0.06 I_B$
  $-4I_A + 6I_B = 200$ ⋯ ㉠
- 부하 전류
  $I_A + I_B = 100[A]$ ⋯ ㉡
- 분담 전류
  ㉠과 ㉡을 연립하여 풀면
  $I_A = 40[A]$, $I_B = 60[A]$

CHAPTER 02

직류 전동기

THEME 02. 역기전력
THEME 03. 회전 속도와 토크
THEME 04. 직류 전동기의 종류
THEME 05. 직류 전동기의 속도-토크 특성
THEME 06. 직류 전동기의 운전
THEME 07. 직류기의 손실과 효율
THEME 08. 직류기의 시험법

CBT 완벽대비 가능한 유형마스터 학습!

THEME	유형분석	관련 번호
THEME 02 역기전력	유기 기전력과 역기전력의 차이를 이해하는 것이 중요합니다. 해당 부분을 완벽히 이해해야 전동기와 관련된 문제를 풀 수 있습니다.	078~080
THEME 03 회전 속도와 토크	전동기의 회전 속도와 토크에 관련된 문제가 등장합니다. 어렵지 않은 수준에서 출제되므로 반드시 맞힐 수 있도록 합니다.	081~088
THEME 04 직류 전동기의 종류	여러 종류의 전동기의 특징을 묻는 문제가 출제됩니다. 계산 문제가 많이 출제되는 경향이 있습니다.	089~115
THEME 05 직류 전동기의 속도-토크 특성	직류 전동기의 속도-토크 특성은 과년도 문제와 비슷하게 출제되는 경향이 있습니다. 따라서 그 특성을 외워두면 쉽게 맞힐 수 있습니다.	116~120
THEME 06 직류 전동기의 운전	계자 제어법, 전압 제어법, 저항 제어법 등 전동기의 속도 제어법과 관련된 문제가 등장합니다. 각 제어별 특성을 반드시 암기해야 문제를 수월하게 풀 수 있습니다.	121~130
THEME 07 직류기의 손실과 효율	손실과 효율에 관련된 문제가 출제됩니다. 이 개념은 직류기뿐만 아니라 동기기, 변압기, 유도기에도 등장하는 내용이므로 완벽하게 이해를 하고 넘어가야 합니다.	131~139
THEME 08 직류기의 시험법	여러 가지 직류기의 시험법에 관한 내용을 묻는 문제가 출제됩니다. 시험법의 종류에 대한 단순한 문제들이 출제되는 편입니다.	140~142

학습 효과를 높이는 N제 3회독 시스템

챕터별 전체 1회독이 끝났다면 회독 체크표에 날짜를 기입하고 체크표시를 해주세요.

회독 체크표	☐ 1회독	월 일	☐ 2회독	월 일	☐ 3회독	월 일

CHAPTER 02 직류 전동기

THEME 02 역기전력

078 ★★☆
100[V], 10[A], **전기자 저항** 1[Ω], **회전수** 1,800[rpm]인 전동기의 역기전력[V]은?

① 120
② 110
③ 100
④ 90

해설
역기전력
$E = V - I_a R_a = 100 - 10 \times 1 = 90[\text{V}]$

079 ★★☆
정격 5[kW], 100[V]의 타여자 직류 전동기가 어떤 부하를 가지고 1,500[rpm]으로 회전하고 있다. 전기자 저항이 0.2[Ω]이고 전기자 전류는 20[A]이다. 이때 역기전력은 몇 [V]인가?

① 96
② 98
③ 100
④ 102

해설
역기전력
$E = V - I_a R_a = 100 - 0.2 \times 20 = 96[\text{V}]$

080 ★★☆
직류 전동기의 역기전력에 대한 설명으로 틀린 것은?

① 역기전력은 속도에 비례한다.
② 역기전력은 회전 방향에 따라 크기가 다르다.
③ 역기전력이 증가할수록 전기자 전류는 감소한다.
④ 부하가 걸려 있을 때에는 역기전력은 공급 전압보다 크기가 작다.

해설
- 역기전력: $E = V - I_a R_a [\text{V}]$
  - 단자 전압은 일정하므로 역기전력이 증가할수록 전기자 전류는 감소한다.
  - 부하가 걸려 있을 때에는 역기전력이 공급 전압보다 크기가 작다.
  - 역기전력은 회전 방향에 따라 크기가 변하지 않는다.
- 속도: $N = K \dfrac{E}{\phi} = K \dfrac{V - I_a R_a}{\phi} [\text{rpm}]$
  - 역기전력과 속도는 비례한다.

| 정답 | 078 ④ 079 ① 080 ②

THEME 03 회전 속도와 토크

081 ★★★
직류 전동기의 공급 전압을 $V[\text{V}]$, 자속을 $\phi[\text{Wb}]$, 전기자 전류를 $I_a[\text{A}]$, 전기자 저항을 $R_a[\Omega]$, 속도를 $N[\text{rpm}]$이라 할 때 속도의 관계식은 어떻게 되는가?(단, k는 상수이다.)

① $N = k\dfrac{V + I_a R_a}{\phi}[\text{rpm}]$

② $N = k\dfrac{V - I_a R_a}{\phi}[\text{rpm}]$

③ $N = k\dfrac{\phi}{V + I_a R_a}[\text{rpm}]$

④ $N = k\dfrac{\phi}{V - I_a R_a}[\text{rpm}]$

해설 직류 전동기의 속도 관계식
$N = k\dfrac{V - I_a R_a}{\phi}[\text{rpm}]$

082 ★★★
직류 전동기의 자속이 감소하면 회전수는 어떻게 되는가?

① 불변이다. ② 정지한다.
③ 저하한다. ④ 상승한다.

해설
회전수 $N = K\dfrac{V - I_a R_a}{\phi}[\text{rpm}]$이므로 자속이 감소하면 회전수는 상승한다.

083 ★★★
전동기의 출력 $3[\text{kW}]$, 회전수 $1{,}500[\text{rpm}]$인 전동기의 토크 $[\text{kg} \cdot \text{m}]$는?

① 1.5 ② 2
③ 3   ④ 15

해설
전동기의 토크
$T = 0.975\dfrac{P}{N} = 0.975 \times \dfrac{3 \times 10^3}{1{,}500} = 1.95 ≒ 2[\text{kg} \cdot \text{m}]$

084 ★★★
어떤 직류 전동기의 역기전력이 $210[\text{V}]$, 매분 회전수가 $1{,}200[\text{rpm}]$으로 토크 $16.2[\text{kg} \cdot \text{m}]$를 발생하고 있을 때의 전류 $I[\text{A}]$는?

① 65 ② 75
③ 85 ④ 95

해설
- 전동기의 토크
  $T = 0.975\dfrac{P}{N} = 0.975 \times \dfrac{EI_a}{N}[\text{kg} \cdot \text{m}]$
- 전기자 전류
  $I_a = \dfrac{NT}{0.975 \times E} = \dfrac{1{,}200 \times 16.2}{0.975 \times 210} = 94.95[\text{A}]$

| 정답 | 081 ② | 082 ④ | 083 ② | 084 ④ |

085 ★★☆

직류 전동기에 있어서 공극의 평균 자속 밀도가 일정할 때 회전력(T)과 전기자 전류(I_a)의 관계는?

① $T \propto I_a$
② $T \propto \sqrt{I_a}$
③ $T \propto I_a^2$
④ $T \propto I_a^{\frac{2}{3}}$

해설

- 전동기의 토크
$$T = \frac{pZ}{2\pi a}\phi \times I_a = K\phi I_a [\text{N}\cdot\text{m}] (단, K: 상수)$$

- 평균 자속 밀도가 일정하므로 ϕ는 일정하다. 따라서 토크는 전기자 전류에 비례한다. ($T \propto I_a$)

086 ★★☆

어떤 직류 전동기가 역기전력 $200[\text{V}]$, 매분 $1,200$회전으로 토크 $158.76[\text{N}\cdot\text{m}]$를 발생하고 있을 때의 전기자 전류는 약 몇 $[\text{A}]$인가?(단, 기계손 및 철손은 무시한다.)

① 90
② 95
③ 100
④ 105

해설

- 전동기의 토크
$$T = \frac{P}{\omega} = \frac{EI_a}{2\pi \times \frac{N}{60}}[\text{N}\cdot\text{m}]$$

- 전기자 전류
$$I_a = \frac{2\pi \times \frac{N}{60} \times T}{E} = \frac{2\pi \times \frac{1,200}{60} \times 158.76}{200} = 99.8[\text{A}]$$

암기

$$T = 0.975\frac{P}{N}[\text{kg}\cdot\text{m}]$$

$$T = 9.55\frac{P}{N}[\text{N}\cdot\text{m}]$$

087 ★★☆

직류 전동기의 전기자 전류가 $10[\text{A}]$일 때 $5[\text{kg}\cdot\text{m}]$의 토크가 발생하였다. 이 전동기의 계자속이 $80[\%]$로 감소되고 전기자 전류가 $12[\text{A}]$로 되면 토크는 약 몇 $[\text{kg}\cdot\text{m}]$인가?

① 5.2
② 4.8
③ 4.3
④ 3.9

해설

- 직류 전동기의 토크 특성
$$T = K\phi I_a[\text{kg}\cdot\text{m}], \quad T \propto \phi I_a$$

- 계자속과 전기자 전류가 변화된 후의 토크
$$T' = T \times \frac{\phi' I_a'}{\phi I_a} = 5 \times \frac{0.8\phi \times 12}{\phi \times 10} = 4.8[\text{kg}\cdot\text{m}]$$

088 ★★☆

전기자 총 도체수 500, 6극, 중권의 직류 전동기가 있다. 전기자 전전류가 $100[\text{A}]$일 때의 발생 토크는 약 몇 $[\text{kg}\cdot\text{m}]$인가?(단, 1극당 자속은 $0.01[\text{Wb}]$이다.)

① 8.12
② 9.54
③ 10.25
④ 11.58

해설

전동기의 토크
$$T = \frac{P}{\omega} \times \frac{1}{9.8} = \frac{pZ}{2\pi a}\phi \times I_a \times \frac{1}{9.8}$$
$$= \frac{6 \times 500}{2\pi \times 6} \times 0.01 \times 100 \times \frac{1}{9.8} = 8.12[\text{kg}\cdot\text{m}]$$
(∵ 중권이므로 $a = p = 6$)

THEME 04 직류 전동기의 종류

089 ★★★
직류 전동기의 부하가 증가할 때 나타나는 현상으로 틀린 것은?

① 역기전력이 감소한다.
② 전동기의 속도가 떨어진다.
③ 전동기의 단자 전압이 증가한다.
④ 전동기의 부하 전류가 증가한다.

해설
① 역기전력 $E = V - I_a R_a$이므로 부하 증가 시 부하전류가 증가하여 역기전력이 감소된다.
② 속도 $N = K\dfrac{E}{\phi} = K\dfrac{V - I_a R_a}{\phi}$이므로 부하 증가 시 역기전력이 감소하여 속도가 떨어진다.
③ 전동기의 단자 전압은 부하 변동과 관련이 없다.
④ 부하가 증가하므로 부하에 흐르는 전류가 증가한다.

090 ★★☆
자극수 4, 전기자 도체수 50, 전기자 저항 0.1[Ω]의 중권 타여자 전동기가 있다. 정격 전압 105[V], 정격 전류 50[A]로 운전하던 것을 전압 106[V] 및 계자 회로를 일정히 하고 무부하로 운전했을 때 전기자 전류가 10[A]이라면 속도 변동률[%]은?(단, 매극의 자속은 0.05[Wb]라 한다.)

① 3 ② 5
③ 6 ④ 8

해설
- 정격 부하 시 속도
$N = K\dfrac{V - I_a R_a}{\phi}$ [rpm]
- 무부하 시 속도
$N_o = K\dfrac{V_o - I_a' R_a}{\phi}$ [rpm]
- 속도 변동률
K는 상수이고 자속 ϕ는 일정하므로
$\varepsilon = \dfrac{N_o - N}{N} \times 100 = \left(\dfrac{N_o}{N} - 1\right) \times 100$
$= \left(\dfrac{V_o - I_a' R_a}{V - I_a R_a} - 1\right) \times 100 = \left(\dfrac{106 - 10 \times 0.1}{105 - 50 \times 0.1} - 1\right) \times 100$
$= 5[\%]$

091 ★★★
직류 분권 전동기 운전 중 계자 권선의 저항이 증가할 때 회전 속도는?

① 일정하다. ② 감소한다.
③ 증가한다. ④ 관계없다.

해설
- 전동기의 회전수
$N = K\dfrac{V - I_a R_a}{\phi}$ [rpm]
- 계자 저항(R_f)을 운전 중에 증가시키면 여자 전류(I_f)가 줄어들어 자속(ϕ)이 감소하게 된다. 따라서 속도는 자속에 반비례($N \propto \dfrac{1}{\phi}$)하므로 증가한다.

092 ★★☆
직류 분권 전동기를 무부하로 운전 중 계자 회로에 단선이 생긴 경우 발생하는 현상으로 옳은 것은?

① 역전한다.
② 즉시 정지한다.
③ 과속도로 되어 위험하다.
④ 무부하이므로 서서히 정지한다.

해설 직류 분권 전동기의 주의사항
정격 전압 상태에서 무여자 운전 시(계자 회로의 단선) 위험 속도에 도달하고 원심력에 의해 기계가 파손될 우려가 있다. 따라서 계자 권선에 퓨즈를 삽입하면 안 된다.

암기
전동기의 회전수
$N = K\dfrac{V - I_a R_a}{\phi}$ [rpm] $\propto \dfrac{1}{\phi}$

| 정답 | 089 ③ 090 ② 091 ③ 092 ③

093 ★★☆

직류 분권 전동기가 있다. 여기에 전원 전압 $120[V]$를 가했을 때 전기자 전류 $35[A]$가 흐르고 회전수는 $1,300[rpm]$이었다. 이때 계자 전류 및 부하 전류를 일정하게 유지하고 전원 전압을 $150[V]$로 올리면 회전수$[rpm]$는 약 얼마인가? (단, 전기자 저항은 $0.4[\Omega]$이다.)

① 1,543
② 1,668
③ 1,625
④ 2,031

해설

- $V_1 = 120[V]$일 때 역기전력 E_1
  $E_1 = V_1 - I_a R_a = 120 - 35 \times 0.4 = 106[V]$
- $V_2 = 150[V]$일 때 역기전력 E_2
  $E_2 = V_2 - I_a R_a = 150 - 35 \times 0.4 = 136[V]$
- $E = K\phi N[V] \propto N$이므로
  $N_2 = \dfrac{E_2}{E_1} N_1 = \dfrac{136}{106} \times 1,300 = 1,668[rpm]$

별해

- 직류 분권 전동기의 전압이 $120[V]$인 경우
  $E_1 = K\phi N_1 = V_1 - I_a R_a [V]$에서
  $K\phi = \dfrac{120 - 35 \times 0.4}{1,300} = 0.08154$
- 전압이 $150[V]$인 경우의 회전수
  $N_2 = \dfrac{V_2 - I_a R_a}{K\phi} = \dfrac{150 - 35 \times 0.4}{0.08154} = 1,668[rpm]$

094 ★★★

직류 분권 전동기의 기동 시에 정격 전압을 공급하면 전기자 전류가 많이 흐르다가 회전 속도가 점점 증가함에 따라 전기자 전류가 감소하는 원인은?

① 전기자 반작용의 증가
② 전기자 권선의 저항 증가
③ 브러시의 접촉 저항 증가
④ 전동기의 역기전력 상승

해설

- 전동기의 속도
  $N = K \dfrac{V - I_a R_a}{\phi} = K \dfrac{E}{\phi}$ (단, $E = \dfrac{pZ\phi}{60a} N[V]$)
- 회전 속도 증가 시 역기전력이 상승하여 전기자 전류가 감소하게 된다.

095 ★★★

어느 분권 전동기의 정격 회전수가 $1,500[rpm]$이다. 속도 변동률이 $5[\%]$이면 공급 전압과 계자 저항의 값을 변화시키지 않고 이것을 무부하로 하였을 때의 회전수$[rpm]$는?

① 3,257
② 2,360
③ 1,575
④ 1,165

해설

- 속도 변동률
  $\varepsilon = \dfrac{N_o - N}{N} \times 100 = \dfrac{N_o - 1,500}{1,500} \times 100 = 5[\%]$
- 무부하 속도
  $N_o = \left(\dfrac{5 \times 1,500}{100}\right) + 1,500 = 1,575[rpm]$

096 ★★★

정격 전압 $200[V]$, 전기자 전류 $100[A]$일 때 $1,000[rpm]$으로 회전하는 직류 분권 전동기가 있다. 이 전동기의 무부하 속도는 약 몇 $[rpm]$인가?(단, 전기자 저항은 $0.15[\Omega]$, 전기자 반작용은 무시한다.)

① 981
② 1,081
③ 1,100
④ 1,180

해설

- 전기자 전류가 $100[A]$일 경우의 역기전력
  $E = V - I_a R_a = 200 - 100 \times 0.15 = 185[V]$
- 전기자 전류가 0(무부하)일 경우의 역기전력
  $E_o = V - I_a R_a = 200 - 0 \times 0.15 = 200[V]$
- 무부하 속도
  $E = K\phi N[V] \propto N$이므로
  $N_o = N \times \dfrac{E_o}{E} = 1,000 \times \dfrac{200}{185} = 1,081[rpm]$

| 정답 | 093 ② 094 ④ 095 ③ 096 ②

097 ★★☆

$200[\text{V}]$, $10[\text{kW}]$의 직류 분권 전동기가 있다. 전기자 저항은 $0.2[\Omega]$, 계자 저항은 $40[\Omega]$이고 정격 전압에서 전류가 $15[\text{A}]$인 경우 $5[\text{kg}\cdot\text{m}]$의 토크를 발생한다. 부하가 증가하여 전류가 $25[\text{A}]$로 되는 경우 발생 토크$[\text{kg}\cdot\text{m}]$는 얼마가 되는가?

① 2.5 ② 5
③ 7.5 ④ 10

해설

- 전기자 전류

$$I_{a1} = I - I_f = I - \frac{V}{R_f} = 15 - \frac{200}{40} = 10[\text{A}]$$

- 부하 전류 증가 후 전기자 전류

$$I_{a2} = I - I_f = 25 - 5 = 20[\text{A}]$$

- 분권 전동기 토크 특성 $T \propto K\phi I_a$에서

$$T_2 = T_1 \times \left(\frac{I_{a2}}{I_{a1}}\right) = 5 \times \left(\frac{20}{10}\right) = 10[\text{kg}\cdot\text{m}]$$

098 ★★☆

직류 분권 전동기의 전압이 일정할 때 부하 토크가 2배로 증가하면 부하 전류는 약 몇 배가 되는가?

① 1 ② 2
③ 3 ④ 4

해설 직류 분권 전동기

- 부하 전류
  일반적으로 계자 전류(I_f)는 매우 작으므로
  $I = I_a + I_f \fallingdotseq I_a[\text{A}]$
- 분권 전동기 토크 특성
  $T = K\phi I_a [\text{N}\cdot\text{m}] \propto I (\because I \fallingdotseq I_a)$

따라서 부하 토크가 2배로 증가하면 부하 전류도 2배가 된다.

099 ★★☆

단자 전압 $110[\text{V}]$, 전기자 전류 $15[\text{A}]$, 전기자 회로의 저항 $2[\Omega]$, 정격 속도 $1,800[\text{rpm}]$으로 전부하에서 운전하고 있는 직류 분권 전동기의 토크는 약 몇 $[\text{N}\cdot\text{m}]$인가?

① 6.0 ② 6.4
③ 10.08 ④ 11.14

해설 직류 분권 전동기의 토크

$$T = \frac{P}{\omega} = \frac{EI_a}{2\pi\frac{N}{60}}[\text{N}\cdot\text{m}]$$

$$= 30\left(\frac{VI_a - I_a^2 R_a}{\pi N}\right) = 30 \times \left(\frac{110 \times 15 - 15^2 \times 2}{\pi \times 1,800}\right)$$

$$= 6.37[\text{N}\cdot\text{m}]$$

암기
역기전력 $E = V - I_a R_a [\text{V}]$

100 ★★★

직류 분권 전동기에서 단자 전압 $210[\text{V}]$, 전기자 전류 $20[\text{A}]$, $1,500[\text{rpm}]$으로 운전할 때 발생 토크는 약 몇 $[\text{N}\cdot\text{m}]$인가? (단, 전기자 저항은 $0.15[\Omega]$이다.)

① 13.2 ② 26.4
③ 33.9 ④ 66.9

해설

- 역기전력
  $E = V - I_a R_a = 210 - 20 \times 0.15 = 207[\text{V}]$
- 토크

$$T = \frac{P}{\omega} = \frac{EI_a}{\frac{2\pi}{60} \times N} = \frac{207 \times 20}{\frac{2\pi}{60} \times 1,500} = 26.4[\text{N}\cdot\text{m}]$$

| 정답 | 097 ④ 098 ② 099 ② 100 ②

101 ★★☆

직류 분권 전동기가 전기자 전류 $100[A]$일 때 $50[kg \cdot m]$의 토크를 발생하고 있다. 부하가 증가하여 전기자 전류가 $120[A]$로 되었다면 발생 토크$[kg \cdot m]$는 얼마인가?

① 60
② 67
③ 88
④ 160

해설

직류 전동기의 토크는 자속 및 전기자 전류와 비례 관계이다. $T = K\phi I_a$ 이므로 새로운 토크는 자속이 일정한 상태에서 전기자 전류만 변화하였으므로 다음과 같다.

$$T' = T \times \left(\frac{\phi'}{\phi}\right) \times \left(\frac{I_a'}{I_a}\right) = 50 \times \left(\frac{\phi}{\phi}\right) \times \left(\frac{120}{100}\right) = 60[kg \cdot m]$$

102 ★★☆

직류 분권 전동기의 전체 도체수는 100, 단중 중권이며 자극 수는 4, 자속은 극당 $0.628[Wb]$이다. 부하를 걸어 전기자에 $5[A]$가 흐르고 있을 때의 토크는 약 몇 $[N \cdot m]$인가?

① 12.5
② 25
③ 50
④ 100

해설

전동기의 토크

$$T = \frac{pZ\phi}{2\pi a} \times I_a = \frac{4 \times 100 \times 0.628}{2\pi \times 4} \times 5 = 50[N \cdot m]$$

($\because$ 중권이므로 $a = p = 4$)

103 ★★★

직류 분권 전동기의 공급 전압이 극성을 반대로 하면 회전 방향은 어떻게 되는가?

① 반대로 된다.
② 변하지 않는다.
③ 발전기로 된다.
④ 회전하지 않는다.

해설 직류 분권 전동기

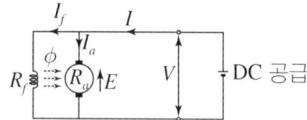

계자와 전기자 권선이 병렬 회로이므로 공급 전압의 극성을 바꾸면 계자와 전기자 극성이 동시에 바뀌므로 회전 방향은 변하지 않는다.

104 ★★☆

$220[V]$, $50[kW]$인 직류 직권 전동기를 운전하는데 전기자 저항(브러시의 접촉 저항 포함)이 $0.05[\Omega]$이고 기계적 손실이 $1.7[kW]$, 표유손이 출력의 $1[\%]$이다. 부하 전류가 $100[A]$일 때의 출력은 약 몇 $[kW]$인가?

① 14.5
② 16.7
③ 18.2
④ 19.6

해설

• 전동기 역기전력
 $E = V - I_a R_a = 220 - 100 \times 0.05 = 215[V]$

• 전동기 출력
 $P = EI_a = 215 \times 100 = 21,500[W]$

• 손실을 감안한 실제 전동기 출력
 $P' = 21,500 - 1,700 - 0.01 \times 21,500 = 19,585[W]$
 $\fallingdotseq 19.6[kW]$

105 ★★☆

직류 직권 전동기가 있다. 공급 전압이 $100[\text{V}]$, 전기자 전류가 $4[\text{A}]$일 때 회전 속도는 $1,500[\text{rpm}]$이다. 여기서 공급 전압을 $80[\text{V}]$로 낮추었을 때 같은 전기자 전류에 대하여 회전 속도는 얼마로 되는가?(단, 전기자 권선 및 계자 권선의 전저항은 $0.5[\Omega]$이다.)

① 986
② 1,042
③ 1,125
④ 1,194

해설

- 역기전력: 속도와 역기전력은 비례 관계
  - 초기 역기전력
    $$E_1 = V_1 - I_a R_a = 100 - 4 \times 0.5 = 98[\text{V}]$$
  - 전압 저하 시 역기전력
    $$E_2 = V_2 - I_a R_a = 80 - 4 \times 0.5 = 78[\text{V}]$$
- 새로운 회전수: 속도와 역기전력은 비례 관계
  $$N_2 = N_1 \times \frac{E_2}{E_1} = 1,500 \times \frac{78}{98} = 1,194[\text{rpm}]$$

참고

직류 전동기에서 속도(rpm, 분당 회전수)를 묻는 문제는 역기전력을 구하고, 속도와 역기전력의 비례 관계를 적용하면 쉽게 풀 수 있다.

106 ★★☆

정격 속도 $1,732[\text{rpm}]$인 직류 직권 전동기의 부하 토크가 $\frac{3}{4}$으로 되었을 때의 속도는 약 몇 $[\text{rpm}]$인가?(단, 자기 포화는 무시한다.)

① 1,155
② 1,550
③ 1,750
④ 2,000

해설

- 직류 직권 전동기의 토크 특성
  $$T \propto I_a^2 \propto \frac{1}{N^2}$$
- 부하 토크 변경 후의 속도
  $$N_2 = N_1 \sqrt{\frac{T_1}{T_2}} = 1,732 \times \sqrt{\frac{1}{\frac{3}{4}}} = 2,000[\text{rpm}]$$

107 ★★★

직류 직권 전동기에서 전동기와 부하 사이를 벨트 운전하면 안 되는 이유는 무엇인가?

① 벨트의 마찰 때문에 전동기의 손실이 커지기 때문이다.
② 벨트로 운전하면 전동기의 속도를 제어하기 어렵기 때문이다.
③ 벨트가 벗겨지거나 끊어지면 무부하가 되어 위험 속도에 도달하기 때문이다.
④ 벨트는 마모가 잘 되므로 보수 및 유지가 어렵기 때문이다.

해설

- 직류 직권 전동기의 속도
  $$N = K \frac{V - I_a(R_a + R_s)}{\phi}[\text{rpm}]$$
- 정격 전압 상태에서 무부하 운전 시 부하 전류는 0이 되어 자속이 0이 된다. 이때 속도는 무구속(위험) 속도에 도달하여 원심력에 의해 기계가 파손될 우려가 있다. 따라서 무부하 운전 또는 벨트 운전을 하지 않는다.

108 ★★☆

직류 전동기의 회전수를 $\frac{1}{2}$로 하려면 계자 자속을 어떻게 해야 하는가?

① $\frac{1}{4}$로 감소시킨다.
② $\frac{1}{2}$로 감소시킨다.
③ 2배로 증가시킨다.
④ 4배로 증가시킨다.

해설

- 직류 전동기의 회전수
  $$N = K \frac{V - I_a R_a}{\phi}[\text{rpm}]$$
- 회전수를 $\frac{1}{2}$로 줄이려면 전압과 전류가 일정한 조건에서 자속 ϕ가 2배가 되어야 한다. ($N \propto \frac{1}{\phi}$)

| 정답 | 105 ④ 106 ④ 107 ③ 108 ③

109 ★★☆

직류 전동기 중 부하가 변하면 속도가 심하게 변하는 전동기는?

① 직류 분권 전동기
② 직류 직권 전동기
③ 차동 복권 전동기
④ 가동 복권 전동기

해설 직권 전동기의 특성

계자와 전기자가 직렬로 연결되어 있으며 부하가 증가할 때 속도가 현저하게 감소하는 가변 속도 특성을 가진다.

110 ★☆☆

전기자 저항 $0.3[\Omega]$, 직권 계자 권선의 저항 $0.7[\Omega]$의 직권 전동기에 $110[V]$를 가하였더니 부하 전류가 $10[A]$이었다. 이때 전동기의 속도[rpm]는?(단, 기계 정수는 2이다.)

① 1,200
② 1,500
③ 1,800
④ 3,600

해설

- 직권 전동기의 속도

$$N = K\frac{V - I_a(R_a + R_s)}{\phi} \times 60 [\text{rpm}]$$

$$= K'\frac{V - I_a(R_a + R_s)}{I_a} \times 60 (\because \phi = K_a I_a)$$

- 기계 정수 $K' = 2$이므로

$$N = 2 \times \frac{110 - 10(0.3 + 0.7)}{10} \times 60 = 1,200 [\text{rpm}]$$

참고

기계 정수는 모든 비례 계수의 곱이며, 기계 정수를 고려하는 경우 속도는 기본적으로 [rps] 단위로 표현한다.

111 ★☆☆

직류 직권 전동기의 운전상 위험 속도를 방지하는 방법 중 가장 적합한 것은?

① 무부하 운전한다.
② 경부하 운전한다.
③ 무여자 운전한다.
④ 부하와 기어를 연결한다.

해설 직권 전동기

- 직류 직권 전동기의 속도

$$N = K\frac{V - I_a(R_a + R_s)}{\phi} [\text{rpm}]$$

- 정격 전압 상태에서 무부하 운전 시 부하 전류는 0이 되어 자속이 0이 된다. 이때 속도는 무구속(위험) 속도에 도달하여 원심력에 의해 기계가 파손될 우려가 있다. 따라서 무부하 운전 또는 벨트 운전을 하지 않는다.
- 기어를 부하에 연결시켜 위험 속도를 방지한다.

112 ★★★

직류 직권 전동기에서 회전수가 n일 때 토크 T는 무엇에 비례하는가?

① n^2
② n
③ $\frac{1}{n}$
④ $\frac{1}{n^2}$

해설 직류 직권 전동기의 토크 특성

$$T \propto I_a^2 \propto \frac{1}{n^2}$$

따라서 토크는 속도의 제곱(n^2)에 반비례하고, 속도의 제곱의 역수 $\left(\frac{1}{n^2}\right)$에 비례한다.

113 ★★★
부하 전류가 크지 않을 때 직류 직권 전동기 발생 토크는? (단, 자기 회로가 불포화인 경우이다.)

① 전류에 비례한다.
② 전류에 반비례한다.
③ 전류의 제곱에 비례한다.
④ 전류의 제곱에 반비례한다.

해설 직류 직권 전동기의 토크 특성

$T \propto I_a^2 \propto \dfrac{1}{N^2}$

따라서 토크는 전류의 제곱에 비례한다.

114 ★★☆
정격 전압에서 전부하로 운전하는 직류 직권 전동기의 부하 전류가 50[A]이다. 부하 토크가 반으로 감소하면 부하 전류는 약 몇 [A]인가?(단, 자기 포화는 무시한다.)

① 25
② 35
③ 45
④ 50

해설
- 직류 직권 전동기 토크 특성
$T = KI_a^2 = KI^2 [\text{N·m}]$
- 토크가 반으로 감소한 때의 전류
$T : I^2 = \dfrac{1}{2}T : (I')^2$

$I' = \dfrac{1}{\sqrt{2}} \times I = \dfrac{1}{\sqrt{2}} \times 50 = 35.4 [\text{A}]$

115 ★★☆
직류기의 특성에 대한 설명으로 옳은 것은?

① 직권 전동기에서는 부하가 줄면 속도가 감소한다.
② 분권 전동기는 부하에 따라 속도가 많이 변화한다.
③ 전차용 전동기에는 차동 복권 전동기가 적합하다.
④ 분권 전동기의 운전 중 계자 회로가 단선되면 위험 속도가 된다.

해설 분권 전동기
① 직권 전동기는 부하가 줄면 계자 전류도 줄어들어 자속이 줄어들게 된다. 이때 속도는 자속에 반비례하므로 증가한다.
② 분권 전동기는 부하가 증가할 때 속도는 감소하나 그 폭이 크지 않은 정속도 특성을 보인다.
③ 전차용 전동기에는 직권 전동기가 적합하다.
④ 분권 전동기의 운전 중 계자 회로가 단선되면 위험 속도에 도달하고 원심력에 의해 기계가 파손될 우려가 있다.

| 정답 | 113 ③ 114 ② 115 ④

THEME 05 직류 전동기의 속도-토크 특성

116 ★★★
그림은 여러 직류 전동기의 속도 특성 곡선을 나타낸 것이다. 1부터 4까지 차례로 옳은 것은?

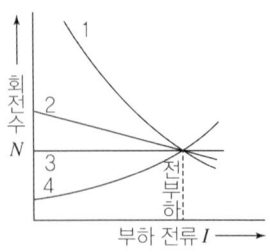

① 차동 복권, 분권, 가동 복권, 직권
② 직권, 가동 복권, 분권, 차동 복권
③ 가동 복권, 차동 복권, 직권, 분권
④ 분권, 직권, 가동 복권, 차동 복권

해설 직류 전동기의 속도 특성 곡선

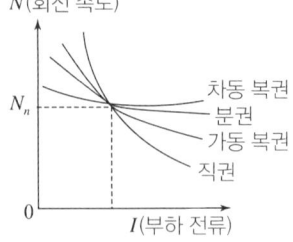

117 ★★★
그림은 직류 전동기의 속도 특성 곡선이다. 가동 복권 전동기의 특성 곡선은?

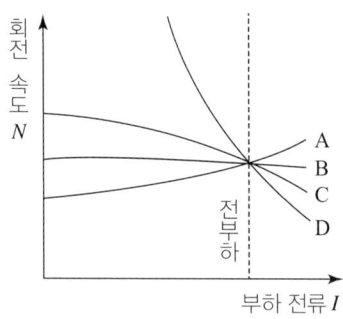

① A ② B
③ C ④ D

해설 직류 전동기의 속도 및 토크 특성 곡선
- 속도 변동률이 큰 순서: 직권 → 가동 복권 → 분권 → 차동 복권
- 토크 변동률이 큰 순서: 직권 → 가동 복권 → 분권 → 차동 복권

즉, 곡선 C가 가동 복권 전동기의 특성 곡선이다.

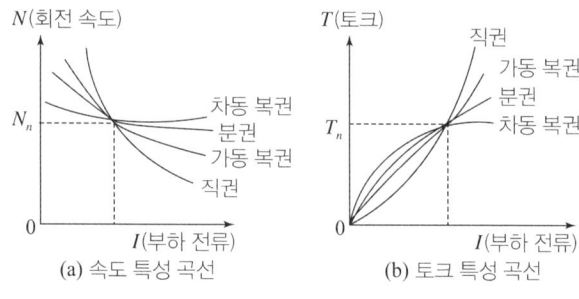

(a) 속도 특성 곡선 (b) 토크 특성 곡선

118 ★★☆

다음 그림은 속도 특성 곡선 및 토크 특성 곡선을 나타낸다. 어느 전동기인가?

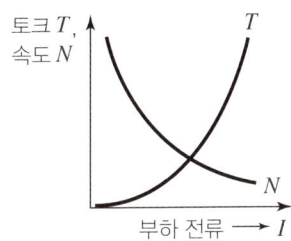

① 직류 분권 전동기
② 직류 직권 전동기
③ 직류 복권 전동기
④ 유도 전동기

해설 직권 전동기의 속도 – 토크 특성

• 속도 특성

$$N \propto \frac{V - I_a R_a}{\phi} \propto \frac{V - I_a R_a}{I_a}$$

전기자 저항 $R_a [\Omega]$는 일반적으로 작은 값이므로 회전 속도는 전기자 전류 I_a에 거의 반비례하는 특성을 가진다.

• 토크 특성

$$T \propto I_a^2 \propto \frac{1}{N^2}$$

전기자 전류 I_a는 부하 전류 I와 같으므로 토크 특성 곡선은 부하 전류의 제곱에 비례하여 포물선 모양으로 증가하게 된다.

119 ★★☆

직류 전동기 중 부하가 변하면 속도가 심하게 변하는 전동기는?

① 분권 전동기
② 직권 전동기
③ 차동 복권 전동기
④ 가동 복권 전동기

해설 직류 전동기의 속도 및 토크 특성 곡선

• 속도 변동률이 큰 순서: 직권 → 가동 복권 → 분권 → 차동 복권
• 토크 변동률이 큰 순서: 직권 → 가동 복권 → 분권 → 차동 복권
즉, 부하가 변할 때 속도가 심하게 변동하는 전동기는 직권 전동기이다.

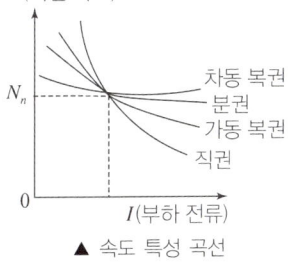

▲ 속도 특성 곡선

120 ★★☆

부하 변화에 따른 토크 변동이 가장 큰 직류 전동기는?

① 직권 전동기
② 분권 전동기
③ 복권 전동기
④ 타여자 전동기

해설

• 속도 변동률이 큰 순서: 직권 → 가동 복권 → 분권 → 차동 복권
• 토크 변동률이 큰 순서: 직권 → 가동 복권 → 분권 → 차동 복권
즉, 부하가 변할 때 토크 변동이 가장 큰 전동기는 직권 전동기이다.

THEME 06   직류 전동기의 운전

121 ★★☆
직류 전동기의 속도 제어 방법이 아닌 것은?

① 계자 제어법
② 전압 제어법
③ 주파수 제어법
④ 직렬 저항 제어법

해설 직류 전동기 속도 제어
- 계자 제어
- 저항 제어(직렬 저항 제어)
- 전압 제어

122 ★★☆
직류 전동기의 속도 제어법이 아닌 것은?

① 계자 제어법
② 전력 제어법
③ 전압 제어법
④ 저항 제어법

해설 직류 전동기 속도 제어
- 계자 제어
- 저항 제어(직렬 저항 제어)
- 전압 제어

123 ★☆☆
직류 분권 전동기의 정격 전압 $220[\text{V}]$, 정격 전류 $105[\text{A}]$, 전기자 저항 및 계자 회로의 저항이 각각 $0.1[\Omega]$ 및 $40[\Omega]$이다. 기동 전류를 정격 전류의 $150[\%]$로 할 때의 기동 저항은 약 몇 $[\Omega]$인가?

① 0.46
② 0.92
③ 1.21
④ 1.35

해설
- 계자 전류
$$I_f = \frac{V}{R_f} = \frac{220}{40} = 5.5[\text{A}]$$
- 기동 전류
$$I_s = 1.5 I_n = 1.5 \times 105 = 157.5[\text{A}] \;(\because \text{정격 전류의 } 150[\%] \text{ 적용})$$
- 전기자 전류
$$I_a = I_s - I_f = 157.5 - 5.5 = 152[\text{A}]$$
- 기동 저항
$$R_a + R_s = \frac{V}{I_a} = \frac{220}{152} = 1.45[\Omega]$$
$$\therefore R_s = 1.45 - R_a = 1.45 - 0.1 = 1.35[\Omega]$$

124 ★☆☆
직류 분권 전동기의 정격 전압이 $300[\text{V}]$, 전부하 전기자 전류 $50[\text{A}]$, 전기자 저항 $0.3[\Omega]$이다. 이 전동기의 기동 전류를 전부하 전류의 $130[\%]$로 제한시키기 위한 기동 저항값은 약 몇 $[\Omega]$인가?

① 4.3
② 4.8
③ 5.0
④ 5.5

해설
- 기동 전류
$$I_s = 1.3 I_a = 1.3 \times 50 = 65[\text{A}] \;(\because \text{전부하 전류의 } 130[\%] \text{ 적용})$$
- 기동 저항
$$R_a + R_s = \frac{V}{I_s} = \frac{300}{65} = 4.6[\Omega]$$
$$\therefore R_s = 4.6 - R_a = 4.6 - 0.3 = 4.3[\Omega]$$

| 정답 | 121 ③   122 ②   123 ④   124 ①

125 ★★☆

직류 직권 전동기에서 분류 저항기를 직권 권선에 병렬로 접속해 여자 전류를 가감시켜 속도를 제어하는 방법은?

① 저항 제어
② 전압 제어
③ 계자 제어
④ 직·병렬 제어

해설 계자 제어

계자 권선에 병렬로 저항기를 접속하여 여자 전류를 변화시켜 속도를 제어하는 방법이다.

126 ★★☆

직류 전동기의 속도 제어법 중 정출력 제어에 속하는 것은?

① 전압 제어법
② 계자 제어법
③ 2차 저항 제어법
④ 전기자 저항 제어법

해설 직류 전동기 속도 제어

전압 제어	• 정토크 제어 • 광범위한 속도 제어 가능 • 워드 레오나드 방식(효율이 양호) • 일그너 방식(부하가 급변하는 곳, 플라이 휠 효과 이용)
계자 제어	• **정출력 제어** • 세밀하고 안정된 속도 제어 가능 • 속도 제어 범위가 좁음
저항 제어	• 속도 제어 범위가 좁음 • 효율이 저하

127 ★★☆

직류 전동기의 속도 제어법 중 광범위한 속도 제어가 가능하며 운전 효율이 좋은 방법은?

① 병렬 제어법
② 전압 제어법
③ 계자 제어법
④ 저항 제어법

해설 직류 전동기 속도 제어

전압 제어	• 정토크 제어 • **광범위한 속도 제어 가능** • 워드 레오나드 방식(효율이 양호) • 일그너 방식(부하가 급변하는 곳, 플라이 휠 효과 이용)
계자 제어	• 정출력 제어 • 세밀하고 안정된 속도 제어 가능 • 속도 제어 범위가 좁음
저항 제어	• 속도 제어 범위가 좁음 • 효율이 저하

전압 제어는 직류 전동기의 속도 제어 중 효율이 가장 좋고 광범위한 속도 제어가 가능한 정토크 제어 방식이다.

128 ★★☆

타여자 직류 전동기의 속도 제어에 사용되는 워드 레오나드(Ward Leonard) 방식은 다음 중 어느 제어법을 이용한 것인가?

① 저항 제어법
② 전압 제어법
③ 주파수 제어법
④ 직병렬 제어법

해설 워드 레오나드 방식

- 전압 제어의 한 종류이다.
- 전동기 단자전압을 타여자 발전기로 조절하는 방법이다.
- 광범위한 속도 제어가 가능하다.
- 효율이 좋다.
- 정토크 특성을 지닌다.

129 ★★☆
워드 레오나드 방식과 일그너 방식의 차이점은?

① 플라이 휠을 이용하는 점이다.
② 직류 전원을 이용하는 점이다.
③ 전동 발전기를 이용하는 점이다.
④ 권선형 유도 발전기를 이용하는 점이다.

해설 전압 제어법

워드 레오나드 방식	일그너 방식
• 전동기 단자 전압을 타여자 발전기로 조절하는 방법 • 광범위한 속도 제어 가능 • 효율이 좋음 • 제철용 압연기 등에 사용	• 보조 전동기로 유도 전동기를 사용하고, 플라이 휠 효과를 이용하여 조절하는 방법 • 부하가 급변하는 곳에서 사용

130 ★★☆
직류 전동기의 속도 제어법 중 정지 워드 레오나드 방식에 관한 설명으로 틀린 것은?

① 광범위한 속도 제어가 가능하다.
② 정토크 가변 속도의 용도에 적합하다.
③ 제철용 압연기, 엘리베이터 등에 사용된다.
④ 직권 전동기의 저항 제어와 조합하여 사용한다.

해설 워드 레오나드 방식
• 전압 제어의 한 종류이다.
• 전동기 단자 전압을 타여자 발전기로 조절하는 방법이다.
• 광범위한 속도 제어가 가능하다.
• 효율이 좋다.
• 정토크 특성을 지닌다.

THEME 07 직류기의 손실과 효율

131 ★★☆
직류기의 손실 중에서 기계손으로 옳은 것은?

① 풍손
② 와류손
③ 표류 부하손
④ 브러시의 전기손

해설 기계손
기계적 마찰에 의해 발생하는 열로서, 마찰손과 풍손으로 나누어진다.

132 ★★☆
직류기의 손실 중 부하의 변화에 따라 현저하게 변하는 손실은?

① 표류 부하손 ② 철손
③ 풍손 ④ 기계손

해설 표류 부하손
부하 전류가 흐를 때 도체 또는 금속 내부에서 발생되는 손실이다.

133 ★★☆
직류기의 철손에 관한 설명으로 옳지 않은 것은?

① 철손에는 풍손과 와전류손 및 저항손이 있다.
② 전기자 철심에는 철손을 작게 하기 위하여 규소 강판을 사용한다.
③ 철에 규소를 넣게 되면 히스테리시스손이 감소한다.
④ 철에 규소를 넣게 되면 전기 저항이 증가하고 와전류손이 감소한다.

해설 직류 기기의 철손
- 성층 철심을 사용하면 와전류손이 감소한다.
- 철손에는 히스테리시스손과 와전류손이 있다.
- 철에 규소를 넣으면 히스테리시스손이 감소한다.
- 철손을 작게 하기 위해 전기자 철심에는 규소 강판을 사용한다.

134 ★★☆
직류 전동기의 규약 효율을 나타낸 식으로 옳은 것은?

① $\dfrac{출력}{입력} \times 100\%$
② $\dfrac{입력}{입력+손실} \times 100\%$
③ $\dfrac{출력}{출력+손실} \times 100\%$
④ $\dfrac{입력-손실}{입력} \times 100\%$

해설 규약 효율
- 발전기
$$\eta = \dfrac{출력}{출력+손실} \times 100[\%]$$
- 전동기
$$\eta = \dfrac{입력-손실}{입력} \times 100[\%]$$

135 ★★☆
출력이 $20[\text{kW}]$인 직류 발전기의 효율이 $80[\%]$이면 전 손실은 약 몇 $[\text{kW}]$인가?

① 0.8
② 1.25
③ 5
④ 45

해설
- 효율
$$\eta = \dfrac{출력}{입력} \times 100[\%] = \dfrac{출력}{출력+손실} \times 100[\%]$$
- 손실
$$\left(\dfrac{출력}{\eta} \times 100\right) - 출력 = \left(\dfrac{20}{80} \times 100\right) - 20 = 5[\text{kW}]$$

136 ★★☆
$200[\text{V}]$, $10[\text{kW}]$의 직류 분권 발전기가 있다. 전부하에서 운전하고 있을 때 전 손실이 $500[\text{W}]$이다. 이때의 규약 효율은?

① 97.0
② 95.2
③ 94.3
④ 92

해설
발전기의 효율
$$\eta = \dfrac{출력}{출력+손실} \times 100[\%]$$
$$= \dfrac{10 \times 10^3}{10 \times 10^3 + 500} \times 100 = 95.23[\%]$$

137 ★☆☆

직류 발전기에 $P[\text{N}\cdot\text{m/s}]$의 기계적 동력을 주면 전력은 몇 [W]로 변환되는가?(단, 손실은 없으며, i_a는 전기자 도체의 전류, e는 전기자 도체의 유도 기전력, Z는 총 도체수이다.)

① $P = i_a e Z$
② $P = \dfrac{i_a e}{Z}$
③ $P = \dfrac{i_a Z}{e}$
④ $P = \dfrac{eZ}{i_a}$

해설
- 직류 발전기의 총 유도 기전력
  $E = e \times Z = eZ[\text{V}]$
- 손실이 없으므로 기계적 동력은 전력으로 전부 변환된다.
  $P = E i_a = eZ i_a = i_a e Z[\text{W}]$

138 ★★☆

일정 전압으로 운전하는 직류 전동기의 손실이 $x + yI^2$으로 될 때 어떤 전류에서 효율이 최대가 되는가?(단, x, y는 정수이다.)

① $I = \sqrt{\dfrac{x}{y}}$
② $I = \sqrt{\dfrac{y}{x}}$
③ $I = \dfrac{x}{y}$
④ $I = \dfrac{y}{x}$

해설
- 동손
  $P_i = I^2 R = yI^2[\text{W}]$
- 철손
  $P_c = x[\text{W}]$
- 최대 효율 조건
  $P_i = P_c \rightarrow yI^2 = x$ (동손 = 철손)
  $\therefore I = \sqrt{\dfrac{x}{y}}$

139 ★★★

직류기의 효율이 최대가 되는 경우는?

① 고정손 = 부하손
② 전부하 동손 = 철손
③ 기계손 = 전기자 동손
④ 와류손 = 히스테리시스손

해설 직류기의 최대 효율 운전 조건
철손(고정손) = 동손(부하손)

THEME 08 직류기의 시험법

140 ★★☆
대형 직류 전동기의 토크를 측정하는 데 가장 적당한 방법은?

① 와전류 제동기 ② 프로니 브레이크법
③ 전기 동력계   ④ 반환 부하법

해설 토크 측정 시험
- 대형 직류기: 전기 동력계
- 중·소형 직류기: 와전류 제동기, 프로니 브레이크법

141 ★★☆
직류기의 반환 부하법에 의한 온도 시험이 아닌 것은?

① 키크법   ② 블론델법
③ 홉킨스법 ④ 카프법

해설 온도 상승 시험
- 반환 부하법
  - **홉킨스법**
  - **블론델법**
  - **카프법**
- 부하법

키크법은 온도 상승 시험과 관련이 없다.

142 ★★☆
정격 출력 $6[\text{kW}]$, 전압 $100[\text{V}]$의 직류 분권 전동기를 전기 동력계로 시험하였더니 전기 동력계의 저울이 $10[\text{kg}]$을 가리켰다. 이 전동기의 출력 $P[\text{kW}]$와 토크 T는 몇 $[\text{kg}\cdot\text{m}]$인가?(단, 동력계의 암의 길이는 $0.4[\text{m}]$, 전동기의 회전수는 $1,600[\text{rpm}]$이다.)

① $P=6$, $T=3.7$ ② $P=6.56$, $T=4$
③ $P=4.2$, $T=3.7$ ④ $P=7.4$, $T=4$

해설
- 토크
  $T = 10 \times 0.4 = 4[\text{kg}\cdot\text{m}]$
- 출력
  $T = 0.975 \dfrac{P}{N}[\text{kg}\cdot\text{m}]$ 이므로
  $P = \dfrac{1}{0.975} \times NT$
  $= \dfrac{1}{0.975} \times 1,600 \times 4 = 6,564.1[\text{W}] = 6.56[\text{kW}]$

동기기

THEME 01. 동기 발전기의 원리와 구조
THEME 02. 전기자 권선법
THEME 03. 유기 기전력
THEME 04. 전기자 반작용
THEME 05. 동기 발전기의 등가 회로
THEME 06. 동기 발전기의 병렬 운전
THEME 07. 자기 여자 현상과 난조
THEME 08. 동기 발전기의 안정도
THEME 09. 동기 전동기의 특성
THEME 10. 위상 특성 곡선

CBT 완벽대비 가능한 유형마스터 학습!

THEME	유형분석	관련 번호
THEME 01 동기 발전기의 원리와 구조	동기 발전기의 원리와 구조에 관한 문제가 출제됩니다. 동기속도를 묻는 문제가 다수 등장합니다.	143~157
THEME 02 전기자 권선법	동기기의 전기자 권선법을 이해하는 것이 중요합니다. 직류기의 전기자 권선법과 헷갈리지 않도록 각각의 특징을 확실하게 학습해야 합니다.	158~173
THEME 03 유기 기전력	동기 발전기의 유기 기전력을 구하는 문제가 출제됩니다. 권선 계수가 유기 기전력에 미치는 영향에 대해서 이해를 하는 것이 중요합니다.	174~181
THEME 04 전기자 반작용	동기 발전기와 동기 전동기의 전기자 반작용에 대해 물어보는 문제가 출제됩니다. 발전기와 전동기의 전기자 반작용 특성을 반드시 암기해야 합니다.	182~187
THEME 05 동기 발전기의 등가 회로	발전기를 해석하기 위한 요소들을 암기해야 합니다. p.u법과 % 강하법과 관련된 문제가 다수 출제되는 경향이 있습니다.	188~218
THEME 06 동기 발전기의 병렬 운전	동기 발전기의 병렬 운전 조건에 대한 문제가 출제됩니다. 직류 발전기의 병렬 운전의 경우와 헷갈리지 않도록 확실하게 학습해야 합니다.	219~232
THEME 07 자기 여자 현상과 난조	동기기의 이상 현상과 관련된 문제가 등장합니다. 문제 출제 범위가 다소 좁은 편으로 비슷한 문제가 반복 출제되는 경향이 있습니다.	233~237
THEME 08 동기 발전기의 안정도	동기 발전기의 안정도 향상 대책에 관한 내용이 출제됩니다. 어렵지 않은 수준으로 나옵니다.	238~242
THEME 09 동기 전동기의 특성	동기 전동기의 특성을 이해하는 것이 중요합니다. 특히, 동기 전동기의 장점과 단점을 반드시 외워야 문제를 수월하게 풀 수 있습니다.	243~248
THEME 10 위상 특성 곡선	위상 특성 곡선과 그 특성을 이용한 동기 조상기에 관한 문제가 등장합니다. 정형화된 패턴으로 출제되는 경향이 있습니다.	249~256

학습 효과를 높이는 N제 3회독 시스템

챕터별 전체 1회독이 끝났다면 회독 체크표에 날짜를 기입하고 체크표시를 해주세요.

회독 체크표	☐ 1회독	월 일	☐ 2회독	월 일	☐ 3회독	월 일

CHAPTER 03 동기기

THEME 01 동기 발전기의 원리와 구조

143 ★★★
동기 발전기에서 동기 속도와 극수의 관계를 옳게 표시한 것은?(단, N_s: 동기 속도, P: 극수이다.)

①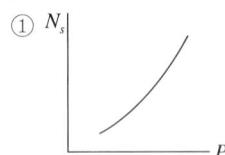
②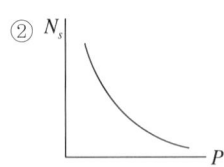
③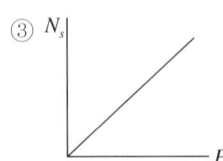
④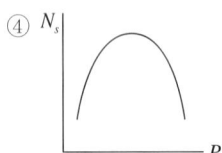

해설
동기 속도
$$N_s = \frac{120f}{P}[\text{rpm}] \propto \frac{1}{P}$$
따라서 동기 속도와 극수는 반비례 관계이므로 보기 ②가 정답이다.

144 ★★★
3상 20,000[kVA]인 동기 발전기가 있다. 이 발전기는 60[Hz]일 때는 200[rpm], 50[Hz]일 때는 약 167[rpm]으로 회전한다. 이 동기 발전기의 극수는?

① 18극　② 36극
③ 54극　④ 72극

해설
동기 발전기의 극수
$$p = \frac{120f}{N_s} = \frac{120 \times 60}{200} = 36[\text{극}]$$

145 ★★☆
60[Hz], 12극, 회전자 외경 2[m]의 동기 발전기에 있어서 자극면의 주변 속도[m/s]는 약 얼마인가?

① 34　② 43
③ 59　④ 63

해설
• 동기 속도
$$n_s = \frac{2f}{p} = \frac{2 \times 60}{12} = 10[\text{rps}]$$
• 회전자 주변 속도
$$v = \pi D n = \pi \times 2 \times 10 = 62.8[\text{m/s}]$$

암기
동기 속도
$$N_s = \frac{120f}{p}[\text{rpm}]$$
$$n_s = \frac{2f}{p}[\text{rps}]$$

146 ★☆☆
그림은 동기 발전기의 구동 개념도이다. 그림에서 2를 발전기라 할 때 3의 명칭으로 적합한 것은?

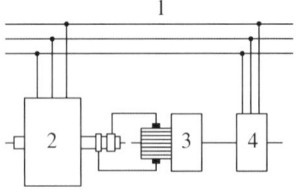

① 전동기　② 여자기
③ 원동기　④ 제동기

해설
1. 모선
2. 동기 발전기
3. 여자기
4. 유도 전동기

147 ★★☆
일반적으로 회전 계자형 구조를 지닌 전기기계는?

① 직류 발전기　　② 회전 변류기
③ 동기 발전기　　④ 유도 발전기

해설 동기 발전기의 회전자에 의한 분류
- 회전 계자형
- 회전 전기자형
- 유도자형

148 ★★☆
동기기의 회전자에 의한 분류가 아닌 것은?

① 원통형　　② 유도자형
③ 회전 계자형　　④ 회전 전기자형

해설 동기 발전기의 회전자에 의한 분류
- 회전 계자형
- 회전 전기자형
- 유도자형(특수 동기 발전기)

149 ★★★
동기 발전기를 회전 계자형으로 사용하는 경우에 대한 이유로 틀린 것은?

① 기전력의 파형을 개선한다.
② 전기자가 고정자이므로 고압 대전류용에 좋고, 절연하기 쉽다.
③ 계자가 회전자이지만 저압 소용량의 직류이므로 구조가 간단하다.
④ 전기자보다 계자극을 회전자로 하는 것이 기계적으로 튼튼하다.

해설 회전 계자형
- 전기자보다 계자가 철의 분포가 많기 때문에 회전 시 기계적으로 튼튼하다.
- 전기자는 권선을 많이 감아야 하므로 회전자로 하면 크기가 커진다.
- 계자 권선은 직류의 저전압, 소전류이므로 브러시를 통해 공급하기가 쉽다.
- 계자 권선은 저전압이므로 절연하기가 쉽다.
- 계자 권선은 직류의 저전압, 소전류이므로 소요 전력이 작다.
- 고압의 전기자 권선을 고정자로 하면 전기자의 절연이 용이하다.
- 고장 시의 과도 안정도를 높이기 위해 회전자의 관성을 크게 하기 쉽기 때문이기도 하다.
- 회전 전기자의 경우보다 발전기 제작과 경제성 면에서 유리하다.

150 ★★★
동기 발전기를 회전 계자형으로 사용하는 이유 중 틀린 것은?

① 기전력의 파형을 개선한다.
② 계자극은 기계적으로 튼튼하게 만들기 쉽다.
③ 전기자 권선은 전압이 높고 결선이 복잡하다.
④ 계자 회로는 직류의 저압 회로이며 소요 전력이 적다.

해설 회전 계자형
- 전기자보다 계자가 철의 분포가 많기 때문에 회전 시 기계적으로 튼튼하다.
- 전기자는 권선을 많이 감아야 하므로 회전자로 하면 크기가 커진다.
- 계자 권선은 직류의 저전압, 소전류이므로 브러시를 통해 공급하기가 쉽다.
- 계자 권선은 저전압이므로 절연하기가 쉽다.
- 계자 권선은 직류의 저전압, 소전류이므로 소요 전력이 작다.
- 고압의 전기자 권선을 고정자로 하면 전기자의 절연이 용이하다.
- 고장 시의 과도 안정도를 높이기 위해 회전자의 관성을 크게 하기 쉽기 때문이기도 하다.
- 회전 전기자의 경우보다 발전기 제작과 경제성 면에서 유리하다.

152 ★★★
동기 발전기 종류 중 회전 계자형의 특징으로 옳은 것은?

① 고주파 발전기에 사용
② 극소 용량, 특수용으로 사용
③ 소요 전력이 크고 기구적으로 복잡
④ 기계적으로 튼튼하여 가장 많이 사용

해설 회전 계자형
- 전기자보다 계자가 철의 분포가 많기 때문에 회전 시 기계적으로 튼튼하다.
- 전기자는 권선을 많이 감아야 하므로 회전자로 하면 크기가 커진다.
- 계자 권선은 직류의 저전압, 소전류이므로 브러시를 통해 공급하기가 쉽다.
- 계자 권선은 저전압이므로 절연하기가 쉽다.
- 계자 권선은 직류의 저전압, 소전류이므로 소요 전력이 작다.
- 고압의 전기자 권선을 고정자로 하면 전기자의 절연이 용이하다.
- 고장 시의 과도 안정도를 높이기 위해 회전자의 관성을 크게 하기 쉽기 때문이기도 하다.
- 회전 전기자의 경우보다 발전기 제작과 경제성 면에서 유리하다.

151 ★★★
회전 계자형 동기 발전기에 대한 설명으로 틀린 것은?

① 대용량의 경우에도 전류는 작다.
② 전기자 권선은 전압이 높고 결선이 복잡하다.
③ 계자극은 기계적으로 튼튼하게 만들기 쉽다.
④ 계자 회로는 직류의 저압 회로이며 소요 전력도 적다.

해설 회전 계자형
- 전기자보다 계자가 철의 분포가 많기 때문에 회전 시 기계적으로 튼튼하다.
- 전기자는 권선을 많이 감아야 하므로 회전자로 하면 크기가 커진다.
- 계자 권선은 직류의 저전압, 소전류이므로 브러시를 통해 공급하기가 쉽다.
- 계자 권선은 저전압이므로 절연하기가 쉽다.
- 계자 권선은 직류의 저전압, 소전류이므로 소요 전력이 작다.
- 고압의 전기자 권선을 고정자로 하면 전기자의 절연이 용이하다.
- 고장 시의 과도 안정도를 높이기 위해 회전자의 관성을 크게 하기 쉽기 때문이기도 하다.
- 회전 전기자의 경우보다 발전기 제작과 경제성 면에서 유리하다.

153 ★★☆
60[Hz]용에서 3,600[rpm]의 고속기이므로 원심력을 작게 하기 위하여 회전자 직경을 작게 하고 축 방향으로 길게 한 원통형 회전자를 사용한 발전기는?

① 엔진 발전기
② 디젤 발전기
③ 풍력 터빈 발전기
④ 증기(가스) 터빈 발전기

해설 증기(가스) 터빈 발전기의 특징

구분	수차 발전기	터빈 발전기
발전소	수력발전소	화력, 원자력발전소
회전자형	돌극형 회전 계자형	원통형 회전 계자형
냉각 방식	공기 냉각 방식	수소 냉각 방식
용도	저속기	고속기
극수	많음	적음(2, 4극)
원심력	큼	작음
회전자	지름은 크고 길이는 작음	지름은 작고 길이는 긺

| 정답 | 150 ① 151 ① 152 ④ 153 ④

154 ★★☆
발전기 회전자에 유도자를 주로 사용하는 발전기는?

① 수차 발전기   ② 엔진 발전기
③ 터빈 발전기   ④ 고주파 발전기

해설 유도자형 고주파 발전기
- 계자극과 전기자를 함께 고정시키고 그 가운데에 유도자라는 회전자를 놓은 발전기이다.
- 고주파(수백~수만[Hz])를 유기시키며, 극수가 많은 다극형 특수 동기 발전기이다.
- 유도자는 권선이 없는 금속 회전자의 튼튼한 구조를 가진다.

155 ★☆☆
유도자형 고주파 발전기의 특징이 아닌 것은?

① 회전자 구조가 견고하여 고속에서도 잘 견딘다.
② 상용 주파수보다 낮은 주파수로 회전하는 발전기이다.
③ 상용 주파수보다 높은 주파수의 전력을 발생하는 동기 발전기이다.
④ 극수가 많은 동기 발전기를 고속으로 회전시켜서 고주파 전압을 얻는 구조이다.

해설 유도자형 고주파 발전기
- 계자극과 전기자를 함께 고정시키고 그 가운데에 유도자라는 회전자를 놓은 발전기이다.
- 고주파(수백~수만[Hz])를 유기시키며, 극수가 많은 다극형 특수 동기 발전기이다.
- 유도자는 권선이 없는 금속 회전자의 튼튼한 구조를 가진다.

156 ★★☆
터빈 발전기의 특징으로 옳지 않은 것은?

① 회전자는 지름을 크게 하고 축 방향으로 길게 하여 원심력을 크게 한다.
② 회전자는 원통형 회전자로 하여 풍손을 작게 한다.
③ 회전자의 계자 철심, 계철 및 축은 강도가 큰 특수강으로 한다.
④ 수소 냉각 방식을 써서 풍손을 줄인다.

해설 터빈 발전기의 특징

구분	터빈 발전기
발전소	화력, 원자력발전소
회전자형	원통형 회전 계자형
냉각 방식	수소 냉각 방식
용도	고속기
극수	적음(2, 4극)
원심력	작음
회전자	지름은 작고 길이는 긺

157 ★☆☆
터빈 발전기의 냉각을 수소 냉각 방식으로 하는 이유로 틀린 것은?

① 풍손이 공기 냉각 시의 약 1/10로 줄어든다.
② 열전도율이 좋고 가스 냉각기의 크기가 작아진다.
③ 절연물의 산화 작용이 없으므로 절연 열화가 작아 수명이 길다.
④ 반폐형으로 하기 때문에 이물질의 침입이 없고 소음이 감소한다.

해설
- 비중이 공기의 7[%]로 풍손이 공기 냉각방식인 경우보다 약 10[%] 수준으로 감소
- 비열이 공기의 약 14배로 열전도도가 좋아 냉각효과가 우수하며 냉각효과에 따른 발전기 출력이 증가
- 절연물의 산화가 없으므로 절연물의 수명이 길어짐
- 전폐형(폐쇄형)이므로 이물질의 침입이 없고 소음이 현저히 감소함
- 가스 냉각기는 소형화가 가능하며 고정자 프레임 내부에 설치 가능

| 정답 | 154 ④ 155 ② 156 ① 157 ④

THEME 02 전기자 권선법

158 ★★★
동기기의 전기자 권선법으로 적합하지 않은 것은?

① 분포권 ② 2층권
③ 중권   ④ 환상권

해설
동기기 전기자 권선법: 2(이)층권, 중권, 분포권, 단절권

159 ★★★
동기 발전기 단절권의 특징이 아닌 것은?

① 코일 간격이 극 간격보다 작다.
② 전절권에 비해 합성 유기 기전력이 증가한다.
③ 전절권에 비해 코일 단이 짧게 되므로 재료가 절약된다.
④ 고조파를 제거해서 전절권에 비해 기전력의 파형이 좋아진다.

해설 단절권
코일 간격이 극 간격보다 작은 권선 방법
- 고조파를 제거하여 기전력의 파형을 개선
- 권선단의 길이가 짧아져 기계 전체의 길이가 축소
- 동량이 적게 들어 동손 감소
- 전절권에 비해 유기 기전력이 감소

160 ★★☆
동기 발전기의 전기자 권선을 전절권보다 단절권으로 감으면 나타나는 현상은?

① 효율이 낮아진다.
② 권선의 동손이 증가한다.
③ 권선의 재료가 증가한다.
④ 기전력의 파형이 좋아진다.

해설 단절권
코일 간격이 극 간격보다 작은 권선 방법
- 고조파를 제거하여 기전력의 파형을 개선
- 권선단의 길이가 짧아져 기계 전체의 길이가 축소
- 동량이 적게 들어 동손 감소
- 전절권에 비해 유기 기전력이 감소

161 ★★☆
3상, 6극, 슬롯 수 54의 동기 발전기가 있다. 어떤 전기자 코일의 두 변이 제1슬롯과 제8슬롯에 들어 있다면 단절권 계수는 약 얼마인가?

① 0.9397 ② 0.9567
③ 0.9837 ④ 0.9117

해설
- $\beta = \dfrac{\text{코일 간격}}{\text{극 간격}}$
- 극 간격: $\dfrac{54}{6} = 9$
- 코일 간격: $8 - 1 = 7$
- 단절권 계수

$$K_p = \sin\frac{\beta\pi}{2} = \sin\frac{\frac{7}{9}\pi}{2} = \sin\frac{7}{18}\pi = 0.9397$$

| 정답 | 158 ④ 159 ② 160 ④ 161 ①

162 ★★★

3상 동기 발전기에서 권선 피치와 자극 피치의 비를 $\frac{13}{15}$ 의 단절권으로 하였을 때의 단절권 계수는 얼마인가?

① $\sin\frac{13}{15}\pi$
② $\sin\frac{15}{26}\pi$
③ $\sin\frac{13}{30}\pi$
④ $\sin\frac{15}{13}\pi$

해설

단절권 계수
$$K_p = \sin\frac{\beta\pi}{2} = \sin\left(\frac{13}{15} \times \frac{\pi}{2}\right) = \sin\frac{13}{30}\pi$$

163 ★★☆

3상 동기 발전기 각 상의 유기 기전력 중 제3고조파를 제거하려면 코일 간격/극 간격을 어떻게 하면 되는가?

① 0.11
② 0.33
③ 0.67
④ 1.34

해설

- n고조파를 제거하기 위한 단절권 계수
$$K_{p,n} = \sin\frac{n\beta\pi}{2}$$

- 제3고조파를 제거하기 위한 단절권 계수
$$K_{p,3} = \sin\frac{3\beta\pi}{2}$$

- $\sin\theta$의 값이 0이 되기 위해 $\theta = \frac{3\beta\pi}{2} = n\pi$를 만족해야 한다. 따라서 $\beta = \frac{2n}{3}$이 되기 위한 β값은 0, 0.67, 1.33, …이 된다. 이때 일반적으로 단절권의 β는 1보다 작으므로 0.67이 가장 적절하다.

164 ★★☆

3상 동기 발전기의 각 상의 유기 기전력 중에서 제5고조파를 제거하려면 코일 간격/극 간격을 어떻게 하면 되는가?

① 0.8
② 0.5
③ 0.7
④ 0.6

해설

- 제5고조파를 제거하기 위한 단절권 계수
$$K_{p,5} = \sin\frac{5\beta\pi}{2}$$

- $\sin\theta$의 값이 0이 되기 위해 $\theta = \frac{5\beta\pi}{2} = n\pi$를 만족해야 한다. 따라서 $\beta = \frac{2n}{5}$이 되기 위한 β값은 0, 0.4, 0.8, 1.2 … 가 된다. 이때 일반적으로 단절권의 β는 1보다 작은 값이므로 보기 ① 0.8을 선택한다.

165 ★☆☆

교류기에서 분포권이란 매극 매상의 홈(Slot)수가 몇 개인 것을 말하는가?

① 1개 이상
② 2개 이상
③ 3개 이상
④ 4개 이상

해설 분포권

매극 매상의 도체를 2개 이상의 슬롯에 분포시켜 권선하는 방법이다.

166 ★★☆
동기 발전기의 전기자 권선법 중 집중권에 비해 분포권이 갖는 장점은?

① 난조를 방지할 수 있다.
② 기전력의 파형이 좋아진다.
③ 권선의 리액턴스가 커진다.
④ 합성 유도 기전력이 높아진다.

해설 분포권의 특징
- 고조파를 감소시켜 기전력의 파형을 개선
- 권선의 누설 리액턴스가 감소
- 권선의 과열방지(열발산 효과 우수)
- 집중권에 비해 유기 기전력 감소

167 ★☆☆
동기 발전기의 전기자 권선법 중 집중권인 경우 매극 매상의 홈(Slot)수는?

① 1개 ② 2개
③ 3개 ④ 4개

해설 집중권
매극 매상의 도체를 1개의 슬롯에 집중시켜 권선하는 방법이다.

168 ★★☆
동기 발전기에서 기전력의 파형을 좋게 하고 누설 리액턴스를 감소시키기 위하여 채택한 권선법은?

① 집중권   ② 분포권
③ 단절권   ④ 전절권

해설 분포권의 특징
- 고조파를 감소시켜 기전력의 파형 개선
- 권선의 누설 리액턴스가 감소
- 권선의 과열방지(열발산 효과 우수)
- 집중권에 비해 유기 기전력 감소

169 ★★★
동기기의 기전력의 파형 개선책이 아닌 것은?

① 단절권   ② 집중권
③ 공극 조정   ④ 자극 모양

해설 기전력 파형 개선책
기전력을 정현파로 하기 위한 방법은 다음과 같다.
- 매극 매상의 슬롯수를 크게 한다.
- 단절권 및 분포권을 사용한다.
- 반폐 슬롯을 사용한다.
- 전기자 철심을 사구(Skewed slot)로 적용한다.
- 공극의 길이를 확대한다.

170 ★★☆
슬롯수 36의 고정자 철심이 있다. 여기에 3상 4극의 2층권을 시행할 때 매극 매상의 슬롯수와 총 코일수는?

① 3, 18   ② 3, 36
③ 9, 18   ④ 9, 36

해설

- 매극 매상당 슬롯수 $= \dfrac{슬롯수}{극수 \times 상수} = \dfrac{36}{4 \times 3} = 3$

- 총 코일수 $= \dfrac{슬롯수 \times 층수}{2} = \dfrac{36 \times 2}{2} = 36$

171 ★★★

4극 3상 동기기가 48개의 슬롯을 가진다. 전기자 권선 분포 계수 K_d를 구하면 약 얼마인가?

① 0.923
② 0.945
③ 0.957
④ 0.969

해설

- 매극 매상당 슬롯수
$$q = \frac{48}{4 \times 3} = 4$$

- 분포권 계수
$$K_d = \frac{\sin\dfrac{\pi}{2m}}{q\sin\dfrac{\pi}{2mq}} = \frac{\sin\dfrac{\pi}{2\times 3}}{4\times\sin\dfrac{\pi}{2\times 3\times 4}} = 0.957$$

172 ★★☆

3상 동기 발전기의 매극 매상의 슬롯수가 3일 때 분포권 계수는?

① $6\sin\dfrac{\pi}{8}$
② $3\sin\dfrac{\pi}{9}$
③ $\dfrac{1}{6\sin\dfrac{\pi}{18}}$
④ $\dfrac{1}{3\sin\dfrac{\pi}{18}}$

해설

$$K_d = \frac{\sin\dfrac{n\pi}{2m}}{q\sin\dfrac{n\pi}{2mq}} = \frac{\sin\dfrac{1\times\pi}{2\times 3}}{3\times\sin\dfrac{1\times\pi}{2\times 3\times 3}}$$

$$= \frac{\sin\dfrac{\pi}{6}}{3\sin\dfrac{\pi}{18}} = \frac{\dfrac{1}{2}}{3\sin\dfrac{\pi}{18}} = \frac{1}{6\sin\dfrac{\pi}{18}}$$

(단, m: 상수, q: 매극 매상당 슬롯수)

173 ★☆☆

3상 동기 발전기의 전기자 권선을 Y 결선으로 하는 이유로서 적절하지 않은 것은?

① 고조파 순환 전류가 흐르지 않는다.
② 이상 전압 방지의 대책이 용이하다.
③ 전기자 반작용이 감소한다.
④ 코일의 코로나, 열화 등이 감소된다.

해설 전기자 권선을 Y 결선하는 이유
- 이상 전압의 방지
- 코로나, 열화 감소
- 고조파 순환 전류 발생 방지
- 고전압 발생 유리

THEME 03 유기 기전력

174 ★★☆

6극 60[Hz] Y 결선 3상 동기 발전기의 극당 자속이 0.16[Wb], 회전수 1,200[rpm], 1상의 권수 186, 권선 계수 0.96인 경우 단자 전압은?

① 13,183[V]
② 12,254[V]
③ 26,366[V]
④ 27,456[V]

해설

- 유기 기전력
$$E = 4.44 K_w f \phi w$$
$$= 4.44 \times 0.96 \times 60 \times 0.16 \times 186 = 7,610.94[V]$$

- Y 결선의 단자전압 $V = \sqrt{3}E[V]$이므로
$$V = \sqrt{3} \times 7,610.94 = 13,182.53[V]$$

175 ★★☆

1상의 유도 기전력이 $6,000[\text{V}]$인 동기 발전기에서 1분간 회전수를 $900[\text{rpm}]$에서 $1,800[\text{rpm}]$으로 하면 유도 기전력은 약 몇 $[\text{V}]$인가?

① 6,000
② 12,000
③ 24,000
④ 36,000

해설 유도 기전력

- 동기 속도
$$N_s = \frac{120f}{p}[\text{rpm}] \propto f$$
- 유도 기전력
$$E = 4.44 K_w f \phi w [\text{V}] \propto f \propto N_s$$
- 회전 수 변경 후 유도 기전력
$$E' = E \times \frac{N_s'}{N_s} = 6,000 \times \frac{1,800}{900} = 12,000[\text{V}]$$

176 ★☆☆

20극 $360[\text{rpm}]$의 3상 동기 발전기가 있다. 전 슬롯수 180, 2층권 각 코일의 권수 4, 전기자 권선은 성형으로, 단자 전압 $6,600[\text{V}]$인 경우 1극의 자속$[\text{Wb}]$은 얼마인가?(단, 권선 계수는 0.9이다.)

① 0.0375
② 0.3751
③ 0.0662
④ 0.6621

해설

- 유기 기전력
$$E = \frac{V}{\sqrt{3}} = \frac{6,600}{\sqrt{3}} = 3,810.6[\text{V}]$$
- 주파수
$$f = \frac{pN_s}{120} = \frac{20 \times 360}{120} = 60[\text{Hz}]$$
- 1상당 권수
$$w = \frac{\text{슬롯수} \times \text{권수}}{\text{상수}} = \frac{180 \times 4}{3} = 240$$
- 자속 ϕ
$E = 4.44 K_w f w [\text{V}]$에서
$$\phi = \frac{E}{4.44 K_w f w} = \frac{3,810.6}{4.44 \times 0.9 \times 60 \times 240} = 0.0662[\text{Wb}]$$

177 ★☆☆

3상 동기 발전기에서 그림과 같이 1상의 권선을 서로 똑같은 2조로 나누어서 그 1조의 권선 전압을 $E[\text{V}]$, 각 권선의 전류를 $I[\text{A}]$라 하고 2중 Y형(Double Star)으로 결선한 경우 선간 전압$[\text{V}]$, 선전류$[\text{A}]$, 피상 전력$[\text{VA}]$은?

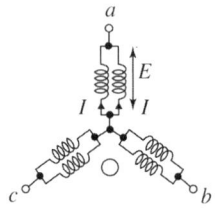

① $3E$, I, $5.19EI$
② $\sqrt{3}E$, $2I$, $6EI$
③ E, $2\sqrt{3}I$, $6EI$
④ $\sqrt{3}E$, $\sqrt{3}I$, $5.19EI$

해설

상전류 $I_p = I + I = 2I[\text{A}]$, 상전압 $V_p = E[\text{V}]$
Y 결선에서 $V_l = \sqrt{3} V_p[\text{V}]$, $I_l = I_p[\text{A}]$이므로

- $V_l = \sqrt{3} V_p = \sqrt{3} E[\text{V}]$
- $I_l = I_p = 2I[\text{A}]$
- $P_a = \sqrt{3} V_l I_l = \sqrt{3} \times \sqrt{3} E \times 2I = 6EI[\text{VA}]$

178 ★★★

정격 전압 $6,600[\text{V}]$인 3상 동기 발전기가 정격 출력(역률=1)으로 운전할 때 전압 변동률이 $12[\%]$이었다. 여자 전류와 회전수를 조정하지 않은 상태로 무부하 운전하는 경우 단자 전압$[\text{V}]$은?

① 6,433
② 6,943
③ 7,392
④ 7,842

해설

- 전압 변동률
$$\varepsilon = \frac{V_o - V_n}{V_n} \times 100 [\%]$$
- 무부하 단자 전압
$$V_o = \left(1 + \frac{\varepsilon}{100}\right) V_n = \left(1 + \frac{12}{100}\right) \times 6,600 = 7,392[\text{V}]$$

179 ★★☆
3상 동기 발전기의 전기자 권선을 2중 성형 결선으로 했을 때 발전기 용량[VA]은?

① $\sqrt{3}EI$
② $2\sqrt{3}EI$
③ $3EI$
④ $6EI$

해설
발전기는 그림에 나타난 것처럼 한 상에 병렬로 연결된 것으로 볼 수 있다.

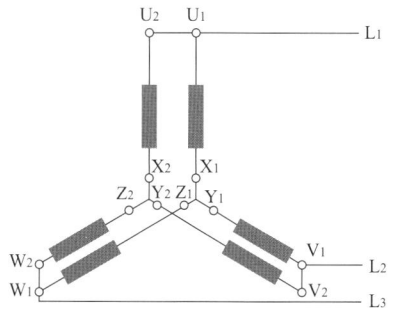

2중 성형 결선에서 한 상의 전류는 단일 성형 결선의 2배다.
Y 결선에서 상전압과 선간 전압의 관계
$V_l = \sqrt{3}V_p[\text{V}]$
따라서 발전기 용량은 다음과 같다.
$P = \sqrt{3}V_lI_l = \sqrt{3} \times \sqrt{3}V_p \times 2I_p$
$= 6V_pI_p = 6EI[\text{VA}](\because E = V_p)$

180 ★★★
동기 발전기의 기전력의 파형을 정현파로 하기 위한 방법으로 틀린 것은?

① 매극 매상의 슬롯수를 많게 한다.
② 단절권 및 분포권으로 한다.
③ 전기자 철심을 사(斜)슬롯으로 한다.
④ 공극의 길이를 작게 한다.

해설 고조파 제거 대책
기전력을 정현파로 하기 위한 방법은 다음과 같다.
- 매극 매상의 슬롯수를 크게 한다.
- 단절권 및 분포권을 사용한다.
- 반폐 슬롯을 사용한다.
- 전기자 철심을 사구(Skewed slot)로 적용한다.
- 공극의 길이를 확대한다.

181 ★★★
교류 발전기의 고조파 발생을 방지하는 방법으로 틀린 것은?

① 전기자 반작용을 크게 한다.
② 전기자 권선을 단절권으로 감는다.
③ 전기자 슬롯을 스큐 슬롯으로 한다.
④ 전기자 권선의 결선을 성형으로 한다.

해설 고조파 제거 대책
기전력을 정현파로 하기 위한 방법은 다음과 같다.
- 매극 매상의 슬롯수를 크게 한다.
- 단절권 및 분포권을 사용한다.
- 반폐 슬롯을 사용한다.
- 전기자 철심을 사구(Skewed slot)로 적용한다.
- 공극의 길이를 확대한다.
- 전기자 권선의 결선을 성형으로 한다.

THEME 04 전기자 반작용

182 ★★★
동기 전동기에서 전기자 반작용을 설명한 것 중 옳은 것은?

① 공급 전압보다 앞선 전류는 감자 작용을 한다.
② 공급 전압보다 뒤진 전류는 감자 작용을 한다.
③ 공급 전압보다 앞선 전류는 교차 자화 작용을 한다.
④ 공급 전압보다 뒤진 전류는 교차 자화 작용을 한다.

해설 동기 전동기의 전기자 반작용
- 교차 자화 작용(횡축 반작용): I_a와 E가 동상인 경우(R 부하) 교차 자화 작용이 생기며 편자 작용으로 인해 전동기의 기전력이 감소한다.
- 감자 작용: I_a가 E보다 $\frac{\pi}{2}[\text{rad}]$만큼 앞선 진상 전류($C$ 부하)일 때 발생한다.
- 증자 작용: I_a가 E보다 $\frac{\pi}{2}[\text{rad}]$만큼 뒤진 지상 전류($L$ 부하)일 때 발생한다.

기기 종류	R 부하(동상)	L 부하(지상)	C 부하(진상)
동기 발전기	교차 자화 작용	감자 작용	증자 작용
동기 전동기	교차 자화 작용	증자 작용	감자 작용

183 ★★★

동기 발전기에서 전기자 전류와 유기 기전력이 동상인 경우 전기자 반작용은?

① 증자 작용 ② 감자 작용
③ 편자 작용 ④ 교차 자화 작용

해설 동기 발전기의 전기자 반작용

- 교차 자화 작용(횡축 반작용): I_a와 E가 동상인 경우(R 부하) 교차 자화 작용이 생기며 편자 작용으로 인해 전동기의 기전력이 감소한다.
- 감자 작용: I_a가 E보다 $\frac{\pi}{2}$[rad] 만큼 뒤진 지상 전류(L 부하)일 때 발생하며 기전력이 감소한다.
- 증자 작용: I_a가 E보다 $\frac{\pi}{2}$[rad] 만큼 앞선 진상 전류(C 부하)일 때 발생하며 기전력이 증가한다.

기기 종류	R 부하(동상)	L 부하(지상)	C 부하(진상)
동기 발전기	교차 자화 작용	감자 작용	증자 작용
동기 전동기	교차 자화 작용	증자 작용	감자 작용

184 ★★★

동기 전동기에서 $90°$ 앞선 전류가 흐를 때 전기자 반작용은?

① 감자 작용 ② 증자 작용
③ 편자 작용 ④ 교차 자화 작용

해설 동기 전동기의 전기자 반작용

- 교차 자화 작용(횡축 반작용): I_a와 E가 동상인 경우(R 부하) 교차 자화 작용이 생기며 편자 작용으로 인해 전동기의 기전력이 감소한다.
- 감자 작용: I_a가 E보다 $\frac{\pi}{2}$[rad] 만큼 앞선 진상 전류(C 부하)일 때 발생한다.
- 증자 작용: I_a가 E보다 $\frac{\pi}{2}$[rad] 만큼 뒤진 지상 전류(L 부하)일 때 발생한다.

기기 종류	R 부하(동상)	L 부하(지상)	C 부하(진상)
동기 발전기	교차 자화 작용	감자 작용	증자 작용
동기 전동기	교차 자화 작용	증자 작용	감자 작용

185 ★★★

3상 동기 발전기에 평형 3상 전류가 흐를 때 전기자 반작용은 이 전류가 기전력에 대하여 (A) 때 감자 작용이 되고 (B) 때 증자 작용이 된다. A, B의 적당한 것은?

① A: $90°$ 뒤질, B: 동상일
② A: $90°$ 뒤질, B: $90°$ 앞설
③ A: $90°$ 앞설, B: $90°$ 뒤질
④ A: $90°$ 동상일, B: $90°$ 뒤질

해설 동기 발전기의 전기자 반작용

- 교차 자화 작용(횡축 반작용): I_a와 E가 동상인 경우(R 부하) 교차 자화 작용이 생기며 편자 작용으로 인해 전동기의 기전력이 감소한다.
- 감자 작용: I_a가 E보다 $\frac{\pi}{2}$[rad] 만큼 뒤진 지상 전류(L 부하)일 때 발생하며 기전력이 감소한다.
- 증자 작용: I_a가 E보다 $\frac{\pi}{2}$[rad] 만큼 앞선 진상 전류(C 부하)일 때 발생하며 기전력이 증가한다.

기기 종류	R 부하(동상)	L 부하(지상)	C 부하(진상)
동기 발전기	교차 자화 작용	감자 작용	증자 작용
동기 전동기	교차 자화 작용	증자 작용	감자 작용

| 정답 | 183 ④ 184 ① 185 ②

186 ★★★

동기 발전기의 부하에 커패시터를 설치하여 앞서는 전류가 흐르고 있을 때 발생하는 현상으로 옳은 것은?

① 편자 작용
② 속도 상승
③ 단자 전압 강하
④ 단자 전압 상승

해설 동기 발전기의 전기자 반작용

- 교차 자화 작용(횡축 반작용): I_a와 E가 동상인 경우(R 부하) 교차 자화 작용이 생기며 편자 작용으로 인해 전동기의 기전력이 감소한다.
- 감자 작용: I_a가 E보다 $\frac{\pi}{2}$[rad]만큼 뒤진 지상 전류(L 부하)일 때 발생하며 기전력이 감소한다.
- 증자 작용: I_a가 E보다 $\frac{\pi}{2}$[rad]만큼 앞선 진상 전류(C 부하)일 때 발생하며 기전력이 증가한다.

기기 종류	R 부하(동상)	L 부하(지상)	C 부하(진상)
동기 발전기	교차 자화 작용	감자 작용	증자 작용
동기 전동기	교차 자화 작용	증자 작용	감자 작용

THEME 05 동기 발전기의 등가 회로

188 ★★☆

동기기의 전기자 저항을 r, 전기자 반작용 리액턴스를 X_a, 누설 리액턴스를 X_ℓ이라고 하면 동기 임피던스를 표시하는 식은?

① $\sqrt{r^2 + \left(\dfrac{X_a}{X_\ell}\right)^2}$
② $\sqrt{r^2 + X_\ell^2}$
③ $\sqrt{r^2 + X_a^2}$
④ $\sqrt{r^2 + (X_a + X_\ell)^2}$

해설

- 동기 임피던스
  $Z_s = r + j(X_a + X_\ell)[\Omega]$
- 동기 임피던스의 크기
  $|Z_s| = \sqrt{r^2 + (X_a + X_\ell)^2}\,[\Omega]$

187 ★☆☆

동기 발전기에서 전기자 전류를 I, 역률을 $\cos\theta$라 하면 횡축 반작용을 하는 성분은?

① $I\cos\theta$
② $I\cot\theta$
③ $I\sin\theta$
④ $I\tan\theta$

해설

- 전기자 반작용이 계자 자계의 작용축과 전기적으로 90°의 각을 이루는 방향, 즉 횡축 방향으로 작용하므로 이것을 횡축 반작용 또는 교차 자화 작용(Cross Magnetization)이라고 한다.
- 동기 발전기의 횡축 반작용을 하는 유효 성분은 $I\cos\theta$[A]이고, 직축 반작용을 하는 무효 성분은 $I\sin\theta$[A]이다.

189 ★★☆

동기기에서 동기 임피던스 값과 실용상 같은 것은?(단, 전기자 저항은 무시한다.)

① 전기자 누설 리액턴스
② 동기 리액턴스
③ 유도 리액턴스
④ 등가 리액턴스

해설

동기 임피던스(Z_s)의 성분은 대부분 동기 리액턴스(x_s)이고 전기자 저항(r_a)을 무시할 경우 다음과 같이 나타낼 수 있다.
$Z_s = r_a + j(x_a + x_l) = r_a + jx_s \fallingdotseq x_s$
즉, 동기 임피던스의 값은 실용상 동기 리액턴스와 같다.

190 ★★★

동기 리액턴스 $X_s = 10[\Omega]$, 전기자 권선 저항 $r_a = 0.1[\Omega]$, 3상 중 1상의 유도 기전력 $E = 6,400[V]$, 단자 전압 $V = 4,000[V]$, 부하각 $\delta = 30°$이다. 비철극기인 3상 동기 발전기의 출력은 약 몇 [kW]인가?

① 1,280 ② 3,840
③ 5,560 ④ 6,650

해설 3상 동기 발전기 출력(비돌극형)
$P = 3\dfrac{EV}{X_s}\sin\delta = 3 \times \dfrac{6,400 \times 4,000}{10} \times \sin30° \times 10^{-3}$
$= 3,840[kW]$

191 ★★☆

정격 출력 $10,000[kVA]$, 정격 전압 $6,600[V]$, 정격역률 0.8인 3상 비돌극 동기 발전기가 있다. 여자를 정격 상태로 유지할 때 이 발전기의 최대 출력은 약 몇 [kW]인가?(단, 1상의 동기 리액턴스를 $0.9[p \cdot u]$라 하고, 저항은 무시한다.)

① 17,089 ② 18,889
③ 21,259 ④ 23,619

해설
- 유기 기전력(p·u)
  $E = \sqrt{0.8^2 + (0.6 + 0.9)^2} = 1.70[p \cdot u]$
- 3상 비돌극 동기 발전기의 최대 출력
  $P_m = P_n \times \dfrac{EV}{x_s}\sin\delta$
  $= 10,000 \times \dfrac{1.7 \times 1.0}{0.9} \times 1(\because \sin\delta = 1)$
  $= 18,889[kW]$

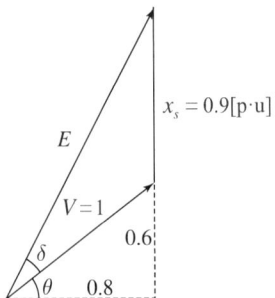

▲ 단위법을 이용한 벡터도

192 ★★☆

3상 비돌극형 동기 발전기가 있다. 정격 출력 $5,000[kVA]$, 정격 전압 $6,000[V]$, 정격 역률 0.8이다. 여자를 정격 상태로 유지할 때 이 발전기의 최대 출력은 약 몇 [kW]인가?(단, 1상의 동기 리액턴스는 $0.8[p \cdot u]$이며 저항은 무시한다.)

① 7,500 ② 10,000
③ 11,500 ④ 12,500

해설
- 유기 기전력(p·u)
  $E = \sqrt{(0.8)^2 + (0.6 + 0.8)^2} = 1.6[p \cdot u]$
- 3상 비돌극 동기 발전기의 최대 출력
  $P_m = P_n \times \dfrac{EV}{x_s}\sin\delta$
  $= 5,000 \times \dfrac{1.6 \times 1}{0.8} \times 1(\because \sin\delta = 1)$
  $= 10,000[kW]$

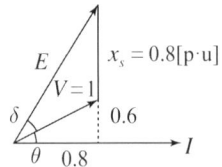

193 ★★★

3상 동기기에서 단자 전압 V, 내부 유기 전압 E, 부하각이 δ일 때, 한 상의 출력은?(단, 전기자 저항은 무시하며, 누설 리액턴스는 x_s이다.)

① $\dfrac{EV}{x_s^2}\sin\delta$ ② $\dfrac{EV}{x_s}\cos\delta$
③ $\dfrac{EV}{x_s}\sin\delta$ ④ $\dfrac{EV^2}{x_s}\cos\delta$

해설
동기 발전기의 한 상의 출력
$P = \dfrac{EV}{x_s}\sin\delta[W]$

194 ★★☆

전기자 저항 $r_a = 0.2[\Omega]$, 동기 리액턴스 $x_s = 20[\Omega]$인 Y결선의 3상 동기 발전기가 있다. 3상 중 1상의 단자 전압 $V = 4,400[V]$, 유도 기전력 $E = 6,600[V]$이다. 부하각 $\delta = 30°$라고 하면 발전기의 출력은 약 몇 [kW]인가?

① 2,178
② 3,251
③ 4,253
④ 5,532

해설

동기 발전기의 3상 출력
$$P = 3\frac{EV}{x_s}\sin\delta = 3 \times \frac{6,600 \times 4,400}{20} \times \sin 30°$$
$$= 2,178 \times 10^3[W] = 2,178[kW]$$

195 ★★★

원통형 회전자를 가진 동기 발전기는 부하각 δ가 몇 도일 때 최대 출력을 낼 수 있는가?

① 0°
② 30°
③ 60°
④ 90°

해설

- 원통형(비돌극형) 동기 발전기: 부하각 $\delta = 90°$에서 최대 출력
- 돌극형 동기 발전기: 부하각 $\delta = 60°$에서 최대 출력

196 ★★★

비돌극형 동기 발전기 한 상의 단자 전압을 V, 유기 기전력을 E, 동기 리액턴스를 X_s, 부하각이 δ이고 전기자 저항을 무시할 때 1상의 최대 출력[W]은?

① $\dfrac{EV}{X_s}[W]$
② $\dfrac{3EV}{X_s}[W]$
③ $\dfrac{E^2V}{X_s}\sin\delta[W]$
④ $\dfrac{EV^2}{X_s}\sin\delta[W]$

해설

- 동기 발전기 1상의 출력
$$P = \frac{EV}{X_s}\sin\delta[W]$$
- 최대 출력($\delta = 90°$)
$$P_m = \frac{EV}{X_s}\sin 90° = \frac{EV}{X_s}[W]$$

197 ★★☆

돌극형 동기 발전기에서 직축 동기 리액턴스를 X_d, 횡축 동기 리액턴스는 X_q라 할 때의 관계는?

① $X_d < X_q$
② $X_d > X_q$
③ $X_d = X_q$
④ $X_d \ll X_q$

해설

- 돌극형(철극기)에서는 직축이 횡축에 비해 공극이 작으므로 직축 리액턴스 X_d가 횡축 리액턴스 X_q보다 크다.
- 비철극기에서는 공극이 일정하므로 직축 리액턴스 X_d와 횡축 리액턴스 X_q가 서로 같다.

참고

돌극기 출력 $P = \dfrac{EV}{X_d}\sin\delta + \dfrac{V^2(X_d - X_q)}{2X_dX_q}\sin 2\delta[W]$

198 ★★☆

정격 전압을 $E[V]$, 정격 전류를 $I[A]$, 동기 임피던스를 $Z_s[\Omega]$이라 할 때 퍼센트 동기 임피던스 $\%Z_s$는?(단, $E[V]$는 선간 전압이다.)

① $\dfrac{IZ_s}{\sqrt{3}\,E} \times 100$ ② $\dfrac{IZ_s}{3E} \times 100$

③ $\dfrac{\sqrt{3}\,IZ_s}{E} \times 100$ ④ $\dfrac{IZ_s}{E} \times 100$

해설
- %동기 임피던스

$$\%Z_s = \dfrac{IZ_s}{E_p(\text{상전압})} \times 100[\%]$$

- 정격 전압 $E = \sqrt{3}\,E_p$이므로

$$\%Z_s = \dfrac{IZ_s}{E_p(\text{상전압})} \times 100[\%] = \dfrac{\sqrt{3}\,IZ_s}{E} \times 100[\%]$$

199 ★★☆

동기 발전기의 돌발 단락 시 발생되는 현상으로 틀린 것은?

① 큰 과도 전류가 흘러 권선 소손
② 단락 전류는 전기자 저항으로 제한
③ 코일 상호 간 큰 전자력에 의한 코일 파손
④ 큰 단락 전류 후 점차 감소하여 지속 단락 전류 유지

해설
- 돌발 단락 전류: 단락 직후 누설 리액턴스에 의해 제한
- 지속 단락 전류: 단락 후 일정 시간이 지난 뒤 누설 리액턴스와 전기자 반작용에 의해 제한

200 ★★☆

동기 발전기의 단자 부근에서 단락이 일어났다고 하면 단락 전류는 어떻게 되는가?

① 전류가 계속 증가한다.
② 큰 전류가 증가와 감소를 반복한다.
③ 처음에는 큰 전류이나 점차 감소한다.
④ 일정한 큰 전류가 지속적으로 흐른다.

해설 동기 발전기의 3상 단락 전류
동기 발전기는 3상 단락 사고 시 처음에는 매우 큰 전류가 흐르고 이후 점점 단락 전류가 감소하는 특성이 있다.

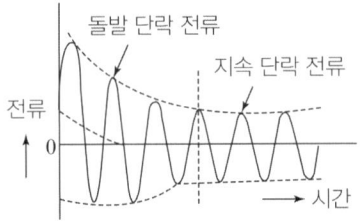

201 ★★★

동기 발전기의 돌발 단락 전류를 제한하는 것은?

① 권선 저항
② 누설 리액턴스
③ 역상 리액턴스
④ 동기 리액턴스

해설 동기 발전기의 3상 단락 전류
- 돌발 단락 전류: 단락 직후 누설 리액턴스에 의해 제한
- 지속 단락 전류: 단락 후 일정 시간이 지난 뒤 누설 리액턴스와 전기자 반작용에 의해 제한

202 ★★☆
동기기의 단락 전류를 제한하는 요소는?

① 단락비
② 정격 전류
③ 동기 임피던스
④ 자기 여자 작용

해설
동기기의 단락 전류는 $I_s = \dfrac{E}{Z_s}$[A]이므로 단락 전류를 제한하는 것은 동기 임피던스이다.

참고
동기 임피던스는 대부분 동기 리액턴스 성분으로 이루어져 있다.

203 ★★★
3상 동기 발전기의 여자 전류 5[A]에 대한 1상의 유기 기전력이 600[V]이고 3상 단락 전류는 30[A]이다. 이 발전기의 동기 임피던스[Ω]는 얼마인가?

① 2
② 3
③ 20
④ 30

해설
동기 임피던스
$Z_s = \dfrac{E}{I_s} = \dfrac{600}{30} = 20[\Omega]$

204 ★★☆
8,000[kVA], 6,000[V]인 3상 교류 발전기의 % 동기 임피던스가 80[%]이다. 이 발전기의 동기 임피던스는 몇 [Ω]인가?

① 3.6
② 3.2
③ 3.0
④ 2.4

해설 %동기 임피던스
$\%Z = \dfrac{PZ_s}{10\,V^2}$ 이므로
$Z_s = \dfrac{10\,V^2\,\%Z}{P} = \dfrac{10 \times 6^2 \times 80}{8,000} = 3.6[\Omega]$
(단, P[kVA], V[kV]이다.)

205 ★☆☆
교류 발전기의 동기 임피던스는 철심이 포화하면 어떻게 되는가?

① 증가한다.
② 관계없다.
③ 감소한다.
④ 증가, 감소가 불명확하다.

해설
철심이 포화되면 전기자 반작용이 줄어든다. 따라서 발전기의 동기 임피던스는 전기자 반작용의 영향이 줄어 함께 감소한다.

206 ★★★
동기 발전기의 3상 단락 곡선에서 단락 전류가 계자 전류에 비례하여 거의 직선이 되는 이유로 가장 옳은 것은?

① 무부하 상태이므로
② 전기자 반작용 때문에
③ 자기 포화가 있으므로
④ 누설 리액턴스가 크므로

해설
3상 단락 곡선(전류)은 계자 전류가 늘어나도 전기자 반작용에 의한 감자 작용이 발생하여 철심의 자기 포화가 되지 않아 직선적으로 증가한다.

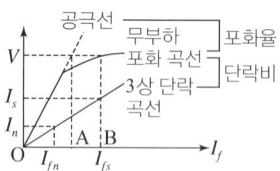

▲ 동기기의 무부하 포화 곡선

207 ★★★
동기 발전기의 단락비가 작을 때의 설명으로 옳은 것은?

① 동기 임피던스가 크고 전기자 반작용이 작다.
② 동기 임피던스가 크고 전기자 반작용이 크다.
③ 동기 임피던스가 작고 전기자 반작용이 작다.
④ 동기 임피던스가 작고 전기자 반작용이 크다.

해설 동기 발전기의 단락비가 작은 경우
- 동기계로서 중량이 가볍다.
- 전압 변동률이 크다.
- 안정도가 불량하다.
- 전기자 반작용이 크다.
- 동기 임피던스가 크다.

208 ★★☆
동기 발전기의 단락비나 동기 임피던스를 산출하는 데 필요한 특성 곡선은?

① 부하 포화 곡선과 3상 단락 곡선
② 단상 단락 곡선과 3상 단락 곡선
③ 무부하 포화 곡선과 3상 단락 곡선
④ 무부하 포화 곡선과 외부 특성 곡선

해설 단락비 측정 시 시험법
- 무부하 시험: 철손, 기계손, 여자 전류
- 3상 단락 시험: 동기 임피던스, 임피던스 와트, 임피던스 전압, 단락비

209 ★★☆
동기 발전기의 단락 시험, 무부하 시험에서 구할 수 없는 것은?

① 철손
② 단락비
③ 동기 리액턴스
④ 전기자 반작용

해설
- 무부하 시험: 철손, 기계손, 여자 전류
- 3상 단락 시험: 동기 임피던스, 임피던스 와트, 임피던스 전압, 단락비

| 정답 | 206 ② 207 ② 208 ③ 209 ④

210 ★★☆

정격 용량 $10,000[\text{kVA}]$, 정격 전압 $6,000[\text{V}]$, 1상의 동기 임피던스가 $3[\Omega]$인 3상 동기 발전기가 있다. 이 발전기의 단락비는 약 얼마인가?

① 1.0
② 1.2
③ 1.4
④ 1.6

해설

- 단락 전류

$$I_s = \frac{E}{Z_s} = \frac{V}{\sqrt{3}\,Z_s}[\text{A}]$$

- 정격 전류

$$I_n = \frac{P}{\sqrt{3}\,V}[\text{A}]$$

- 단락비

$$K_s = \frac{I_s}{I_n} = \frac{\frac{V}{\sqrt{3}\,Z_s}}{\frac{P}{\sqrt{3}\,V}} = \frac{V^2}{PZ_s}$$

$$\therefore K_s = \frac{V^2}{PZ_s} = \frac{6,000^2}{10,000 \times 10^3 \times 3} = 1.2$$

211 ★★☆

정격 출력 $5,000[\text{kVA}]$, 정격 전압 $3.3[\text{kV}]$, 동기 임피던스가 매상 $1.8[\Omega]$인 3상 동기 발전기의 단락비는 약 얼마인가?

① 1.1
② 1.2
③ 1.3
④ 1.4

해설

- 단락 전류

$$I_s = \frac{E}{Z_s} = \frac{\frac{3,300}{\sqrt{3}}}{1.8} = 1,058.5[\text{A}]$$

- 정격 전류

$$I_n = \frac{P}{\sqrt{3}\,V} = \frac{5,000 \times 10^3}{\sqrt{3} \times 3,300} = 874.8[\text{A}]$$

- 단락비

$$K_s = \frac{I_s}{I_n} = \frac{1,058.5}{874.8} = 1.21$$

212 ★★☆

동기 발전기의 단락비가 1.2이면 이 발전기의 % 동기 임피던스$[\text{p.u}]$는?

① 0.12
② 0.25
③ 0.52
④ 0.83

해설

- 단락비

$$K_s = \frac{100}{\%Z_s} = \frac{1}{Z_s[\text{p.u}]}$$

- % 동기 임피던스$[\text{p.u}]$

$$Z_s[\text{p.u}] = \frac{1}{K_s} = \frac{1}{1.2} = 0.83[\text{p.u}]$$

213 ★★☆

정격 전압 $6,000[\text{V}]$, 용량 $5,000[\text{kVA}]$의 Y 결선 3상 동기 발전기가 있다. 여자 전류 $200[\text{A}]$에서의 무부하 단자 전압 $6,000[\text{V}]$, 단락 전류 $600[\text{A}]$일 때, 이 발전기의 단락비는 약 얼마인가?

① 0.25
② 1
③ 1.25
④ 1.5

해설

- 정격 전류

$$I_n = \frac{5,000 \times 10^3}{\sqrt{3} \times 6,000} = 481[\text{A}]$$

- 단락비

$$K_s = \frac{I_s}{I_n} = \frac{600}{481} = 1.25$$

214 ★☆☆
전압 변동률이 작은 동기 발전기의 특성으로 옳은 것은?

① 단락비가 크다.
② 속도 변동률이 크다.
③ 동기 리액턴스가 크다.
④ 전기자 반작용이 크다.

해설

구분	증가	감소
단락비가 큰 기계	• 송전 용량 • 충전 용량 • 안정도 • 단락 전류 • 손실(철손, 기계손)	• 효율 • 동기 임피던스 • 전압 변동률 • 전기자 반작용

즉, 전압 변동률이 작은 동기 발전기는 단락비가 크다고 볼 수 있다.

215 ★★★
단락비가 큰 동기기의 특징으로 옳은 것은?

① 안정도가 떨어진다.
② 전압 변동률이 크다.
③ 선로 충전 용량이 크다.
④ 단자 단락 시 단락 전류가 적게 흐른다.

해설

구분	증가	감소
단락비가 큰 기계	• 송전 용량 • 충전 용량 • 안정도 • 단락 전류 • 손실(철손, 기계손)	• 효율 • 동기 임피던스 • 전압 변동률 • 전기자 반작용

216 ★★★
단락비가 큰 동기 발전기에 대한 설명 중 틀린 것은?

① 효율이 나쁘다.
② 계자 전류가 크다.
③ 전압 변동률이 크다.
④ 안정도와 선로 충전 용량이 크다.

해설

구분	증가	감소
단락비가 큰 기계	• 송전 용량 • 충전 용량 • 안정도 • 단락 전류 • 손실(철손, 기계손)	• 효율 • 동기 임피던스 • 전압 변동률 • 전기자 반작용

217 ★★★
단락비가 큰 동기기에 대한 설명으로 옳은 것은?

① 안정도가 높다.
② 기계가 소형이다.
③ 전압 변동률이 크다.
④ 전기자 반작용이 크다.

해설

구분	증가	감소
단락비가 큰 기계	• 송전 용량 • 충전 용량 • 안정도 • 단락 전류 • 손실(철손, 기계손)	• 효율 • 동기 임피던스 • 전압 변동률 • 전기자 반작용

| 정답 | 214 ① 215 ③ 216 ③ 217 ①

218 ★★☆
단락비가 큰 동기기의 특징 중 옳은 것은?

① 전압 변동률이 크다.
② 과부하 내량이 크다.
③ 전기자 반작용이 크다.
④ 송전 선로의 충전 용량이 작다.

해설

구분	증가	감소
단락비가 큰 기계	• 송전 용량 • 충전 용량 • 안정도 • 단락 전류 • 손실(철손, 기계손) • 과부하 내량	• 효율 • 동기 임피던스 • 전압 변동률 • 전기자 반작용

THEME 06 동기 발전기의 병렬 운전

219 ★★★
동기 발전기의 병렬 운전 조건에서 같지 않아도 되는 것은?

① 기전력의 용량   ② 기전력의 위상
③ 기전력의 크기   ④ 기전력의 주파수

해설 동기 발전기 병렬 운전 조건

병렬 운전 조건	다를 경우 발생하는 전류
유기 기전력의 크기가 같을 것	무효 순환 전류
유기 기전력의 위상이 같을 것	동기화 전류
유기 기전력의 주파수가 같을 것	동기화 전류
유기 기전력의 파형이 같을 것	고조파 무효 순환 전류

---

220 ★★★
병렬 운전을 하고 있는 두 대의 3상 동기 발전기 사이에 무효 순환 전류가 흐르는 것은 두 발전기의 기전력이 어떠할 때인가?

① 기전력의 위상이 다를 때
② 기전력의 파형이 다를 때
③ 기전력의 크기가 다를 때
④ 기전력의 주파수가 다를 때

해설 동기 발전기의 병렬 운전 조건

병렬 운전 조건	다를 경우 발생하는 전류
유기 기전력의 크기가 같을 것	무효 순환 전류
유기 기전력의 위상이 같을 것	동기화 전류
유기 기전력의 주파수가 같을 것	동기화 전류
유기 기전력의 파형이 같을 것	고조파 무효 순환 전류

---

221 ★★☆
8극, 900[rpm] 동기 발전기와 병렬 운전하는 6극 동기 발전기의 회전수는 몇 [rpm]인가?

① 900   ② 1,000
③ 1,200   ④ 1,400

해설

두 동기 발전기를 병렬 운전 하려면 주파수가 서로 같아야 한다.
- 8극 동기 발전기

$$N_s = \frac{120f}{p}[\text{rpm}]$$

$$f = \frac{N_s p}{120} = \frac{900 \times 8}{120} = 60[\text{Hz}]$$

- 6극 동기 발전기

$$N_s = \frac{120f}{p} = \frac{120 \times 60}{6} = 1,200[\text{rpm}]$$

222

유도 기전력의 크기가 서로 같은 A, B 2대의 동기 발전기를 병렬 운전할 때 A 발전기의 유기 기전력 위상이 B보다 앞설 때 발생하는 현상이 아닌 것은?

① 동기 화력이 발생한다.
② 고조파 무효 순환 전류가 발생된다.
③ 유효 전류인 동기화 전류가 발생된다.
④ 전기자 동손을 증가시키며 과열의 원인이 된다.

해설 동기 발전기의 병렬 운전 조건
- 위상이 다르면 발전기 내부에서는 유효 순환 전류(동기화 전류)가 흘러 위상을 같게 만들지만 발전기의 온도 상승을 초래한다.
- 대책: 원동기의 출력을 조절한다.(위상이 앞선 발전기에서 위상이 뒤진 발전기 측으로 동기 화력을 발생시켜 위상을 맞춘다.) 고조파 무효 순환 전류는 기전력의 파형이 다른 경우 발생된다.

223

병렬 운전하고 있는 2대의 3상 동기 발전기 사이에 무효 순환 전류가 흐르는 경우는?

① 부하의 증가
② 부하의 감소
③ 여자 전류의 변화
④ 원동기의 출력 변화

해설
- 유기 기전력의 크기(여자 전류)가 다르면 발전기 내부에 무효 순환 전류가 흘러 단자 전압을 같게 만들지만 발전기의 온도 상승을 초래한다.
- 대책: 여자 전류를 조정한다.(여자 전류를 증가시킨 발전기는 역률 저하, 여자 전류를 감소시킨 발전기는 역률 향상)

참고
여자 전류에 따라 자속이 바뀌고, 유기 기전력의 크기는 자속에 비례한다. 따라서 여자 전류가 바뀌면 유기 기전력의 크기도 바뀌어 무효 순환 전류가 흐른다.

224

2대의 동기 발전기를 병렬 운전할 때 무효 횡류(무효 순환 전류)가 흐르는 경우는?

① 부하 분담의 차가 있을 때
② 기전력의 위상차가 있을 때
③ 기전력의 파형에 차가 있을 때
④ 기전력 크기에 차이가 있을 때

해설 동기 발전기의 병렬 운전 조건

병렬 운전 조건	다를 경우 발생하는 전류
유기 기전력의 크기가 같을 것	무효 순환 전류
유기 기전력의 위상이 같을 것	동기화 전류
유기 기전력의 주파수가 같을 것	동기화 전류
유기 기전력의 파형이 같을 것	고조파 무효 순환 전류

225

동기 발전기의 병렬 운전 중 위상차가 생기면 어떤 현상이 발생하는가?

① 무효 횡류가 흐른다.
② 무효 전력이 생긴다.
③ 유효 횡류가 흐른다.
④ 출력이 요동하고 권선이 가열된다.

해설
- 위상이 다르면 발전기 내부에서는 유효 횡류(동기화 전류)가 흘러 위상을 같게 만들지만 발전기의 온도 상승을 초래한다.
- 대책: 원동기의 출력을 조절한다.(위상이 앞선 발전기에서 위상이 뒤진 발전기 측으로 동기 화력을 발생시켜 위상을 맞춘다.)

226 ★★☆

두 동기 발전기의 유도 기전력이 $1,000[V]$, 위상차 $90°$, 동기 리액턴스 $100[\Omega]$일 경우 유효 순환 전류는 약 몇 [A]인가?

① 5
② 7
③ 10
④ 20

해설

동기화 전류

$$I_s = \frac{E}{x_s}\sin\frac{\delta}{2} = \frac{1,000}{100} \times \sin\frac{90°}{2} = 7.07[A]$$

227 ★★☆

병렬 운전 중인 A, B 두 동기 발전기 중 A 발전기의 여자를 B 발전기보다 증가시키면 A 발전기는?

① 동기화 전류가 흐른다.
② 부하 전류가 증가한다.
③ 90° 진상 전류가 흐른다.
④ 90° 지상 전류가 흐른다.

해설 동기 발전기의 병렬 운전

- A 발전기의 여자 전류 증가 시
  - A 발전기는 지상 전류가 흘러 A 발전기의 역률은 저하된다.
  - B 발전기는 반대로 진상 전류가 흘러 B 발전기의 역률은 좋아진다.
- B 발전기의 여자 전류 증가 시
  - B 발전기는 지상 전류가 흘러 B 발전기의 역률은 저하된다.
  - A 발전기는 반대로 진상 전류가 흘러 A 발전기의 역률은 좋아진다.

228 ★★☆

$6,000[V]$, $1,500[kVA]$, 동기 임피던스 $5[\Omega]$인 동일 정격의 두 동기 발전기를 병렬 운전 중 한 쪽 발전기의 계자 전류가 증가하여 두 발전기의 유도 기전력 사이에 $300[V]$의 전압차가 발생한다. 이때 두 발전기 사이에 흐르는 무효 횡류[A]는?

① 24
② 28
③ 30
④ 32

해설

무효 순환 전류

$$I_c = \frac{E_1 - E_2}{2Z_s} = \frac{300}{2\times 5} = 30[A]$$

229 ★☆☆

병렬 운전하는 두 동기 발전기 사이에 그림과 같이 동기 검정기가 접속되어 있을 때 상회전 방향이 일치되어 있다면?

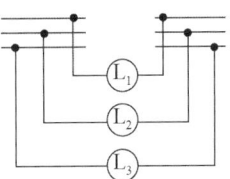

① L_1, L_2, L_3 모두 어둡다.
② L_1, L_2, L_3 모두 밝다.
③ L_1, L_2, L_3 순서대로 점멸한다.
④ L_1, L_2, L_3 모두 점등되지 않는다.

해설

상회전 방향이 일치하면 위상차가 발생하지 않으므로 동기 검정기 L_1, L_2, L_3 모두 점등되지 않는다.

230 ★★☆

기전력(1상)이 E_0이고 동기 임피던스(1상)가 Z_s인 2대의 3상 동기 발전기를 무부하로 병렬 운전시킬 때 각 발전기의 기전력 사이에 δ_s의 위상차가 있으면 한쪽 발전기에서 다른 쪽 발전기로 공급되는 1상당의 전력[W]은?

① $\dfrac{E_0}{Z_s}\sin\delta_s$ ② $\dfrac{E_0}{Z_s}\cos\delta_s$

③ $\dfrac{E_0^2}{2Z_s}\sin\delta_s$ ④ $\dfrac{E_0^2}{2Z_s}\cos\delta_s$

해설

- 수수 전력

$$P_s = \dfrac{E^2}{2Z_s}\sin\delta\,[\text{W}]$$

- 문제 조건에서 상전압을 E_0로, 위상차를 δ_s라 하였으므로

$$P_s = \dfrac{E_0^2}{2Z_s}\sin\delta_s\,[\text{W}]$$

참고

동기 임피던스 Z_s ≒ 동기 리액턴스 x_s

231 ★★☆

2대의 3상 동기 발전기를 동일한 부하로 병렬 운전하고 있을 때 대응하는 기전력 사이에 $60°$의 위상차가 있다면 한쪽 발전기에서 다른 쪽 발전기에 공급되는 1상당 전력은 약 몇 [kW]인가?(단, 각 발전기의 기전력(선간)은 $3{,}300[\text{V}]$, 동기 리액턴스는 $5[\Omega]$이고 전기자 저항은 무시한다.)

① 181 ② 314
③ 363 ④ 720

해설

수수 전력

$$P_s = \dfrac{E^2}{2x_s}\sin\delta = \dfrac{\left(\dfrac{3{,}300}{\sqrt{3}}\right)^2}{2\times 5}\times \sin 60°$$
$$= 314{,}000[\text{W}] = 314[\text{kW}]$$

232 ★★☆

동일 정격의 3상 동기 발전기 2대를 무부하로 병렬 운전하고 있을 때, 두 발전기의 기전력 사이에 $30°$의 위상차가 있으면 한 발전기에서 다른 발전기에 공급되는 유효 전력은 몇 [kW]인가?(단, 각 발전기의(1상의) 기전력은 $1{,}000[\text{V}]$, 동기 리액턴스는 $4[\Omega]$이고, 전기자 저항은 무시한다.)

① 62.5 ② $62.5\times\sqrt{3}$
③ 125.5 ④ $125.5\times\sqrt{3}$

해설

수수 전력

$$P_s = \dfrac{E^2}{2x_s}\sin\delta = \dfrac{1{,}000^2}{2\times 4}\times\sin 30°\times 10^{-3} = 62.5[\text{kW}]$$

THEME 07 자기 여자 현상과 난조

233 ★★☆

동기 발전기의 자기 여자 현상을 방지하는 방법이 아닌 것은?

① 발전기 여러 대를 모선에 병렬로 접속한다.
② 수전단에 동기 조상기를 접속한다.
③ 수전단에 리액턴스를 병렬로 접속한다.
④ 단락비가 작은 발전기를 사용한다.

해설 자기 여자 현상 방지 대책

- 2대 이상의 동기 발전기를 모선에 연결
- 수전단에 병렬 리액터(분로 리액터)를 연결
- 수전단에 여러대의 변압기를 병렬로 연결
- 동기 조상기를 연결하여 부족 여자로 운전
- 단락비를 크게 할 것(충전 용량 증가)

234 ★★☆
부하 급변 시 부하각과 부하 속도가 진동하는 난조 현상을 일으키는 원인이 아닌 것은?

① 전기자 회로의 저항이 너무 큰 경우
② 원동기의 토크에 고조파가 포함된 경우
③ 원동기의 조속기 감도가 너무 예민한 경우
④ 자속의 분포가 기울어져 자속의 크기가 감소한 경우

해설 난조의 원인
- 원동기의 조속기 감도가 너무 예민한 경우
- 부하가 급변하거나 전기자 저항이 큰 경우
- 원동기 토크에 고조파가 포함된 경우
- 회전자의 관성 모멘트가 작은 경우

235 ★★☆
다음 중 일반적인 동기 전동기 난조 방지에 가장 유효한 방법은?

① 자극수를 적게 한다.
② 회전자의 관성을 크게 한다.
③ 자극면에 제동 권선을 설치한다.
④ 동기 리액턴스 x_s를 작게 하고 동기 화력을 크게 한다.

해설 난조 방지 대책
- 제동 권선 설치(가장 확실한 난조 방지 대책)
- 원동기의 조속기 감도 억제
- 단락비를 크게 하고 속응 여자 방식 채용
- 회전자에 플라이 휠 사용(관성 모멘트 증대)
- 분포권, 단절권 사용

236 ★★★
3상 동기기에서 제동 권선의 주 목적은?

① 출력 개선
② 효율 개선
③ 역률 개선
④ 난조 방지

해설 제동 권선의 역할
- 난조의 방지: 제동 권선은 기계적인 플라이 휠과 비슷한 작용을 전기적으로 하는 것이다.
- 일정 속도로 회전하고 있는 발전기가 특정 이유로 속도가 변할 때 제동 권선에 전류가 발생하고 이 전류에 의해 동력이 발생하여 속도 변화를 막아준다.
- 불평형 부하 시 전류, 전압 파형 개선
- 송전선의 불평형 단락 시 이상 전압 방지
- 기동 토크 발생: 동기 전동기의 경우, 제동 권선은 유도기의 농형 권선과 같은 역할을 하며 기동 토크를 발생시킨다.

237 ★★☆
동기 발전기가 난조를 일으키는 원인 중 틀린 것은?

① 부하가 급격히 변화하는 경우
② 발전기의 전기자 저항이 작은 경우
③ 회전자의 관성 모멘트가 작은 경우
④ 원동기의 토크에 고조파가 포함되어 있는 경우

해설 난조의 원인
- 원동기의 조속기 감도가 너무 예민한 경우
- 부하가 급변하거나 전기자 저항이 큰 경우
- 원동기 토크에 고조파가 포함된 경우
- 회전자의 관성 모멘트가 작은 경우

THEME 08 동기 발전기의 안정도

238 ★★★
동기기의 과도 안정도를 증가시키는 방법이 아닌 것은?

① 단락비를 크게 한다.
② 속응 여자 방식을 채용한다.
③ 회전부의 관성을 작게 한다.
④ 역상 및 영상 임피던스를 크게 한다.

해설 동기 발전기의 안정도 향상 대책
- 단락비를 크게 한다.
- 회전자에 플라이 휠을 설치하여 관성을 크게 한다.
- 속응 여자 방식을 채용한다.
- 조속기 동작을 신속히 한다.(전기식 조속기 채용)
- 동기 임피던스를 작게 한다.(정상 임피던스를 작게 한다.)
- 영상 임피던스와 역상 임피던스를 크게 한다.

239 ★★★
동기기의 안정도를 증진시키는 방법이 아닌 것은?

① 단락비를 크게 할 것
② 속응 여자 방식을 채용할 것
③ 정상 리액턴스를 크게 할 것
④ 영상 및 역상 임피던스를 크게 할 것

해설 동기 발전기의 안정도 향상 대책
- 단락비를 크게 한다.
- 회전자에 플라이 휠을 설치하여 관성을 크게 한다.
- 속응 여자 방식을 채용한다.
- 조속기 동작을 신속히 한다.(전기식 조속기 채용)
- 동기 임피던스를 작게 한다.(정상 임피던스를 작게 한다.)
- 영상 임피던스와 역상 임피던스를 크게 한다.

240 ★★★
동기 발전기의 안정도를 증진시키기 위한 대책이 아닌 것은?

① 속응 여자 방식을 사용한다.
② 정상 임피던스를 작게 한다.
③ 역상·영상 임피던스를 작게 한다.
④ 회전자의 플라이 휠 효과를 크게 한다.

해설 동기 발전기의 안정도 향상 대책
- 단락비를 크게 한다.
- 회전자에 플라이 휠을 설치하여 관성을 크게 한다.
- 속응 여자 방식을 채용한다.
- 조속기 동작을 신속히 한다.(전기식 조속기 채용)
- 동기 임피던스를 작게 한다.(정상 임피던스를 작게 한다.)
- 영상 임피던스와 역상 임피던스를 크게 한다.

241 ★★★
동기기의 과도 안정도를 증가시키는 방법이 아닌 것은?

① 속응 여자 방식을 채용한다.
② 동기 탈조 계전기를 사용한다.
③ 동기화 리액턴스를 작게 한다.
④ 회전자의 플라이 휠 효과를 작게 한다.

해설 동기 발전기의 안정도 향상 대책
- 단락비를 크게 한다.
- 회전자에 플라이 휠을 설치하여 관성을 크게 한다.
- 속응 여자 방식을 채용한다.
- 조속기 동작을 신속히 한다.(전기식 조속기 채용)
- 동기 임피던스를 작게 한다.(정상 임피던스를 작게 한다.)
- 영상 임피던스와 역상 임피던스를 크게 한다.

242 ★★★
동기 발전기의 안정도 향상 대책이 아닌 것은?

① 단락비가 클 것
② 조속기의 동작이 신속할 것
③ 관성 모멘트가 클 것
④ 동기 임피던스가 클 것

해설 동기 발전기의 안정도 향상 대책
- 단락비를 크게 한다.
- 회전자에 플라이 휠을 설치하여 관성을 크게 한다.
- 속응 여자 방식을 채용한다.
- 조속기 동작을 신속히 한다.(전기식 조속기 채용)
- 동기 임피던스를 작게 한다.(정상 임피던스를 작게 한다.)
- 영상 임피던스와 역상 임피던스를 크게 한다.

THEME 09 동기 전동기의 특성

243 ★☆☆
동기 전동기에 대한 설명으로 틀린 것은?

① 동기 전동기는 주로 회전 계자형이다.
② 동기 전동기는 무효 전력을 공급할 수 있다.
③ 동기 전동기는 제동 권선을 이용한 기동법이 일반적으로 많이 사용된다.
④ 3상 동기 전동기의 회전 방향을 바꾸려면 계자 권선 전류의 방향을 반대로 한다.

해설 동기 전동기의 특징
① 동기 전동기는 주로 회전 계자형이다.
② 동기 전동기는 역률을 조정할 수 있으므로 무효 전력 공급이 가능하다.
③ 동기 전동기는 제동 권선을 이용하여 기동 토크를 발생시켜 기동하는 방법을 사용한다.
④ 3상 동기 전동기의 회전 방향을 바꾸기 위해서 3선 중 임의의 2선을 바꾸어 접속한다.

244 ★★☆
동기 전동기에 대한 설명으로 옳은 것은?

① 기동 토크가 크다.
② 역률 조정을 할 수 있다.
③ 가변속 전동기로서 다양하게 응용된다.
④ 공극이 매우 작아 설치 및 보수가 어렵다.

해설 동기 전동기의 특징

장점	단점
• 속도가 일정하다. • 역률을 조정할 수 있다. • 효율이 좋다. • 공극이 넓어 기계적으로 튼튼하다.	• 속도 조정이 곤란하다. • 기동 토크가 작으므로 별도의 기동 장치가 필요하다. • 직류 여자 장치가 필요하다. • 난조 발생이 빈번하다.

245 ★★☆
동기 전동기의 특징으로 틀린 것은?

① 속도가 일정하다.
② 역률을 조정할 수 없다.
③ 직류 전원을 필요로 한다.
④ 난조를 일으킬 염려가 있다.

해설 동기 전동기의 특징

장점	단점
• 속도가 일정하다. • 역률을 조정할 수 있다. • 효율이 좋다. • 공극이 넓어 기계적으로 튼튼하다.	• 속도 조정이 곤란하다. • 기동 토크가 작으므로 별도의 기동 장치가 필요하다. • 직류 여자 장치가 필요하다. • 난조 발생이 빈번하다.

| 정답 | 242 ④ 243 ④ 244 ② 245 ②

246 ★★☆
동기 전동기의 기동법으로 옳은 것은?

① 자기 기동법, 직류 초퍼법
② 계자 제어법, 저항 제어법
③ 자기 기동법, 기동 전동기법
④ 직류 초퍼법, 기동 전동기법

해설 동기 전동기의 기동
- 자기 기동
  - 자극 표면에 제동 권선을 설치하여 기동 토크를 발생시켜 기동하는 방법이다.
  - 이때 계자 권선은 고전압이 발생할 우려가 있으므로 단락시킨다.
- 기동 전동기
  - 유도 전동기를 사용하여 기동하는 방법이다.
  - 이때 유도 전동기 극수는 동기 전동기보다 2극 적게 한다.

247 ★★☆
동기 전동기가 무부하 운전 중에 부하가 걸리면 동기 전동기의 속도는?

① 정지한다.
② 동기 속도와 같다.
③ 동기 속도보다 빨라진다.
④ 동기 속도 이하로 떨어진다.

해설
동기 전동기가 무부하 운전 중 부하가 걸려도 속도는 동기 속도와 같이 항상 일정하다.

248 ★★☆
동기 전동기의 토크와 공급 전압과의 관계로 옳은 것은?

① 무관
② 정비례
③ 반비례
④ 2승에 비례

해설
- 동기 전동기의 토크 특성
$$T = \frac{P_o}{\omega} = \frac{EI_a}{2\pi\frac{N}{60}} [\text{N} \cdot \text{m}] \propto E$$
- 동기 전동기의 토크는 공급 전압에 비례한다.

THEME 10 위상 특성 곡선

249 ★★★
동기 전동기의 위상 특성 곡선으로 옳은 것은?(단, P를 출력, I_f를 계자 전류, I_a를 전기자 전류, $\cos\theta$를 역률로 한다.)

① $P-I_a$ 곡선, I_f는 일정
② I_f-I_a 곡선, P는 일정
③ $P-I_f$ 곡선, I_a는 일정
④ I_f-I_a 곡선, $\cos\theta$는 일정

해설 위상 특성 곡선
- 부하와 공급전압을 일정하게 유지하고, 계자 전류 I_f를 변화시킬 때 전기자 전류 I_a와 관계를 나타낸 곡선이다.
- 부하와 공급전압을 일정하게 하는 것은 출력을 일정하게 하는 것과 같은 의미이다.

250 ★★★

전압이 일정한 모선에 접속되어 역률 1로 운전하고 있는 동기 전동기를 동기 조상기로 사용하는 경우 여자 전류를 증가시키면 이 전동기는 어떻게 되는가?

① 역률은 앞서고, 전기자 전류는 증가한다.
② 역률은 앞서고, 전기자 전류는 감소한다.
③ 역률은 뒤지고, 전기자 전류는 증가한다.
④ 역률은 뒤지고, 전기자 전류는 감소한다.

해설

역률 1로 운전하고 있는 동기 조상기에서 여자 전류 변화
- 과여자인 경우(여자 전류 증가 시)
  계자 전류가 증가함에 따라 앞선 역률로 작용하게 된다. 따라서 진상 무효 전류가 흘러 콘덴서 작용을 하고, 전기자 전류는 증가한다.
- 부족여자인 경우(여자 전류 감소 시)
  계자 전류가 감소함에 따라 뒤진 역률로 작용하게 된다. 따라서 지상 무효 전류가 흘러 리액터 작용을 하고, 전기자 전류는 증가한다.

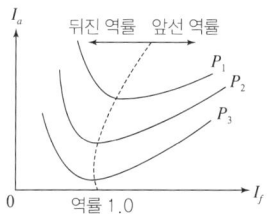

▲ 위상 특성 곡선(V 곡선)

251 ★★☆

동기 전동기에 일정한 부하를 걸고 계자 전류를 0[A]에서부터 계속 증가시킬 때 관련 설명으로 옳은 것은?(단, I_a는 전기자 전류이다.)

① I_a는 증가하다가 감소한다.
② I_a가 최소일 때 역률이 1이다.
③ I_a가 감소 상태일 때 앞선 역률이다.
④ I_a가 증가 상태일 때 뒤진 역률이다.

해설

① 전기자 전류 I_a는 감소하다가 증가한다.
② I_a가 최소일 때 역률이 1이다.
③ I_a가 감소 상태일 땐 뒤진 역률이다.
④ I_a가 증가 상태일 땐 앞선 역률이다.

252 ★★☆

동기 전동기의 위상 특성 곡선(V 곡선)에 대한 설명으로 옳은 것은?

① 출력을 일정하게 유지할 때 부하 전류와 전기자 전류의 관계를 나타낸 곡선
② 역률을 일정하게 유지할 때 계자 전류와 전기자 전류의 관계를 나타낸 곡선
③ 계자 전류를 일정하게 유지할 때 전기자 전류와 출력 사이의 관계를 나타낸 곡선
④ 공급 전압 V와 부하가 일정할 때 계자 전류의 변화에 대한 전기자 전류의 변화를 나타낸 곡선

해설 위상 특성 곡선
- 부하와 공급전압을 일정하게 유지하고, 계자 전류 I_f를 변화시킬 때 전기자 전류 I_a와 관계를 나타낸 곡선이다.
- 부하와 공급전압을 일정하게 하는 것은 출력을 일정하게 하는 것과 같은 의미이다.

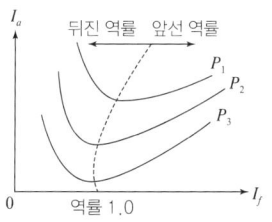

▲ 위상 특성 곡선(V 곡선)

253 ★☆☆

동기 조상기의 구조상 특징으로 틀린 것은?

① 고정자는 수차 발전기와 같다.
② 안전 운전용 제동 권선이 설치된다.
③ 계자 코일이나 자극이 대단히 크다.
④ 전동기 축은 동력을 전달하는 관계로 비교적 굵다.

해설

- 동기 조상기는 무부하로 운전되는 동기 전동기이며, 계자 전류(I_f)를 조정하여 무효 전력(지상 또는 진상)을 제어하는 기기이다.
- 동기 조상기는 동력을 전달하지 않는다.

254 ★★★

출력과 속도가 일정하게 유지되는 동기 전동기에서 여자를 증가시키면 어떻게 되는가?

① 토크가 증가한다.
② 난조가 발생하기 쉽다.
③ 유기 기전력이 감소한다.
④ 전기자 전류의 위상이 앞선다.

해설

동기 전동기의 여자 전류를 증가시키면 역률은 점점 진상쪽으로 앞서고 전기자 전류는 증가한다.

255 ★☆☆

어떤 공장에 뒤진 역률 0.8인 부하가 있다. 이 선로에 동기 조상기를 병렬로 결선해서 선로의 역률을 0.95로 개선하였다. 개선 후 전력의 변화에 대한 설명으로 틀린 것은?

① 피상 전력과 유효 전력은 감소한다.
② 피상 전력과 무효 전력은 감소한다.
③ 피상 전력은 감소하고 유효 전력은 변화가 없다.
④ 무효 전력은 감소하고 유효 전력은 변화가 없다.

해설

동기 조상기에 의한 역률 개선에 따른 무효 전력의 감소로 피상 전력은 줄어들지만, 유효 전력은 변화가 없다.

256 ★★☆

3상 전원의 수전단에서 전압 $3,300[V]$, 전류 $1,000[A]$, 뒤진 역률 0.8의 전력을 받고 있을 때 동기 조상기로 역률을 개선하여 1로 하고자 한다. 필요한 동기 조상기의 용량은 약 몇 $[kVA]$인가?

① $1,525$
② $1,950$
③ $3,150$
④ $3,429$

해설

- 부하의 유효 전력
$$P = \sqrt{3}\,VI\cos\theta = \sqrt{3}\times 3,300\times 1,000\times 0.8$$
$$= 4,573\times 10^3[W] = 4,573[kW]$$

- 동기 조상기(조상 설비) 용량
$$Q_c = P(\tan\theta_1 - \tan\theta_2) = 4,573\times\left(\frac{0.6}{0.8} - \frac{0}{1}\right)$$
$$= 3,429[kVA]$$

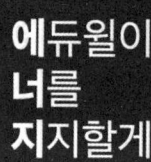

사람이 먼 곳을 향하는 생각이 없다면
큰 일을 이루기 어렵다.

– 안중근

변압기

THEME 01. 변압기의 원리와 구조
THEME 02. 변압기의 유기 기전력
THEME 03. 변압기의 등가 회로
THEME 04. 전압 변동률
THEME 05. 변압기의 손실과 효율
THEME 06. 변압기의 극성
THEME 07. 변압기 3상 결선
THEME 08. 변압기 병렬 운전
THEME 09. 특수 변압기
THEME 10. 변압기의 보호 및 시험

CBT 완벽대비 가능한 유형마스터 학습!

THEME	유형분석	관련 번호
THEME 01 변압기의 원리와 구조	변압기의 원리와 구조에 관한 문제가 출제됩니다. 특히, 변압기유 구비조건과 열화 방지 대책을 집중적으로 학습해야 합니다.	257~264
THEME 02 변압기의 유기 기전력	변압기의 유기 기전력에 대한 내용이 출제됩니다. 변압비 공식을 이해하고 풀이에 적용할 수 있도록 해야 합니다.	265~277
THEME 03 변압기의 등가 회로	등가 회로 작성에 필요한 시험과 환산 저항에 대한 문제가 출제됩니다. 개념이 다소 어려울 수 있으나 공식을 활용하는 문제는 쉽게 출제되는 경향이 있습니다.	278~290
THEME 04 전압 변동률	전압 변동률과 임피던스 강하에 관한 문제가 출제됩니다. 단순하게 공식을 적용하는 문제부터 응용을 요구하는 수준까지 다양한 유형으로 문제가 출제됩니다.	291~308
THEME 05 변압기의 손실과 효율	변압기의 손실과 효율을 이해하는 것이 중요합니다. 변압기 뿐만 아니라 모든 전기기기에 해당하는 개념이므로 완벽하게 학습해야 합니다.	309~335
THEME 06 변압기의 극성	감극성, 가극성 변압기의 특성에 관한 문제가 출제됩니다. 이 개념을 묻는 문제는 적게 출제 되는 경향이 있습니다.	336
THEME 07 변압기 3상 결선	변압기의 다양한 결선과 그 특징에 대해 묻는 문제가 출제됩니다. Y결선, Δ결선, V결선의 내용을 숙지해야 문제를 원활하게 풀 수 있습니다.	337~351
THEME 08 변압기 병렬 운전	병렬 운전 요구사항과 부하 분담을 묻는 문제가 출제됩니다. 시험에 자주 나오는 문제이니 반드시 암기해야 합니다.	352~359
THEME 09 특수 변압기	상수 변환용 변압기와 단권 변압기 등 특수 변압기의 개념을 다루는 문제가 출제됩니다. 대부분 단순한 문제들이 출제되는 편입니다.	360~377
THEME 10 변압기의 보호 및 시험	계전기 용도와 절연 내력 시험 등 변압기를 보호 및 시험에 관한 내용이 출제됩니다. 특별히 어렵지 않은 수준으로 출제되는 경향을 보입니다.	378~390

학습 효과를 높이는 N제 3회독 시스템

챕터별 전체 1회독이 끝났다면 회독 체크표에 날짜를 기입하고 체크표시를 해주세요.

회독 체크표	1회독	월 일	2회독	월 일	3회독	월 일

CHAPTER 04 변압기

THEME 01 변압기의 원리와 구조

257 ★★★
변압기의 철심으로 갖추어야 할 성질로 맞지 않는 것은?

① 투자율이 클 것
② 전기 저항이 작을 것
③ 히스테리시스 계수가 작을 것
④ 성층 철심으로 할 것

해설 철심의 구비 조건
- 투자율이 클 것
- 저항률이 클 것
- 히스테리시스손이 작을 것(규소 강판 성층)

258 ★★☆
주상 변압기의 고압 측에는 몇 개의 탭을 내놓았다. 그 이유로 알맞은 것은?

① 예비 단자용
② 수전점의 전압을 조정하기 위하여
③ 변압기의 여자 전류를 조정하기 위하여
④ 부하 전류를 조정하기 위하여

해설
주상 변압기의 고압 측 탭은 수전점의 전압을 조정함으로써 전압 변동이나 부하에 의한 2차 측 전압 변동을 보상하기 위해 사용한다.

259 ★★☆
변압기의 권수를 N이라고 할 때 누설 리액턴스는?

① N에 비례한다.
② N^2에 비례한다.
③ N에 반비례한다.
④ N^2에 반비례한다.

해설 누설 리액턴스

$$x_l = \omega L = 2\pi f \times \frac{\mu S N^2}{l} [\Omega] \propto N^2$$

암기

$$\phi = \frac{NI}{R_m} = \frac{NI}{\frac{l}{\mu S}} = \frac{\mu S N I}{l} [\text{Wb}]$$

$$L = \frac{N\phi}{I} = \frac{N}{I} \times \frac{\mu S N I}{l} = \frac{\mu S N^2}{l} [\text{H}]$$

260 ★★☆
변압기유에 요구되는 특성으로 틀린 것은?

① 점도가 클 것
② 응고점이 낮을 것
③ 인화점이 높을 것
④ 절연 내력이 클 것

해설 변압기유 구비 조건
- 절연 내력이 클 것
- 비열이 커서 냉각 효과가 크고 점도가 작을 것
- 인화점은 높고, 응고점은 낮을 것
- 고온에서 석출물이 생기지 않을 것

| 정답 | 257 ② 258 ② 259 ② 260 ①

261
변압기유가 갖추어야 할 조건으로 옳은 것은? ★★☆

① 절연 내력이 낮을 것
② 인화점이 높을 것
③ 비열이 적어 냉각 효과가 클 것
④ 응고점이 높을 것

해설 변압기유 구비 조건
- 절연 내력이 클 것
- 비열이 커서 냉각 효과가 크고 점도가 작을 것
- 인화점은 높고, 응고점은 낮을 것
- 고온에서 석출물이 생기지 않을 것

262
변압기 기름의 열화 영향에 속하지 않는 것은? ★★☆

① 냉각 효과의 감소
② 침식 작용
③ 공기 중 수분의 흡수
④ 절연 내력의 저하

해설 변압기유 열화 영향
- 절연 내력의 저하
- 냉각 효과의 감소
- 절연유의 부식 및 침식 작용으로 인한 변압기 수명 단축

263
변압기유 열화 방지 방법 중 틀린 것은? ★★☆

① 밀봉 방식
② 흡착제 방식
③ 수소 봉입 방식
④ 개방형 콘서베이터

해설 열화 방지 대책
- 개방형 콘서베이터를 사용하여 공기의 침입 방지
- 콘서베이터 내에 질소 및 흡착제 삽입
수소 봉입 방식은 열화 방지 대책과 거리가 멀다.

264
유입식 변압기에 콘서베이터(Conservator)를 설치하는 목적으로 옳은 것은? ★★☆

① 충격 방지
② 열화 방지
③ 통풍 장치
④ 코로나 방지

해설 열화 방지 대책
- 개방형 콘서베이터를 사용하여 공기의 침입 방지
- 콘서베이터 내에 질소 및 흡착제 삽입

THEME 02 변압기의 유기 기전력

265 ★★★
그림과 같은 변압기에서 1차 전류는 얼마인가?

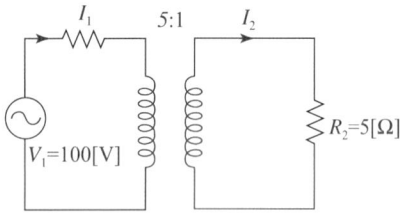

① 0.8[A]   ② 8[A]
③ 10[A]   ④ 20[A]

해설

- 권수비 $a = \dfrac{N_1}{N_2} = \dfrac{V_1}{V_2} = \dfrac{I_2}{I_1}$
- 2차 전압 $V_2 = \dfrac{V_1}{a} = \dfrac{100}{5} = 20[\text{V}]$
- 2차 전류 $I_2 = \dfrac{V_2}{R_2} = \dfrac{20}{5} = 4[\text{A}]$
- 1차 전류 $I_1 = \dfrac{I_2}{a} = \dfrac{4}{5} = 0.8[\text{A}]$

266 ★★★
1차 전압 6,600[V], 권수비 30인 단상 변압기로 전등 부하에 30[A]를 공급할 때의 입력[kW]은?(단, 변압기의 손실은 무시한다.)

① 4.4   ② 5.5
③ 6.6   ④ 7.7

해설

- 권수비
$a = \dfrac{N_1}{N_2} = \dfrac{V_1}{V_2} = \dfrac{I_2}{I_1}$
- 1차 전류
$I_1 = \dfrac{I_2}{a} = \dfrac{30}{30} = 1[\text{A}]$
- 입력
$P_1 = V_1 I_1 = 6,600 \times 1 = 6,600[\text{W}] = 6.6[\text{kW}]$

267 ★★★
1차 측 권수가 1,500인 변압기의 2차 측에 접속한 저항 16[Ω]을 1차 측으로 환산했을 때 8[kΩ]으로 되어 있다면 2차 측 권수는 약 얼마인가?

① 75   ② 70
③ 67   ④ 64

해설

- 권수비
$a = \sqrt{\dfrac{R_1}{R_2}} = \sqrt{\dfrac{8,000}{16}} = 22.36$
- 2차 측 권수
$N_2 = \dfrac{N_1}{a} = \dfrac{1,500}{22.36} = 67$

268 ★★☆
권수비 30인 단상 변압기의 1차에 6,600[V]를 공급하고, 2차에 40[kW], 뒤진 역률 80[%]의 부하를 걸 때 2차 전류 I_2 및 1차 전류 I_1은 약 몇 [A]인가?(단, 변압기의 손실은 무시한다.)

① $I_2 = 145.5$, $I_1 = 4.85$
② $I_2 = 181.8$, $I_1 = 6.06$
③ $I_2 = 227.3$, $I_1 = 7.58$
④ $I_2 = 321.3$, $I_1 = 10.28$

해설

- 변압기 2차 측 전압
$V_2 = \dfrac{V_1}{a} = \dfrac{6,600}{30} = 220[\text{V}]$
- 변압기 2차 측 전류
$I_2 = \dfrac{P}{V_2 \cos\theta} = \dfrac{40,000}{220 \times 0.8} = 227.3[\text{A}]$
- 변압기 1차 측 전류
$I_1 = \dfrac{I_2}{a} = \dfrac{227.3}{30} = 7.58[\text{A}]$

| 정답 | 265 ① 266 ③ 267 ③ 268 ③

269 ★★☆

변압기의 권수비 $a = 6,600/220$, 철심의 단면적 $0.02[\text{m}^2]$, 최대 자속 밀도 $1.2[\text{Wb/m}^2]$일 때 1차 유도 기전력은 약 몇 $[\text{V}]$인가?(단, 주파수는 $60[\text{Hz}]$이다.)

① 1,407
② 3,521
③ 42,198
④ 49,814

해설

유기 기전력
$E_1 = 4.44 f \phi_m N_1 = 4.44 \times 60 \times (0.02 \times 1.2) \times 6,600$
$\quad = 42,198[\text{V}]$

270 ★★☆

1차 전압 $6,600[\text{V}]$, 2차 전압 $220[\text{V}]$, 주파수 $60[\text{Hz}]$, 1차 권수 $1,200$회인 경우 변압기의 최대 자속$[\text{Wb}]$은?

① 0.36
② 0.63
③ 0.012
④ 0.021

해설

- 유기 기전력
  $E_1 = 4.44 f \phi_m N_1 [\text{V}]$
- 최대 자속
  $\phi_m = \dfrac{E_1}{4.44 f N_1} = \dfrac{6,600}{4.44 \times 60 \times 1,200}$
  $\quad = 0.021[\text{Wb}]$

271 ★★☆

1차 전압 $6,600[\text{V}]$, 2차 전압 $220[\text{V}]$, 주파수 $60[\text{Hz}]$, 1차 권수 $1,000$회의 변압기가 있다. 최대 자속은 약 몇 $[\text{Wb}]$인가?

① 0.020
② 0.025
③ 0.030
④ 0.032

해설

- 유기 기전력
  $E_1 = 4.44 f \phi_m N_1 [\text{V}]$
- 최대 자속
  $\phi_m = \dfrac{E_1}{4.44 f N_1} = \dfrac{6,600}{4.44 \times 60 \times 1,000} = 0.025[\text{Wb}]$

272 ★★☆

1차 전압 $6,900[\text{V}]$, 1차 권선 $3,000$회, 권수비 20의 변압기가 $60[\text{Hz}]$에 사용할 때 철심의 최대 자속$[\text{Wb}]$은?

① 0.76×10^{-4}
② 8.63×10^{-3}
③ 80×10^{-3}
④ 90×10^{-3}

해설

- 유기 기전력
  $E_1 = 4.44 f \phi_m N_1 [\text{V}]$
- 최대 자속
  $\phi_m = \dfrac{E_1}{4.44 f N_1} = \dfrac{6,900}{4.44 \times 60 \times 3,000}$
  $\quad = 8.63 \times 10^{-3}[\text{Wb}]$

273 ★★☆

220/110[V], 60[Hz]인 이상적인 변압기가 있다. 변압기의 철심 자속이 5×10^{-3}[Wb]일 경우 1차 및 2차 권선은 약 몇 턴으로 하여야 하는가?

① 1차 권선: 182, 2차 권선: 91
② 1차 권선: 166, 2차 권선: 83
③ 1차 권선: 154, 2차 권선: 77
④ 1차 권선: 150, 2차 권선: 75

해설

• 1차 권수
$$N_1 = \frac{E_1}{4.44f\phi_m} = \frac{220}{4.44 \times 60 \times 5 \times 10^{-3}}$$
$$= 166[\text{Turn}]$$

• 2차 권수
$$N_2 = \frac{N_1}{a} = 166 \times \frac{110}{220} = 83[\text{Turn}]$$

274 ★★☆

60[Hz]의 변압기에 50[Hz]의 동일 전압을 가했을 때의 자속 밀도는 60[Hz] 때와 비교하였을 경우 어떻게 되는가?

① $\frac{5}{6}$로 감소
② $\frac{6}{5}$으로 증가
③ $\left(\frac{5}{6}\right)^{1.6}$으로 감소
④ $\left(\frac{6}{5}\right)^{2}$으로 증가

해설

• 유기 기전력
$$E_1 = 4.44f\phi_m N_1 [\text{V}] \propto f\phi_m$$

• 전압이 동일하므로
$$f\phi_m = f'\phi_m'$$
$$\phi_m' = \phi_m \times \frac{f}{f'} = \phi_m \times \frac{60}{50} = \frac{6}{5}\phi_m$$

• 자속밀도 $B_m \propto \phi_m$이므로 주파수가 $\frac{5}{6}$배 줄어들면 자속 밀도는 $\frac{6}{5}$배 증가한다.

275 ★★☆

단면적 10[cm²]인 철심에 200회의 권선을 감고, 이 권선에 60[Hz], 60[V]인 교류 전압을 인가하였을 때 철심의 최대 자속 밀도는 약 몇 [Wb/m²]인가?

① 1.126×10^{-3}
② 1.126
③ 2.252×10^{-3}
④ 2.252

해설

• 유기 기전력
$$E = 4.44f\phi_m N = 4.44fB_m SN[\text{V}] (\because \phi_m = B_m S[\text{Wb}])$$

• 최대 자속 밀도
$$B_m = \frac{E}{4.44fSN}$$
$$= \frac{60}{4.44 \times 60 \times 10 \times 10^{-4} \times 200} = 1.126[\text{Wb/m}^2]$$

276 ★☆☆

1차 공급 전압이 일정할 때 변압기의 1차 코일의 권수를 두 배로 하면 여자 전류와 최대 자속은 어떻게 변하는가?(단, 자로는 포화 상태가 되지 않는다.)

① 여자 전류 $\frac{1}{4}$배 감소, 최대 자속 $\frac{1}{2}$배 감소
② 여자 전류 $\frac{1}{4}$배 감소, 최대 자속 2배 증가
③ 여자 전류 4배 증가, 최대 자속 $\frac{1}{2}$배 감소
④ 여자 전류 4배 증가, 최대 자속 2배 증가

해설

• 인덕턴스
$$L = \frac{\mu S N^2}{l}[\text{H}] \propto N^2$$

• 여자 전류
$$I_o = \frac{V}{\omega L}[\text{A}] \propto \frac{1}{N^2} (\because L \propto N^2)$$

∴ 1차 코일의 권수를 2배로 하면 여자 전류는 $\frac{1}{4}$배 감소

• 최대 자속
유기 기전력 $E = 4.44f\phi_m N[\text{V}]$에서 공급 전압이 동일하므로
$$\phi \propto \frac{1}{N}$$

∴ 1차 코일의 권수를 2배로 하면 최대 자속은 $\frac{1}{2}$배 감소

| 정답 | 273 ② 274 ② 275 ② 276 ①

277 ★★☆
같은 정격 전압에서 변압기의 주파수만 높으면 가장 많이 증가하는 것은?

① 여자 전류 ② 온도
③ 철손 ④ % 임피던스

해설
변압기의 임피던스 성분은 대부분 리액턴스 성분이다. 따라서 주파수의 증가는 유도 리액턴스 $x_l = 2\pi f L[\Omega]$를 증가시켜 % 임피던스에 가장 많은 영향을 준다.

THEME 03 변압기의 등가 회로

278 ★★☆
변압기의 등가 회로를 작성하기 위하여 필요한 시험은?

① 권선 저항 측정 시험, 무부하 시험, 단락 시험
② 상회전 시험, 절연 내력 시험, 권선 저항 측정 시험
③ 온도 상승 시험, 절연 내력 시험, 무부하 시험
④ 온도 상승 시험, 절연 내력 시험, 권선 저항 측정 시험

해설

구분	측정 성분
무부하(개방) 시험	• 철손 • 여자(무부하) 전류 • 여자 어드미턴스
단락 시험	• 동손(임피던스 와트) • 임피던스 전압 • 단락 전류
권선 저항 측정 시험	• 권선 저항

279 ★★☆
변압기의 등가 회로 상수를 결정하는 데 필요하지 않은 시험은?

① 단락 시험 ② 개방 시험
③ 구속 시험 ④ 저항 측정

해설

구분	측정 성분
무부하(개방) 시험	• 철손 • 여자(무부하) 전류 • 여자 어드미턴스
단락 시험	• 동손(임피던스 와트) • 임피던스 전압 • 단락 전류
권선 저항 측정 시험	• 권선 저항

280 ★★★
변압기에 있어서 부하와는 관계없이 자속만을 발생시키는 전류는?

① 1차 전류 ② 자화 전류
③ 여자 전류 ④ 철손 전류

해설 변압기의 자화 전류
• 자화 전류(I_ϕ): 자속을 유기(발생)시키는 전류
• 철손 전류(I_i): 철손을 발생시키는 전류
• 여자 전류 $I_o = \sqrt{I_i^2 + I_\phi^2}\,[\text{A}]$

281 ★☆☆

전력용 변압기에서 1차에 정현파 전압을 인가하였을 때, 2차에 정현파 전압이 유기되기 위해서는 1차에 흘러들어가는 여자 전류는 기본파 전류 외에 주로 몇 고조파 전류가 포함되는가?

① 제2고조파
② 제3고조파
③ 제4고조파
④ 제5고조파

해설

변압기에서 주로 발생하는 고조파는 제3고조파와 제5고조파로, 여자 전류는 제3고조파가 더 많이 포함되어 있으며, 이로 인해 통신선에 유도 장해를 일으킨다.

282 ★☆☆

변압기의 여자 전류에 가장 많이 포함되어 있으며 3상 결선에서 계통의 과전압과 통신 선로에 간섭을 일으키는 고조파는?

① 제2고조파
② 제3고조파
③ 제4고조파
④ 제5고조파

해설

변압기에서 주로 발생하는 고조파는 제3고조파와 제5고조파로, 여자 전류는 제3고조파가 더 많이 포함되어 있으며, 이로 인해 통신선에 유도 장해를 일으킨다.

283 ★★☆

변압기에서 1차 측의 여자 어드미턴스를 Y_o라고 한다. 2차 측으로 환산한 여자 어드미턴스 Y_o'을 옳게 표현한 식은? (단, 권수비를 a라고 한다.)

① $Y_o' = a^2 Y_o$
② $Y_o' = a Y_o$
③ $Y_o' = \dfrac{Y_o}{a^2}$
④ $Y_o' = \dfrac{Y_o}{a}$

해설

- 여자 어드미턴스
  $Y_o = g_o + j b_o [\mho]$
- 2차 측으로 환산한 여자 어드미턴스
  $Y_o' = a^2 (g_o + j b_o) = a^2 Y_o [\mho]$

284 ★★☆

정격 전압 120[V], 60[Hz]인 변압기의 무부하 입력 80[W], 무부하 전류 1.4[A]이다. 이 변압기의 여자 리액턴스는 약 몇 [Ω]인가?

① 97.6
② 103.7
③ 124.7
④ 180

해설

- 철손 전류
  $I_i = \dfrac{P_i}{V_1} = \dfrac{80}{120} = 0.67[\text{A}]$
- 자화 전류
  $I_\phi = \sqrt{I_o^2 - I_i^2} = \sqrt{1.4^2 - 0.67^2} = 1.23[\text{A}]$
- 여자 리액턴스
  $x_l = \dfrac{V_1}{I_\phi} = \dfrac{120}{1.23} = 97.6[\Omega]$

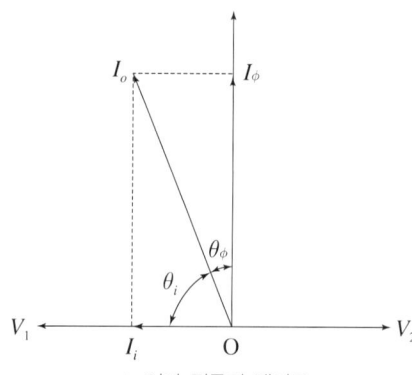

▲ 여자 전류의 벡터도

285 ★★☆
변압기의 임피던스 와트와 임피던스 전압을 구하는 시험은?

① 부하 시험 ② 단락 시험
③ 무부하 시험 ④ 충격 전압 시험

해설

구분	측정 성분
무부하(개방) 시험	• 철손 • 여자(무부하) 전류 • 여자 어드미턴스
단락 시험	• 동손(임피던스 와트) • 임피던스 전압 • 단락 전류
권선 저항 측정 시험	• 권선 저항

286 ★★★
변압기 단락 시험에서 변압기의 임피던스 전압이란?

① 1차 전류가 여자 전류에 도달했을 때의 2차 측 단자 전압
② 1차 전류가 정격 전류에 도달했을 때의 2차 측 단자 전압
③ 1차 전류가 정격 전류에 도달했을 때의 변압기 내의 전압 강하
④ 1차 전류가 2차 단락 전류에 도달했을 때의 변압기 내의 전압 강하

해설 변압기의 임피던스 전압
- 변압기 2차 측을 단락하고 1차 측에 전압을 가했을 때 1차 측 단락 전류가 1차 측 정격 전류와 같을 때의 전압
- 정격 전류가 흐를 때 변압기 내의 전압 강하

287 ★★★
변압기의 임피던스 전압이란?

① 변압기 1차를 단락하고 2차에 저전압을 인가하여 2차 전류가 정격 전류와 같도록 조정했을 때의 1차 전압
② 변압기 2차를 단락하고 1차에 저전압을 인가하여 2차 전류가 정격 전류와 같도록 조정했을 때의 1차 전압
③ 변압기 2차를 단락하고 1차에 저전압을 인가하여 1차 전류가 정격 전류와 같도록 조정했을 때의 1차 전압
④ 변압기 2차를 단락하고 1차에 저전압을 인가하여 1차 전류가 정격 전류와 같도록 조정했을 때의 2차 전압

해설 변압기의 임피던스 전압
- 변압기 2차 측을 단락하고 1차 측에 전압을 가했을 때 1차 측 단락 전류가 1차 측 정격 전류와 같을 때의 전압
- 정격 전류가 흐를 때 변압기 내의 전압 강하

288 ★★☆
임피던스 전압을 걸 때의 입력은?

① 정격 용량 ② 철손
③ 임피던스 와트 ④ 전부하 시의 전손실

해설 임피던스 와트
임피던스 전압을 걸었을 때의 입력으로 동손과 같다.

289 ★★☆

전압비 $3,300/110[V]$, 1차 누설 임피던스 $Z_1 = 12 + j13[\Omega]$, 2차 누설 임피던스 $Z_2 = 0.015 + j0.013[\Omega]$인 변압기가 있다. 1차로 환산된 등가 임피던스$[\Omega]$는?

① $22.7 + j25.5$
② $24.7 + j25.5$
③ $25.5 + j22.7$
④ $25.5 + j24.7$

해설

- 권수비
  $a = \dfrac{V_1}{V_2} = \dfrac{3,300}{110} = 30$
- 1차 환산 등가 임피던스
  $Z_{21} = Z_1 + a^2 Z_2 = 12 + j13 + 30^2 \times (0.015 + j0.013)$
  $= 25.5 + j24.7 [\Omega]$

290 ★☆☆

변압기의 2차를 단락한 경우에 1차 단락 전류 I_{s1}은?(단, V_1: 1차 단자 전압, Z_1: 1차 권선의 임피던스, Z_2: 2차 권선의 임피던스, Z: 부하의 임피던스 a: 권수비)

① $I_{s1} = \dfrac{V_1}{Z_1 + a^2 Z_2}$
② $I_{s1} = \dfrac{V_1}{Z_1 + a Z_2}$
③ $I_{s1} = \dfrac{V_1}{Z_1 - a Z_2}$
④ $I_{s1} = \dfrac{V_1}{Z_1 + Z_2 + Z}$

해설

$I_{s1} = \dfrac{V_1}{Z_{21}} = \dfrac{V_1}{Z_1 + a^2 Z_2} [A]$

THEME 04 전압 변동률

291 ★★☆

변압기의 전압 변동률에 대한 설명으로 틀린 것은?

① 일반적으로 부하 변동에 대하여 2차 단자 전압의 변동이 작을수록 좋다.
② 전부하 시와 무부하 시의 2차 단자 전압이 서로 다른 정도를 표시하는 것이다.
③ 인가 전압이 일정한 상태에서 무부하 2차 단자 전압에 반비례한다.
④ 전압 변동률은 전등의 광도, 수명, 전동기의 출력 등에 영향을 미친다.

해설

- 전압 변동률
  $\varepsilon = \dfrac{V_{2o} - V_{2n}}{V_{2n}} \times 100 [\%]$
- 전압 변동률은 무부하 2차 단자 전압(V_{2o})에 비례한다.

292 ★☆☆

변압기의 주요 시험 항목 중 전압 변동률 계산에 필요한 수치를 얻기 위한 필수적인 시험은?

① 단락 시험
② 내전압 시험
③ 변압비 시험
④ 온도상승 시험

해설 변압기 시험

무부하 시험	단락 시험
• 여자 어드미턴스 • 철손 • 여자 전류 • 철손 전류 • 자화 전류	• 임피던스 와트(동손) • 임피던스 전압 • 내부 임피던스 • **전압 변동률**

293 ★★☆

어떤 단상 변압기의 2차 무부하 전압이 $240[V]$이고 정격 부하 시의 2차 단자 전압이 $230[V]$이다. 전압 변동률은 약 몇 [%]인가?

① 4.35
② 5.15
③ 6.65
④ 7.35

해설 전압 변동률

$$\varepsilon = \frac{V_{2o} - V_{2n}}{V_{2n}} \times 100[\%] = \frac{240 - 230}{230} \times 100[\%]$$
$$= 4.35[\%]$$

294 ★★★

변압기의 백분율 저항 강하가 $3[\%]$, 백분율 리액턴스 강하가 $4[\%]$일 때 뒤진 역률 $80[\%]$인 경우의 전압 변동률[%]은?

① 2.5
② 3.4
③ 4.8
④ -3.6

해설 전압 변동률(지상 역률)

$\varepsilon = p\cos\theta + q\sin\theta = 3 \times 0.8 + 4 \times 0.6 = 4.8[\%]$

암기
- $\varepsilon = p\cos\theta + q\sin\theta[\%]$ (지상 역률일 경우)
- $\varepsilon = p\cos\theta - q\sin\theta[\%]$ (진상 역률일 경우)

295 ★★☆

정격 부하에서 역률 0.8(뒤짐)로 운전될 때 전압 변동률이 $12[\%]$인 변압기가 있다. 이 변압기에 역률 $100[\%]$의 정격 부하를 걸고 운전할 때의 전압 변동률은 약 몇 [%]인가?(단, %저항 강하는 %리액턴스 강하의 $\frac{1}{12}$이라고 한다.)

① 0.909
② 1.5
③ 6.85
④ 16.18

해설
- 전압 변동률

$$\varepsilon = p\cos\theta + q\sin\theta = p \times 0.8 + q \times 0.6$$
$$= \frac{q}{12} \times 0.8 + q \times 0.6 = 12[\%]$$

$\therefore q = 18[\%], \ p = \frac{18}{12} = 1.5[\%]$

- 역률 100[%]인 경우 전압 변동률

$\varepsilon = p\cos\theta + q\sin\theta = 1.5 \times 1 + 18 \times 0 = 1.5[\%]$

296 ★★☆

어떤 변압기의 부하 역률이 $60[\%]$일 때 전압 변동률이 최대라고 한다. 지금 이 변압기의 부하 역률이 $100[\%]$일 때 전압 변동률을 측정했더니 $3[\%]$였다. 이 변압기의 부하 역률이 $80[\%]$일 때 전압 변동률은 몇 [%]인가?

① 2.4
② 3.6
③ 4.8
④ 5.0

해설
- $\cos\theta = 1$일 경우 전압 변동률

$\varepsilon = p\cos\theta + q\sin\theta = p \times 1 + q \times 0 = p = 3[\%]$

- $\cos\theta = 0.6$일 경우 전압 변동률

$\cos\theta = \frac{p}{\sqrt{p^2 + q^2}} = \frac{3}{\sqrt{3^2 + q^2}} = 0.6$

$\therefore q = 4[\%]$

- $\cos\theta = 0.8$일 경우 전압 변동률

$\varepsilon = p\cos\theta + q\sin\theta = 3 \times 0.8 + 4 \times 0.6 = 4.8[\%]$

297

변압기 리액턴스 강하가 저항 강하의 3배이고 정격 전류에서 전압 변동률이 0이 되는 앞선 역률의 크기[%]는?

① 88 ② 90
③ 92 ④ 95

해설

- 진상 역률의 전압 변동률
$\varepsilon = p\cos\theta - q\sin\theta = 0[\%]$
$\therefore \dfrac{p}{q} = \dfrac{\sin\theta}{\cos\theta} = \tan\theta = \dfrac{1}{3}$

- 역률
$\cos\theta = \dfrac{1}{\sqrt{1+\tan^2\theta}} = \dfrac{1}{\sqrt{1+\left(\dfrac{1}{3}\right)^2}} = \dfrac{1}{1.054} = 0.9487 \fallingdotseq 95[\%]$

298

$3[\text{kVA}]$, $3{,}000/200[\text{V}]$의 변압기의 단락 시험에서 임피던스 전압 $120[\text{V}]$, 동손 $150[\text{W}]$라 하면 % 저항 강하는 몇 [%]인가?

① 1 ② 3
③ 5 ④ 7

해설 % 저항 강하

$\%R = p = \dfrac{P_c}{P_n} \times 100 = \dfrac{150}{3 \times 10^3} \times 100 = 5[\%]$

암기
변압기의 임피던스 와트 P_s = 동손 P_c

299

3상 변압기의 임피던스가 $Z[\Omega]$이고, 선간 전압이 $V[\text{kV}]$, 정격 용량이 $P[\text{kVA}]$일 때 %Z(%임피던스)는?

① $\dfrac{PZ}{V}$ ② $\dfrac{10PZ}{V}$
③ $\dfrac{PZ}{10V^2}$ ④ $\dfrac{PZ}{100V^2}$

해설 %임피던스 강하

$\%Z = \dfrac{PZ}{10V^2}[\%]$

(단, P: 정격 용량[kVA], V: 선간 전압[kV], Z: 임피던스[Ω])

300

$10[\text{kVA}]$, $2{,}000/100[\text{V}]$ 변압기에서 1차에 환산한 등가 임피던스는 $6.2+j7[\Omega]$이다. 이 변압기의 % 리액턴스 강하는?

① 3.5 ② 1.75
③ 0.35 ④ 0.175

해설 % 리액턴스 강하

$\%X = \dfrac{P_n X}{10V^2} = \dfrac{10 \times 7}{10 \times 2^2} = 1.75[\%]$

(단, P_n: 기준 용량[kVA], V: 선간 전압[kV])

301 ★★☆

$15[kVA]$, $3,000/200[V]$ 변압기의 1차 측 환산 등가 임피던스가 $5.4+j6[\Omega]$일 때 % 저항 강하 p와 % 리액턴스 강하 q는 각각 약 몇 $[\%]$인가?

① $p=0.9$, $q=1$
② $p=0.7$, $q=1.2$
③ $p=1.2$, $q=1$
④ $p=1.3$, $q=0.9$

해설

- 1차 측 정격 전류

$$I_{1n} = \frac{15,000}{3,000} = 5[A]$$

- % 저항 강하

$$\%R = p = \frac{I_{1n} \times r_{21}}{V_{1n}} \times 100 = \frac{5 \times 5.4}{3,000} \times 100 = 0.9[\%]$$

- % 리액턴스 강하

$$\%X = q = \frac{I_{1n} \times x_{21}}{V_{1n}} \times 100 = \frac{5 \times 6}{3,000} \times 100 = 1[\%]$$

302 ★☆☆

$60[Hz]$, $6,300/210[V]$, $15[kVA]$의 단상 변압기에 있어서 임피던스 전압은 $185[V]$, 임피던스 와트는 $250[W]$이다. 이 변압기를 $5[kVA]$, 지상 역률 0.8의 부하를 건 상태에서의 전압 변동률은 약 몇 $[\%]$인가?

① 0.89
② 0.93
③ 0.95
④ 0.80

해설

- % 저항 강하

$$p = \frac{P_s}{P_n} \times 100[\%] = \frac{250}{15,000} \times 100[\%] = 1.67[\%]$$

- % 리액턴스 강하

$$\%Z = \frac{V_s}{V_n} \times 100[\%] = \frac{185}{6,300} \times 100[\%] = 2.94[\%]$$

$$q = \sqrt{\%Z^2 - p^2} = \sqrt{2.94^2 - 1.67^2} = 2.42[\%]$$

- 전압 변동률

$$\varepsilon = p\cos\theta + q\sin\theta = 1.67 \times 0.8 + 2.42 \times 0.6 = 2.79[\%]$$

- $5[kVA]$인 경우의 전압 변동률

$$\varepsilon' = 2.79 \times \frac{5}{15} = 0.93[\%]$$

303 ★★☆

$3,300/200[V]$, $10[kVA]$인 단상 변압기의 2차를 단락하여 1차 측에 $300[V]$를 가하니 2차에 $120[A]$가 흘렀다. 이 변압기의 임피던스 전압$[V]$과 백분율 임피던스 강하$[\%]$는?

① 125, 3.8
② 200, 4
③ 125, 3.5
④ 200, 4.2

해설

- 1차 정격 전류 $I_{1n} = \dfrac{P}{V_1} = \dfrac{10 \times 10^3}{3,300} = 3.03[A]$

- 1차 단락 전류 $I_{1s} = \dfrac{I_{2s}}{a} = \dfrac{120}{\frac{3,300}{200}} = 7.27[A]$

- 1차로 환산한 등가 임피던스

$$Z_{21} = \frac{V_{1s}}{I_{1s}} = \frac{300}{7.27} = 41.27[A]$$

- 임피던스 전압

$$V_s = I_{1n} Z_{21} = 3.03 \times 41.27 = 125.05[V]$$

- 백분율 임피던스 강하 $\%Z$

$$\%Z = \frac{V_s}{V_{1n}} \times 100 = \frac{125.05}{3,300} \times 100 = 3.8[\%]$$

304 ★★★

6,300/210[V], 20[kVA] 단상 변압기 1차 저항과 리액턴스가 각각 15.2[Ω]과 21.6[Ω], 2차 저항과 리액턴스가 각각 0.019[Ω]과 0.028[Ω]이다. 백분율 임피던스는 약 몇 [%]인가?

① 1.86
② 2.86
③ 3.86
④ 4.86

해설

- 변압기의 권수비
$$a = \frac{V_1}{V_2} = \frac{6,300}{210} = 30$$
- 1차 측 환산 등가 저항
$$r_{21} = r_1 + a^2 r_2 = 15.2 + 30^2 \times 0.019 = 32.3[\Omega]$$
- 1차 측 환산 등가 리액턴스
$$x_{21} = x_1 + a^2 x_2 = 21.6 + 30^2 \times 0.028 = 46.8[\Omega]$$
- % 임피던스
$$\%Z = \frac{PZ}{10V^2} = \frac{20 \times \sqrt{32.3^2 + 46.8^2}}{10 \times 6.3^2} = 2.86[\%]$$
(단, P: 변압기 용량[kVA], V: 1차 정격 전압[kV], Z: 1차 측 환산 임피던스[Ω])

305 ★★☆

3,300/200[V], 50[kVA]인 단상 변압기의 % 저항, % 리액턴스를 각각 2.4[%], 1.6[%]라 하면 이때의 임피던스 전압은 약 몇 [V]인가?

① 95
② 100
③ 105
④ 110

해설

- % 임피던스 강하
$$\%Z = \sqrt{\%R^2 + \%X^2} = \sqrt{2.4^2 + 1.6^2} = 2.88[\%]$$
- 임피던스 전압
$$V_s = \frac{\%Z \times V_{1n}}{100} = \frac{2.88 \times 3,300}{100} = 95[V]$$

306 ★★★

변압기의 %Z가 커지면 단락 전류는 어떻게 변화하는가?

① 커진다.
② 변동 없다.
③ 작아진다.
④ 무한대로 커진다.

해설

변압기의 %Z와 단락 전류는 반비례 관계이다.
$$I_s = \frac{100}{\%Z} I_n [A] \quad (I_s: 단락 전류[A], I_n: 정격 전류[A])$$
따라서 %Z가 커지면 단락 전류는 작아진다.

307 ★★★

임피던스 강하가 5[%]인 변압기가 운전 중 단락되었을 때 그 단락 전류는 정격 전류의 몇 배인가?

① 20
② 25
③ 30
④ 35

해설

단락 전류
$$I_s = \frac{100}{\%Z} I_n = \frac{100}{5} \times I_n = 20 I_n [A]$$

308 ★★☆

% 임피던스 강하가 $4[\%]$인 변압기가 운전 중 단락되었을 때 단락 전류는 정격 전류의 몇 배가 흐르는가?

① 15
② 20
③ 25
④ 30

해설
단락 전류
$$I_s = \frac{100}{\%Z} I_n = \frac{100}{4} \times I_n = 25 I_n$$

THEME 05 변압기의 손실과 효율

309 ★★★

변압기에서 발생하는 손실 중 1차 측 전원에 접속되어 있으면 부하의 유무에 관계없이 발생하는 손실은?

① 동손
② 표류부하손
③ 철손
④ 부하손

해설 변압기 손실
- 철손: 무부하손(부하 증가와 관계없다.)
- 동손: 부하손(부하 증가 시 함께 증가한다.)

310 ★☆☆

일반적인 변압기의 손실 중 온도 상승에 관계가 가장 적은 요소는?

① 철손
② 동손
③ 와류손
④ 유전체손

해설 유전체손
- 유전체가 큰 케이블과 같은 기기에서 발생하는 손실로, 유전체손은 주로 절연물에서 발생한다.
- 변압기에서 주로 발생하는 손실은 철손과 동손으로, 유전체손은 상당히 적어 보통은 변압기에서 무시한다.

311 ★★☆

변압기의 부하가 증가할 때의 현상으로 틀린 것은?

① 동손이 증가한다.
② 온도가 상승한다.
③ 철손이 증가한다.
④ 여자 전류는 변함없다.

해설 변압기 손실
- 철손: 무부하손(부하 증가와 관계없다.)
- 동손: 부하손(부하 증가 시 함께 증가한다.)
- 온도: 철손, 동손 증가 시 온도 상승

312 ★★☆

부하 전류가 2배로 증가하면 변압기의 2차 측 동손은 어떻게 되는가?

① $\frac{1}{4}$로 감소한다.

② $\frac{1}{2}$로 감소한다.

③ 2배로 증가한다.

④ 4배로 증가한다.

해설

동손 $P_c = I^2 R[\text{W}]$에서 $P_c \propto I^2$의 관계이므로 부하 전류가 2배로 증가하면 동손은 4배로 증가한다.

313 ★★☆

변압기에서 생기는 철손 중 와류손(Eddy Current Loss)은 철심의 규소 강판 두께와 어떤 관계에 있는가?

① 두께에 비례
② 두께의 2승에 비례
③ 두께의 3승에 비례
④ 두께의 $\frac{1}{2}$승에 비례

해설

- 와류손
$P_e = k_e (tfB_m)^2 \, [\text{W/m}^3] \propto t^2$

- 와류손은 철심의 규소 강판 두께의 제곱(2승)에 비례한다.

314 ★★☆

주파수가 정격보다 3[%] 감소하고 동시에 전압이 정격보다 3[%] 상승된 전원에서 운전되는 변압기가 있다. 철손이 fB_m^2에 비례한다면 이 변압기 철손은 정격 상태에 비하여 어떻게 달라지는가?(단, f: 주파수, B_m: 자속 밀도 최대치이다.)

① 약 8.7[%] 증가
② 약 8.7[%] 감소
③ 약 9.4[%] 증가
④ 약 9.4[%] 감소

해설

- 변압기의 유기 기전력
$E = 4.44 f \phi_m N = 4.44 f B_m S N [\text{V}] \, (\because \phi_m = B_m S [\text{Wb}])$

- 자속 밀도
$B_m \propto \frac{E}{f}$

- 철손
$P_i = k f B_m^2 \propto k f \left(\frac{E}{f}\right)^2 = k \frac{E^2}{f} [\text{W}]$

- 주파수와 전압이 변한 뒤 철손
$P_i' = k \frac{[(1+0.03)E]^2}{(1-0.03)f} = k \frac{E^2}{f} \times 1.094$
$= 1.094 P_i [\text{W}]$

따라서 원래의 철손보다 9.4[%] 증가한다.

315 ★☆☆

와전류 손실을 패러데이 법칙으로 설명한 과정이 틀린 것은?

① 와전류가 철심 내에 흘러 발열 발생
② 유도 기전력 발생으로 철심에 와전류가 흐름
③ 와전류 에너지 손실량은 전류 밀도에 반비례
④ 시변 자속으로 강자성체 철심에 유도 기전력 발생

해설 와류손

- 자속 밀도의 시간적 변화는 도체 내에서 회전하는 전계를 만들며, 이에 따라 유도 기전력이 발생하고 와전류(맴돌이 전류)가 흐르게 된다.
$\nabla \times \dot{E} = -\frac{\partial \dot{B}}{\partial t}$ (패러데이 전자유도법칙)

- 와전류는 철심 내에 흐르고 철심 저항에 의해 열이 발생하는 데, 이를 와류손(P_e)이라고 한다.
$P_e = k_e (tfB_m)^2 \, [\text{W/m}^3] \propto B_m^2$

316 ★★☆

일정 전압 및 일정 파형에서 주파수가 상승하면 변압기 철손은 어떻게 변하는가?

① 증가한다.
② 불변이다.
③ 감소한다.
④ 어떤 기간 동안 증가한다.

해설

히스테리시스손 $P_h \propto \dfrac{E^2}{f}$이므로 주파수 상승 시 히스테리시스손이 줄어들어 철손이 감소하게 된다.

암기
- 와류손: 주파수와 무관하게 일정하다.
- 히스테리시스손: 주파수에 반비례한다.

318 ★★☆

정격 주파수 $50[\text{Hz}]$의 변압기를 일정 전압 $60[\text{Hz}]$의 전원에 접속하여 사용했을 때 여자 전류, 철손 및 리액턴스 강하는?

① 여자 전류와 철손은 5/6 감소, 리액턴스 강하 6/5 증가
② 여자 전류와 철손은 5/6 감소, 리액턴스 강하 5/6 감소
③ 여자 전류와 철손은 6/5 증가, 리액턴스 강하 6/5 증가
④ 여자 전류와 철손은 6/5 증가, 리액턴스 강하 5/6 감소

해설

- 여자 전류
$$I_o \propto \dfrac{V}{\omega L} = \dfrac{V}{2\pi fL} \propto \dfrac{1}{f}$$로 주파수에 반비례한다.
따라서 여자 전류는
$$I_o' = I_o\left(\dfrac{f_1}{f_2}\right) = I_o\left(\dfrac{50}{60}\right) = \dfrac{5}{6}I_o$$로 감소한다.

- 철손
히스테리시스손은 주파수에 반비례한다.
$$P_h' = P_h\left(\dfrac{f_1}{f_2}\right) = P_h\left(\dfrac{50}{60}\right) = \dfrac{5}{6}P_h$$
따라서 철손은 $\dfrac{5}{6}$배 감소한다.

- 리액턴스 강하
$x = 2\pi fL \propto f$이므로 주파수에 비례한다.
$$x' = x\left(\dfrac{f_2}{f_1}\right) = x\left(\dfrac{60}{50}\right) = \dfrac{6}{5}x$$로 $\dfrac{6}{5}$배 증가한다.

317 ★★☆

와류손이 $50[\text{W}]$인 $3,300/110[\text{V}]$, $60[\text{Hz}]$용 단상 변압기를 $50[\text{Hz}]$, $3,000[\text{V}]$의 전원에 사용하면 이 변압기의 와류손은 약 몇 $[\text{W}]$로 되는가?

① 25
② 31
③ 36
④ 41

해설

와류손 $P_e \propto E^2$이므로
$$P_e' = P_e \times \dfrac{(E')^2}{E^2} = 50 \times \dfrac{3,000^2}{3,300^2} = 41.32[\text{W}]$$

319 ★☆☆

변압기의 규약 효율 산출에 필요한 기본 요건이 아닌 것은?

① 파형은 정현파를 기준으로 한다.
② 별도의 지정이 없는 경우 역률은 $100[\%]$ 기준이다.
③ 부하손은 $40[℃]$를 기준으로 보정한 값을 사용한다.
④ 손실은 각 권선에 대한 부하손의 합과 무부하손의 합이다.

해설

변압기의 규약 효율은 역률 $100[\%]$, 부하손은 주위 온도 $75[℃]$를 기준으로 보정한 값을 사용한다.

| 정답 | 316 ③ 317 ④ 318 ① 319 ③

320 ★★★

$50[\text{kVA}]$ 전부하 동손 $1,200[\text{W}]$, 무부하손 $800[\text{W}]$인 단상 변압기의 부하 역률 $80[\%]$에 대한 전부하 효율은?

① $95.24[\%]$
② $96.15[\%]$
③ $96.65[\%]$
④ $97.53[\%]$

해설

변압기 효율

$$\eta = \frac{P_a \cos\theta}{P_a \cos\theta + P_i + P_c} \times 100[\%]$$

$$= \frac{50 \times 10^3 \times 0.8}{50 \times 10^3 \times 0.8 + 800 + 1,200} \times 100 = 95.24[\%]$$

321 ★★☆

역률 0.866, 변압기 용량 $15[\text{kVA}]$, 철손 $125[\text{W}]$, 전부하 동손 $250[\text{W}]$인 단상 변압기 2대를 V결선하여 부하를 걸었을 때 전부하 효율은 몇 $[\%]$인가?

① 90.87
② 93.54
③ 96.77
④ 98.42

해설

- V 결선 시 변압기 용량
  $P_V = \sqrt{3}\, P_1 = 15\sqrt{3}\,[\text{kVA}]$
- 전부하 시 효율
  단상 변압기가 2대이므로 철손 및 동손은 모두 2배가 된다.

$$\eta = \frac{P_V \cos\theta}{P_V \cos\theta + 2P_i + 2P_c} \times 100[\%]$$

$$= \frac{15\sqrt{3} \times 10^3 \times 0.866}{15\sqrt{3} \times 10^3 \times 0.866 + 2 \times 125 + 2 \times 250} \times 100$$

$$= 96.77[\%]$$

322 ★★★

변압기의 효율이 가장 좋을 때의 조건은?

① 철손 = 동손
② 철손 = $\frac{1}{2}$ 동손
③ $\frac{1}{2}$ 철손 = 동손
④ 철손 = $\frac{2}{3}$ 동손

해설 최대 효율 조건

- 전부하 시: $P_i = P_c$
- m부하 시: $P_i = m^2 P_c$

즉, 철손 = 동손일 때 효율이 가장 좋다.

323 ★★☆

어떤 주상 변압기가 $\frac{4}{5}$ 부하일 때 최대 효율이 된다. 전부하에 있어서의 철손과 동손의 비 $\frac{P_c}{P_i}$는 약 얼마인가?

① 0.64
② 1.56
③ 1.64
④ 2.56

해설

- 최대 효율 조건
  $P_i = m^2 P_c$
- 철손에 대한 동손의 비

$$\frac{P_c}{P_i} = \frac{1}{m^2} = \frac{1}{\left(\frac{4}{5}\right)^2} = \left(\frac{5}{4}\right)^2 = 1.56$$

324 ★★★

어떤 변압기의 전부하 동손이 $270[\text{W}]$, 철손이 $120[\text{W}]$일 때 이 변압기를 최고 효율로 운전하는 출력은 정격 출력의 약 몇 $[\%]$가 되는가?

① 22.5
② 33.3
③ 44.4
④ 66.7

해설

최대 효율 운전 시 부하율

$$m = \sqrt{\frac{P_i}{P_c}} = \sqrt{\frac{120}{270}} = 0.667(\therefore 66.7[\%])$$

325 ★★★

철손 $1.6[\text{kW}]$, 전부하 동손 $2.4[\text{kW}]$인 변압기에는 약 몇 $[\%]$ 부하에서 효율이 최대로 되는가?

① 82
② 95
③ 97
④ 100

해설

최대 효율 운전 시 부하율

$$m = \sqrt{\frac{P_i}{P_c}} = \sqrt{\frac{1.6}{2.4}} = 0.82(\therefore 82[\%])$$

326 ★★☆

3/4 부하에서 효율이 최대인 주상 변압기의 전부하 시 철손과 동손의 비는?

① 8 : 4
② 4 : 8
③ 9 : 16
④ 16 : 9

해설

- 최대 효율 조건
  $P_i = m^2 P_c$
- 철손과 동손의 비
  $$\frac{P_c}{P_i} = \frac{1}{m^2} = \frac{1}{\left(\frac{3}{4}\right)^2} = \left(\frac{4}{3}\right)^2 = \frac{16}{9}$$
  $\therefore P_i : P_c = 9 : 16$

327 ★★☆

용량이 $50[\text{kVA}]$ 변압기의 철손이 $1[\text{kW}]$이고 전부하 동손이 $2[\text{kW}]$이다. 이 변압기를 최대 효율에서 사용하려면 부하를 약 몇 $[\text{kVA}]$ 인가하여야 하는가?

① 25
② 35
③ 50
④ 71

해설 변압기의 최대 효율 조건

- 최대 효율 운전 시 부하율
  $$m = \sqrt{\frac{P_i}{P_c}} = \sqrt{\frac{1}{2}} = 0.707$$
- 최대 효율에서의 부하 출력
  $P = 50 \times 0.707 = 35[\text{kVA}]$

328 ★★☆

변압기의 철손이 $P_i[\text{kW}]$, 전부하 동손이 $P_c[\text{kW}]$일 때, 정격 출력의 $\frac{1}{m}$인 부하를 걸었을 때 전손실[kW]은?

① $P_i + P_c\left(\frac{1}{m}\right)$
② $P_i + \left(\frac{1}{m}\right)^2 P_c$
③ $(P_i + P_c)\left(\frac{1}{m}\right)^2$
④ $P_i\left(\frac{1}{m}\right) + P_c$

해설

- $\frac{1}{m}$ 부하 시 철손: P_i
- $\frac{1}{m}$ 부하 시 동손: $\left(\frac{1}{m}\right)^2 P_c$
- 전손실 $P_i + \left(\frac{1}{m}\right)^2 P_c$

암기

부하율은 m, $\frac{1}{m}$, a 등 다양하게 표현된다.

329 ★★☆

$150[\text{kVA}]$의 변압기의 철손이 $1[\text{kW}]$, 전부하 동손이 $2.5[\text{kW}]$이다. 역률 $80[\%]$에 있어서의 최대 효율은 약 몇 [%]인가?

① 95
② 96
③ 97.4
④ 98.5

해설

- 최대 효율 운전 시 부하율
$m = \sqrt{\frac{P_i}{P_c}} = \sqrt{\frac{1}{2.5}} = 0.632$

- 변압기의 최대 효율
$\eta = \dfrac{\text{최대 효율 시 출력}}{\text{최대 효율 시 출력} + 2 \times \text{무부하손}} \times 100[\%]$
$= \dfrac{150 \times 0.632 \times 0.8}{150 \times 0.632 \times 0.8 + 2 \times 1} \times 100[\%] = 97.4[\%]$

330 ★★☆

정격 $150[\text{kVA}]$, 철손 $1[\text{kW}]$, 전부하 동손이 $4[\text{kW}]$인 단상 변압기의 최대 효율[%]과 최대 효율 시의 부하[kVA]는? (단, 부하 역률은 1이다.)

① 96.8[%], 125[kVA]
② 97[%], 50[kVA]
③ 97.2[%], 100[kVA]
④ 97.4[%], 75[kVA]

해설

- 변압기의 최고 효율 조건
$P_i = m^2 P_c$

- 최대 효율일 때의 부하율
$m = \sqrt{\dfrac{P_i}{P_c}} = \sqrt{\dfrac{1}{4}} = 0.5(50[\%])$

- 최대 효율 운전 용량
$150 \times 0.5 = 75[\text{kVA}]$

- 최대 효율
$\eta_m = \dfrac{mP_a\cos\theta}{mP_a\cos\theta + P_i + m^2 P_c} = \dfrac{0.5 \times 150 \times 1}{0.5 \times 150 \times 1 + 1 + 0.5^2 \times 4}$
$= 0.974(\therefore 97.4[\%])$

331 ★★☆

$20[\text{kVA}]$의 단상 변압기가 역률 1일 때 전부하 효율이 $97[\%]$이다. $\frac{3}{4}$ 부하일 때 이 변압기는 최고 효율을 나타낸다. 전부하에서 철손(P_i)과 동손(P_c)은 각각 몇[W]인가?

① $P_i = 222$, $P_c = 396$
② $P_i = 232$, $P_c = 386$
③ $P_i = 242$, $P_c = 376$
④ $P_i = 252$, $P_c = 356$

해설

- 변압기 효율

$$\eta = \frac{mP_a\cos\theta}{mP_a\cos\theta + P_i + m^2 P_c} \times 100[\%]$$

- 전부하 시 효율

$$\eta = \frac{1 \times 20 \times 10^3 \times 1}{1 \times 20 \times 10^3 \times 1 + P_i + 1^2 \times P_c} \times 100 = 97[\%]$$

$$\therefore P_i + P_c = 618$$

- $\frac{3}{4}$ 부하 시 최대 효율 조건이므로

$$P_i = m^2 P_c = \left(\frac{3}{4}\right)^2 P_c$$

$$P_i + P_c = \left(\frac{3}{4}\right)^2 P_c + P_c = 618$$

$$\therefore P_i = 222[\text{W}], \ P_c = 396[\text{W}]$$

332 ★☆☆

역률이 1이고 출력이 $2[\text{kW}]$와 $8[\text{kW}]$일 때 효율이 $96[\%]$가 되는 단상 변압기가 있다. 출력 $8[\text{kW}]$, 역율 1에 있어서의 동손(P_c), 철손(P_i)은 약 몇 [W]인가?

① $P_c = 266$, $P_i = 67$
② $P_c = 276$, $P_i = 68$
③ $P_c = 286$, $P_i = 69$
④ $P_c = 296$, $P_i = 70$

해설

- 각 출력에서의 부하율

$$m_1 = \left(\frac{2[\text{kW}]}{8[\text{kW}]}\right) = 0.25, \ m_2 = \left(\frac{8[\text{kW}]}{8[\text{kW}]}\right) = 1$$

- 효율식

$$\eta_1 = \frac{2,000 \times 1}{2,000 \times 1 + P_i + 0.25^2 \times P_c} = 0.96 \ \text{----- ㉠}$$

$$\eta_2 = \frac{8,000 \times 1}{8,000 \times 1 + P_i + 1^2 \times P_c} = 0.96 \ \text{----- ㉡}$$

- 위의 두 식을 연립하여 풀면

㉠ 식: $P_i = \dfrac{2,000}{0.96} - 2,000 - 0.25^2 P_c$

$\qquad\quad = 83.3 - 0.0625 P_c$

㉡ 식: $P_i = \dfrac{8,000}{0.96} - 8,000 - P_c$

$\qquad\quad = 333.3 - P_c$

두 값은 같아야 하므로 동손과 철손은 다음과 같다.

- 동손

$83.3 - 0.0625 P_c = 333.3 - P_c$

$P_c = \dfrac{333.3 - 83.3}{1 - 0.0625} = 266.7[\text{W}]$

- 철손 $P_i = 83.3 - 0.0625 \times 266.7 = 66.6[\text{W}]$

333 ★★☆

$100[\text{kVA}]$의 단상 변압기가 역률 $80[\%]$에서 전부하 효율이 $95[\%]$이면 역률 $50[\%]$의 전부하에서의 효율은 약 몇 $[\%]$인가?

① 84
② 88
③ 92
④ 96

해설

- 역률 $80[\%]$에서 정격 출력
  $P_n = V_n I_n \cos\theta = 100 \times 0.8 = 80[\text{kW}]$
- 역률 $80[\%]$에서 효율
  $\eta_{80} = \dfrac{P_n}{P_n + P_l} \times 100 = 95[\%]$
- 손실
  $P_l = P_n\left(\dfrac{100}{\eta_{80}} - 1\right) = 80 \times \left(\dfrac{100}{95} - 1\right) = 4.21[\text{kW}]$
- 역률 $50[\%]$에서 정격 출력
  $P_n' = V_n I_n \cos\theta = 100 \times 0.5 = 50[\text{kW}]$
- 역률 $50[\%]$에서 효율
  $\eta_{50} = \dfrac{P_n'}{P_n' + P_l} \times 100 = \dfrac{50}{50 + 4.21} \times 100 = 92.23[\%]$

334 ★★☆

사용 시간이 짧은 변압기의 전일 효율을 좋게 하기 위해 철손 P_i와 동손 P_c의 관계로 알맞은 것은?

① $P_i > P_c$
② $P_i < P_c$
③ $P_i = P_c$
④ 관계 없다.

해설

- 전일 최대 효율 조건
  $24P_i = \sum h \times P_c$
- 사용 시간이 짧으므로 $h < 24$이다.
따라서 $P_i < P_c$의 관계이어야 한다.

335 ★☆☆

$100[\text{kVA}]$, $2{,}300/115[\text{V}]$, 철손 $1[\text{kW}]$, 전부하 동손 $1.25[\text{kW}]$의 변압기가 있다. 이 변압기는 매일 무부하로 10시간, $\dfrac{1}{2}$ 정격 부하 역률 1에서 8시간, 전부하 역률 0.8(지상)에서 6시간 운전하고 있다면 전일 효율은 약 몇 $[\%]$인가?

① 93.3
② 94.3
③ 95.3
④ 96.3

해설

- 출력 전력량 $W_0 = \sum \dfrac{1}{m} P_a \cos\theta \times t$
  $\therefore W_0 = \dfrac{1}{2} \times 100 \times 1 \times 8 + 1 \times 100 \times 0.8 \times 6 = 880[\text{kWh}]$
- 철손량 $W_i = 24P_i$
  $\therefore W_i = 24 \times 1 = 24[\text{kWh}]$
- 동손량 $W_c = \sum \left(\dfrac{1}{m}\right)^2 P_c \times t$ (단, $\dfrac{1}{m}$: 부하율)
  $\therefore W_c = \left(\dfrac{1}{2}\right)^2 \times 1.25 \times 8 + 1^2 \times 1.25 \times 6 = 10[\text{kWh}]$
- 전일 효율 $\eta_d = \dfrac{W_0}{W_0 + W_i + W_c} \times 100[\%]$
  $\therefore \eta_d = \dfrac{880}{880 + 24 + 10} \times 100 = 96.3[\%]$

THEME 06 변압기의 극성

336 ★★☆

$210/105[\text{V}]$의 변압기를 그림과 같이 결선하고 고압 측에 $200[\text{V}]$의 전압을 가하면 전압계의 지시는 몇 $[\text{V}]$인가?(단, 변압기는 가극성이다.)

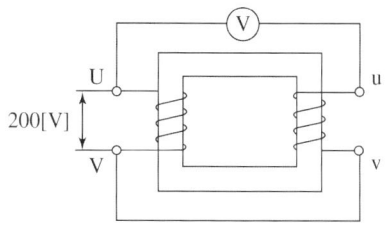

① 100
② 200
③ 300
④ 400

해설

변압기의 극성은 2차 권선을 감는 방법에 따라 감극성과 가극성으로 구분한다. 주어진 그림의 경우 가극성이므로 전압계 지시는 고압 측과 저압 측의 합으로 나타난다.

권수비 $a = \dfrac{V_1}{V_2} = \dfrac{N_1}{N_2}$

$V = V_1 + V_2 = V_1 + \dfrac{1}{a}V_1$

$\quad = 200 + \dfrac{105}{210} \times 200 = 300[\text{V}]$

참고

감극성인 경우: $V = V_1 - V_2 = V_1\left(1 - \dfrac{1}{a}\right)[\text{V}]$

THEME 07 변압기 3상 결선

337 ★★★

단상 변압기 3대로 $Y-Y$ 결선을 하는 경우에 대한 설명으로 틀린 것은?

① 중성점 접지가 가능하다.
② 제3고조파 전류가 흐르며 유도 장해를 일으킨다.
③ 1차 측과 2차 측의 각 상전압의 위상은 같다.
④ 상전압이 선간 전압의 $\sqrt{3}$ 배이므로 절연이 용이하다.

해설 $Y-Y$ 결선법

• 장점
 - 1차 전압, 2차 전압 사이에 위상차가 없다.
 - 1차, 2차 모두 중성점을 접지할 수 있으며 고압의 경우 이상 전압을 감소시킬 수 있다.
 - 상전압이 선간 전압의 $\dfrac{1}{\sqrt{3}}$ 배이므로 절연이 용이하다.

• 단점
 - 제3고조파 전류의 통로가 없으므로 기전력 파형은 제3고조파를 포함한 왜형파가 된다.
 - 중성점을 접지하면 제3고조파 전류가 흘러 통신선에 유도 장해를 일으킨다.
 - 부하 불평형에 의하여 중성점 전위가 변동하여 3상 전압이 불평형을 일으키므로 송·배전 계통에는 거의 사용하지 않는다.

338 ★★☆

$3,300/220[\text{V}]$의 단상 변압기 3대를 $\Delta-Y$ 결선하고 2차 측 선간에 $15[\text{kW}]$의 단상 전열기를 접속하여 사용하고 있다. 결선을 $\Delta-\Delta$로 변경하는 경우 이 전열기의 소비전력은 몇 $[\text{kW}]$로 되는가?

① 5
② 12
③ 15
④ 21

해설

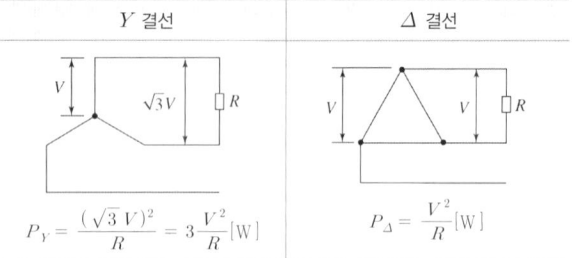

Y 결선	Δ 결선
$P_Y = \dfrac{(\sqrt{3}\,V)^2}{R} = 3\dfrac{V^2}{R}[\text{W}]$	$P_\Delta = \dfrac{V^2}{R}[\text{W}]$

$\therefore P_\Delta = \dfrac{1}{3}P_Y = \dfrac{1}{3} \times 15 = 5[\text{kW}]$

339 ★★☆

단상 변압기 3대를 이용하여 $\Delta-\Delta$ 결선하는 경우에 대한 설명으로 틀린 것은?

① 중성점을 접지할 수 없다.
② $Y-Y$ 결선에 비해 상전압이 선간 전압의 $\dfrac{1}{\sqrt{3}}$ 배이므로 절연이 용이하다.
③ 3대 중 1대에서 고장이 발생하여도 나머지 2대로 V 결선하여 운전을 계속할 수 있다.
④ 결선 내에 순환 전류가 흐르나 외부에는 나타나지 않으므로 통신 장해에 대한 염려가 없다.

해설 $\Delta-\Delta$ 결선법

- 제3고조파 전류가 Δ 결선 내를 순환하므로 정현파 교류 전압을 유기하여 기전력의 파형이 왜곡되지 않는다.
- 1상분이 고장나면 나머지 2대로 V 결선 운전이 가능하다.
- 상전압과 선간 전압의 크기가 같고, 선전류는 상전류에 비해 크기가 $\sqrt{3}$ 배이다.
- 중성점을 접지할 수 없으므로 지락 사고의 검출이 곤란하다.

340 ★★☆

단상 변압기 3대를 이용하여 3상 $\Delta-Y$ 결선을 했을 때 1차와 2차 전압의 각변위(위상차)는?

① $0°$
② $60°$
③ $150°$
④ $180°$

해설

- 변압기 $Y-\Delta$, $\Delta-Y$ 결선의 각변위: $30°$, $-30°(330°)$, $150°$, $210°$
- 변압기 $\Delta-\Delta$, $Y-Y$ 결선의 각변위: $0°$, $180°$

341 ★★☆

변압기의 1차 측을 Y 결선, 2차 측을 Δ 결선으로 한 경우 1차와 2차 간의 전압의 위상차는?

① $0°$
② $30°$
③ $45°$
④ $60°$

해설

- 변압기 $Y-\Delta$, $\Delta-Y$ 결선의 각변위: $30°$, $-30°(330°)$, $150°$, $210°$
- 변압기 $\Delta-\Delta$, $Y-Y$ 결선의 각변위: $0°$, $180°$

342 ★★★

3상 변압기를 1차 Y, 2차 Δ로 결선하고 1차에 선간 전압 $3,300[\mathrm{V}]$를 가했을 때의 무부하 2차 선간 전압은 몇 $[\mathrm{V}]$인가?(단, 전압비는 $30:1$이다.)

① 63.5 ② 110
③ 173 ④ 190.5

해설

- 변압기 1차 측 상전압
$$V_{p1} = \frac{3,300}{\sqrt{3}}[\mathrm{V}]$$
- 변압기 2차 측 상전압
$$V_{p2} = \frac{3,300}{\sqrt{3}} \times \frac{1}{30} = \frac{110}{\sqrt{3}}[\mathrm{V}]$$
- 변압기 2차 측 선간 전압
$$V_{l2} = V_{p2} = \frac{110}{\sqrt{3}} = 63.5[\mathrm{V}]$$

343 ★★★

전압비 a인 단상 변압기 3대를 1차 Δ 결선, 2차 Y 결선으로 하고 1차에 선간 전압 $V[\mathrm{V}]$를 가했을 때 무부하 2차 선간 전압$[\mathrm{V}]$은?

① $\dfrac{V}{a}$ ② $\dfrac{a}{V}$
③ $\sqrt{3}\,\dfrac{V}{a}$ ④ $\sqrt{3}\,\dfrac{a}{V}$

해설

- 변압기 2차 측의 상전압
$$V_{p2} = \frac{V_{p1}}{a} = \frac{V}{a}$$
(Δ 결선에서는 상전압과 선간 전압이 같다.)
- Y 결선의 2차 측 선간 전압
$$V_{l2} = \sqrt{3}\,V_{p2} = \sqrt{3} \times \frac{V}{a}[\mathrm{V}]$$

344 ★☆☆

$60[\mathrm{Hz}]$, $1,328/230[\mathrm{V}]$의 단상 변압기가 있다. 무부하 전류 $I = 3\sin\omega t + 1.1\sin(3\omega t + \alpha_3)[\mathrm{A}]$이다. 지금 위와 똑같은 변압기 3대로 $Y-\Delta$ 결선하여 1차에 $2,300[\mathrm{V}]$의 평형 전압을 걸고 2차를 무부하로 하면 Δ 회로를 순환하는 전류(실효치)는 약 몇 $[\mathrm{A}]$인가?

① 0.77 ② 1.10
③ 4.49 ④ 6.35

해설

- Δ 결선 시 제3고조파 전류가 Δ 결선 내를 순환한다.
- 순환 전류 실효값(Δ 회로)
$$I_{\Delta} = \frac{1.1}{\sqrt{2}} \times \frac{1,328}{230} = 4.49[\mathrm{A}]$$

345 ★☆☆

$1,732/200[\mathrm{V}]$ 단상 변압기의 고압측에서 여자 전류는 $i_o = 3\sin\omega t + 0.8\sin(3\omega t + a)[\mathrm{A}]$로 표시된다. 이 변압기 3대를 $Y-\Delta$ 결선하여 고압 측에 $\sqrt{3} \times 1,732 \fallingdotseq 3,000[\mathrm{V}]$를 가할 때 저압측 무부하 Δ 결선 내 순환 전류의 실효값은 약 몇 $[\mathrm{A}]$인가?

① 2.85 ② 3.44
③ 4.89 ④ 6.93

해설

- Δ 결선 시 제3고조파 전류가 Δ 결선 내를 순환한다.
- 순환 전류 실효값(Δ 회로)
$$I_{\Delta} = \frac{0.8}{\sqrt{2}} \times \frac{1,732}{200} = 4.89[\mathrm{A}]$$

346 ★★☆

2대의 변압기로 V 결선하여 3상 변압하는 경우 변압기 이용률은 약 몇 [%]인가?

① 57.8
② 66.6
③ 86.6
④ 100

해설

- V 결선 출력비

$$출력비 = \frac{V\ 결선\ 실제\ 출력}{\Delta\ 결선\ 출력} = \frac{\sqrt{3}P}{3P} = \frac{1}{\sqrt{3}}$$
$$= 0.577(57.7[\%])$$

- V 결선 이용률

$$이용률 = \frac{V\ 결선\ 실제\ 출력}{\Delta\ 결선\ 이론\ 출력} = \frac{\sqrt{3}P}{2P} = \frac{\sqrt{3}}{2}$$
$$= 0.866(86.6[\%])$$

347 ★★☆

Δ 결선 변압기의 1대가 고장으로 V 결선으로 할 때 공급전력은 고장 전 전력에 대하여 몇 [%]인가?

① 86.6
② 75
③ 66.7
④ 57.7

해설 V 결선

- V 결선 출력비

$$출력비 = \frac{V\ 결선\ 실제\ 출력}{\Delta\ 결선\ 출력} = \frac{\sqrt{3}P}{3P} = \frac{1}{\sqrt{3}}$$
$$= 0.577(57.7[\%])$$

- V 결선 이용률

$$이용률 = \frac{V\ 결선\ 실제\ 출력}{\Delta\ 결선\ 이론\ 출력} = \frac{\sqrt{3}P}{2P} = \frac{\sqrt{3}}{2}$$
$$= 0.866(86.6[\%])$$

348 ★★★

용량 $P[kVA]$인 동일 정격의 단상 변압기 4대로 낼 수 있는 3상 최대 출력 용량은?

① $3P$
② $\sqrt{3}P$
③ $2\sqrt{3}P$
④ $3\sqrt{3}P$

해설

단상 변압기 4대로 최대 출력을 낼 수 있는 방법은 V 결선을 2조로 하는 방법이다.
$2P_v = 2 \times \sqrt{3}P = 2\sqrt{3}P[kVA]$

349 ★★☆

$2[kVA]$의 단상 변압기 3대를 써서 Δ 결선하여 급전하고 있는 경우 1대가 소손되어 나머지 2대로 급전하게 되었다. 이 2대의 변압기는 과부하를 $20[\%]$까지 견딜 수 있다고 하면 2대가 부담할 수 있는 최대 부하[kVA]는?

① 약 3.46
② 약 4.15
③ 약 5.16
④ 약 6.92

해설

- V 결선 시 용량
$P_v = \sqrt{3}P = 2\sqrt{3}\ [kVA]$

- 과부하를 고려한 최대 부담 부하
$P_{max} = P_v \times (1+0.2) = 2\sqrt{3} \times 1.2 = 4.15[kVA]$

350 ★★☆

$30[\text{kW}]$의 3상 유도 전동기에 전력을 공급할 때 2대의 단상 변압기를 사용하는 경우 변압기의 용량은 약 몇 $[\text{kVA}]$인가?(단, 전동기의 역률과 효율은 각각 $84[\%]$, $86[\%]$이고 전동기 손실은 무시한다.)

① 17
② 24
③ 51
④ 72

해설

- V 결선 변압기의 출력

$$P_v[\text{kVA}] = \sqrt{3}\,P_1 = \frac{P[\text{kW}]}{\cos\theta \times \eta}$$

- 변압기 1대의 용량

$$P_1[\text{kVA}] = \frac{P[\text{kW}]}{\sqrt{3} \times \cos\theta \times \eta} = \frac{30}{\sqrt{3} \times 0.84 \times 0.86}$$
$$= 24[\text{kVA}]$$

351 ★☆☆

3상 변압기 2차 측의 E_W 상만을 반대로 하고 $Y-Y$ 결선을 한 경우, 2차 상전압이 $E_U = 70[\text{V}]$, $E_V = 70[\text{V}]$, $E_W = 70[\text{V}]$라면 2차 선간 전압은 약 몇 $[\text{V}]$인가?

① $V_{U-V} = 121.2[\text{V}]$, $V_{V-W} = 70[\text{V}]$, $V_{W-U} = 70[\text{V}]$
② $V_{U-V} = 121.2[\text{V}]$, $V_{V-W} = 210[\text{V}]$, $V_{W-U} = 70[\text{V}]$
③ $V_{U-V} = 121.2[\text{V}]$, $V_{V-W} = 121.2[\text{V}]$, $V_{W-U} = 70[\text{V}]$
④ $V_{U-V} = 121.2[\text{V}]$, $V_{V-W} = 121.2[\text{V}]$, $V_{W-U} = 121.2[\text{V}]$

해설

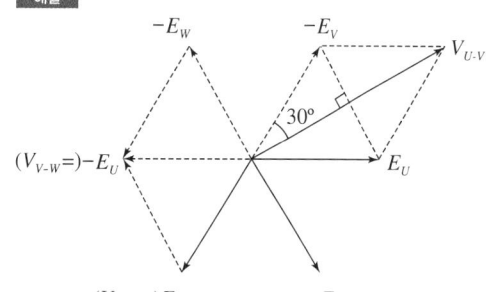

- $V_{U-V} = |\dot{E}_U - \dot{E}_V| = 2 \times (E_U \cos 30°) = \sqrt{3}\,E_U$
  $= 121.2[\text{V}]$
- $V_{V-W} = |\dot{E}_V - \dot{E}_W| = |-\dot{E}_U| = 70[\text{V}]$
- $V_{W-U} = |\dot{E}_W - \dot{E}_U| = |\dot{E}_V| = 70[\text{V}]$

THEME 08 변압기의 병렬 운전

352 ★★☆
3상 변압기를 병렬 운전하는 조건으로 틀린 것은?

① 각 변압기의 극성이 같을 것
② 각 변압기의 %임피던스 강하가 같을 것
③ 각 변압기의 1차와 2차 정격 전압과 변압비가 같을 것
④ 각 변압기의 1차와 2차 선간 전압의 위상 변위가 다를 것

해설 변압기 병렬 운전 조건

병렬 운전 조건	운전 조건이 맞지 않을 경우
극성이 같을 것	매우 큰 순환 전류가 흘러 권선이 소손됨
1·2차 정격 전압이 같고 권수비가 같을 것	큰 순환 전류가 흘러 권선이 과열됨
% 임피던스 강하가 같을 것(저항과 리액턴스 비가 같을 것)	%임피던스가 작은 변압기에 과부하 발생
상회전 방향과 각 변위가 같을 것(3상 변압기인 경우)	• 위상차이에 의한 횡류 발생 • 장시간 운전 시 변압기 소손 발생

353 ★★★
3상 변압기 2대를 병렬 운전하고자 할 때 병렬 운전이 불가능한 결선 방식은?

① $\Delta-Y$와 $Y-\Delta$ ② $\Delta-Y$와 $Y-Y$
③ $\Delta-Y$와 $\Delta-Y$ ④ $\Delta-\Delta$와 $Y-Y$

해설 병렬 운전이 가능한 결선과 불가능한 결선

가능한 결선	불가능한 결선
$Y-Y$와 $Y-Y$	$Y-Y$와 $Y-\Delta$
$\Delta-\Delta$와 $\Delta-\Delta$	$Y-Y$와 $\Delta-Y$
$Y-\Delta$와 $Y-\Delta$	$\Delta-\Delta$와 $\Delta-Y$
$\Delta-Y$와 $\Delta-Y$	$\Delta-\Delta$와 $Y-\Delta$
$\Delta-Y$와 $Y-\Delta$	(홀수일 경우 불가능)
$\Delta-\Delta$와 $Y-Y$	
(짝수일 경우 가능)	

354 ★★☆
변압기의 병렬 운전에서 1차 환산 누설 임피던스가 $3+j2[\Omega]$과 $2+j3[\Omega]$일 때 변압기에 흐르는 부하 전류가 $50[A]$이면 순환 전류[A]는?(단, 다른 정격은 모두 같다.)

① 10   ② 8
③ 5   ④ 3

해설
순환 전류
$$I_c = \frac{V_1 - V_2}{Z_1 + Z_2} = \frac{I_1 Z_1 - I_2 Z_2}{Z_1 + Z_2}$$
$$= \frac{25 \times (3+j2) - 25 \times (2+j3)}{(3+j2)+(2+j3)}$$
$$= -j5[A]$$
$$\therefore |I_c| = 5[A]$$

355 ★★☆
단상 변압기를 병렬 운전하는 경우 각 변압기의 부하 분담이 변압기의 용량에 비례하려면 각각의 변압기의 %임피던스는 어느 것에 해당되는가?

① 어떠한 값이라도 좋다.
② 변압기 용량에 비례하여야 한다.
③ 변압기 용량에 반비례하여야 한다.
④ 변압기 용량에 관계없이 같아야 한다.

해설 변압기의 병렬 운전 시 부하 분담
• 분담 전류
$$\frac{I_a}{I_b} = \frac{I_A}{I_B} \times \frac{\%Z_B}{\%Z_A}$$
(분담 전류는 정격 전류에 비례, 누설 임피던스에 반비례)
• 분담 용량
$$\frac{P_a}{P_b} = \frac{P_A}{P_B} \times \frac{\%Z_B}{\%Z_A}$$
(분담 용량은 용량에 비례, 누설 임피던스에 반비례)

356 ★★☆

단상 변압기를 병렬 운전하는 경우 부하 전류의 분담에 관한 설명으로 옳은 것은?

① 누설 리액턴스에 비례한다.
② 누설 임피던스에 비례한다.
③ 누설 임피던스에 반비례한다.
④ 누설 리액턴스의 제곱에 반비례한다.

해설 변압기의 병렬 운전 시 부하 분담

- 분담 전류

$$\frac{I_a}{I_b} = \frac{I_A}{I_B} \times \frac{\%Z_B}{\%Z_A}$$

(분담 전류는 정격 전류에 비례, 누설 임피던스에 반비례)

- 분담 용량

$$\frac{P_a}{P_b} = \frac{P_A}{P_B} \times \frac{\%Z_B}{\%Z_A}$$

(분담 용량은 용량에 비례, 누설 임피던스에 반비례)

357 ★★☆

단상 변압기 2대를 병렬 운전할 경우, 각 변압기의 부하 전류를 I_a, I_b, 1차 측으로 환산한 임피던스를 Z_a, Z_b, 백분율 임피던스 강하를 z_a, z_b, 정격 용량을 P_{an}, P_{bn}이라 한다. 이때 부하 분담에 대한 관계로 옳은 것은?

① $\dfrac{I_a}{I_b} = \dfrac{Z_a}{Z_b}$
② $\dfrac{I_a}{I_b} = \dfrac{P_{bn}}{P_{an}}$
③ $\dfrac{I_a}{I_b} = \dfrac{z_b}{z_a} \times \dfrac{P_{an}}{P_{bn}}$
④ $\dfrac{I_a}{I_b} = \dfrac{Z_a}{Z_b} \times \dfrac{P_{an}}{P_{bn}}$

해설
변압기 병렬 운전 시 분담 전류는 변압기 정격 용량에 비례하고 %임피던스에 반비례한다.

$\therefore \dfrac{I_a}{I_b} = \dfrac{z_b}{z_a} \times \dfrac{P_{an}}{P_{bn}}$

358 ★☆☆

$3,300/220[\text{V}]$ 변압기 A, B의 정격 용량이 각각 $400[\text{kVA}]$, $300[\text{kVA}]$이고, % 임피던스 강하가 각각 $2.4[\%]$와 $3.6[\%]$일 때 그 2대의 변압기에 걸 수 있는 합성 부하 용량은 몇 $[\text{kVA}]$인가?

① 550
② 600
③ 650
④ 700

해설

- 분담 용량

$$\frac{P_a}{P_b} = \frac{P_A}{P_B} \times \frac{\%Z_B}{\%Z_A} = \frac{400}{300} \times \frac{3.6}{2.4} = 2$$

- 변압기 A의 분담 용량: $P_a = 400[\text{kVA}]$
- 변압기 B의 분담 용량: $P_b = \dfrac{P_a}{2} = 200[\text{kVA}]$
- 합성 부하 분담 용량: $P_a + P_b = 600[\text{kVA}]$

359 ★★☆

2대의 정격이 같은 $1,500[\text{kVA}]$의 단상 변압기의 임피던스 전압이 $4[\%]$와 $6[\%]$이다. 이것을 병렬로 하면 몇 $[\text{kVA}]$의 부하를 걸 수 있는가?

① 2,000
② 3,000
③ 2,500
④ 3,750

해설 변압기 분담 부하

- 분담 용량

$$\frac{P_a}{P_b} = \frac{P_A}{P_B} \times \frac{\%Z_B}{\%Z_A} = \frac{1,500}{1,500} \times \frac{6}{4} = \frac{3}{2}$$

- 변압기 A의 분담 용량: $P_a = 1,500[\text{kVA}]$
- 변압기 B의 분담 용량: $P_b = \dfrac{2}{3} \times P_a = 1,000[\text{kVA}]$
- 합성 부하 분담 용량: $P_a + P_b = 2,500[\text{kVA}]$

THEME 09 특수 변압기

360 ★★★
3상 전원을 이용하여 2상 전압을 얻고자 할 때 사용하는 결선 방법은?

① 환상 결선
② Fork 결선
③ Scott 결선
④ 2중 3각 결선

해설 특수 변압기
- 3상 입력에서 2상 출력을 내는 결선법
  - 우드 브리지 결선
  - 메이어 결선
  - 스코트 결선(T 결선)
- 3상 입력에서 6상 출력을 내는 결선법
  - 포크 결선: 주로 수은 정류기에 사용
  - 환상 결선
  - 대각 결선
  - 2중 Δ 결선
  - 2중 성형 결선

361 ★★☆
같은 권수인 2대의 단상 변압기의 3상 전압을 2상으로 변압하기 위하여 스코트 결선을 할 때 T좌 변압기의 권수는 전권수의 어느 점에서 택해야 하는가?

① $\dfrac{1}{\sqrt{2}}$ ② $\dfrac{1}{\sqrt{3}}$
③ $\dfrac{2}{\sqrt{3}}$ ④ $\dfrac{\sqrt{3}}{2}$

해설
$a_T = \dfrac{\sqrt{3}}{2} \times a$ (즉, 일반 보통 변압기의 권수비 a의 $\dfrac{\sqrt{3}}{2}$[배])

362 ★★☆
단상 변압기 2대를 사용하여 $3{,}150[\mathrm{V}]$의 평형 3상에서 $210[\mathrm{V}]$의 평형 2상으로 변환하는 경우에 각 변압기의 1차 전압과 2차 전압은 얼마인가?

① 주좌 변압기: 1차 $3{,}150[\mathrm{V}]$, 2차 $210[\mathrm{V}]$
   T좌 변압기: 1차 $3{,}150[\mathrm{V}]$, 2차 $210[\mathrm{V}]$
② 주좌 변압기: 1차 $3{,}150[\mathrm{V}]$, 2차 $210[\mathrm{V}]$
   T좌 변압기: 1차 $3{,}150 \times \dfrac{\sqrt{3}}{2}[\mathrm{V}]$, 2차 $210[\mathrm{V}]$
③ 주좌 변압기: 1차 $3{,}150 \times \dfrac{\sqrt{3}}{2}[\mathrm{V}]$, 2차 $210[\mathrm{V}]$
   T좌 변압기: 1차 $3{,}150 \times \dfrac{\sqrt{3}}{2}[\mathrm{V}]$, 2차 $210[\mathrm{V}]$
④ 주좌 변압기: 1차 $3{,}150 \times \dfrac{\sqrt{3}}{2}[\mathrm{V}]$, 2차 $210[\mathrm{V}]$
   T좌 변압기: 1차 $3{,}150[\mathrm{V}]$, 2차 $210[\mathrm{V}]$

해설
- 주좌 변압기의 1차 전압: $3{,}150[\mathrm{V}]$
- 스코트 결선 시 권수비
$$a_T = \dfrac{\sqrt{3}}{2} \times a = \dfrac{\sqrt{3}}{2} \times \dfrac{3{,}150}{210}$$
- 1차 전압(T좌 변압기)
$$V_1 = a_T V_2 = \dfrac{\sqrt{3}}{2} \times \dfrac{3{,}150}{210} \times 210 = 3{,}150 \times \dfrac{\sqrt{3}}{2}[\mathrm{V}]$$

363 ★★☆
동일 용량의 변압기 두 대를 사용하여 $13{,}200[\mathrm{V}]$의 3상식 간선에서 $380[\mathrm{V}]$의 2상 전력을 얻으려면 T좌 변압기의 권수비는 약 얼마로 해야 되는가?

① 28 ② 30
③ 32 ④ 34

해설 스코트 결선 시 권수비
$$a_T = \dfrac{\sqrt{3}}{2} a = \dfrac{\sqrt{3}}{2} \times \dfrac{13{,}200}{380} = 30$$

| 정답 | 360 ③ 361 ④ 362 ② 363 ②

364 ★★☆

T-결선에 의하여 $3,300[V]$의 3상으로부터 $200[V]$, $40[kVA]$의 전력을 얻는 경우 T좌 변압기의 권수비는 약 얼마인가?

① 10.2
② 11.7
③ 14.3
④ 16.5

해설 스코트 결선 시 권수비

$$a_T = a \times \frac{\sqrt{3}}{2} = \frac{3,300}{200} \times \frac{\sqrt{3}}{2} = 14.3$$

365 ★☆☆

변압기 결선 방식 중 3상에서 6상으로 변환할 수 없는 것은?

① 2중 성형
② 환상 결선
③ 대각 결선
④ 2중 6각 결선

해설 특수 변압기

- 3상 입력에서 2상 출력을 내는 결선법
  - 우드 브리지 결선
  - 메이어 결선
  - 스코트 결선(T 결선)
- 3상 입력에서 6상 출력을 내는 결선법
  - 포크 결선: 주로 수은 정류기에 사용
  - 환상 결선
  - 대각 결선
  - 2중 Δ 결선
  - 2중 성형 결선

366 ★★☆

일반적으로 전철이나 화학용과 같이 비교적 용량이 큰 수은 정류기용 변압기의 2차 측 결선 방식으로 쓰이는 것은?

① 3상 반파
② 3상 전파
③ 3상 크로즈파
④ 6상 2중 성형

해설

- 3상 입력에서 2상 출력을 내는 결선법
  - 우드브리지 결선
  - 메이어 결선
  - 스코트 결선(T 결선)
- 3상 입력에서 6상 출력을 내는 결선법
  - 포크 결선(6상 2중 성형 결선): 수은 정류기에 주로 사용
  - 환상 결선
  - 대각 결선
  - 2중 Δ 결선
  - 2중 성형 결선

367 ★☆☆

3권선 변압기에 대한 설명으로 틀린 것은?

① 3차 권선에서 발전소 내부의 전력을 다른 계통으로 공급할 수 있다.
② Y-Y-Δ 결선을 하여 제3고조파 전압에 의한 파형의 변형을 방지한다.
③ 3차 권선에 조상기를 접속하여 송전선의 전압 조정과 역률을 개선한다.
④ 3차 권선에 2차 권선의 주파수와 다른 주파수를 얻을 수 있으므로 유도기의 속도 제어에 사용된다.

해설

변압기는 주파수 변환을 할 수 없다.

368 ★★☆

단상 3권선 변압기가 있다. 1차 전압은 $100[\text{kV}]$, 2차 전압은 $20[\text{kV}]$, 3차 전압은 $10[\text{kV}]$이다. 2차에 $10,000[\text{kVA}]$ 유도 역률 $80[\%]$의 부하에, 3차에 $6,000[\text{kVA}]$의 진상 무효 전력이 걸렸을 때의 1차 전류$[\text{A}]$를 구하면?(단, 변압기 손실 및 여자 전류는 무시한다.)

① 60
② 80
③ 100
④ 120

해설 단상 3권선 변압기

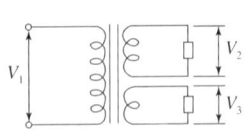
▲ 단상 3권선 변압기

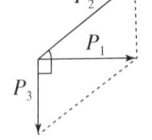
▲ 피상 전력 벡터도

- 2차 출력
$$P_2 = 10,000 \times (0.8 + j0.6)$$
$$= 8,000 + j6,000[\text{kVA}]$$
- 3차 출력
$$P_3 = -j6,000[\text{kVA}]$$
- 1차 입력
변압기의 손실을 무시하면 1차 입력과 2차 및 3차 출력의 합은 서로 같다.
$$P_1 = P_2 + P_3 = 8,000 + j6,000 - j6,000$$
$$= 8,000[\text{kW}]$$
- 1차 전류
$$I_1 = \frac{P_1}{V_1} = \frac{8,000 \times 10^3}{100 \times 10^3} = 80[\text{A}]$$

369 ★★☆

누설 변압기의 설명 중 틀린 것은?

① 2차 전류가 증가하면 누설 자속이 증가한다.
② 리액턴스가 크기 때문에 전압 변동률이 크다.
③ 2차 전류가 증가하면 2차 전압 강하가 증가한다.
④ 누설 자속이 증가하면 주자속은 증가하여 2차 유도 기전력이 증가한다.

해설 누설 변압기
- 2차 전류가 증가하면 누설 자속이 증가한다.
- 누설 자속이 증가하면 주자속은 감소하여 2차 유기 기전력이 감소한다.
- 리액턴스가 크기 때문에 전압 변동률이 크다.
- 2차 전류가 증가하면 2차 전압 강하가 증가한다.
- 부하 임피던스가 변동하여도 거의 일정한 2차 전류가 흐르므로(수하 특성) 정전류 공급이 가능하여 용접용 변압기로 사용된다.

370 ★★☆

누설 변압기에 필요한 특성은 무엇인가?

① 수하 특성
② 정전압 특성
③ 고저항 특성
④ 고임피던스 특성

해설
수하 특성이란 1차 측에 일정 전압을 가하고 2차 측 부하 전류가 증가하면 누설 리액턴스에 의한 전압 강하가 급격히 증가하는 특성으로 누설 변압기에 필요한 특성이다.

371 ★★☆
단권 변압기의 설명으로 틀린 것은?

① 분로 권선과 직렬 권선으로 구분된다.
② 1차 권선과 2차 권선의 일부가 공통으로 사용된다.
③ 3상에는 사용할 수 없고 단상으로만 사용한다.
④ 분로 권선에서 누설 자속이 없기 때문에 전압 변동률이 작다.

해설 단권 변압기의 구조 및 특징
- 2권선 변압기에 비해 1차 권선과 2차 권선으로 한 회로로 만들어 동량이 절약되고 누설자속이 적은 변압기이다.
- 변압기가 소형으로 되고 동량이 감소한다.
- 손실이 적어 효율이 좋다.
- 자기 용량보다 큰 부하를 걸 수 있다.
- 단상 및 3상에 모두 사용이 가능하다.
- 단락 사고 시 대전류가 흐른다.

372 ★★☆
단권 변압기의 고압 측 전압을 $V_1[\text{V}]$, 저압 측 전압을 $V_2[\text{V}]$, 단권 변압기의 자기 용량을 $P_n[\text{kVA}]$이라 하면 부하 용량[kVA]은?

① $\dfrac{V_2-V_1}{V_1}P_n$ ② $\dfrac{V_2-V_1}{V_2}P_n$
③ $\dfrac{V_1}{V_1-V_2}P_n$ ④ $\dfrac{V_2}{V_1-V_2}P_n$

해설
$\dfrac{\text{자기 용량}}{\text{부하 용량}} = \dfrac{V_1-V_2}{V_1}$

∴ 부하 용량 $= \dfrac{V_1}{V_1-V_2} \times$ 자기 용량
$= \dfrac{V_1}{V_1-V_2} \times P_n [\text{kVA}]$

373 ★★★
용량 $1[\text{kVA}]$, $3{,}000/200[\text{V}]$의 단상 변압기를 단권변압기로 결선해서 $3{,}000/3{,}200[\text{V}]$의 승압기로 사용할 때 그 부하 용량[kVA]은?

① $\dfrac{1}{16}$ ② 1
③ 15 ④ 16

해설
$\dfrac{\text{자기 용량}}{\text{부하 용량}} = \dfrac{V_h-V_l}{V_h}$

∴ 부하 용량 $= \dfrac{V_h}{V_h-V_l} \times$ 자기 용량
$= \dfrac{3{,}200}{3{,}200-3{,}000} \times 1 = 16[\text{kVA}]$

374 ★★★
자기 용량 $10[\text{kVA}]$의 단권 변압기를 그림과 같이 접속하였을 때, 부하 역률이 $80[\%]$라면 부하에 몇 $[\text{kW}]$의 전력을 공급할 수 있는가?

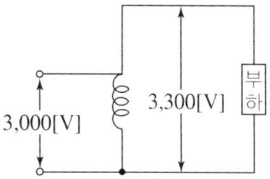

① 55 ② 66
③ 77 ④ 88

해설
$\dfrac{\text{자기 용량}}{\text{부하 용량}} = \dfrac{V_h-V_l}{V_h}$

∴ 부하 용량 $= \dfrac{V_h}{V_h-V_l} \times$ 자기 용량
$= \dfrac{3{,}300}{3{,}300-3{,}000} \times 10 = 110[\text{kVA}]$

부하 전력 $P = 110 \times 0.8 = 88[\text{kW}]$

| 정답 | 371 ③ 372 ③ 373 ④ 374 ④

375 ★☆☆

단상 단권 변압기 2대를 V 결선으로 해서 3상 전압 $3,000[\text{V}]$를 $3,300[\text{V}]$로 승압하고, $150[\text{kVA}]$를 송전하려고 한다. 이 경우 단상 변압기 1대분의 자기용량$[\text{kVA}]$은 약 얼마인가?

① 15.74
② 13.62
③ 7.87
④ 4.54

해설 단권 변압기 3상 V 결선

$$\frac{\text{자기 용량}}{\text{부하 용량}} = \frac{2}{\sqrt{3}}\left(\frac{V_h - V_l}{V_h}\right)$$

자기 용량 $= \frac{2}{\sqrt{3}} \times \frac{3,300 - 3,000}{3,300} \times 150 = 15.74[\text{kVA}]$

∴ 단상 변압기 1대분 자기 용량 $= \frac{15.74}{2} = 7.87[\text{kVA}]$

376 ★★☆

1차 전압 V_1, 2차 전압 V_2인 단권 변압기를 Y 결선했을 때, 등가 용량과 부하 용량의 비는?(단, $V_1 > V_2$이다.)

① $\dfrac{V_1 - V_2}{\sqrt{3}\,V_1}$
② $\dfrac{V_1 - V_2}{V_1}$
③ $\dfrac{V_1^2 - V_2^2}{\sqrt{3}\,V_1 V_2}$
④ $\dfrac{\sqrt{3}\,(V_1 - V_2)}{2\,V_1}$

해설 3상 단권 변압기의 자기 용량과 부하 용량의 비

- Y 결선

  $\dfrac{\text{자기 용량}}{\text{부하 용량}} = \dfrac{V_1 - V_2}{V_1}$

- Δ 결선

  $\dfrac{\text{자기 용량}}{\text{부하 용량}} = \dfrac{V_1^2 - V_2^2}{\sqrt{3}\,V_1 V_2}$

- V 결선

  $\dfrac{\text{자기 용량}}{\text{부하 용량}} = \dfrac{2(V_1 - V_2)}{\sqrt{3}\,V_1}$

377 ★★☆

전류계를 교체하기 위해 우선 변류기 2차 측을 단락시켜야 하는 이유는?

① 측정오차 방지
② 2차 측 절연 보호
③ 2차 측 과전류 보호
④ 1차 측 과전류 방지

해설 변류기 사용 시 주의 사항

- 변류기 교체 시 2차 측을 개방하면 1차 전류가 모두 여자 전류가 되어 2차 권선에 매우 큰 전압이 유기되어 CT의 2차 측 절연이 파괴된다.
- 따라서 변류기 교체 시 반드시 2차 측을 단락시킨 후 교체해야 한다.

THEME 10 변압기의 보호 및 시험

378 ★★☆

변압기 내부 고장 검출을 위해 사용하는 계전기가 아닌 것은?

① 과전압 계전기
② 비율 차동 계전기
③ 부흐홀츠 계전기
④ 충격 압력 계전기

해설 변압기 내부 고장 검출용 계전기

- 비율 차동 계전기
- 부흐홀츠 계전기
- 충격 압력 계전기
- 가스검출 계전기

| 정답 | 375 ③ 376 ② 377 ② 378 ①

379 ★★☆
변압기의 보호에 사용되지 않는 것은?

① 온도 계전기
② 과전류 계전기
③ 임피던스 계전기
④ 비율 차동 계전기

해설 변압기 보호 장치
- 비율 차동 계전기(PDR)
- 과전류 계전기(OCR)
- 부흐홀츠 계전기, 충격 압력 계전기
- 유면계, 방압 장치, 온도 계전기

380 ★★☆
변압기 보호 장치의 주된 목적이 아닌 것은?

① 전압 불평형 개선
② 절연 내력 저하 방지
③ 변압기 자체 사고의 최소화
④ 다른 부분으로의 사고 확산 방지

해설 변압기 보호 장치 목적
- 절연 내력 저하 방지
- 변압기 자체 사고의 최소화
- 다른 부분으로의 사고 확산 방지

381 ★★☆
변압기의 보호 방식 중 비율 차동 계전기를 사용하는 경우는?

① 고조파 발생을 억제하기 위하여
② 과여자 전류를 억제하기 위하여
③ 과전압 발생을 억제하기 위하여
④ 변압기 상간 단락 보호를 위하여

해설 비율 차동 계전기
- 발전기, 변압기, 모선을 보호하기 위한 보호 계전기이다.
- 발전기나 변압기 권선의 상간 단락 사고로부터 기기를 보호하기 위해 비율 차동 계전기를 많이 적용한다.

382 ★★☆
부흐홀츠 계전기에 대한 설명으로 틀린 것은?

① 오동작의 가능성이 많다.
② 전기적 신호로 동작한다.
③ 변압기의 보호에 사용된다.
④ 변압기의 주탱크와 콘서베이터를 연결하는 관중에 설치한다.

해설 부흐홀츠 계전기
- 변압기 내부 고장을 검출한다.
- 기계적 보호 장치이다.
- 변압기의 주탱크와 콘서베이터를 연결하는 관중에 설치한다.
- 다른 계전기에 비해 오동작 가능성이 높다.

| 정답 | 379 ③ 380 ① 381 ④ 382 ②

383
보호 계전기 구성 요소의 기본 원리에 속하지 않는 것은? ★☆☆

① 광전관
② 전자 흡인
③ 전자 유도
④ 정지형 스위칭 회로

해설 보호 계전기의 구성 요소
- 접촉자: 고정부와 가동부로 구성(전자 유도에 의한 흡인력 이용)
- 여자 코일: 가동 접촉자를 동작시키는 역할(흡인력 발생)
- 디지털 계전기: 정지형 스위칭 동작

384
변압기의 내부 고장에 대한 보호용으로 사용되는 계전기는 어느 것이 적절한가? ★★☆

① 방향 계전기
② 온도 계전기
③ 접지 계전지
④ 비율 차동 계전기

해설 변압기 내부 고장 검출용 계전기
- 비율 차동 계전기
- 부흐홀츠 계전기
- 충격 압력 계전기
- 가스검출 계전기

385
부흐홀츠 계전기로 보호되는 기기는? ★★☆

① 변압기
② 발전기
③ 유도 전동기
④ 회전 변류기

해설 부흐홀츠 계전기
변압기의 주탱크와 콘서베이터를 연결하는 관 중에 설치하며 기계적 보호 계전기이다.

386
변압기 온도 시험을 하는 데 가장 좋은 방법은? ★★☆

① 실부하법
② 반환 부하법
③ 단락 시험법
④ 내전압 시험법

해설 변압기 온도 상승 시험
- 반환 부하법: 중용량 이상에 사용하는 시험법으로 변압기에 철손과 동손만을 따로 공급하여 실부하 시험과 같은 효과를 내는 시험법이며, 변압기 온도 시험 시 가장 많이 사용한다.
- 단락 시험법(등가 부하법): 변압기 한 쪽 권선을 단락시킨 후 발생하는 온도 상승 시험법이다.
- 실부하법: 실제 부하를 연결하여 시행하는 시험법으로 전력 손실이 많아 소형 변압기에만 사용한다.

| 정답 | 383 ① 384 ④ 385 ① 386 ②

387 ★★☆
변압기의 절연 내력 시험 방법이 아닌 것은?

① 가압 시험 ② 유도 시험
③ 무부하 시험 ④ 충격 전압 시험

해설 변압기의 절연 내력 시험의 종류
- 유도 시험
- 가압 시험
- 충격 전압 시험

388 ★☆☆
변압기 권선을 건조하는 데 맞지 않은 것은?

① 진공법 ② 단락법
③ 반환 부하법 ④ 열풍법

해설 변압기의 건조법
- 열풍법
- 단락법
- 진공법

389 ★☆☆
공장에서 행하는 방법으로 변압기를 탱크 속에 밀폐하고 탱크 속에 있는 파이프를 통하여 고온의 증기를 보내어 가열하는 건조 방법은?

① 진공법 ② 열풍법
③ 단락법 ④ 반환 부하법

해설 진공법
변압기에 증기를 집어넣고 진공 펌프로 증기와 수분을 빼내어 건조하는 방법이다.

390 ★★☆
변압기 절연물의 열화 정도를 파악하는 방법이 아닌 것은?

① 유전 정접 시험
② 절연 내력 시험
③ 절연 저항 측정 시험
④ 권선 저항 측정 시험

해설 변압기 절연물의 열화 판정 방법
- 유전 정접 시험
- 절연 내력 시험
- 절연 저항 측정 시험

유도기

THEME 01. 유도 전동기의 원리와 구조
THEME 02. 회전 속도와 슬립
THEME 03. 회전자 특성
THEME 04. 비례 추이
THEME 05. 원선도
THEME 06. 유도 전동기 기동
THEME 07. 유도 전동기 속도 제어
THEME 08. 유도 전동기 제동과 이상 현상
THEME 09. 특수 유도기
THEME 10. 단상 유도 전동기
THEME 11. 유도 전압 조정기

CBT 완벽대비 가능한 유형마스터 학습!

THEME	유형분석	관련 번호
THEME 01 유도 전동기의 원리와 구조	유도 전동기의 구조에 대한 문제가 출제됩니다. 특히, 농형 유도 전동기와 권선형 유도 전동기의 차이점을 아는 것이 중요합니다.	391~395
THEME 02 회전 속도와 슬립	회전 속도와 슬립에 관한 내용이 출제됩니다. 유도 전동기 전반에 걸쳐 가장 중요한 내용이므로 반드시 이해해야 합니다.	396~401
THEME 03 회전자 특성	회전자 특성과 관련된 여러 가지 요소를 묻는 문제가 출제됩니다. 공식을 적용하여 값을 산출하는 문제가 출제되는 경향을 보입니다.	402~440
THEME 04 비례 추이	비례 추이 특성을 묻는 문제가 출제됩니다. 비례 추이가 가능한 요소와 불가능한 요소를 반드시 알아두어야 합니다.	441~453
THEME 05 원선도	원선도 작성에 필요한 시험과 원선도를 해석하는 문제가 출제됩니다. 어렵지 않은 수준으로 출제됩니다.	454~457
THEME 06 유도 전동기 기동	유도 전동기의 기동에 관한 문제가 출제됩니다. 각 기동에 따른 내용을 충실히 학습하면 어렵지 않게 맞힐 수 있습니다.	458~463
THEME 07 유도 전동기 속도 제어	유도 전동기의 속도 제어와 관련된 문제가 출제됩니다. 농형 유도 전동기와 권선형 유도 전동기의 속도 제어를 반드시 구분하셔야 합니다.	464~483
THEME 08 유도 전동기 제동과 이상 현상	전동기의 제동과 이상 현상을 다루는 문제가 출제됩니다. 특히 이상 현상과 관련된 내용이 자주 출제되므로 완벽히 이해하는 것이 중요합니다.	484~491
THEME 09 특수 유도기	여러 가지 특수 유도기에 관한 내용이 출제됩니다. 2중 농형 유도 전동기, 유도 발전기 등 여러 유도기의 특징을 암기해야 합니다.	492~497
THEME 10 단상 유도 전동기	단상 유도 전동기의 특징과 그 종류에 관한 문제가 출제됩니다. 비교적 어렵지 않은 수준으로 출제되는 경향을 보입니다.	498~510
THEME 11 유도 전압 조정기	단상, 3상 유도 전압 조정기와 관련된 문제가 출제됩니다. 개념을 묻는 문제부터, 계산 문제까지 골고루 출제됩니다.	511~519

학습 효과를 높이는 N제 3회독 시스템

챕터별 전체 1회독이 끝났다면 회독 체크표에 날짜를 기입하고 체크표시를 해주세요.

| 회독 체크표 | ☐ 1회독 | 월 일 | ☐ 2회독 | 월 일 | ☐ 3회독 | 월 일 |

CHAPTER 05 유도기

THEME 01 유도 전동기의 원리와 구조

391 ★★☆
3상 유도 전동기의 회전 방향은 이 전동기에서 발생되는 회전 자계의 회전 방향과 어떤 관계가 있는가?

① 아무 관계도 없다.
② 회전 자계의 회전 방향으로 회전한다.
③ 회전 자계의 반대 방향으로 회전한다.
④ 부하 조건에 따라 정해진다.

해설
유도 전동기는 회전 자계의 회전 방향으로 회전하게 된다.

392 ★★★
일반적인 3상 유도 전동기에 대한 설명 중 틀린 것은?

① 불평형 전압으로 운전하는 경우 전류는 증가하나 토크는 감소한다.
② 원선도 작성을 위해서는 무부하 시험, 구속 시험, 1차 권선 저항 측정을 하여야 한다.
③ 농형은 권선형에 비해 구조가 견고하며 권선형에 비해 대형 전동기로 널리 사용된다.
④ 권선형 회전자의 3선 중 1선이 단선되면 동기 속도의 50[%]에서 더 이상 가속되지 못하는 현상을 게르게스 현상이라 한다.

해설
① 불평형 전압으로 운전하는 경우 역상 전압에 의해 전류가 증가하며, 회전 자계가 균일하게 분포되지 않아 토크가 감소하게 된다.
② 원선도 작성에 필요한 시험
 • 무부하 시험
 • 구속 시험
 • 권선의 저항 측정
③ 농형은 권선형에 비해 구조가 간단하며 소형기기에 적합하다.
④ 게르게스 현상: 권선형 유도 전동기에서 무부하 또는 경부하 운전 시 2차 측 3상 권선 중 1상이 결상될 경우 슬립이 50[%] 근처에서 운전되며 더 이상 가속되지 않는 현상

393 ★★★
농형 유도 전동기의 결점인 것은?

① 기동 [kVA]가 크고 기동 토크가 크다.
② 기동 [kVA]가 작고 기동 토크가 작다.
③ 기동 [kVA]가 작고 기동 토크가 크다.
④ 기동 [kVA]가 크고 기동 토크가 작다.

해설

농형 회전자	권선형 회전자
• 구조가 간단하고 보수가 용이함	• 구조가 복잡하고 효율이 낮음
• 취급이 간단하며 가격이 저렴함	• 속도 조정이 용이함
• 속도 조정이 어려움	• 기동 토크가 큼
• 기동 전류(용량)가 크고, 기동 토크가 작음	• 대형기기에 적합
• 소형기기에 적합	

394 ★☆☆
일반적인 농형 유도 전동기에 관한 설명 중 틀린 것은?

① 2차 측을 개방할 수 없다.
② 2차 측 전압을 측정할 수 있다.
③ 2차 저항 제어법으로 속도를 제어할 수 없다.
④ 1차 3선 중 2선을 바꾸면 회전 방향을 바꿀 수 있다.

해설
농형 유도 전동기의 2차 측(회전자)은 구리 막대(동봉)와 단락된 고리 형태이므로 2차 측 전압을 측정할 수 없다.(측정할 수 있는 인출선이 없다.)

| 정답 | 391 ② 392 ③ 393 ④ 394 ②

395 ★★☆
권선형 유도 전동기의 설명으로 틀린 것은?

① 회전자의 3개의 슬립링과 연결되어 있다.
② 기동할 때에 회전자는 슬립링을 통하여 외부에 가감 저항기를 접속한다.
③ 기동할 때에 회전자에 적당한 저항을 갖게 하여 필요한 기동 토크를 갖게 한다.
④ 전동기 속도가 상승함에 따라 외부 저항을 점점 감소시키고 최후에는 슬립링을 개방한다.

해설
권선형 유도 전동기는 기동 시 2차 저항을 증가시켜서 기동시키고 기동 후에는 저항을 서서히 감소시켜 단락시킨다.

THEME 02 회전 속도와 슬립

396 ★★★
$50[\text{Hz}]$, 4극의 유도 전동기의 슬립이 $4[\%]$인 때의 매분 회전수는?

① $1,410[\text{rpm}]$
② $1,440[\text{rpm}]$
③ $1,470[\text{rpm}]$
④ $1,500[\text{rpm}]$

해설
- 동기 속도
$$N_s = \frac{120f}{p} = \frac{120 \times 50}{4} = 1,500[\text{rpm}]$$
- 회전자 속도
$$N = (1-s)N_s = (1-0.04) \times 1,500 = 1,440[\text{rpm}]$$

397 ★★★
유도 전동기의 주파수가 $60[\text{Hz}]$이고 전부하에서 회전수가 매분 $1,164$회이면 극수는?(단, 슬립은 $3[\%]$이다.)

① 4
② 6
③ 8
④ 10

해설
- 동기 속도
$$N_s = \frac{N}{1-s} = \frac{1,164}{1-0.03} = 1,200[\text{rpm}]$$
- 극수
$$p = \frac{120f}{N_s} = \frac{120 \times 60}{1,200} = 6[\text{극}]$$

398 ★★☆
유도 전동기의 슬립 s의 범위는?

① $s < -1$
② $-1 < s < 0$
③ $0 < s < 1$
④ $1 < s$

해설 유도기의 슬립 범위

정지	전동기	발전기	제동기
$s=1$	$0<s<1$	$s<0$	$1<s<2$

399 ★☆☆
유도 전동기의 슬립을 측정하려고 한다. 다음 중 슬립의 측정법이 아닌 것은?

① 수화기법
② 직류 밀리볼트계법
③ 스트로보스코프법
④ 프로니브레이크법

해설 유도 전동기 슬립 측정 방법
- 직류 밀리볼트계법
- 수화기법
- 스트로보스코프법

400 ★★☆

유도 전동기로 동기 전동기를 기동하는 경우, 유도 전동기의 극수는 동기 전동기의 극수보다 2극 적은 것을 사용하는 이유로 옳은 것은?(단, s는 슬립이며 N_s는 동기 속도이다.)

① 같은 극수의 유도 전동기는 동기 속도보다 sN_s만큼 늦으므로
② 같은 극수의 유도 전동기는 동기 속도보다 sN_s만큼 빠르므로
③ 같은 극수의 유도 전동기는 동기 속도보다 $(1-s)N_s$만큼 늦으므로
④ 같은 극수의 유도 전동기는 동기 속도보다 $(1-s)N_s$만큼 빠르므로

해설

유도기와 동기기는 회전 속도가 다르다.
- 동기기: $N = N_s$ [rpm]
- 유도기: $N = (1-s)N_s = N_s - sN_s$ [rpm]

같은 극수일 경우 유도기는 동기 속도보다 sN_s만큼 늦으므로 동기 전동기의 극수보다 2극 적은 것을 사용한다.

401 ★★☆

유도 전동기의 회전 속도를 N[rpm], 동기 속도를 N_s[rpm]이라 하고 순방향 회전 자계의 슬립을 s라 하면, 역방향 회전 자계에 대한 회전자 슬립은?

① $s-1$ ② $1-s$
③ $s-2$ ④ $2-s$

해설

- 순방향 회전 자계 슬립 s

$$s = \frac{N_s - N}{N_s} = 1 - \frac{N}{N_s} \rightarrow \frac{N}{N_s} = 1 - s$$

- 역방향 회전 자계 슬립

$$s' = \frac{N_s - (-N)}{N_s} = 1 + \frac{N}{N_s} = 1 + (1-s) = 2 - s$$

참고
- 유도 전동기: $0 < s < 1$
- 유도 발전기: $s < 0$
- 유도 제동기: $1 < s < 2$
- 역방향 회전 자계에 대한 회전자 슬립: $2-s$

THEME 03 회전자 특성

402 ★★☆

2극 3상 유도 전동기의 고정자가 50[rps]로 회전을 하고 있고 회전자가 45[rps]로 회전을 하고 있을 때 회전자 도체에 유기되는 기전력의 주파수[Hz]는?

① 5 ② 45
③ 50 ④ 95

해설

- 슬립

$$s = \frac{n_s - n}{n_s} = \frac{50 - 45}{50} = 0.1$$

- 2차에 유기되는 기전력의 주파수

$$f_{2s} = sf_1 = s \times \frac{pn_s}{2} = 0.1 \times \frac{2 \times 50}{2} = 5[\text{Hz}]$$

암기

$$N_s = \frac{120f}{p} [\text{rpm}]$$

$$n_s = \frac{2f}{p} [\text{rps}]$$

403 ★★☆

6극 60[Hz], 200[V], 7.5[kW]의 3상 유도 전동기가 960[rpm]으로 회전하고 있을 때 회전자 전류의 주파수[Hz]는?

① 8 ② 10
③ 12 ④ 14

해설

- 동기 속도

$$N_s = \frac{120f}{p} = \frac{120 \times 60}{6} = 1,200[\text{rpm}]$$

- 슬립

$$s = \frac{N_s - N}{N_s} = \frac{1,200 - 960}{1,200} = 0.2$$

- 회전자 전류의 주파수

$$f_{2s} = sf_1 = 0.2 \times 60 = 12[\text{Hz}]$$

| 정답 | 400 ① | 401 ④ | 402 ① | 403 ③

404 ★★★

4극 3상 유도 전동기를 $60[\text{Hz}]$의 전원에 접속해 운전하고 있다. 회전자의 주파수가 $3[\text{Hz}]$일 때 회전자 속도[rpm]는?

① 1,700
② 1,710
③ 1,720
④ 1,730

해설

- 슬립

$$s = \frac{f_{2s}}{f_1} = \frac{3}{60} = 0.05$$

- 회전자 속도

$$N = (1-s)\frac{120f}{p} = (1-0.05) \times \frac{120 \times 60}{4} = 1,710[\text{rpm}]$$

405 ★★☆

권선형 유도 전동기의 전부하 운전 시 슬립이 $4[\%]$이고, 2차 정격 전압이 $150[\text{V}]$이면 2차 유도 기전력은 몇 $[\text{V}]$인가?

① 9
② 8
③ 7
④ 6

해설

2차 유도 기전력
$E_{2s} = sE_2 = 0.04 \times 150 = 6[\text{V}]$

406 ★★☆

1차 권수 N_1, 2차 권수 N_2, 1차 권선 계수 K_{W1}, 2차 권선 계수 K_{W2}인 유도 전동기가 슬립 s로 운전하는 경우 전압비는?

① $\dfrac{K_{W1}N_1}{K_{W2}N_2}$
② $\dfrac{K_{W2}N_2}{K_{W1}N_1}$
③ $\dfrac{K_{W1}N_1}{sK_{W2}N_2}$
④ $\dfrac{sK_{W2}N_2}{K_{W1}N_1}$

해설

- 1차 유기 기전력 $E_1 = 4.44K_{W1}f_1N_1\phi_m[\text{V}]$
- 2차 유기 기전력 $E_2 = 4.44K_{W2}(sf_1)N_2\phi_m[\text{V}]$
- 전압비 $a = \dfrac{E_1}{E_2} = \dfrac{4.44K_{W1}f_1N_1\phi_m}{4.44K_{W2}(sf_1)N_2\phi_m} = \dfrac{K_{W1}N_1}{sK_{W2}N_2}$

407 ★★☆

10극 $50[\text{Hz}]$ 3상 유도 전동기가 있다. 회전자도 3상이고 회전자가 정지할 때 2차 1상 간의 전압이 $150[\text{V}]$이다. 이것을 회전 자계와 같은 방향으로 $400[\text{rpm}]$으로 회전시킬 때 2차 전압은 몇 $[\text{V}]$인가?

① 50
② 75
③ 100
④ 150

해설

- 동기 속도

$$N_s = \frac{120f}{p} = \frac{120 \times 50}{10} = 600[\text{rpm}]$$

- 슬립

$$s = \frac{N_s - N}{N_s} = \frac{600-400}{600} = 0.333$$

- 2차 전압

$$E_{2s} = sE_2 = 0.333 \times 150 = 50[\text{V}]$$

408 ★★☆

권선형 유도 전동기가 기동하면서 동기 속도 이하까지 회전 속도가 증가하면 회전자의 전압은?

① 증가한다.
② 감소한다.
③ 변함없다.
④ 0이 된다.

해설
- 회전자 속도가 증가하면 슬립은 감소한다.
- 회전자 속도가 증가하면 2차 전압은 감소한다.
- 회전자 속도가 증가하면 주파수는 감소한다.
- 회전자 속도가 증가하면 2차 전전류도 감소한다.

409 ★★☆

$60[\text{Hz}]$의 3상 유도 전동기를 동일 전압으로 $50[\text{Hz}]$에 사용할 때 ⓐ 무부하 전류, ⓑ 온도 상승, ⓒ 속도는 어떻게 변하겠는가?

① ⓐ 60/50으로 증가, ⓑ 60/50으로 증가, ⓒ 50/60으로 감소
② ⓐ 60/50으로 증가, ⓑ 50/60으로 감소, ⓒ 50/60으로 감소
③ ⓐ 50/60으로 감소, ⓑ 60/50으로 증가, ⓒ 50/60으로 감소
④ ⓐ 50/60으로 감소, ⓑ 60/50으로 증가, ⓒ 60/50으로 증가

해설
ⓐ 무부하 전류
$I_o \propto \dfrac{1}{f}$ 이므로 $\dfrac{I_2}{I_1} = \dfrac{f_1}{f_2} = \dfrac{60}{50}$ 으로 증가한다.

ⓑ 온도 상승
철손은 $P_i \propto \dfrac{E^2}{f}$ 이므로
$\dfrac{P_{h2}}{P_{h1}} = \dfrac{f_1}{f_2} = \dfrac{60}{50}$ 으로 증가하고 철손이 증가하면 철심 내의 온도도 증가한다.

ⓒ 속도
$N \propto f$ 이므로 $\dfrac{N_2}{N_1} = \dfrac{f_2}{f_1} = \dfrac{50}{60}$ 으로 감소한다.

410 ★★☆

$50[\text{Hz}]$로 설계된 3상 유도 전동기를 $60[\text{Hz}]$에 사용하는 경우 단자 전압을 $110[\%]$로 높일 때 일어나는 현상으로 틀린 것은?

① 철손 불변
② 여자 전류 감소
③ 온도 상승
④ 출력이 일정하면 유효 전류 감소

해설

① 철손 $P_i = kfB_m^2$ 에서 자속 밀도 $B_m = \dfrac{E}{4.44fNS} \propto \dfrac{E}{f}$ 이므로
$P_i' \propto f\left(\dfrac{E'}{f'}\right)^2 = \dfrac{E'^2}{f'} = \dfrac{(1.1E)^2}{\dfrac{6}{5}f} \fallingdotseq \dfrac{E^2}{f}$

즉, 주파수를 $\dfrac{6}{5}$배, 전압을 1.1배로 높이면 철손은 거의 변하지 않는다.

② 여자 전류 $I_o = \dfrac{V}{x_l} = \dfrac{V}{2\pi fL}[A]$ 에서
$\dfrac{V'}{2\pi f'L} = \dfrac{1.1V}{2\pi \times \dfrac{6}{5}fL} = \dfrac{11}{12} \times \dfrac{V}{2\pi fL} = \dfrac{11}{12}I_o$

즉, 여자 전류가 감소하게 된다.

③ 철손이 고정이므로 온도는 상승하지 않는다.
④ 출력이 일정할 경우 $V[\text{V}]$ 상승분에 반비례하여 유효 전류가 감소한다.

411 ★★☆

유도 전동기에서 공급 전압의 크기가 일정하고 전원 주파수만 낮아질 때 일어나는 현상으로 옳은 것은?

① 철손이 감소한다.
② 온도가 상승한다.
③ 여자 전류가 감소한다.
④ 회전 속도가 증가한다.

해설
전압이 일정할 경우 유도 전동기의 주파수를 낮춰서 사용할 때의 특성

① 철손은 주파수에 반비례($P_h \propto \dfrac{E^2}{f}$)하므로 증가한다.
② 철손이 증가하면 온도가 상승한다.
③ 여자 전류는 주파수에 반비례($I_o \propto \dfrac{1}{f}$)하므로 증가한다.
④ 회전 속도는 공급 전원 주파수에 비례($N \propto f$)하므로 감소한다.

| 정답 | 408 ② 409 ① 410 ③ 411 ②

412 ★★★

3상 유도 전동기의 전원 주파수와 전압의 비가 일정하고 정격 속도 이하로 속도를 제어하는 경우 전동기의 출력 P와 주파수 f의 관계는?

① $P \propto f$
② $P \propto \dfrac{1}{f}$
③ $P \propto f^2$
④ P는 f에 무관

해설

- 출력과 회전수의 관계
$$P = 2\pi \dfrac{N}{60} T \propto N(\text{비례 관계})$$
- 회전수와 주파수의 관계
$$N = (1-s)\dfrac{120f}{p} \propto f(\text{비례 관계})$$

따라서 출력(P)과 주파수(f)는 비례 관계이다.

413 ★★★

3상 유도 전동기에서 회전자가 슬립 s로 회전하고 있을 때 2차 유기 전압 E_{2s} 및 2차 주파수 f_{2s}와 s와의 관계는?(단, E_2는 회전자가 정지하고 있을 때 2차 유기 기전력이며, f_1은 1차 주파수이다.)

① $E_{2s} = sE_2,\ f_{2s} = sf_1$
② $E_{2s} = sE_2,\ f_{2s} = \dfrac{f_1}{s}$
③ $E_{2s} = \dfrac{E_2}{s},\ f_{2s} = \dfrac{f_1}{s}$
④ $E_{2s} = (1-s)E_2,\ f_{2s} = (1-s)f_1$

해설

- 회전 시 2차 유기 기전력
$$E_{2s} = sE_2 [\text{V}]$$
- 회전 시 2차 주파수
$$f_{2s} = sf_1 [\text{Hz}]$$

414 ★★☆

유도 전동기의 출력과 같은 것은?

① 출력 = 입력 전압 − 철손
② 출력 = 기계 출력 − 2차 저항손
③ 출력 = 2차 입력 − 2차 저항손
④ 출력 = 입력 전압 − 1차 저항손

해설

유도 전동기의 출력 = 회전자 출력 − 기계손
= 2차 입력 − 2차 저항손

415 ★★☆

정격 출력 $50[\text{kW}]$, 4극 $220[\text{V}]$, $60[\text{Hz}]$인 3상 유도 전동기가 전부하 슬립 0.04, 효율 $90[\%]$로 운전되고 있을 때 다음 중 틀린 것은?

① 2차 효율 $= 92[\%]$
② 1차 입력 $= 55.56[\text{kW}]$
③ 회전자 동손 $= 2.08[\text{kW}]$
④ 회전자 입력 $= 52.08[\text{kW}]$

해설

- 2차 입력(회전자 입력)
$$P_2 = \dfrac{P_o}{1-s} = \dfrac{50}{1-0.04} = 52.08[\text{kW}]$$
- 2차 효율
$$\eta_2 = \dfrac{2\text{차 출력}}{2\text{차 입력}} = \dfrac{P_o}{P_2} = \dfrac{50}{52.08} = 0.96(\therefore 96[\%])$$
- 1차 입력
$$P_1 = \dfrac{\text{전부하 출력}}{\text{전부하 효율}} = \dfrac{50}{0.9} = 55.56[\text{kW}]$$
- 2차 동손(회전자 동손)
$$P_{c2} = sP_2 = 0.04 \times 52.08 = 2.08[\text{kW}]$$

416 ★★★

4극 7.5[kW], 200[V], 60[Hz]인 3상 유도 전동기가 있다. 전부하에서의 2차 입력이 7,950[W]이다. 이 경우의 슬립을 구하면?(단, 기계손은 130[W]이다.)

① 0.04
② 0.05
③ 0.06
④ 0.07

해설

- 2차 동손
$$P_{c2} = P_2 - P_o - P_{m,l} = 7,950 - 7,500 - 130 = 320[W]$$

- 슬립
$$s = \frac{P_{c2}}{P_2} = \frac{320}{7,950} = 0.04$$

417 ★★★

3상 유도 전동기의 슬립이 s일 때 2차 효율[%]은?

① $(1-s) \times 100$
② $(2-s) \times 100$
③ $(3-s) \times 100$
④ $(4-s) \times 100$

해설

3상 유도 전동기의 슬립이 s일 때 2차 효율[%]
$$\eta_2 = \frac{2차 \ 출력}{2차 \ 입력} \times 100 = \frac{P_o}{P_2} \times 100 = \frac{(1-s)P_2}{P_2} \times 100$$
$$= (1-s) \times 100 [\%]$$

418 ★★☆

유도 전동기의 동기 와트에 대한 설명으로 옳은 것은?

① 동기 속도에서 1차 입력
② 동기 속도에서 2차 입력
③ 동기 속도에서 2차 출력
④ 동기 속도에서 2차 동손

해설

유도 전동기의 동기 와트는 동기 속도로 회전할 때 2차 입력을 말한다.

419 ★★★

3상 유도기에서 출력의 변환식으로 옳은 것은?

① $P_o = P_2 + P_{c2} = \frac{N}{N_s}P_2 = (2-s)P_2$
② $(1-s)P_2 = \frac{N}{N_s}P_2 = P_o - P_{c2} = P_o - sP_2$
③ $P_o = P_2 - P_{c2} = P_2 - sP_2 = \frac{N}{N_s}P_2 = (1-s)P_2$
④ $P_o = P_2 + P_{c2} = P_2 + sP_2 = \frac{N}{N_s}P_2 = (1+s)P_2$

해설

- 2차 효율
$$\eta_2 = \frac{P_o}{P_2} \times 100[\%] = (1-s) \times 100[\%] = \frac{N}{N_s} \times 100[\%]$$

- 출력
$$P_o = P_2 - P_{c2} = P_2 - sP_2 = \frac{N}{N_s}P_2 = (1-s)P_2 [W]$$

420
3상 유도 전동기의 2차 효율을 나타내는 것은?(단, 동기 속도는 N_s, 회전수는 N이다.)

① $\dfrac{N_s}{N} \times 100[\%]$ ② $\dfrac{N}{N_s} \times 100[\%]$

③ $\dfrac{N_s - N}{N} \times 100[\%]$ ④ $\dfrac{N_s - N}{N_s} \times 100[\%]$

해설

2차 효율
$$\eta_2 = \dfrac{P_o}{P_2} \times 100[\%] = (1-s) \times 100[\%] = \dfrac{N}{N_s} \times 100[\%]$$

421
3상 유도 전동기의 회전자 입력이 P_2, 슬립이 s일 때 2차 동손을 나타내는 식은?

① $(1-s)P_2$ ② sP_2

③ $\dfrac{P_2}{s}$ ④ $\dfrac{(1-s)P_2}{s}$

해설

- 2차 동손 $P_{c2} = sP_2[\text{W}]$
- 출력 $P_o = (1-s)P_2 = \dfrac{1-s}{s}P_{c2}$

422
50[Hz], 12극의 3상 유도 전동기가 10[HP]의 정격출력을 내고 있을 때, 회전수는 약 몇 [rpm]인가?(단, 회전자 동손은 350[W]이고, 회전자 입력은 회전자 동손과 정격 출력의 합이다.)

① 468   ② 478
③ 488   ④ 500

해설

- 동기 속도
$$N_s = \dfrac{120f}{p} = \dfrac{120 \times 50}{12} = 500[\text{rpm}]$$
- 출력
$$P_o = 10[\text{HP}] = 10 \times 746 = 7,460[\text{W}]$$
- 회전자 동손
$$P_{c2} = sP_2 = s(P_{c2} + P_o)[\text{W}] (\because P_2 = P_{c2} + P_o)$$
- 슬립
$$s = \dfrac{P_{c2}}{P_2} = \dfrac{P_{c2}}{P_{c2} + P_o} = \dfrac{350}{350 + 7,460} = 0.0448$$
- 회전수
$$N = (1-s)N_s = (1-0.0448) \times 500 = 478[\text{rpm}]$$

암기

$1[\text{HP}] = 746[\text{W}]$

423
3상 유도 전동기의 출력이 10[kW], 전부하 때의 슬립이 5[%]라 하면 2차 동손은 약 몇 [kW]인가?

① 0.426   ② 0.526
③ 0.626   ④ 0.726

해설

- 2차 입력
$$P_2 = \dfrac{P_o}{1-s} = \dfrac{10}{1-0.05} = 10.526[\text{kW}]$$
- 2차 동손 P_{c2}
$$P_{c2} = sP_2 = 0.05 \times 10.526 = 0.526[\text{kW}]$$

| 정답 | 420 ② 421 ② 422 ② 423 ②

424 ★★★

3상 유도 전동기의 기계적 출력 $P[\mathrm{kW}]$, 슬립 s로 운전할 때 2차 동손$[\mathrm{kW}]$은?

① $\left(\dfrac{1-s}{s}\right)P$ ② $\left(\dfrac{s}{1-s}\right)P$

③ $\left(\dfrac{1+s}{s}\right)P$ ④ $\left(\dfrac{s}{1+s}\right)P$

해설
- 기계적 출력
$P_o = (1-s)P_2$
- 2차 동손
$P_{c2} = sP_2 = s \times \dfrac{P_o}{1-s} = \left(\dfrac{s}{1-s}\right)P_o$
- 기계적 출력을 P라 하였으므로
$P_{c2} = \left(\dfrac{s}{1-s}\right)P$

426 ★★★

$220[\mathrm{V}]$, $60[\mathrm{Hz}]$, 8극, $15[\mathrm{kW}]$의 3상 유도 전동기에서 전부하 회전수가 $864[\mathrm{rpm}]$이면 이 전동기의 2차 동손은 몇 $[\mathrm{W}]$인가?

① 435   ② 537
③ 625   ④ 723

해설
- 동기 속도
$N_s = \dfrac{120f}{p} = \dfrac{120 \times 60}{8} = 900[\mathrm{rpm}]$
- 슬립
$s = \dfrac{N_s - N}{N_s} = \dfrac{900 - 864}{900} = 0.04$
- 2차 동손
$P_{c2} = \dfrac{s}{1-s}P_o = \dfrac{0.04}{1-0.04} \times 15{,}000 = 625[\mathrm{W}]$

425 ★★★

$15[\mathrm{kW}]$ 3상 유도 전동기의 기계손이 $350[\mathrm{W}]$, 전부하 시의 슬립이 $3[\%]$이다. 전부하 시의 2차 동손$[\mathrm{W}]$은?

① 395   ② 411
③ 475   ④ 524

해설
- 기계손을 고려할 경우 회전자 출력
$P_o = $ 출력 $+$ 기계손 $= 15 \times 10^3 + 350 = 15{,}350[\mathrm{W}]$
- 2차 동손
$P_{c2} = \dfrac{s}{1-s}P_o = \dfrac{0.03}{1-0.03} \times (15 \times 10^3 + 350) = 475[\mathrm{W}]$

427 ★★☆

3상 유도 전동기의 기계적 출력 $P[\mathrm{kW}]$, 회전수 $N[\mathrm{rpm}]$인 전동기의 토크$[\mathrm{N \cdot m}]$는?

① $0.46\dfrac{P}{N}$ ② $0.855\dfrac{P}{N}$
③ $975\dfrac{P}{N}$ ④ $9{,}549.3\dfrac{P}{N}$

해설
유도 전동기의 토크
$T = \dfrac{P[\mathrm{W}]}{\omega} = \dfrac{10^3 \times P}{2\pi \times \dfrac{N}{60}} = 9{,}549.3\dfrac{P}{N}[\mathrm{N \cdot m}]$

| 정답 | 424 ② 425 ③ 426 ③ 427 ④

428 ★★★

$50[\text{Hz}]$, 4극 $20[\text{kW}]$인 3상 유도 전동기가 있다. 전부하 시 회전수가 $1,450[\text{rpm}]$이라면 발생 토크는 몇 $[\text{kg}\cdot\text{m}]$인가?

① 13.45
② 11.25
③ 10.02
④ 8.75

해설

유도 전동기의 토크

$$T = \frac{1}{9.8} \times \frac{P_o}{\omega} = 0.975 \times \frac{P_o}{N} = 0.975 \times \frac{20 \times 10^3}{1,450}$$
$$= 13.45[\text{kg}\cdot\text{m}]$$

429 ★★☆

4극 $60[\text{Hz}]$의 3상 유도 전동기에서 $1[\text{kW}]$의 동기 와트 토크는 몇 $[\text{kg}\cdot\text{m}]$인가?

① 0.54
② 0.50
③ 0.48
④ 0.46

해설

• 동기 속도
$$N_s = \frac{120f}{p} = \frac{120 \times 60}{4} = 1,800[\text{rpm}]$$

• 동기 와트 토크
$$T = \frac{1}{9.8} \times \frac{P_2}{\omega_s} = 0.975 \times \frac{P_2}{N_s}$$
$$= 0.975 \times \frac{1 \times 10^3}{1,800} = 0.54[\text{kg}\cdot\text{m}]$$

430 ★☆☆

6극, $30[\text{kW}]$, $380[\text{V}]$, $60[\text{Hz}]$의 정격을 가진 Y 결선 3상 유도 전동기의 구속 시험 결과 선간 전압 $50[\text{V}]$, 선전류 $60[\text{A}]$, 3상 입력 $2.5[\text{kW}]$이고 또 단자 간의 직류 저항은 $0.18[\Omega]$이었다. 이 전동기를 정격 전압으로 기동하는 경우 기동 토크는 약 몇 $[\text{kg}\cdot\text{m}]$인가?

① 72
② 117
③ 702
④ 1,149

해설

• 1상의 저항
단자 간의 직류 저항이 $0.18[\Omega]$이므로
$$R = \frac{0.18}{2} = 0.09[\Omega]$$

• 1차 손실(동손)
$$P_{c1} = 3I^2R = 3 \times 60^2 \times 0.09 = 972[\text{W}]$$

• 2차 입력
$$P_2 = P_1 - P_{c1} = 2,500 - 972 = 1,528[\text{W}]$$

• 정격 전압으로 기동하는 경우 2차 입력
$$P_2' = 1,528 \times \left(\frac{380}{50}\right)^2 = 88,257[\text{W}]$$

• 동기 속도
$$N_s = \frac{120f}{p} = \frac{120 \times 60}{6} = 1,200[\text{rpm}]$$

• 토크
$$T = 0.975 \frac{P_2'}{N_s} = 0.975 \times \frac{88,257}{1,200} = 72[\text{kg}\cdot\text{m}]$$

431 ★★☆

유도 전동기를 정격 상태로 사용 중, 전압이 $10[\%]$ 상승할 때 특성 변화로 틀린 것은?(단, 부하는 일정 토크라고 가정한다.)

① 슬립이 작아진다.
② 역률이 떨어진다.
③ 속도가 감소한다.
④ 히스테리시스손과 와류손이 증가한다.

해설

• 토크
$$T = 0.975 \frac{P_o}{N}[\text{kg}\cdot\text{m}]$$

• $P_o = EI_a[\text{W}]$에서 E가 증가할 때 토크가 일정하기 위해서는 속도 N이 증가해야 한다.

432 ★★★

유도 전동기의 회전력 발생 요소 중 제곱에 비례하는 요소는?

① 슬립 ② 2차 기전력
③ 2차 권선 저항 ④ 2차 임피던스

해설

토크(회전력) $T = K \dfrac{sE_2^2 r_2}{r_2^2 + (sx_2)^2}$ [N·m]에서

$T \propto E_2^2$ 이므로 토크는 2차 기전력의 제곱에 비례한다.

433 ★★☆

유도 전동기의 특성에서 토크와 2차 입력 및 동기 속도의 관계는?

① 토크는 2차 입력과 동기 속도의 곱에 비례한다.
② 토크는 2차 입력에 반비례하고 동기 속도에 비례한다.
③ 토크는 2차 입력에 비례하고 동기 속도에 반비례한다.
④ 토크는 2차 입력의 제곱에 비례하고 동기 속도의 제곱에 반비례한다.

해설

토크 $T = 0.975 \dfrac{P_2}{N_s}$ [kg·m]에서

$T \propto P_2 \propto \dfrac{1}{N_s}$ 이므로 토크는 2차 입력에 비례하고 동기 속도에 반비례한다.

434 ★★★

3상 유도 전동기의 전전압 기동 토크는 전부하 시의 1.8배이다. 전전압의 $\dfrac{2}{3}$ 배로 기동할 때 기동 토크는 전부하 시의 몇 [%]인가?

① 80 ② 70
③ 60 ④ 40

해설

- 토크와 전압의 관계 $T \propto V^2$
- 전전압의 $\dfrac{2}{3}$ 배로 기동할 때 기동 토크

$$T'_{기동} = T_{기동} \left(\dfrac{V'}{V}\right)^2 = 1.8 T_{전부하} \times \left(\dfrac{\frac{2}{3}V}{V}\right)^2$$
$$= 0.8 T_{전부하} (\therefore 80[\%])$$

435 ★★☆

7.5[kW], 6극, 200[V]용 3상 유도 전동기가 있다. 정격 전압으로 기동하면 기동 전류는 정격 전류의 615[%]이고 기동 토크는 전부하 토크의 225[%]이다. 지금 기동 토크를 전부하 토크의 1.5배로 하기 위하여 기동 전압을 약 몇 [V]로 하면 되는가?

① 133 ② 143
③ 153 ④ 163

해설

- 토크와 전압의 관계 $T \propto V^2$
- 기동 전압

$$V' = V \times \sqrt{\dfrac{T'_{기동}}{T_{기동}}} = 200 \times \sqrt{\dfrac{1.5 T_{전부하}}{2.25 T_{전부하}}} = 163[V]$$

| 정답 | 432 ② | 433 ③ | 434 ① | 435 ④

436 ★★★

3상 유도 전동기에서 $s=1$일 때의 2차 유기 기전력을 $E_2[V]$, 2차 1상의 리액턴스를 $x_2[\Omega]$, 저항을 $r_2[\Omega]$, 슬립을 s, 비례 상수를 K_0라고 하면 토크는?

① $K_0 \dfrac{E_2^2}{r_2^2 + x_2^2}$ ② $K_0 \dfrac{sE_2^2 r_2}{r_2^2 + sx_2^2}$

③ $K_0 \dfrac{E_2^2 r_2}{r_2^2 + (sx_2)^2}$ ④ $K_0 \dfrac{sE_2^2 r_2}{r_2^2 + (sx_2)^2}$

해설

- 기동 시 2차 전류

$$I_2' = \dfrac{E_2}{\sqrt{\left(\dfrac{r_2}{s}\right)^2 + x_2^2}}[A]$$

- 역률

$$\cos\theta = \dfrac{\dfrac{r_2}{s}}{\sqrt{\left(\dfrac{r_2}{s}\right)^2 + x_2^2}}$$

- 3상 유도 전동기의 2차 출력

$$P_2 = E_2 I_2 \cos\theta$$

$$= E_2 \times \dfrac{E_2}{\sqrt{\left(\dfrac{r_2}{s}\right)^2 + x_2^2}} \times \dfrac{\dfrac{r_2}{s}}{\sqrt{\left(\dfrac{r_2}{s}\right)^2 + x_2^2}}$$

$$= \dfrac{E_2^2 \times \dfrac{r_2}{s}}{\left(\dfrac{r_2}{s}\right)^2 + x_2^2} = \dfrac{sE_2^2 r_2}{r_2^2 + (sx_2)^2}[V]$$

- 토크

$$T = \dfrac{60 P_2}{2\pi N_s} = K_0 P_2 = K_0 \dfrac{sE_2^2 r_2}{r_2^2 + (sx_2)^2}[N\cdot m]$$

437 ★★☆

3상 유도 전동기의 특성에 관한 설명으로 옳은 것은?

① 최대 토크는 슬립과 반비례한다.
② 기동 토크는 전압의 제곱에 비례한다.
③ 최대 토크는 2차 저항과 반비례한다.
④ 기동 토크는 전압의 제곱에 반비례한다.

해설

- 기동 토크

$$T_s = K \dfrac{sE_2^2 r_2}{r_2^2 + (sx_2)^2}[N\cdot m] (\text{전압의 제곱에 비례})$$

- 최대 토크

$$T_m = K \dfrac{E_2^2}{2x_2}[N\cdot m] (\text{전압의 제곱에 비례})$$

438 ★★☆

권선형 3상 유도 전동기의 2차 회로는 Y로 접속되고 2차 각 상의 저항은 $0.3[\Omega]$이며 1차, 2차 리액턴스의 합은 $1.5[\Omega]$이다. 기동 시에 최대 토크를 발생하기 위해서 삽입하여야 할 저항$[\Omega]$은?(단, 1차 각 상의 저항은 무시한다.)

① 1.2 ② 1.5
③ 2   ④ 2.2

해설 최대 토크 발생을 위한 저항

$$R_s = \sqrt{(x_1 + x_2)^2} - r_2 = \sqrt{1.5^2} - 0.3 = 1.2[\Omega]$$

| 정답 | 436 ④ 437 ② 438 ①

439 ★☆☆
3상 유도 전동기의 토크와 출력에 대한 설명으로 옳은 것은?

① 속도에 관계가 없다.
② 동일 속도에서 발생한다.
③ 최대 출력은 최대 토크보다 고속도에서 발생한다.
④ 최대 토크가 최대 출력보다 고속도에서 발생한다.

해설

- 최대 토크 발생 슬립
$$s_t = \frac{r_2'}{\sqrt{r_1^2 + (x_1 + x_2')^2}}$$
- 최대 출력 발생 슬립
$$s_p = \frac{r_2'}{r_2' + \sqrt{(r_1 + r_2')^2 + (x_1 + x_2')^2}}$$
- 각 슬립의 분모항을 비교하면 다음과 같다.
$$\sqrt{r_1^2 + (x_1 + x_2')^2} < r_2' + \sqrt{(r_1 + r_2')^2 + (x_1 + x_2')^2}$$
따라서 $s_p < s_t$를 만족한다.
최대 출력을 발생하는 슬립 s_p가 최대 토크를 발생하는 슬립 s_t보다 작으므로 최대 출력이 발생할 때 속도가 빠르다.

암기

슬립과 속도의 관계
$N = (1-s)N_s$
- s가 증가할수록 N은 감소한다.
- s가 감소할수록 N은 증가한다.

440 ★★☆
유도 전동기의 안정 운전의 조건은?(단, T_m: 전동기 토크, T_L: 부하 토크, n: 회전수)

① $\dfrac{dT_m}{dn} < \dfrac{dT_L}{dn}$
② $\dfrac{dT_m}{dn} = \dfrac{dT_L^2}{dn}$
③ $\dfrac{dT_m}{dn} > \dfrac{dT_L}{dn}$
④ $\dfrac{dT_m}{dn} \neq \dfrac{dT_L^2}{dn}$

해설

유도 전동기는 회전수(n)에 대한 부하 토크(T_L) 변화량이 전동기 토크(T_m) 변화량보다 커야 일정한 토크로 수렴하며 안정 운전을 하게 된다.
$$\therefore \frac{dT_m}{dn} < \frac{dT_L}{dn}$$

THEME 04 비례 추이

441 ★★☆
권선형 유도 전동기의 속도-토크 곡선에서 비례 추이는 그 곡선이 무엇에 비례하여 이동하는가?

① 슬립
② 회전수
③ 공급 전압
④ 2차 저항

해설 비례 추이

- 3상 권선형 유도 전동기는 회전자에도 권선이 감겨 있으므로 2차 회로에 저항을 연결할 수 있다.
- 회전자에 외부(2차) 저항을 접속시켜 전동기의 최대 토크가 낮은 속도 쪽으로 이동하는 것을 토크의 비례 추이라고 한다.

442 ★★☆
비례 추이와 관계가 있는 전동기는?

① 동기 전동기
② 정류자 전동기
③ 3상 농형 유도 전동기
④ 3상 권선형 유도전동기

해설 비례 추이

- 3상 권선형 유도 전동기는 회전자에도 권선이 감겨 있으므로 2차 회로에 저항을 연결할 수 있다.
- 회전자에 외부 저항을 접속시켜 전동기의 최대 토크가 낮은 속도 쪽으로 이동하는 것을 토크의 비례 추이라고 한다.

| 정답 | 439 ③ 440 ① 441 ④ 442 ④

443 ★★★

3상 유도 전동기의 2차 저항을 m 배로 하면 동일하게 m 배로 되는 것은?

① 역률
② 전류
③ 슬립
④ 토크

해설 비례 추이

$$\frac{r_2}{s} = \frac{r_2 + R}{s'}$$

즉, 2차 저항을 2배로 하면 슬립도 2배가 된다.

444 ★★★

3상 권선형 유도 전동기 기동 시 2차 측에 외부 가변저항을 넣는 이유는?

① 회전수 감소
② 기동 전류 증가
③ 기동 토크 감소
④ 기동 전류 감소와 기동 토크 증가

해설 2차 저항 증가 시 변화
- 기동 전류는 감소하고, 기동 토크가 증가한다.
- 슬립이 증가한다.
- 전부하 효율이 낮아진다.
- 속도가 낮아진다.
- 최대 토크는 2차 저항과 관계없이 변하지 않는다.
- 최대 토크를 발생시키는 슬립은 저항에 따라 변한다.

445 ★★☆

권선형 유도 전동기에서 비례 추이에 대한 설명으로 틀린 것은?(단, S_m 은 최대 토크 시 슬립이다.)

① r_2 를 크게 하면 S_m 은 커진다.
② r_2 를 삽입하면 최대 토크가 변한다.
③ r_2 를 크게 하면 기동 토크도 커진다.
④ r_2 를 크게 하면 기동 전류는 감소한다.

해설 2차 저항 증가 시 변화
- 기동 전류는 감소하고, 기동 토크가 증가한다.
- 슬립이 증가한다.
- 전부하 효율이 낮아진다.
- 속도가 낮아진다.
- 최대 토크는 2차 저항과 관계없이 변하지 않는다.
- 최대 토크를 발생시키는 슬립은 저항에 따라 변한다.

446 ★★☆

권선형 유도 전동기의 2차 저항을 변화시켜 속도를 제어하는 경우 최대 토크는?

① 항상 일정하다.
② 2차 저항에만 비례한다.
③ 최대 토크 시 생기는 점의 슬립에 비례한다.
④ 최대 토크 시 생기는 점의 슬립에 반비례한다.

해설 2차 저항 증가 시 변화
- 기동 전류는 감소하고, 기동 토크가 증가한다.
- 슬립이 증가한다.
- 전부하 효율이 낮아진다.
- 속도가 낮아진다.
- 최대 토크는 2차 저항과 관계없이 변하지 않는다.
- 최대 토크를 발생시키는 슬립은 저항에 따라 변한다.

447 ★★☆
권선형 유도 전동기에서 비례 추이를 할 수 없는 것은?

① 토크 ② 출력
③ 1차 전류 ④ 2차 전류

해설

구분	요소	
비례 추이 가능한 것	• 토크 T • 2차 전류 I_2 • 1차 입력 P_1	• 1차 전류 I_1 • 역률 $\cos\theta$
비례 추이 불가능 한 것	• 출력 P_o • 2차 동손 P_{c2}	• 2차 효율 η_2 • 최대 토크 T_m

448 ★★☆
3상 권선형 유도 전동기의 전부하 슬립 $5[\%]$, 2차 1상의 저항 $0.5[\Omega]$이다. 이 전동기의 기동 토크를 전부하 토크와 같도록 하려면 외부에서 2차 삽입할 저항$[\Omega]$은?

① 8.5 ② 9
③ 9.5 ④ 10

해설 비례 추이

$$\frac{r_2}{s} = \frac{r_2+R}{s_t} = \frac{r_2+R}{1}$$

$$\therefore R = \frac{1-s}{s}r_2 = \frac{1-0.05}{0.05} \times 0.5 = 9.5[\Omega]$$

449 ★★☆
슬립 s_t에서 최대 토크를 발생하는 3상 유도 전동기에 2차 측 한 상의 저항을 r_2라 하면 최대 토크로 기동하기 위한 2차 측 한 상에 외부로부터 가해 주어야 할 저항은?

① $\dfrac{1-s_t}{s_t}r_2$ ② $\dfrac{1+s_t}{s_t}r_2$
③ $\dfrac{r_2}{1-s_t}$ ④ $\dfrac{r_2}{s_t}$

해설
최대 토크로 기동 시 슬립을 s_t'라 하고 필요한 외부 저항을 R이라 하면

$$\frac{r_2}{s_t} = \frac{r_2+R}{s_t'} = \frac{r_2+R}{1} (\because 비례 추이)$$

$$\therefore R = \frac{r_2}{s_t} - r_2 = \frac{1-s_t}{s_t}r_2$$

암기
기동 시 슬립 $s=1$

450 ★★☆
전부하로 운전하고 있는 $50[\text{Hz}]$, 4극의 권선형 유도 전동기가 있다. 전부하에서 속도를 $1,440[\text{rpm}]$에서 $1,000[\text{rpm}]$으로 변화시키자면 2차에 약 몇 $[\Omega]$의 저항을 넣어야 하는가?(단, 2차 저항은 $0.02[\Omega]$이다.)

① 0.147 ② 0.18
③ 0.02 ④ 0.024

해설
• 회전 자계의 동기 속도

$$N_s = \frac{120f}{p} = \frac{120 \times 50}{4} = 1,500[\text{rpm}]$$

• 슬립

$$s_1 = \frac{N_s-N}{N_s} = \frac{1,500-1,440}{1,500} = 0.04$$

$$s_2 = \frac{N_s-N}{N_s} = \frac{1,500-1,000}{1,500} = 0.333$$

• 비례 추이

$$\frac{r_2}{s_1} = \frac{r_2+R}{s_2} \rightarrow \frac{0.02}{0.04} = \frac{0.02+R}{0.333}$$

$$\therefore R = 0.02 \times \left(\frac{0.333}{0.04} - 1\right) = 0.147[\Omega]$$

451

$60[\text{Hz}]$, 6극의 3상 권선형 유도 전동기가 있다. 이 전동기의 정격 부하 시 회전수는 $1{,}140[\text{rpm}]$이다. 이 전동기를 같은 공급전압에서 전부하 토크로 기동하기 위한 외부 저항은 몇 $[\Omega]$인가?(단, 회전자 권선은 Y결선이며, 슬립링 간의 저항은 $0.1[\Omega]$이다.)

① 0.5
② 0.85
③ 0.95
④ 1

해설

- 동기 속도
  $$N_s = \frac{120f}{p} = \frac{120 \times 60}{6} = 1{,}200[\text{rpm}]$$
- 슬립
  $$s = \frac{N_s - N}{N_s} = \frac{1{,}200 - 1{,}140}{1{,}200} = 0.05$$
- 2차 저항
  슬립링 간의 저항은 두 상을 직렬로 연결한 저항의 크기이므로 한 상의 저항은 슬립링 간 저항의 $\frac{1}{2}$이다.
  $$r_2 = \frac{0.1}{2} = 0.05[\Omega]$$
- 외부 저항
  $$R = \frac{1-s}{s} r_2 = \frac{1-0.05}{0.05} \times 0.05 = 0.95[\Omega]$$

452

8극, $50[\text{kW}]$, $3{,}300[\text{V}]$, $60[\text{Hz}]$인 3상 권선형 유도 전동기의 전부하 슬립이 $4[\%]$라고 한다. 이 전동기의 슬립링 사이에 $0.16[\Omega]$의 저항 3개를 Y로 삽입하면 전부하 토크를 발생할 때의 회전수$[\text{rpm}]$는? (단, 2차 각 상의 저항은 $0.04[\Omega]$이고, Y 접속이다.)

① 660
② 720
③ 750
④ 880

해설

- 저항 삽입 시 새로운 슬립
  $$\frac{r_2}{s_1} = \frac{r_2 + R}{s_2} \rightarrow \frac{0.04}{0.04} = \frac{0.04 + 0.16}{s_2}$$
  $$\therefore s_2 = 0.04 + 0.16 = 0.2$$
- 전부하 토크를 발생할 때의 회전수
  $$N_2 = (1-s_2)\frac{120f}{p} = (1-0.2) \times \frac{120 \times 60}{8}$$
  $$= 720[\text{rpm}]$$

453

2차 저항과 2차 리액턴스가 $0.04[\Omega]$, 3상 유도 전동기의 슬립이 $4[\%]$일 때 1차 부하 전류가 $10[\text{A}]$이었다면 기계적 출력은 약 몇 $[\text{kW}]$인가?(단, 권선비 $\alpha = 2$, 상수비 $\beta = 1$이다.)

① 0.57
② 1.15
③ 0.65
④ 1.35

해설

- 2차 저항 r_2를 1차로 환산한 저항
  $$r_2' = \alpha^2 \beta r_2 = 2^2 \times 1 \times 0.04 = 0.16[\Omega]$$
- 기계적 출력을 대표하는 부하 저항의 1차 환산 저항
  $$R' = \frac{1-s}{s} r_2' = \frac{1-0.04}{0.04} \times 0.16 = 3.84[\Omega]$$
- 기계적 출력
  $$P = 3I^2 R' = 3 \times 10^2 \times 3.84 = 1{,}152[\text{W}] = 1.15[\text{kW}]$$

THEME 05 원선도

454 ★★☆
3상 유도 전동기의 원선도 작성에 필요한 기본량이 아닌 것은?

① 저항 측정 ② 슬립 측정
③ 구속 시험 ④ 무부하 시험

해설 원선도 작성에 필요한 시험
- 권선의 저항 측정 시험
- 무부하 시험
- 구속 시험

455 ★★☆
유도 전동기의 원선도에서 구할 수 없는 것은?

① 1차 입력 ② 1차 동손
③ 동기 와트 ④ 기계적 출력

해설
원선도에서 알 수 있는 것
- 2차 출력
- 2차 동손(동기 와트)
- 2차 입력
- 1차 동손
- 철손
- 전입력(1차 입력)
- 전부하 효율
- 2차 효율
- 슬립
- 역률

456 ★★★
그림과 같은 3상 유도 전동기의 원선도에서 P점과 같은 부하상태로 운전할 때 2차 효율은?(단, $\overline{PQ}$는 2차 출력, $\overline{QR}$는 2차 동손, $\overline{RS}$는 1차 동손, $\overline{ST}$는 철손이다.)

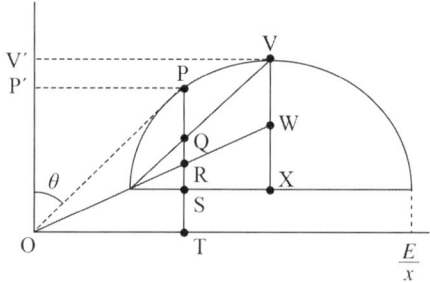

① $\dfrac{\overline{PQ}}{\overline{PR}}$ ② $\dfrac{\overline{PQ}}{\overline{PT}}$

③ $\dfrac{\overline{PR}}{\overline{PT}}$ ④ $\dfrac{\overline{PR}}{\overline{PS}}$

해설

2차 출력	$\overline{PQ}$	1차 입력	$\overline{PT}$
2차 동손	$\overline{QR}$	전부하 효율	$\dfrac{\overline{PQ}}{\overline{PT}}$
2차 입력	$\overline{PR}$	2차 효율	$\dfrac{\overline{PQ}}{\overline{PR}}$
1차 동손	$\overline{RS}$	슬립	$\dfrac{\overline{QR}}{\overline{PR}}$
철손	$\overline{ST}$	역률	$\dfrac{\overline{OP'}}{\overline{OP}}$

457 ★★★
E를 전압, r을 1차로 환산한 저항, x를 1차로 환산한 리액턴스라고 할 때 유도 전동기의 원선도에서 원의 지름을 나타내는 것은?

① $E \cdot r$ ② $E \cdot x$
③ $\dfrac{E}{x}$ ④ $\dfrac{E}{r}$

해설
원선도의 지름은 전압 E에 비례하고 리액턴스 x에 반비례한다.
즉, 원의 지름 $\propto \dfrac{E}{x}$이다.

| 정답 | 454 ② 455 ④ 456 ① 457 ③

THEME 06 유도 전동기 기동

458 ★★★
3상 농형 유도 전동기의 기동 방법으로 틀린 것은?

① $Y-\Delta$ 기동
② 전전압 기동
③ 리액터 기동
④ 2차 저항에 의한 기동

해설 3상 농형 유도 전동기의 기동 방식
- 전전압(직입) 기동
- $Y-\Delta$ 기동
- 리액터 기동
- 기동 보상기에 의한 기동

459 ★★☆
유도 전동기의 기동에서 $Y-\Delta$ 기동은 대략 몇 [kW] 범위의 전동기에서 이용되는가?

① 5[kW] 이하
② 5~15[kW]
③ 15[kW] 이상
④ 용량에 관계 없다.

해설 $Y-\Delta$ 기동
- 기동 시 1차 권선을 Y 접속으로 기동하고 정격 속도에 가까워지면 Δ 접속으로 교체 운전하는 방식이다.
- 기동할 때 1차 각 상의 권선에는 정격 전압의 $\frac{1}{\sqrt{3}}$ 배, 기동 전류는 직입 기동의 $\frac{1}{3}$ 배, 기동 토크도 $\frac{1}{3}$ 배로 감소한다.
- 5~15[kW]급 농형 유도 전동기에 적합하다.

460 ★★☆
유도 전동기의 1차 접속을 Δ에서 Y로 바꾸면 기동 시의 1차 전류는?

① $\frac{1}{3}$로 감소
② $\frac{1}{\sqrt{3}}$로 감소
③ $\sqrt{3}$배 증가
④ 3배 증가

해설 $Y-\Delta$ 기동
- 기동 시 1차 권선을 Y 접속으로 기동하고 정격 속도에 가까워지면 Δ 접속으로 교체 운전하는 방식이다.
- 기동할 때 1차 각 상의 권선에는 정격 전압의 $\frac{1}{\sqrt{3}}$ 배, 기동 전류는 직입 기동의 $\frac{1}{3}$ 배, 기동 토크도 $\frac{1}{3}$ 배로 감소한다.
- 5~15[kW]급 농형 유도 전동기에 적합하다.

461 ★★☆
유도 전동기를 기동하기 위하여 Δ를 Y로 전환했을 때 토크는 몇 배가 되는가?

① $\frac{1}{3}$ 배
② $\frac{1}{\sqrt{3}}$ 배
③ $\sqrt{3}$ 배
④ 3배

해설 $Y-\Delta$ 기동 시 Δ에서 Y 접속으로 교체하면서 1차 각 상의 권선에는 Δ결선 시에 비해 정격 전압의 $\frac{1}{\sqrt{3}}$ 배, 기동 전류는 $\frac{1}{3}$ 배, 기동 토크도 $\frac{1}{3}$ 배로 감소한다.

| 정답 | 458 ④ 459 ② 460 ① 461 ①

462 ★★☆

3상 유도 전동기의 기동법 중 전전압 기동에 대한 설명으로 틀린 것은?

① 기동 시에 역률이 좋지 않다.
② 소용량으로 기동 시간이 길다.
③ 소용량 농형 전동기의 기동법이다.
④ 전동기 단자에 직접 정격 전압을 가한다.

해설 전전압 기동(직입 기동)
- 정지 상태의 전동기에 정격 전압을 가해 기동하는 방식이다.
- 5[kW] 이하 소용량 또는 기동 전류가 작고, 특히 소형으로 설계된 특수 농형 전동기에 적용한다.
- 기동 시간이 짧다.

463 ★★☆

유도 전동기의 기동 시 공급하는 전압을 단권 변압기에 의해서 일시 강하시켜서 기동 전류를 제한하는 기동 방법은?

① $Y-\triangle$ 기동
② 저항 기동
③ 직접 기동
④ 기동 보상기에 의한 기동

해설 기동 보상기에 의한 기동
- 기동 보상기로 3상 단권 변압기를 이용하여 기동 전압을 낮추는 방식이다.(약 15[kW] 이상 전동기에 적용)
- 기동 전류를 약 50[%] ~ 80[%] 정도로 저감시킨다.

THEME 07 유도 전동기 속도 제어

464 ★★★

3상 유도 전동기의 속도 제어법으로 틀린 것은?

① 1차 저항법   ② 극수 제어법
③ 전압 제어법   ④ 주파수 제어법

해설
- 농형 유도 전동기의 속도 제어
  - 주파수 변환(제어)
  - 극수 변환(제어)
  - 전압 제어
- 권선형 유도 전동기의 속도 제어
  - 2차 저항 제어
  - 2차 여자 제어
  - 종속법

465 ★★★

농형 유도 전동기에 주로 사용되는 속도 제어법은?

① 극수 변환법
② 종속 접속법
③ 2차 저항 제어법
④ 1차 여자 제어법

해설
- 농형 유도 전동기의 속도 제어
  - 주파수 변환
  - 극수 변환
  - 전압 제어
- 권선형 유도 전동기의 속도 제어
  - 2차 저항 제어
  - 2차 여자 제어
  - 종속법

| 정답 | 462 ② 463 ④ 464 ① 465 ①

466 ★★☆
유도 전동기의 속도 제어 방식으로 틀린 것은?

① 크레머 방식 ② 일그너 방식
③ 2차 저항 제어 방식 ④ 1차 주파수 제어 방식

해설
일그너 방식은 직류 전동기 속도 제어인 전압 제어의 한 종류이다.

암기
- 농형 유도 전동기의 속도 제어
  - 주파수 변환
  - 극수 변환
  - 전압 제어
- 권선형 유도 전동기의 속도 제어
  - 2차 저항 제어
  - 2차 여자 제어
  - 종속법

467 ★★☆
200[V] 3상 유도 전동기의 전부하 슬립이 0.06이다. 공급 전압이 10[%] 저하된 경우의 전부하 슬립은 약 얼마인가?

① 0.074 ② 0.067
③ 0.054 ④ 0.049

해설
유도 전동기의 슬립 특성은 $s \propto \dfrac{1}{V^2}$ 이므로

$$s_2 = s_1\left(\dfrac{V_1}{V_2}\right)^2 = 0.06 \times \left(\dfrac{200}{(1-0.1)\times 200}\right)^2 = 0.074$$

468 ★★☆
200[V] 3상 유도 전동기의 전부하 슬립이 3[%]이다. 공급 전압이 20[%] 떨어졌을 때의 전부하 슬립[%]은 약 얼마인가?

① 2.3 ② 3.3
③ 3.7 ④ 4.7

해설
유도 전동기의 슬립 특성은 $s \propto \dfrac{1}{V^2}$ 이므로

$$s_2 = s_1\left(\dfrac{V_1}{V_2}\right)^2 = 3 \times \left(\dfrac{V}{0.8V}\right)^2 = 4.7[\%]$$

469 ★☆☆
유도 전동기의 속도 제어를 인버터 방식으로 사용하는 경우 1차 주파수에 비례하여 1차 전압을 공급하는 이유는?

① 역률을 제어하기 위해
② 슬립을 증가시키기 위해
③ 자속을 일정하게 하기 위해
④ 발생 토크를 증가시키기 위해

해설
인버터에 의한 속도 제어 방식은 주파수가 가변되면서 전압도 비례적으로 가변되는 특징이 있다. 즉, V/F 비가 일정하다면 1차 주파수에 비례하는 1차 전압을 공급할 경우, 유도 전동기의 자속이 일정하게 되므로 토크도 일정하게 된다.

| 정답 | 466 ② 467 ① 468 ④ 469 ③

470 ★☆☆
권선형 유도 전동기 저항 제어법의 단점 중 틀린 것은?

① 운전 효율이 낮다.
② 부하에 대한 속도 변동이 작다.
③ 제어용 저항기는 가격이 비싸다.
④ 부하가 적을 때는 광범위한 속도 조정이 곤란하다.

해설 2차 저항 제어
2차 외부 저항을 이용한 비례 추이를 응용한 방법이다.

장점	단점
• 기동용 저항기를 겸한다. • 구조가 간단하여 제어 조작이 용이하고 내구성이 좋다.	• 속도 변화의 비율과 같은 비율의 효율을 희생하므로 운전 효율이 낮다. • **부하에 대한 속도 변동이 크다.** • 부하가 적을 때는 광범위한 속도 조정이 어렵다. • 제어용 저항기는 장시간 운전해도 과열되지 않을 만큼의 충분한 크기가 필요하므로 비싸다.

471 ★★☆
권선형 유도 전동기의 속도 제어 방법 중 2차 저항 제어법의 특징으로 옳은 것은?

① 부하에 대한 속도 변동률이 낮다.
② 구조가 간단하고 제어 조작이 편리하다.
③ 전부하로 장시간 운전하여도 온도에 영향이 적다.
④ 효율이 높고 역률이 좋다.

해설 2차 저항 제어

장점	단점
• 기동용 저항기를 겸한다. • **구조가 간단하여 제어 조작이 용이하고 내구성이 좋다.**	• 속도 변화의 비율과 같은 비율의 효율을 희생하므로 운전 효율이 낮다. • 부하에 대한 속도 변동이 크다. • 부하가 적을 때는 광범위한 속도 조정이 어렵다. • 제어용 저항기는 장시간 운전해도 과열되지 않을 만큼의 충분한 크기가 필요하므로 비싸다.

472 ★★★
3상 유도 전동기의 속도 제어법 중 2차 저항 제어와 관계가 없는 것은?

① 농형 유도 전동기에 이용된다.
② 토크 속도 특성의 비례 추이를 응용한 것이다.
③ 2차 저항이 커져 효율이 낮아지는 단점이 있다.
④ 조작이 간단하고 속도 제어를 광범위하게 행할 수 있다.

해설
농형 유도 전동기는 2차 회전자가 구리 막대 형식의 도체로 2차 권선이 없으므로 2차 저항 제어와 무관하다.

473 ★★☆
직류 분권 전동기와 권선형 유도 전동기와의 유사한 점은?

① 토크가 전압에 비례하며 속도 변동률이 크다.
② 기동 토크가 기동 전류에 비례하며 속도가 변하지 않는다.
③ 저항으로 속도 조정이 되며 속도 변동률이 작다.
④ 정류자가 있으며 저항으로 속도 조정이 가능하다.

해설 직류 분권 전동기와 권선형 유도 전동기의 유사점
• 저항으로 속도 조정이 가능
• 속도 변동률이 작음

474 ★★★
유도 전동기의 회전자에 슬립 주파수의 전압을 공급하여 속도를 제어하는 방법은?

① 2차 저항법
② 2차 여자법
③ 직류 여자법
④ 주파수 변환법

해설 2차 여자 제어
외부에서 슬립 주파수 전압(E_c)을 권선형 회전자 슬립링에 가해 속도를 제어하는 방법이다.

475 ★★☆
유도 전동기의 2차 회로에 2차 주파수와 같은 주파수로 적당한 크기와 적당한 위상의 전압을 외부에서 가해주는 속도 제어법은?

① 1차 전압 제어
② 2차 저항 제어
③ 2차 여자 제어
④ 극수 변환 제어

해설 2차 여자 제어
외부에서 슬립 주파수 전압(E_c)을 권선형 회전자 슬립링에 가해 속도를 제어하는 방법이다.

476 ★★★
3상 권선형 유도 전동기의 속도 제어를 위해서 2차 여자법을 사용하고자 할 때 그 방법은?

① 직류 전압을 3상 일괄해서 회전자에 가한다.
② 회전자에 저항을 넣어 그 값을 변화시킨다.
③ 회전자 기전력과 같은 주파수의 전압을 회전자에 가한다.
④ 1차 권선에 가해 주는 전압과 동일한 전압을 회전자에 가한다.

해설 2차 여자 제어
외부에서 슬립 주파수 전압(E_c)을 권선형 회전자 슬립링에 가해 속도를 제어하는 방법이다.

477 ★★☆
유도 전동기의 2차 여자 제어법에 대한 설명으로 틀린 것은?

① 역률을 개선할 수 있다.
② 권선형 전동기에 한하여 이용된다.
③ 동기 속도 이하로 광범위하게 제어할 수 있다.
④ 2차 저항손이 매우 커지며 효율이 저하된다.

해설 2차 여자 제어
- 권선형 전동기의 속도 제어이다.
- 1차 무효 전류가 감소하므로 역률을 개선할 수 있다.
- 동기 속도 이하로 광범위하게 제어할 수 있다.

| 정답 | 474 ② 475 ③ 476 ③ 477 ④

478

권선형 유도 전동기의 2차 여자법 중 2차 단자에서 나오는 전력을 동력으로 바꿔서 직류 전동기에 가하는 방식은?

① 회생 방식
② 크레머 방식
③ 플러깅 방식
④ 세르비우스 방식

해설 2차 여자 제어의 종류
- 세르비우스 방식: 2차 저항 손실에 해당하는 전력을 전원에 반송하는 방식
- 크레머 방식: 2차 전력을 동력으로 하여 주전동기에 가하는 방식

479

전력의 일부를 전원 측에 반환할 수 있는 유도 전동기의 속도 제어법은?

① 극수 변환법
② 크레머 방식
③ 2차 저항 가감법
④ 세르비우스 방식

해설 2차 여자 제어의 종류
- 세르비우스 방식: 2차 저항 손실에 해당하는 전력을 전원에 반송하는 방식
- 크레머 방식: 2차 전력을 동력으로 하여 주전동기에 가하는 방식

480

sE_2는 권선형 유도 전동기의 2차 유기 전압이고 E_c는 외부에서 2차 회로에 가하는 2차 주파수와 같은 주파수의 전압이다. E_c가 sE_2와 반대 위상일 경우 E_c를 크게 하면 속도는 어떻게 되는가?(단, sE_2-E_c는 일정하다.)

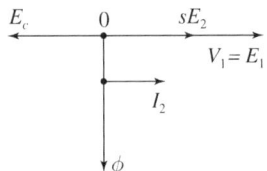

① 속도가 증가한다.
② 속도가 감소한다.
③ 속도에 관계없다.
④ 난조 현상이 발생한다.

해설 2차 여자 제어
- 슬립 주파수 전압을 2차 유기 전압의 반대 방향으로 인가 시: 유도 전동기 속도가 느려진다.
- 슬립 주파수 전압을 2차 유기 전압과 같은 방향으로 인가 시: 유도 전동기 속도가 빨라진다.

별해
E_c를 sE_2와 반대 위상으로 외부에서 2차 회로에 가하면 2차 전류 $I_2 = \dfrac{sE_2 - E_c}{r_2}$에서 $sE_2 - E_c$는 일정하다. 이때 E_c를 크게 하면 sE_2는 커져야 하므로 슬립 s는 증가하고 속도($N=(1-s)N_s$[rpm])는 감소하게 된다.

481 ★☆☆

권선형 유도 전동기 2대를 직렬 종속으로 운전하는 경우 그 동기 속도는 어떤 전동기의 속도와 같은가?

① 두 전동기 중 적은 극수를 갖는 전동기
② 두 전동기 중 많은 극수를 갖는 전동기
③ 두 전동기의 극수의 합과 같은 극수를 갖는 전동기
④ 두 전동기의 극수의 합의 평균과 같은 극수를 갖는 전동기

해설 종속법

직렬 종속 제어는 두 전동기의 극수의 합과 같은 극수를 갖는 전동기의 속도와 같다.

- 직렬 종속: $N = \dfrac{120f}{p_1 + p_2}$ [rpm]
- 차동 종속: $N = \dfrac{120f}{p_1 - p_2}$ [rpm]
- 병렬 종속: $N = \dfrac{120f}{p_1 + p_2} \times 2$ [rpm]

482 ★★☆

12극과 8극인 2개의 유도 전동기를 종속법에 의한 직렬 접속법으로 속도 제어할 때 전원 주파수가 60[Hz]인 경우 무부하 속도 N_o는 몇 [rps]인가?

① 5
② 6
③ 200
④ 360

해설 종속법

- 직렬 종속: $N = \dfrac{120f}{p_1 + p_2}$ [rpm]
- 차동 종속: $N = \dfrac{120f}{p_1 - p_2}$ [rpm]
- 병렬 종속: $N = \dfrac{120f}{p_1 + p_2} \times 2$ [rpm]

$\therefore N_o = \dfrac{120f}{p_1 + p_2} = \dfrac{120 \times 60}{12 + 8} = 360$[rpm] = 6[rps]

483 ★★☆

60[Hz] 3상 8극 및 2극의 유도 전동기를 차동 접속으로 접속하여 운전할 때의 무부하 속도[rpm]는?

① 720
② 900
③ 1,000
④ 1,200

해설 종속법

- 직렬 종속: $N = \dfrac{120f}{p_1 + p_2}$ [rpm]
- 차동 종속: $N = \dfrac{120f}{p_1 - p_2}$ [rpm]
- 병렬 종속: $N = \dfrac{120f}{p_1 + p_2} \times 2$ [rpm]

주어진 조건에서 차동 접속이라고 했으므로
$N = \dfrac{120f}{p_1 - p_2} = \dfrac{120 \times 60}{8 - 2} = 1,200$[rpm]

THEME 08 유도 전동기 제동과 이상 현상

484 ★★★

유도 전동기의 제동법으로 틀린 것은?

① 3상 제동
② 회생 제동
③ 발전 제동
④ 역상 제동

해설 유도 전동기의 제동

- 발전 제동
- 회생 제동
- 역상 제동

485 ★★★

3상 유도 전동기의 슬립 범위를 $1 \sim 2$로 하여 3선 중 2선의 접속을 바꾸어 제동하는 방법은?

① 회생 제동
② 단상 제동
③ 역상 제동
④ 직류 제동

해설 역상 제동(플러깅)
운전 중인 유도 전동기에 3선 중 2선의 접속을 바꾸어 역회전 토크를 발생시켜 전동기를 급제동하는 방법이다.

486 ★★☆

3상 유도 전동기의 전원 측에서 임의의 2선을 바꾸어 접속하여 운전하면?

① 즉각 정지된다.
② 회전 방향이 반대가 된다.
③ 바꾸지 않았을 때와 동일하다.
④ 회전 방향은 불변이나 속도가 약간 떨어진다.

해설
3상 전류의 변화에서 상순이 바뀌면 발생하는 회전자장이 반대가 되므로 전원 측에서 임의의 2선을 바꾸면 역회전한다.

487 ★★☆

유도 전동기 역상 제동의 상태를 크레인이나 권상기의 강하 시에 이용하고 속도 제한의 목적에 사용되는 경우의 제동 방법은?

① 발전 제동
② 유도 제동
③ 회생 제동
④ 단상 제동

해설 유도 제동
• 유도 전동기 역상 제동 상태를 크레인이나 권상기 강하 시 이용하는 제동법
• 주로 속도 제한이 목적인 제동 방법

488 ★★☆

3상 유도 전동기에서 고조파 회전 자계가 기본파 회전 방향과 역방향인 고조파는?

① 제3고조파
② 제5고조파
③ 제7고조파
④ 제13고조파

해설 고조파의 회전 자계 방향

구분	기본파와 같은 방향	기본파와 반대 방향	회전 자계 없음
고조파 h	$h = 2mn+1$ (7, 13, …)	$h = 2mn-1$ (5, 11, …)	$h = 3n$ (3, 6, 9, …)
속도	$\frac{1}{h}$배 속도로 회전	$\frac{1}{h}$배 속도로 회전	-

(단, $m=3$(상수), $n=1, 2, 3, \cdots$)
따라서 5고조파의 경우 기자력의 회전 방향은 기본파와 역방향이고 $\frac{1}{5}$배의 속도이다.

489 ★★☆

3상 유도 전동기의 제3고조파에 의한 기자력의 회전방향 및 회전 속도와 기본파 회전자계에 대한 관계로 옳은 것은?

① 고조파는 0으로 공간에 나타나지 않는다.
② 기본파와 역방향이고 3배의 속도로 회전한다.
③ 기본파와 같은 방향이고 3배의 속도로 회전한다.
④ 기본파와 같은 방향이고 $\frac{1}{3}$의 속도로 회전한다.

해설 고조파의 회전 자계 방향

구분	기본파와 같은 방향	기본파와 반대 방향	회전 자계 없음
고조파 h	$h = 2mn+1$ (7, 13, …)	$h = 2mn-1$ (5, 11, …)	$h = 3n$ (3, 6, 9, …)
속도	$\frac{1}{h}$배 속도로 회전	$\frac{1}{h}$배 속도로 회전	-

(단, $m=3$(상수), $n=1, 2, 3, \cdots$)
따라서 3고조파는 0으로 공간에 나타나지 않는다.

490 ★★☆

3상 유도 전동기에서 제5고조파에 의한 기자력의 회전 방향 및 속도와 기본파 회전 자계에 대한 관계는?

① 기본파와 같은 방향이고 5배의 속도
② 기본파와 역방향이고 5배의 속도
③ 기본파와 같은 방향이고 $\frac{1}{5}$배의 속도
④ 기본파와 역방향이고 $\frac{1}{5}$배의 속도

해설 고조파의 회전 자계 방향

구분	기본파와 같은 방향	기본파와 반대 방향	회전 자계 없음
고조파 h	$h=2mn+1$ (7, 13, …)	$h=2mn-1$ (5, 11, …)	$h=3n$ (3, 6, 9, …)
속도	$\frac{1}{h}$ 배 속도로 회전	$\frac{1}{h}$ 배 속도로 회전	–

(단, $m=3$(상수), $n=1, 2, 3, …$)
따라서 5고조파의 경우 기자력의 회전 방향은 기본파와 역방향이고 $\frac{1}{5}$배의 속도이다.

491 ★★★

3상 권선형 유도 전동기의 2차 회로의 한상이 단선된 경우에 부하가 약간 커지면 슬립이 $50[\%]$인 곳에서 운전이 되는 것을 무엇이라고 하는가?

① 차동기 운전 ② 자기여자
③ 게르게스 현상 ④ 난조

해설 게르게스 현상
권선형 유도 전동기에서 무부하 또는 경부하 운전 중 2차 측 3상 권선 중 1상이 결상되어도 전동기가 소손되지 않고 슬립이 $50[\%]$ 근처에서 (정격 속도의 $\frac{1}{2}$배) 운전되며 그 이상 가속되지 않는 현상이다.

THEME 09 특수 유도기

492 ★★☆

일반적인 농형 유도 전동기에 비하여 2중 농형 유도 전동기의 특징으로 옳은 것은?

① 손실이 적다.
② 슬립이 크다.
③ 최대 토크가 크다.
④ 기동 토크가 크다.

해설 2중 농형 유도 전동기
• 구조: 회전자의 농형 권선을 이중으로 설치한 전동기
• 회전자
  – 외측: 저항이 크고 리액턴스가 작은 도체를 사용
  – 내측: 저항이 작고 리액턴스가 큰 도체를 사용
• 운전 특성
  – 기동 시: 외측 도체에 전류가 흐름
  – 운전 시: 내측 도체에 전류가 흐름
• 기동 전류가 작고, 기동 토크가 큼

493 ★★☆

2중 농형 유도 전동기에서 외측(회전자 표면에 가까운 쪽) 슬롯에 사용되는 전선에 대한 설명으로 적합한 것은?

① 누설 리액턴스가 작고 저항이 커야 한다.
② 누설 리액턴스가 크고 저항이 커야 한다.
③ 누설 리액턴스가 작고 저항이 작아야 한다.
④ 누설 리액턴스가 크고 저항이 작아야 한다.

해설 2중 농형 유도 전동기
• 구조: 회전자의 농형 권선을 이중으로 설치한 전동기
• 회전자
  – 외측: 저항이 크고 리액턴스가 작은 도체를 사용
  – 내측: 저항이 작고 리액턴스가 큰 도체를 사용
• 운전 특성
  – 기동 시: 외측 도체에 전류가 흐름
  – 운전 시: 내측 도체에 전류가 흐름
• 기동 전류가 작고, 기동 토크가 큼

| 정답 | 490 ④ 491 ③ 492 ④ 493 ①

494 ★★☆
2중 농형 유도 전동기가 보통 농형 유도 전동기에 비해서 다른 점은 무엇인가?

① 기동 전류가 크고 기동 토크도 크다.
② 기동 전류가 작고 기동 토크도 작다.
③ 기동 전류는 작고 기동 토크는 크다.
④ 기동 전류는 크고 기동 토크는 작다.

해설 2중 농형 유도 전동기
- 구조: 회전자의 농형 권선을 이중으로 설치한 전동기
- 회전자
  - 외측: 저항이 크고 리액턴스가 작은 도체를 사용
  - 내측: 저항이 작고 리액턴스가 큰 도체를 사용
- 운전 특성
  - 기동 시: 외측 도체에 전류가 흐름
  - 운전 시: 내측 도체에 전류가 흐름
- 기동 전류가 작고, 기동 토크가 큼

495 ★★☆
3상 유도 전동기의 슬립이 $s < 0$인 경우를 설명한 것으로 틀린 것은?

① 동기 속도 이상이다.
② 유도 발전기로 사용된다.
③ 속도를 증가시키면 출력이 증가한다.
④ 유도 전동기 단독으로 동작이 가능하다.

해설

정지	전동기	발전기	제동기
$s=1$	$0<s<1$	$s<0$	$s>1$

- 슬립 $s<0$인 경우 유도 발전기로 작용한다.
- 유도 발전기는 단독으로 발전할 수 없으며 병렬로 운전되는 동기기에서 여자 전류를 취해야 한다.

496 ★★☆
유도 발전기의 장점을 열거한 것으로 옳지 않은 것은?

① 농형 회전자를 사용할 수 있으므로 구조가 간단하고 가격이 싸다.
② 선로에 단락이 생기면 여자가 없어지므로 동기 발전기에 비해 단락 전류가 적다.
③ 공극이 크고 역률이 동기기에 비해 높다.
④ 유도 발전기는 여자기로서 동기 발전기가 필요하다.

해설 유도 발전기의 특징

장점	단점
• 경제적이다. • 기동과 취급이 간단하고 고장이 적다. • 동기 발전기와 같이 동기화할 필요가 없다. • 난조 등의 이상 현상이 없다. • 동기기에 비해 단락 전류가 적고 지속 시간이 짧다.	• 효율과 역률이 낮다. • 병렬로 운전되는 동기기에서 여자 전류를 취해야 한다.

497 ★★☆
유도 발전기의 동작 특성에 관한 설명 중 틀린 것은?

① 병렬로 접속된 동기 발전기에서 여자를 취해야 한다.
② 효율과 역률이 낮으며 소출력의 자동 수력 발전기와 같은 용도에 사용된다.
③ 유도 발전기의 주파수를 증가하려면 회전 속도를 동기 속도 이상으로 회전시켜야 한다.
④ 선로에 단락이 생긴 경우에는 여자가 상실되므로 단락 전류는 동기 발전기에 비해 적고 지속 시간도 짧다.

해설 유도 발전기의 특징

장점	단점
• 경제적이다. • 기동과 취급이 간단하고 고장이 적다. • 동기 발전기와 같이 동기화할 필요가 없다. • 난조 등의 이상 현상이 없다. • 동기기에 비해 단락 전류가 적고 지속 시간이 짧다.	• 효율과 역률이 낮다. • 병렬로 운전되는 동기기에서 여자 전류를 취해야 한다.

THEME 10 단상 유도 전동기

498 ★☆☆
단상 유도 전동기를 2전동기설로 설명하는 경우 정방향 회전 자계의 슬립이 0.2이면, 역방향 회전 자계의 슬립은 얼마인가?

① 0.2
② 0.8
③ 1.8
④ 2.0

해설
- 2전동기설
  같은 회전자에 순방향 회전 자계와 역방향 회전 자계가 동시에 있는 전동기
- 순방향 회전 자계 슬립
  $s = \dfrac{N_s - N}{N_s} = 1 - \dfrac{N}{N_s}$
- 역방향 회전 자계 슬립
  $s' = \dfrac{N_s - (-N)}{N_s} = 1 + \dfrac{N}{N_s} = 1 + (1-s) = 2-s$
  $\therefore s' = 2 - 0.2 = 1.8$

499 ★★☆
단상 유도 전동기와 3상 유도 전동기를 비교했을 때 단상 유도 전동기의 특징에 해당되는 것은?

① 대용량이다.
② 중량이 작다.
③ 역률, 효율이 높다.
④ 기동 장치가 필요하다.

해설 단상 유도 전동기
- 인가 전원이 단상이므로 회전 자계가 없다.(교번 자계에 의해 회전)
- 회전 자계가 없으므로 자기 기동하지 못한다.(별도 기동 장치 필요)

500 ★★☆
단상 유도 전동기의 특징을 설명한 것으로 옳은 것은?

① 기동 토크가 없으므로 기동 장치가 필요하다.
② 기계손이 있어도 무부하 속도는 동기 속도보다 크다.
③ 권선형은 비례 추이가 불가능하며, 최대 토크는 불변이다.
④ 슬립은 $0 > s > -1$이고, 2보다 작고 0이 되기 전에 토크가 0이 된다.

해설 단상 유도 전동기의 특징
- 인가 전원이 단상이므로 회전 자계가 없다.(교번 자계에 의해 회전)
- 회전 자계가 없으므로 자기 기동하지 못한다.(별도 기동 장치 필요)
- 슬립이 0이 되기 전에 토크가 0이 된다.
- 최대 토크는 2차 저항, 슬립과 무관하므로 비례 추이할 수 없다.
- 2차 저항이 어느 정도의 값 이상이면 토크는 부(-)가 된다.

501 ★★★
단상 유도 전동기에 대한 설명으로 틀린 것은?

① 반발 기동형: 직류 전동기와 같이 정류자와 브러시를 이용하여 기동한다.
② 분상 기동형: 별도의 보조 권선을 사용하여 회전 자계를 발생시켜 기동한다.
③ 커패시터 기동형: 기동 전류에 비해 기동 토크가 크지만, 커패시터를 설치해야 한다.
④ 반발 유도형: 기동 시 농형 권선과 반발 전동기의 회전자 권선을 함께 이용하나 운전 중에는 농형 권선만을 이용한다.

해설 반발 유도 전동기
- 회전자에 농형 권선과 반발 전동기의 회전자 권선을 갖는다.
- 운전 중에 두 권선을 모두 사용한다.

502 ★★☆
기동 장치를 갖는 단상 유도 전동기가 아닌 것은?

① 2중 농형
② 분상 기동형
③ 반발 기동형
④ 셰이딩 코일형

해설
2중 농형 유도 전동기는 회전자의 농형 권선을 이중으로 설치한 전동기로 단상 유도 전동기에 속하지 않는다.

503 ★★★
단상 유도 전동기의 기동 시 브러시를 필요로 하는 것은?

① 분상 기동형
② 반발 기동형
③ 콘덴서 분상 기동형
④ 셰이딩 코일 기동형

해설 반발 기동형 전동기의 회전자
- 기동 시 반발 전동기로 동작시키고 일정 속도에 이르면 유도 전동기로 동작하는 전동기이다.
- 브러시 이동만으로 기동, 정지, 속도 제어, 회전 방향 변경 등이 가능한 장점이 있다.

504 ★★☆
반발 기동형 단상 유도 전동기의 회전 방향을 변경하려면?

① 전원의 2선을 바꾼다.
② 주권선의 2선을 바꾼다.
③ 브러시의 접속선을 바꾼다.
④ 브러시의 위치를 조정한다.

해설 반발 기동형 단상 유도 전동기
- 기동 시 반발 전동기로 동작시키고 일정 속도에 이르면 유도 전동기로 동작하는 전동기이다.
- 브러시 이동만으로 기동, 정지, 속도 제어, 회전 방향 변경 등이 가능한 장점이 있다.

505 ★★☆
기동 시 정류자의 불꽃으로 라디오의 장해를 주며 단락 장치의 고장이 일어나기 쉬운 전동기는?

① 직류 직권 전동기
② 단상 직권 전동기
③ 반발 기동형 단상 유도 전동기
④ 셰이딩 코일형 단상 유도 전동기

해설
반발 기동형 단상 유도 전동기의 결점으로는 기동 시 정류자의 불꽃(Spark)으로 라디오에 장해를 주며, 단락 장치에 고장이 일어나기 쉽다.

506 ★★☆
단상 반발 유도 전동기에 대한 설명으로 옳은 것은?

① 역률은 반발 기동형보다 낮다.
② 기동 토크는 반발 기동형보다 크다.
③ 전부하 효율은 반발 기동형보다 높다.
④ 속도의 변화는 반발 기동형보다 크다.

해설 반발 유도 전동기
- 효율은 떨어지지만 역률이 높다.
- 반발 기동형보다 기동 시 토크는 작고 속도 변동이 크다.

507 ★☆☆
단상 유도 전동기의 분상 기동형에 대한 설명으로 틀린 것은?

① 보조 권선은 높은 저항과 낮은 리액턴스를 갖는다.
② 주권선은 비교적 낮은 저항과 높은 리액턴스를 갖는다.
③ 높은 토크를 발생시키려면 보조 권선에 병렬로 저항을 삽입한다.
④ 전동기가 기동하여 속도가 어느 정도 상승하면 보조 권선을 전원에서 분리해야 한다.

해설 분상 기동형 단상 유도 전동기
- 기동 전류가 크고, 기동 회전력이 작다.
- 기동(보조) 권선을 개방하는 원심 개폐기가 기계적 약점이 되기도 한다.
- 더 큰 기동 토크를 발생시키려면 기동 권선 내에 직렬 저항을 접속하거나, 주권선 내에 직렬 리액턴스를 삽입한다.

508 ★★★
분상 기동형 단상 유도 전동기의 전원 측에 연결할 수 있는 가장 적합한 변압기의 결선은?

① 환상 결선
② 대각 결선
③ 포크 결선
④ 스코트 결선

해설
- 스코트 결선(T 결선): 3상 입력에서 2상 출력을 내는 결선법으로 2상 모터 구동용으로 사용
- 포크 결선, 환상 결선, 대각 결선 등은 3상 입력에서 6상 출력을 내는 결선법으로 적용
- 스코트 결선의 권수비 a_T

$$a_T = \frac{\sqrt{3}}{2} \times a (\text{단, } a\text{는 보통의 변압기의 권수비})$$

509 ★★★
단상 유도 전동기를 기동 토크가 큰 것부터 낮은 순서로 배열한 것은?

① 모노 사이클릭형 → 반발 유도형 → 반발 기동형 → 콘덴서 기동형 → 분상 기동형
② 반발 기동형 → 반발 유도형 → 모노 사이클릭형 → 콘덴서 기동형 → 분상 기동형
③ 반발 기동형 → 반발 유도형 → 콘덴서 기동형 → 분상 기동형 → 모노 사이클릭형
④ 반발 기동형 → 분상 기동형 → 콘덴서 기동형 → 반발 유도형 → 모노 사이클릭형

해설 단상 유도 전동기 기동 토크
반발 기동형 > 반발 유도형 > 콘덴서 기동형 > 분상 기동형 > 셰이딩 코일형 > 모노 사이클릭형

510 ★☆☆
단상 유도 전동기의 토크에 대한 2차 저항을 어느 정도 이상으로 증가시킬 때 나타나는 현상으로 옳은 것은?

① 역회전 가능
② 최대 토크 일정
③ 기동 토크 증가
④ 토크는 항상 (+)

해설
단상 유도 전동기에서 2차 리액턴스(x_2)를 일정하다고 하면 2차 저항(r_2)을 크게 할수록 최대 회전력의 값은 작아지고 이 회전력이 발생하는 슬립은 증가한다. 따라서 r_2를 어느 정도 이상으로 크게 하면 아래 그림의 D 곡선과 같이 회전력이 부(-)로 되어 전동기의 회전 방향과 반대로 작용하는 회전력이 발생한다. 3상 유도 전동기의 단상 제동으로 이 역회전력을 제동에 이용한다.

$A = \dfrac{x_2}{r_2} = 20$

$B = \dfrac{x_2}{r_2} = 5$

$C = \dfrac{x_2}{r_2} = 2$

$D = \dfrac{x_2}{r_2} = 1$

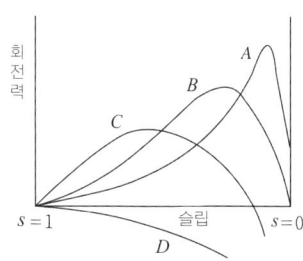

▲ 회전력과 $\dfrac{x_2}{r_2}$의 관계

THEME 11 유도 전압 조정기

511 ★☆☆
3상 유도 전압 조정기의 원리를 응용한 것은?

① 3상 변압기
② 3상 유도 전동기
③ 3상 동기 발전기
④ 3상 교류자 전동기

해설
유도 전압 조정기는 3상 회전 자계에 의한 전자 유도 작용이 발생한다. 이를 응용한 것이 3상 유도 전동기이다.

512 ★★★
단상 유도 전압 조정기에서 단락 권선의 역할은?

① 철손 경감
② 절연 보호
③ 전압 강하 경감
④ 전압 조정 용이

해설
단상 유도 전압 조정기의 단락 권선은 분로 권선과 직각으로 설치하며, 직렬 권선의 누설 리액턴스를 감소시켜 전압 강하를 감소시킨다.

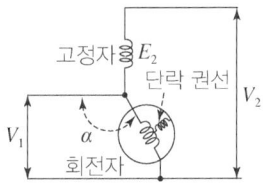

▲ 단상 유도 전압 조정기

513 ★★☆
단상 및 3상 유도 전압 조정기에 대한 설명으로 옳은 것은?

① 3상 유도 전압 조정기에는 단락 권선이 필요 없다.
② 3상 유도 전압 조정기의 1차와 2차 전압은 동상이다.
③ 단락 권선은 단상 및 3상 유도 전압 조정기 모두 필요하다.
④ 단상 유도 전압 조정기의 기전력은 회전 자계에 의해서 유도된다.

해설
- 단상 유도 전압 조정기는 단권 변압기의 원리(교번 자계 이용)
- 3상 유도 전압 조정기는 3상 유도 전동기의 원리(회전 자계 이용)로 입력 전압과 출력 전압의 위상차가 있으며, 단락 권선이 필요 없다.

514 ★★☆
단상 유도 전압 조정기의 원리는 다음 중 어느 것을 응용한 것인가?

① 3권선 변압기
② V 결선 변압기
③ 단상 단권 변압기
④ 스코트 결선(T 결선) 변압기

해설 단상 유도 전압 조정기

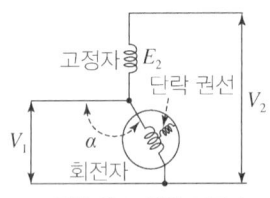

▲ 단상 유도 전압 조정기

- 단권 변압기의 원리를 이용한 것으로 회전자의 위상각 조정으로 전압 조정이 자연스럽게 이루어진다.
- 전압 조정 범위
  $V_2 = V_1 + E_2 \cos\alpha [\text{V}] (\alpha = 0° \sim 180°)$
- 정격(조정) 용량
  $P = E_2 I_2 [\text{VA}]$
- 특징
  - 교번 자계의 전자 유도 이용
  - 입력 전압과 출력 전압의 위상차가 없다.
  - 단락 권선: 2차 측의 누설 리액턴스에 의한 전압 강하 감소 역할

515 ★★☆
단상 유도 전압 조정기의 1차 전압 $100[V]$, 2차 전압 $100\pm30[V]$, 2차 전류는 $50[A]$이다. 이 전압 조정기의 정격 용량은 약 몇 $[kVA]$인가?

① 1.5
② 2.6
③ 5
④ 6.5

해설

$P =$ 부하 용량 $\times \dfrac{\text{승압 전압}}{\text{고압 측 전압}}$

$= (130 \times 50) \times \dfrac{30}{130}[VA] = 1,500[VA] = 1.5[kVA]$

516 ★★☆
단상 유도 전압 조정기의 1차 권선과 2차 권선의 축 사이 각도를 α라 하고, 양 권선의 축이 일치할 때 2차 권선의 유기 전압을 E_2, 전원 전압을 V_1, 부하 측의 전압을 V_2라고 하면 임의의 각 α일 때 V_2를 나타내는 식은?

① $V_2 = V_1 + E_2\cos\alpha$
② $V_2 = V_1 - E_2\cos\alpha$
③ $V_2 = E_2 + V_1\cos\alpha$
④ $V_2 = E_2 - V_1\cos\alpha$

해설

1차 권선과 2차 권선의 축 사이 각도는 0° ~ 180° 범위이며 이때 단상 유도 전압 조정기의 부하 측 전압을 나타내는 식은 다음과 같다.
$V_2 = V_1 + E_2\cos\alpha[V]$

517 ★☆☆
1차 전압과 2차 전압 사이의 위상이 같도록 설계된 유도 전압 조정기는?

① 회전 변류기
② 3상 유도 전압 조정기
③ 대각 유도 전압 조정기
④ 단상 유도 전압 조정기

해설

1차 전압과 2차 전압 사이의 위상이 같도록 설계된 유도 전압 조정기는 대각 유도 전압 조정기이다.

518 ★★☆
3상 유도 전압 조정기의 특징이 아닌 것은?

① 분로 권선에 회전 자계가 발생한다.
② 입력 전압과 출력 전압의 위상이 같다.
③ 두 권선은 2극 또는 4극으로 감는다.
④ 1차 권선은 회전자에 감고 2차 권선은 고정자에 감는다.

해설 3상 유도 전압 조정기

- 3상 유도 전동기의 회전 자계를 이용한 것
- 전압 조정 범위: $V_2 = \sqrt{3}(V_1 \pm E_2)[V]$
- 정격(조정) 용량: $P = \sqrt{3}E_2I_2[VA]$
- 부하 출력: $P_L = \sqrt{3}V_2I_2[VA]$
- 특징
  - 입력 전압과 출력 전압의 위상차가 있다.
  - 단락 권선이 필요 없다.

519 ★★☆
선로 용량 $6,600[kVA]$의 회로에 사용하는 $6,600\pm660[V]$의 3상 유도 전압 조정기의 정격 용량$[kVA]$은 얼마인가?

① 300
② 600
③ 900
④ 1,200

해설

- 2차 전류

$I_2 = \dfrac{6,600 \times 10^3}{\sqrt{3}(6,600+660)}[A]$

- 정격 용량

$P = \sqrt{3}E_2I_2[VA]$

$= \sqrt{3} \times 660 \times \dfrac{6,600 \times 10^3}{\sqrt{3}(6,600+660)}$

$= 600 \times 10^3[VA] = 600[kVA]$

| 정답 | 515 ① 516 ① 517 ③ 518 ② 519 ②

특수기기

THEME 01. 정류자 전동기
THEME 02. 서보 전동기
THEME 03. 스텝 모터
THEME 04. 선형 전동기

CBT 완벽대비 가능한 유형마스터 학습!

THEME	유형분석	관련 번호
THEME 01 정류자 전동기	단상, 3상 직권 정류자 전동기와 분권 정류자 전동기를 묻는 문제가 출제됩니다. 단상 직권 정류자 전동기는 자주 출제되므로 완벽하게 이해하는 것이 중요합니다.	520~538
THEME 02 서보 전동기	서보 모터와 관련된 문제가 출제됩니다. 간단한 개념을 묻는 문제들이 주로 출제됩니다.	539~541
THEME 03 스텝 모터	스텝 모터와 관련된 문제가 출제됩니다. 스텝각을 이용하여 회전 속도를 계산하는 문제들이 자주 등장하는 경향을 보입니다.	542~546
THEME 04 선형 전동기	선형 전동기를 포함한 정류자형 주파수 변환기, 히스테리시스 전동기 등 여러 가지 전동기에 관한 문제가 출제됩니다.	547~552

학습 효과를 높이는 N제 3회독 시스템

챕터별 전체 1회독이 끝났다면 회독 체크표에 날짜를 기입하고 체크표시를 해주세요.

회독 체크표	☐ 1회독	월 일	☐ 2회독	월 일	☐ 3회독	월 일

CHAPTER 06 특수기기

THEME 01 정류자 전동기

520 ★★★
직류 및 교류 양용에 사용되는 만능 전동기는?

① 복권 전동기
② 유도 전동기
③ 동기 전동기
④ 직권 정류자 전동기

해설
단상 직권 정류자 전동기는 계자 권선과 전기자 권선이 직렬로 연결되어 있어 직류, 교류 모두에서 사용할 수 있으므로 만능 전동기라고 한다.

521 ★★☆
단상 직권 정류자 전동기의 원리와 같은 전동기는?

① 직류 직권 전동기
② 직류 분권 전동기
③ 직류 가동 복권 전동기
④ 직류 차동 복권 전동기

해설
계자 권선과 전기자 권선이 직렬로 연결되어 있어 직류 직권 전동기의 원리와 같다.

522 ★☆☆
75[W] 이하의 소출력 단상 직권 정류자 전동기의 용도로 적합하지 않은 것은?

① 믹서
② 소형 공구
③ 공작기계
④ 치과 의료용

해설 단상 직권 정류자 전동기의 용도
기동 토크와 고속 회전수가 필요한 전기 청소기, 믹서, 재봉틀, 영사기, 소형 공구, 치과 의료용 기기 등에 사용된다.

523 ★★☆
가정용 재봉틀, 소형 공구, 영사기, 치과 의료용, 엔진 등에 사용하고 있으며, 교류, 직류 양쪽 모두에 사용되는 만능 전동기는?

① 전기 동력계
② 3상 유도 전동기
③ 차동 복권 전동기
④ 단상 직권 정류자 전동기

해설
- 단상 직권 정류자 전동기는 계자 권선과 전기자 권선이 직렬로 연결되어 있어 직류, 교류 모두에서 사용할 수 있으므로 만능 전동기라고 한다.
- 기동 토크와 고속 회전수가 필요한 전기 청소기, 믹서, 재봉틀, 영사기, 소형 공구, 치과 의료용 기기 등에 사용된다.

| 정답 | 520 ④ | 521 ① | 522 ③ | 523 ④ |

524 ★★☆
유니버설 전동기에 대한 설명으로 옳지 않은 것은?

① 직류 전원과 교류 전원에서 모두 사용할 수 있는 전동기이다.
② 직류 분권 전동기와 같은 구조를 가지고 있다.
③ 같은 정격의 유도 전동기에 비해 높은 토크를 갖는다.
④ 60[Hz] 교류 전원을 인가하더라도 무부하에서 12,000[rpm] 이상으로 운전한다.

해설 유니버설 전동기(단상 직권 정류자 전동기)
① 계자 권선과 전기자 권선이 직렬로 연결되어 있어 직류, 교류 모두에서 사용할 수 있다.
② 단상 직권 정류자 전동기의 원리는 직류 직권 전동기와 같은 원리를 가진다.
③ 단상 직권 정류자 전동기는 유도 전동기에 비해 높은 토크를 갖는다.
④ 유니버설 전동기는 60[Hz] 교류 전원을 인가하더라도 무부하에서 12,000[rpm] 이상으로 운전한다.

525 ★★★
단상 직권 정류자 전동기에서 보상 권선과 저항 도선의 작용을 설명한 것으로 틀린 것은?

① 역률을 좋게 한다.
② 변압기 기전력을 크게 한다.
③ 전기자 반작용을 감소시킨다.
④ 저항 도선은 변압기 기전력에 의한 단락 전류를 적게 한다.

해설
보상 권선과 저항 도선은 변압기 기전력과 무관하다.
• 보상 권선: 역률을 개선시키고 전기자 반작용 보상
• 저항 도선: 변압기 기전력에 의한 단락 전류를 억제

526 ★★★
교류 단상 직권 전동기의 구조를 설명한 것 중 옳은 것은?

① 역률 및 정류 개선을 위해 약계자 강전기자형으로 한다.
② 전기자 반작용을 줄이기 위해 약계자 강전기자형으로 한다.
③ 정류 개선을 위해 강계자 약전기자형으로 한다.
④ 역률 개선을 위해 고정자와 회전자의 자로를 성층 철심으로 한다.

해설 단상 직권 정류자 전동기의 구조
• 계자극에서 발생하는 철손을 줄이기 위해 성층 철심을 사용한다.
• 계자 권선에서 리액턴스 영향으로 역률이 나빠지므로 약계자 구조로 한다.
• 약계자에 의한 토크 부족을 보상하기 위해 강전기자 구조로 한다.
• 보상 권선 설치: 역률 개선, 전기자 반작용 억제, 누설 리액턴스 감소
• 저항 도선 설치: 변압기 기전력에 의한 단락 전류 감소
• 회전 속도가 고속일수록 역률이 개선된다.

527 ★★☆
단상 직권 정류자 전동기에 관한 설명 중 틀린 것은?(단, A: 전기자, C: 보상 권선, F: 계자 권선이라 한다.)

① 직권형은 A와 F가 직렬로 되어 있다.
② 보상 직권형은 A, C 및 F가 직렬로 되어 있다.
③ 단상 직권 정류자 전동기에서는 보극 권선을 사용하지 않는다.
④ 유도 보상 직권형은 A와 F가 직렬로 되어 있고 C는 A에서 분리한 후 단락되어 있다.

해설
단상 직권 정류자 전동기는 브러시로 단락되는 코일에 단락 전류가 커져 정류가 곤란해지므로 보극을 설치한다.

528 ★★★
단상 직권 정류자 전동기의 회전 속도를 높이는 이유는?

① 역률을 개선한다.
② 토크를 증가시킨다.
③ 리액턴스 강하를 크게 한다.
④ 전자기에 유도되는 역기전력을 작게 한다.

해설 단상 직권 정류자 전동기의 구조
- 계자극에서 발생하는 철손을 줄이기 위해 성층 철심을 사용한다.
- 계자 권선에서 리액턴스 영향으로 역률이 나빠지므로 약계자 구조로 한다.
- 약계자에 의한 토크 부족을 보상하기 위해 강전기자 구조로 한다.
- 보상 권선 설치: 역률 개선, 전기자 반작용 억제, 누설 리액턴스 감소
- 저항 도선 설치: 변압기 기전력에 의한 단락 전류 감소
- 회전 속도가 고속일수록 역률이 개선된다.

529 ★★☆
교류 정류자 전동기의 설명 중 틀린 것은?

① 정류 작용은 직류기와 같이 간단히 해결된다.
② 구조가 일반적으로 복잡하여 고장이 생기기 쉽다.
③ 기동 토크가 크고 기동 장치가 필요 없는 경우가 많다.
④ 역률이 높은 편이며 연속적인 속도 제어가 가능하다.

해설 교류 정류자 전동기
- 직류기와 같이 정류자가 있는 회전자와 유도기와 같은 고정자를 갖고 있다.
- 정류 작용이 직류기보다 어려운 단점이 있다.
- 출력에 제한이 있다.

530 ★☆☆
단상 직권 정류자 전동기에 전기자 권선의 권수를 계자 권수에 비해 많게 하는 이유가 아닌 것은?

① 역률 저하를 방지하기 위하여
② 속도 기전력을 크게 하기 위하여
③ 변압기 기전력을 크게 하기 위하여
④ 주자속을 작게 하고 토크를 증가시키기 위하여

해설

단상 직권 정류자 전동기에 전기자 권선의 권수를 계자 권수에 비해 많게 하는 이유
- 역률 저하를 방지하기 위하여
- 속도 기전력을 크게 하기 위하여
- 주자속을 작게 하고 토크를 증가시키기 위하여

531 ★★☆
3상 직권 정류자 전동기의 특성에 관한 설명으로 틀린 것은?

① 펌프, 공작 기계 등 기동 토크가 크고 속도 제어 범위가 크게 요구되는 곳에 사용된다.
② 직권 특성의 변속도 전동기이며, 토크는 전류의 제곱에 비례하기 때문에 기동 토크가 대단히 크다.
③ 역률은 저속도에서는 좋지 않으나 동기 속도 근처나 그 이상에서는 대단히 양호하며 거의 $100[\%]$이다.
④ 효율은 저속도에서도 좋지만, 고속도에서는 거의 일정하며, 동기 속도 근처에서는 가장 좋지 못한 동일한 정격의 3상 유도 전동기에 비해 앞선다.

해설 3상 직권 정류자 전동기의 특징
- $T \propto I^2 \propto \dfrac{1}{N^2}$ 의 변속도 특성이 있으며 기동 토크가 매우 크다.
- 브러시를 이동하여 속도 제어 및 회전 방향 변환이 가능하다.
- 저속에서는 효율과 역률이 나빠진다.(고속도, 동기 속도 이상에서 효율과 역률이 좋다.)

| 정답 | 528 ① 529 ① 530 ③ 531 ④

532 ★★☆
3상 직권 정류자 전동기에 중간 변압기를 사용하는 이유로 적당하지 않은 것은?

① 중간 변압기를 이용하여 속도 상승을 억제할 수 있다.
② 회전자 전압을 정류 작용에 맞는 값으로 선정할 수 있다.
③ 중간 변압기를 사용하여 누설 리액턴스를 감소시킬 수 있다.
④ 중간 변압기의 권수비를 바꾸어 전동기 특성을 조정할 수 있다.

해설 중간 변압기 사용 목적

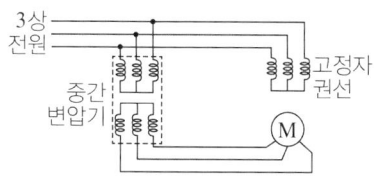

- 실효 권수비를 조정하여 전동기의 특성을 조정하고 정류 전압을 조정한다.
- 직권 특성이기 때문에 경부하 시 속도 상승이 우려되지만 중간 변압기를 사용하여 철심을 포화하면 속도 상승을 제한할 수 있다.

533 ★★★
3상 직권 정류자 전동기의 중간 변압기의 사용 목적은?

① 역회전의 방지
② 역회전을 위하여
③ 전동기의 특성을 조정
④ 직권 특성을 얻기 위하여

해설 중간 변압기 사용 목적
- 실효 권수비를 조정하여 전동기의 특성을 조정하고 정류 전압을 조정한다.
- 직권 특성이기 때문에 경부하 시 속도 상승이 우려되지만 중간 변압기를 사용하여 철심을 포화하면 속도 상승을 제한할 수 있다.

534 ★★☆
단상 정류자 전동기의 일종인 단상 반발 전동기에 해당되는 것은?

① 시라게 전동기
② 반발유도 전동기
③ 아트킨손형 전동기
④ 단상 직권 정류자 전동기

해설 단상 반발 전동기
- 종류: 아트킨손형, 톰슨형, 데리형
- 특성: 브러시의 위치를 변경하여 회전 방향, 회전 속도를 제어할 수 있다.

535 ★★☆
3상 분권 정류자 전동기에 속하는 것은?

① 톰슨 전동기
② 데리 전동기
③ 시라게 전동기
④ 애트킨슨 전동기

해설

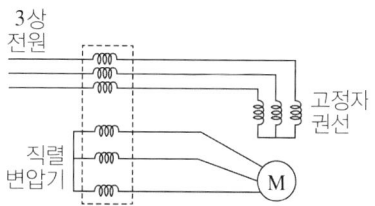

- 토크 변화에 대한 속도 변화가 매우 작아 정속도 전동기인 동시에 가변 속도 전동기로서 널리 사용된다.
- 분권식인 슈라게 전동기(시라게 전동기)를 가장 널리 사용한다.
- 브러시를 이동해 속도 제어가 가능하다.

536 ★★☆

교류 분권 정류자 전동기는 어느 때에 가장 적당한 특성을 갖고 있는가?

① 부하 토크에 관계없이 완전 일정 속도를 요하는 경우
② 속도의 연속 가감과 정속도 운전을 아울러 요하는 경우
③ 무부하와 전부하의 속도 변화가 적고 거의 일정속도를 요하는 경우
④ 속도를 여러 단으로 변화시킬 수 있고 각 단에서 정속도 운전을 요하는 경우

해설 교류 분권 정류자 전동기

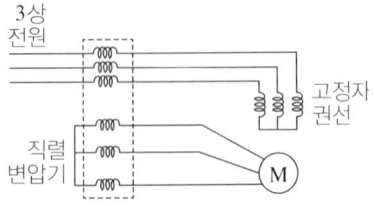

- 토크 변화에 대한 속도 변화가 매우 작아 정속도 전동기인 동시에 가변 속도 전동기로서 널리 사용된다.
- 분권식인 슈라게 전동기를 가장 널리 사용한다.
- 브러시를 이동해 속도 제어가 가능하다.

537 ★★☆

교류 전동기에서 브러시 이동으로 속도 변화가 용이한 전동기는?

① 동기 전동기
② 슈라게 전동기
③ 3상 농형 유도 전동기
④ 2중 농형 유도 전동기

해설 교류 분권 정류자 전동기(슈라게 전동기)

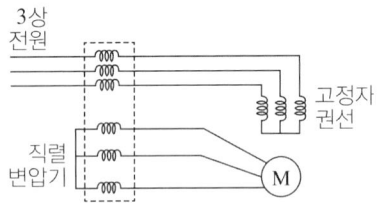

- 토크 변화에 대한 속도 변화가 매우 작아 정속도 전동기인 동시에 가변 속도 전동기로서 널리 사용된다.
- 분권식인 슈라게 전동기를 가장 널리 사용한다.
- 브러시를 이동해 속도 제어가 가능하다.

538
3상 분권 정류자 전동기의 설명으로 틀린 것은?

① 변압기를 사용하여 전원 전압을 낮춘다.
② 정류자 권선은 저전압 대전류에 적합하다.
③ 부하가 가해지면 슬립의 발생 요소 토크는 직류전동기와 같다.
④ 특성이 가장 뛰어나고 널리 사용되고 있는 전동기는 슈라게 전동기이다.

해설 교류 분권 정류자 전동기(슈라게 전동기)
- 변압기를 사용하여 전원 전압을 조정할 수 있다.
- 정류자 권선은 저전압, 대전류에 적합하다.
- 분권식인 슈라게(시라게) 전동기를 가장 널리 사용한다.
보기 ③은 3상 분권 정류자 전동기의 특성과 거리가 멀다.

THEME 02 서보 전동기

539
서보 모터의 특징에 대한 설명으로 옳지 않은 것은?

① 발생 토크는 입력 신호에 비례하고, 그 비가 클 것
② 직류 서보 모터에 비하여 교류 서보 모터의 시동 토크가 매우 클 것
③ 시동 토크는 크나 회전부의 관성 모멘트가 작고, 전기적 시정수가 짧을 것
④ 빈번한 시동, 정지, 역전 등의 가혹한 상태에 견디도록 견고하고, 큰 돌입 전류에 견딜 것

해설 서보 모터의 특징
- 견고하고 큰 돌입 전류에도 견딜 것
- 시동(기동) 토크가 클 것
- 관성 모멘트가 작을 것
- 발생 토크는 입력 신호에 비례하고 그 비가 클 것
- AC 서보 모터는 구조가 간단하고 DC 서보 모터에 비해 시동 토크가 작을 것

540
일반적인 DC 서보 모터의 제어에 속하지 않는 것은?

① 역률 제어　　② 토크 제어
③ 속도 제어　　④ 위치 제어

해설 DC 서보 모터의 제어
- 토크 제어
- 속도 제어
- 위치 제어

541
2상 교류 서보 모터를 구동하는 데 필요한 2상 전압을 얻는 방법으로 널리 쓰이는 방법은?

① 2상 전원을 직접 이용하는 방법
② 환상 결선 변압기를 이용하는 방법
③ 여자 권선에 리액터를 삽입하는 방법
④ 증폭기 내에서 위상을 조정하는 방법

해설 2상 교류 서보 모터의 구동에 필요한 2상 전압을 얻는 방법
- 기준상에 대한 제어 신호의 시위상을 변화시키는 방법
- 기준 권선에 대한 제어 권선의 위치를 변화시켜 제어 신호의 공간 위상을 변화시키는 방법
- 제어 신호의 크기를 변화시키는 방법

| 정답 | 538 ③　539 ②　540 ①　541 ④

THEME 03 스텝 모터

542 ★★☆
스테핑 모터에 대한 설명으로 틀린 것은?

① 위치 제어를 하는 분야에 주로 사용된다.
② 입력된 펄스 신호에 따라 특정 각도만큼 회전하도록 설계된 전동기이다.
③ 스텝각이 클수록 1회전당 스텝수가 많아지고 축 위치의 정밀도는 높아진다.
④ 양방향 회전이 가능하고 설정된 여러 위치에 정지하거나 해당 위치로부터 기동할 수 있다.

해설
- 위치 제어를 하는 분야에 주로 사용된다.
- 입력된 펄스 신호에 따라 특정 각도만큼 회전한다.
- 스텝각이 작을수록 1회전당 스텝수가 많아지고 축 위치의 정밀도는 높아진다.
- 양방향 회전이 가능하고 설정된 여러 위치에 정지하거나 해당 위치로부터 기동할 수 있다.

543 ★★☆
스텝 모터에 대한 설명으로 틀린 것은?

① 가속과 감속이 용이하다.
② 정·역 및 변속이 용이하다.
③ 위치 제어 시 각도 오차가 작다.
④ 브러시 등 부품수가 많아 유지 보수 필요성이 크다.

해설
- 디지털 신호로 직접 제어할 수 있으므로 컴퓨터 등과의 인터페이스가 쉽다.
- 가속, 감속이 쉽고 정·역전 및 변속이 쉽다.
- 속도 제어가 광범위하며 저속에서 매우 큰 토크를 얻을 수 있다.
- 위치를 제어할 때 각도 오차가 적고 누적되지 않는다.
- 브러시 등이 없으므로 특별한 유지, 보수가 필요 없다.
- 피드백 루프가 필요없어 속도 및 위치 제어가 쉽다.
- 큰 관성 부하에 적용하기에는 부적합하다.
- 대용량기 제작이 곤란하다.
- 오버 슈트 및 진동 문제가 있고 공진이 발생하면 전체 시스템의 불안전 현상이 생길 수 있다.

544 ★★☆
$25°$의 스텝 각을 갖는 스테핑 모터에 초[s]당 500개의 펄스를 가했을 때 회전 속도는 약 몇 [r/s]인가?

① 20
② 35
③ 50
④ 125

해설
- 1초당 회전 각도
  $25° \times 500 = 12,500°$
- 스테핑 전동기의 회전 속도
  $n = \dfrac{12,500°}{360°} = 34.72 [r/s]$

암기
$[r/s] = [rps]$

545 ★★☆
스텝각이 $2°$, 스테핑 주파수(Pulse rate)가 $1,800[pps]$인 스테핑 모터의 축속도[rps]는?

① 8
② 10
③ 12
④ 14

해설
- 1초당 회전 각도
  $2° \times 1,800 = 3,600°$
- 스테핑 전동기의 회전 속도
  $n = \dfrac{3,600°}{360°} = 10[rps]$

| 정답 | 542 ③ 543 ④ 544 ② 545 ②

546 ★★☆
다음 중 스테핑 모터의 구조형이 아닌 것은?

① 하이브리드형
② PM형
③ VR형
④ PSC형

해설 스테핑 모터의 구조
- VR형(가변 릴럭턴스형)
- PM형(영구자석형)
- 복합형(하이브리드형)

THEME 04 선형 전동기

547 ★★☆
일반적인 전동기에 비하여 리니어 전동기의 장점이 아닌 것은?

① 구조가 간단하여 신뢰성이 높다.
② 마찰을 거치지 않고 추진력이 얻어진다.
③ 원심력에 의한 가속 제한이 없고 고속을 쉽게 얻을 수 있다.
④ 기어, 벨트 등 동력 변환 기구가 필요 없고 직접 원 운동이 얻어진다.

해설 리니어 전동기
- 일반적인 전동기는 축의 회전 운동을 일으키는 반면, 리니어 전동기는 전기 입력을 받아 직선 운동을 한다.
- 전동기 구조가 간단하다.
- 기어, 벨트 등의 동력 전달 기구가 필요 없다.
- 원심력에 의한 가속 제한이 없고 쉽게 고속을 얻을 수 있다.
- 회전형에 비해 역률, 효율이 떨어진다.
- 부하 관성의 영향을 많이 받는다.

548 ★★☆
3선 중 2선의 전원 단자를 서로 바꾸어서 결선하면 회전 방향이 바뀌는 기기가 아닌 것은?

① 회전 변류기
② 유도 전동기
③ 동기 전동기
④ 정류자형 주파수 변환기

해설
- 회전 변류기, 유도 전동기, 동기 전동기는 3선 중 2선의 전원 단자를 서로 바꾸어 결선 시 회전 방향이 변한다.
- 정류자형 주파수 변환기는 위 내용과 관련이 없다.

| 정답 | 546 ④ 547 ④ 548 ④

549

정류자형 주파수 변환기의 회전자에 주파수 f_1의 교류를 가할 때 시계 방향으로 회전 자계가 발생하였다. 정류자 위의 브러시 사이에 나타나는 주파수 f_c를 설명한 것 중 틀린 것은?(단, n: 회전자의 속도, n_s: 회전 자계의 속도, s: 슬립이다.)

① 회전자를 정지시키면 $f_c = f_1$인 주파수가 된다.
② 회전자를 반시계 방향으로 $n = n_s$의 속도로 회전시키면 $f_c = 0[\text{Hz}]$가 된다.
③ 회전자를 반시계 방향으로 $n < n_s$의 속도로 회전시키면 $f_c = sf_1[\text{Hz}]$가 된다.
④ 회전자를 시계 방향으로 $n < n_s$의 속도로 회전시키면 $f_c < f_1$인 주파수가 된다.

해설

정류자형 주파수 변환기의 전기자 권선에 슬립링(SR)을 통해 주파수 f_1의 교류 전압을 인가하고 회전자를 시계 방향으로 $n < n_s$의 속도로 회전시키면, 정류자 위의 브러시 사이에 발생하는 주파수 $f_c = sf_1$이 된다.

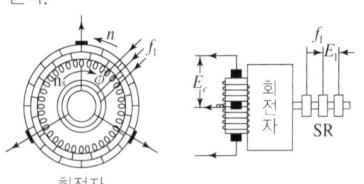

550

정류자형 주파수 변환기의 설명 중 틀린 것은?

① 정류자 위에는 한 개의 자극마다 전기각 $\dfrac{2\pi}{3}$ 간격으로 3조의 브러시가 있다.
② 3차 권선을 설치하여 1차 권선과 조정 권선을 회전자에, 2차 권선을 고정자에 설치하였다.
③ 3개의 슬립링은 회전자 권선을 3등분한 점에 각각 접속되어 있다.
④ 용량이 큰 것은 정류 작용을 좋게 하기 위해 보상 권선과 보극 권선을 고정자에 설치한다.

해설 정류자형 주파수 변환기

- 정류자 위에는 1개의 자극마다 전기각으로 $\dfrac{2}{3}\pi$ 간격을 갖는 3조의 브러시를 설치한 구조이다.
- 용량이 큰 변환기는 보상 권선과 보극 권선을 고정자에 설치한다.(정류 작용을 양호하게 하기 위함)
- 3개의 슬립링은 회전자 권선을 3등분한 점에 각각 접속시킨다.

551

4극, $60[\text{Hz}]$의 정류자 주파수 변환기가 $1,440[\text{rpm}]$으로 회전할 때의 주파수는 몇 $[\text{Hz}]$인가?

① 8
② 10
③ 12
④ 15

해설

- 동기 속도
$$N_s = \frac{120f}{p} = \frac{120 \times 60}{4} = 1,800[\text{rpm}]$$
- 슬립
$$s = \frac{1,800 - 1,440}{1,800} = 0.2$$
- 회전 주파수
$$f_{2s} = sf_1 = 0.2 \times 60 = 12[\text{Hz}]$$

암기
정류자형 주파수 변환기는 유도 전동기의 특성과 비슷하다.

552 ★☆☆

히스테리시스 전동기에 대한 설명으로 틀린 것은?

① 유도 전동기와 거의 같은 고정자이다.
② 회전자 극은 고정자 극에 비하여 항상 각도 δ_h 만큼 앞선다.
③ 회전자가 부드러운 외면을 가지므로 소음이 적으며, 순조롭게 회전시킬 수 있다.
④ 구속 시부터 동기 속도만을 제외한 모든 속도 범위에서 일정한 히스테리시스 토크를 발생한다.

해설 히스테리시스 전동기
- 회전자는 강자성의 영구자석 합금과 비자성체 지지물로 이루어진 매끄러운 원통형으로 구성된다.
- 히스테리시스 때문에 회전자 극은 고정자 극에 비해 항상 각도 δ_h 만큼 뒤진다.
- 고정자는 유도 전동기의 고정자와 같은 구조이다.

| 정답 | 552 ②

전력변환장치

THEME 01. 전력 변환
THEME 02. 회전 변류기
THEME 03. 수은 정류기
THEME 04. 반도체 소자
THEME 05. 정류 회로
THEME 06. 위상 제어 정류 회로

CBT 완벽대비 가능한 유형마스터 학습!

THEME	유형분석	관련 번호
THEME 01 전력 변환	컨버터, 인버터, 초퍼, 사이클로 컨버터 등 여러 가지 전력 변환의 종류에 관한 문제가 반복적인 패턴으로 출제됩니다.	553~558
THEME 02 회전 변류기	회전 변류기의 특징과 전압, 전류비를 산출하는 문제가 출제됩니다.	559~563
THEME 03 수은 정류기	수은 정류기의 전압, 전류비를 산출하는 문제와 이상 현상에 관한 문제가 출제됩니다. 역호 현상에 대해 확실하게 이해하는 것이 중요합니다.	564~567
THEME 04 반도체 소자	여러 가지 반도체 소자의 명칭과 특징을 이해하는 것이 중요합니다. 광범위한 영역에서 어렵지 않은 수준의 문제가 출제됩니다.	568~596
THEME 05 정류 회로	정류 회로의 종류와 직류 출력, 최대 역전압, 맥동 주파수와 관련된 문제가 출제됩니다.	597~612
THEME 06 위상 제어 정류 회로	위상 제어 회로에서 직류 출력을 묻는 문제가 출제됩니다. 정류 회로와 다르게 위상각을 이용하는 점을 반드시 숙지해야 합니다.	613~619

학습 효과를 높이는 N제 3회독 시스템

챕터별 전체 1회독이 끝났다면 회독 체크표에 날짜를 기입하고 체크표시를 해주세요.

회독 체크표	1회독	월 일	2회독	월 일	3회독	월 일

CHAPTER 07 전력변환장치

THEME 01 전력 변환

553 ★★★
전력 변환 기기로 틀린 것은?

① 컨버터
② 정류기
③ 인버터
④ 유도 전동기

해설 전력 변환 기기

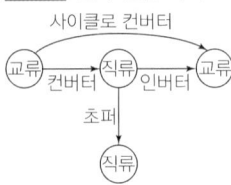

- 컨버터(정류기): 교류(AC)를 직류(DC)로 변환하는 장치
- 인버터: 직류(DC)를 교류(AC)로 변환하는 장치
- 초퍼: 직류(DC)를 직류(DC)로 직접 제어하는 장치
- 사이클로 컨버터: 교류(AC)를 교류(AC)로 주파수 변환하는 장치

554 ★★★
인버터에 대한 설명으로 옳은 것은?

① 직류를 교류로 변환
② 교류를 교류로 변환
③ 직류를 직류로 변환
④ 교류를 직류로 변환

해설 전력 변환 기기
- 컨버터: 교류(AC)를 직류(DC)로 변환하는 장치
- 인버터: 직류(DC)를 교류(AC)로 변환하는 장치
- 초퍼: 직류(DC)를 직류(DC)로 직접 제어하는 장치
- 사이클로 컨버터: 교류(AC)를 교류(AC)로 주파수 변환하는 장치

555 ★★☆
직류 직권 전동기의 속도 제어에 사용되는 기기는?

① 초퍼
② 인버터
③ 듀얼 컨버터
④ 사이클로 컨버터

해설 초퍼
- 직류 직권 전동기의 속도 제어를 위해 초퍼를 사용한다.
- 초퍼는 On-Off 고속도 반복 스위칭이 가능하다.

556 ★★☆
사이클로 컨버터(Cyclo Converter)에 대한 설명으로 틀린 것은?

① DC - DC buck 컨버터와 동일한 구조이다.
② 출력 주파수가 낮은 영역에서 많은 장점이 있다.
③ 시멘트 공장의 분쇄기 등과 같이 대용량 저속 교류 전동기 구동에 주로 사용된다.
④ 교류를 교류로 직접 변환하면서 전압과 주파수를 동시에 가변하는 전력 변환기이다.

해설
- 사이클로 컨버터(Cyclo Converter)는 교류 전력을 하나의 주파수에서 다른 주파수의 교류로 변환하는 주파수 변환 장치이다.
- DC - DC buck 컨버터 구조와 관련이 없다.

암기
변환기의 종류

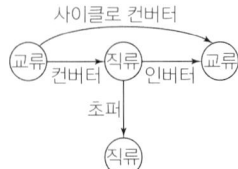

- 컨버터: 교류(AC)를 직류(DC)로 변환하는 장치
- 인버터: 직류(DC)를 교류(AC)로 변환하는 장치
- 초퍼: 직류(DC)를 직류(DC)로 직접 제어하는 장치
- 사이클로 컨버터: 교류(AC)를 교류(AC)로 주파수 변환하는 장치

557 ★★☆
직류를 다른 전압의 직류로 변환하는 전력 변환 기기는?

① 초퍼
② 인버터
③ 사이클로 컨버터
④ 브리지형 인버터

해설 전력 변환 기기
- 컨버터: 교류(AC)를 직류(DC)로 변환하는 장치
- 인버터: 직류(DC)를 교류(AC)로 변환하는 장치
- 초퍼: 직류(DC)를 직류(DC)로 직접 제어하는 장치
- 사이클로 컨버터: 교류(AC)를 교류(AC)로 주파수 변환하는 장치

558 ★☆☆
부스트(Boost) 컨버터의 입력 전압이 $45[\text{V}]$로 일정하고, 스위칭 주기가 $20[\text{kHz}]$, 듀티비(Duty Ratio)가 0.6, 부하 저항이 $10[\Omega]$일 때 출력 전압은 몇 $[\text{V}]$인가?(단, 인덕터에는 일정한 전류가 흐르고 커패시터 출력 전압의 리플 성분은 무시한다.)

① 27
② 67.5
③ 75
④ 112.5

해설
입력 전압을 V_i, 출력 전압을 V_o, 듀티비를 D라고 할 때
전압 전달비 $G_V = \dfrac{V_o}{V_i} = \dfrac{1}{1-D}$

$\therefore V_o = \dfrac{V_i}{1-D} = \dfrac{45}{1-0.6} = 112.5[\text{V}]$

참고
부스트 컨버터는 대표적인 DC-DC 승압 장치로서 출력 전압을 입력 전압보다 높이는 기능을 한다.

THEME 02 회전 변류기

559 ★★★
회전 변류기의 직류 측 전압을 조정하는 방법이 아닌 것은?

① 동기 승압기에 의한 방법
② 유도 전압 조정기를 사용하는 방법
③ 직렬 리액턴스에 의한 방법
④ 여자 전류를 조정하는 방법

해설 회전 변류기의 전압 조정 방법
- 직렬 리액턴스에 의한 방법
- 유도 전압 조정기에 의한 방법
- 부하 시 전압 조정 변압기에 의한 방법
- 동기 승압기에 의한 방법

560 ★★☆
회전 전기자형 회전 변류기에 관한 설명으로 틀린 것은?

① 회전자는 회전자계의 방향과 반대로 회전한다.
② 직류 측 전압을 변경하려면 여자 전류를 가감하여 조정한다.
③ 기계적 출력을 발생할 필요가 없으므로 축과 베어링은 작아도 된다.
④ 3상 교류는 슬립링을 통하여 회전자에 공급하며 회전자에 있는 정류자의 브러시에서 직류가 출력된다.

해설 회전 변류기 전압 조정 방법
- 직렬 리액턴스에 의한 방법
- 유도 전압 조정기에 의한 방법
- 부하 시 전압 조정 변압기에 의한 방법
- 동기 승압기에 의한 방법

즉, 보기 ②의 전압 조정 방법은 틀린 내용이다.

561 ★★☆
회전 변류기의 난조의 원인이 아닌 것은?

① 직류 측 부하의 급격한 변화
② 역률이 매우 나쁠 때
③ 교류 측 전원 주파수의 주기적 변화
④ 브러시 위치가 전기적 중성축보다 앞설 때

해설 회전 변류기의 난조 원인
- 브러시의 위치가 중성점보다 늦은 위치에 있을 경우
- 직류 측 부하가 급변하는 경우
- 교류 측 주파수가 주기적으로 변동하는 경우
- 역률이 매우 나쁜 경우
- 전기자 회로의 저항이 리액턴스보다 큰 경우

562 ★★☆
정격 전압 $250[\text{V}]$, $1,000[\text{kW}]$인 6상 회전 변류기의 교류 측에 $250[\text{V}]$의 전압을 가할 때, 직류 측의 유도 기전력은 몇 $[\text{V}]$인가?(단, 교류 측 역률은 $100[\%]$이고 손실은 무시한다.)

① 815
② 747
③ 707
④ 684

해설
- 회전 변류기의 전압비
$$\frac{E_a}{E_d} = \frac{1}{\sqrt{2}} \times \sin\frac{\pi}{m} = \frac{1}{\sqrt{2}} \times \sin\frac{\pi}{6} = \frac{1}{2\sqrt{2}}$$
- 유도 기전력
$$E_d = 2\sqrt{2}\,E_a = 2\sqrt{2} \times 250 = 707.11 \fallingdotseq 707[\text{V}]$$

563 ★★★
회전 변류기의 교류 측 선전류를 $I_a[\text{A}]$, 직류 측 선전류를 $I_d[\text{A}]$라 하면 $\dfrac{I_a}{I_d}$는?(단, 손실은 없고, 역률은 1이며, m은 상수이다.)

① $\dfrac{2\sqrt{2}}{m}$
② $2\sqrt{2}$
③ $\dfrac{2\sqrt{2}}{3m}$
④ $\dfrac{m}{2\sqrt{2}}$

해설 회전 변류기의 전류비
$$\frac{I_a}{I_d} = \frac{2\sqrt{2}}{m\cos\theta} = \frac{2\sqrt{2}}{m} \quad (\text{단, } m: \text{상수})$$

THEME 03 수은 정류기

564 ★★☆
3상 수은 정류기의 직류 측 전압 E_d와 교류 측 전압 E의 비 $\dfrac{E_d}{E}$는?

① 0.855
② 1.02
③ 1.17
④ 1.86

해설 3상 수은 정류기의 전압비
$E_d = 1.17E$

$\therefore \dfrac{E_d}{E} = 1.17$

암기
- 3상 $E_d = 1.17 E_a[\text{V}]$
- 6상 $E_d = 1.35 E_a[\text{V}]$

565 ★★☆

3상 수은 정류기의 직류 평균 부하 전류가 $50[A]$가 되는 1상 양극 전류 실효값은 약 몇 $[A]$인가?

① 9.6
② 17
③ 29
④ 87

해설

수은 정류기의 전류비 $\dfrac{I_a}{I_d} = \dfrac{1}{\sqrt{m}}$ (단, m은 상수)

$\therefore I_a = \dfrac{I_d}{\sqrt{m}} = \dfrac{50}{\sqrt{3}} = 28.87 ≒ 29[A]$

566 ★★★

수은 정류기에 있어서 정류기의 밸브 작용이 상실되는 현상을 무엇이라고 하는가?

① 통호
② 실호
③ 역호
④ 점호

해설

수은 정류기의 밸브 작용이 상실되어 역전류에서도 통전되는 현상을 역호라고 한다.

567 ★★☆

수은 정류기의 역호가 발생하는 가장 큰 원인은?

① 전원 전압의 상승
② 내부 저항의 저하
③ 전원 주파수의 저하
④ 전압과 전류의 과대

해설

수은 정류기의 밸브 작용이 상실되어 역전류에서도 통전되는 현상을 역호라고 하고, 발생 원인은 다음과 같다.
- 과전압, 과전류
- 증기 밀도 과다
- 내부 잔존 가스 압력 상승
- 양극 재료 불량 및 불순물 부착

THEME 04 반도체 소자

568 ★★☆

PN 접합 구조로 되어 있고 제어는 불가능하나 교류를 직류로 변환하는 반도체 정류 소자는?

① IGBT
② 다이오드
③ MOSFET
④ 사이리스터

해설 다이오드

양극(애노드)에서 음극(캐소드) 측으로는 전류가 흐르고 역방향으로 전류가 차단되는 PN 접합 반도체의 특성을 이용하여 교류를 직류로 정류하는 데 쓰이는 소자이다.

569 ★★★
전압이나 전류의 제어가 불가능한 소자는?

① SCR
② GTO
③ IGBT
④ Diode

해설
다이오드는 단순한 정류 소자이므로 전압이나 전류를 제어할 수 없다.

570 ★★★
다이오드를 사용한 정류 회로에서 여러 개를 병렬로 연결하여 사용할 경우 얻는 효과는?

① 인가 전압 증가
② 다이오드 효율 증가
③ 부하 출력의 맥동률 감소
④ 다이오드의 허용 전류 증가

해설
- 다이오드 직렬 연결 사용: 다이오드의 인가 전압 증가
- 다이오드 병렬 연결 사용: 다이오드의 허용 전류 증가

571 ★★☆
다이오드를 사용하는 정류 회로에서 과대한 부하 전류로 인하여 다이오드가 소손될 우려가 있을 때 가장 적절한 조치는 어느 것인가?

① 다이오드를 병렬로 추가한다.
② 다이오드를 직렬로 추가한다.
③ 다이오드 양단에 적당한 값의 저항을 추가한다.
④ 다이오드 양단에 적당한 값의 커패시터를 추가한다.

해설
다이오드를 병렬 연결 시 전류가 분배되어 부하 전류가 감소한다.
- 과전압에 대한 조치: 다이오드 직렬 연결(전압 분배)
- 과전류에 대한 조치: 다이오드 병렬 연결(전류 분배)

572 ★★☆
다이오드를 사용한 정류 회로에서 다이오드를 여러 개 직렬로 연결하면 어떻게 되는가?

① 전력 공급의 증대
② 출력 전압의 맥동률을 감소
③ 다이오드를 과전류로부터 보호
④ 다이오드를 과전압으로부터 보호

해설
다이오드를 직렬로 연결 시 전압이 분배되므로 다이오드를 과전압으로부터 보호할 수 있다.
- 과전압에 대한 조치: 다이오드 직렬 연결(전압 분배)
- 과전류에 대한 조치: 다이오드 병렬 연결(전류 분배)

| 정답 | 569 ④ 570 ④ 571 ① 572 ④

573
정류 회로에 사용되는 환류 다이오드(Free wheeling diode)에 대한 설명으로 틀린 것은?

① 순저항 부하의 경우 불필요하게 된다.
② 유도성 부하의 경우 불필요하게 된다.
③ 환류 다이오드 동작 시 부하 출력 전압은 약 0[V]가 된다.
④ 유도성 부하의 경우 부하 전류의 평활화에 유용하다.

해설 환류 다이오드
- 부하와 병렬로 접속되어 다이오드가 오프(Off) 될 때 유도성 부하 전류의 통로를 만드는 다이오드이다.(유도성 부하에 필요)
- 부하 전류를 평활시키는 역할을 한다.

574
전압을 일정하게 유지하기 위해서 이용되는 다이오드는?

① 정류용 다이오드 ② 바랙터 다이오드
③ 바리스터 다이오드 ④ 제너 다이오드

해설
- 정류용 다이오드: AC를 DC로 정류
- 바랙터 다이오드: 정전 용량이 전압에 따라 변화하는 소자
- 바리스터 다이오드: 과도 전압, 이상 전압에 대한 회로 보호용으로 사용되는 소자
- 제너 다이오드: 정전압 회로용 소자

575
SCR에 관한 설명으로 틀린 것은?

① 3단자 소자이다.
② 전류는 애노드에서 캐소드로 흐른다.
③ 소형의 전력을 다루고 고주파 스위칭을 요구하는 응용 분야에 주로 사용된다.
④ 도통 상태에서 순방향 애노드 전류가 유지 전류 이하로 되면 SCR은 차단 상태로 된다.

해설 SCR의 특징
- 3단자 소자이다.
- 전류는 애노드(A)에서 캐소드(K)로 흐른다.
- 도통 상태에서 순방향 애노드 전류가 유지 전류 이하로 되면 SCR은 차단 상태로 된다.
③번 보기에서 소형의 전력을 다루고 고주파 스위칭을 요구하는 응용분야에 사용되는 소자는 MOSFET이다.

576
SCR에 대한 설명으로 옳은 것은?

① 증폭 기능을 갖는 단방향성 3단자 소자이다.
② 제어 기능을 갖는 양방향성 3단자 소자이다.
③ 정류 기능을 갖는 단방향성 3단자 소자이다.
④ 스위칭 기능을 갖는 양방향성 3단자 소자이다.

해설
SCR은 정류 기능을 갖는 단방향성 3단자 소자이다.

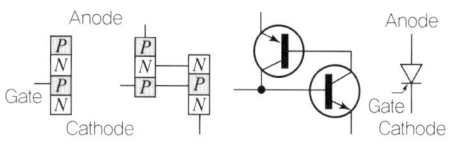

SCR(실리콘 제어 정류기)

577 ★★★
SCR의 특징으로 틀린 것은?

① 과전압에 약하다.
② 열용량이 적어 고온에 약하다.
③ 전류가 흐르고 있을 때의 양극 전압 강하가 크다.
④ 게이트에 신호를 인가할 때부터 도통할 때까지의 시간이 짧다.

해설 SCR의 특징
- 아크가 생기지 않으므로 열 발생이 적다.
- 대전류용이고 동작 시간이 짧다.
- 작은 게이트 신호로 대전력을 제어한다.
- 교류, 직류 모두 제어할 수 있다.
- 역방향 내전압이 가장 크다.
- 과전압에 약하다.
- 전류가 흐를 때의 양극 전압 강하가 작다.

578 ★★☆
실리콘 제어 정류기(SCR)의 설명 중 틀린 것은?

① PNPN 구조로 되어 있다.
② 인버터 회로에 이용될 수 있다.
③ 고속도의 스위치 작용을 할 수 있다.
④ 게이트에 (+)와 (−)의 특성을 갖는 펄스를 인가하여 제어한다.

해설
- PNPN 구조로 되어 있다.
- 인버터, 초퍼 등의 회로에 이용될 수 있다.
- 고속도 스위칭(on − off)가 가능하다.
게이트에 정(+), 부(−)의 펄스를 인가하여 제어하는 소자는 GTO이다.

579 ★☆☆
다음과 같은 반도체 정류기 중에서 역방향 내전압이 가장 큰 것은?

① 실리콘 정류기
② 게르마늄 정류기
③ 셀렌 정류기
④ 아산화동 정류기

해설
실리콘 제어 정류기(SCR)의 역방향 내전압은 $500 \sim 1,000[\text{V}]$ 정도로 큰 편이다.

580 ★★★
도통(on) 상태에 있는 SCR을 차단(off) 상태로 만들기 위해서는 어떻게 하여야 하는가?

① 게이트 펄스 전압을 가한다.
② 게이트 전류를 증가시킨다.
③ 게이트 전압이 부(−)가 되도록 한다.
④ 전원 전압의 극성이 반대가 되도록 한다.

해설
전원 전압의 극성이 반대가 되도록 하면 SCR이 역바이어스 되어 순방향 전류가 0이 되므로 차단된다.

581 ★★★
SCR이 턴 오프(Turn-off) 되는 조건은?

① 게이트에 역방향 전류를 흘린다.
② 게이트에 역방향의 전압을 인가한다.
③ 게이트의 순방향 전류를 0으로 한다.
④ 애노드 전류를 유지 전류 이하로 한다.

해설 SCR 턴 오프(Turn-off) 조건
- SCR에 역전압을 인가하거나 애노드 전류를 유지 전류 이하가 되도록 한다.
- 애노드 전압을 0 또는 (-)로 한다.

582 ★★☆
사이리스터에서 게이트 전류가 증가하면?

① 순방향 저지 전압이 증가한다.
② 순방향 저지 전압이 감소한다.
③ 역방향 저지 전압이 증가한다.
④ 역방향 저지 전압이 감소한다.

해설
SCR은 순방향 게이트 전류가 증가하면 순방향 브레이크 오버 전압이 감소해 도통(On) 상태가 된다.

583 ★★☆
다음 ( ) 안에 옳은 내용을 순서대로 나열한 것은?

> SCR에서는 게이트 전류가 흐르면 순방향의 저지 상태에서 ( ) 상태로 된다. 게이트 전류를 가하여 도통 완료까지의 시간을 ( ) 시간이라 하고 이 시간이 길면 ( ) 시의 ( )이 많고 소자가 파괴된다.

① 온(On), 턴온(Turn on), 스위칭, 전력 손실
② 온(On), 턴온(Turn on), 전력 손실, 스위칭
③ 스위칭, 온(On), 턴온(Turn on), 전력 손실
④ 턴온(Turn on), 스위칭, 온(On), 전력 손실

해설 SCR
괄호 안에 들어갈 적절한 표현은 다음과 같다.
- 온(On) 상태: 게이트에 전류를 흘리면 저지 상태에서 스위칭 On
- 턴온 시간: 게이트 전류를 가하여 도통 완료 시간
- 턴온 시간을 스위칭 시간이라고 한다.
- 턴온 시간이 길면 SCR 내부의 전력 손실이 커진다.

암기
- 래칭 전류: 사이리스터를 턴온시키기 위해 필요한 최소 전류
- 유지 전류: 도통 상태를 유지하기 위해 필요한 최소 전류

584 ★☆☆
SCR을 이용한 인버터 회로에서 SCR이 도통 상태에 있을 때 부하 전류가 $20[A]$ 흘렀다. 게이트 동작 범위 내에서 전류를 $\frac{1}{2}$로 감소시키면 부하 전류는 몇 $[A]$가 흐르는가?

① 0
② 10
③ 20
④ 40

해설
SCR은 도통 상태가 되면 전류가 유지 전류 이상으로 흐를 경우 게이트 전류와 무관하게 항상 일정하게 흐른다. 즉, $20[A]$의 전류가 흐르게 된다.

| 정답 | 581 ④ 582 ② 583 ① 584 ③

585 ★★☆
사이리스터에서의 래칭 전류에 관한 설명으로 옳은 것은?

① 게이트를 개방한 상태에서 사이리스터 도통 상태를 유지하기 위한 최소의 순전류
② 게이트 전압을 인가한 후에 급히 제거한 상태에서 도통 상태가 유지되는 최소의 순전류
③ 사이리스터의 게이트를 개방한 상태에서 전압을 상승하면 급히 증가하게 되는 순전류
④ 사이리스터가 턴온하기 시작하는 순전류

해설
- 래칭(Latching) 전류: 사이리스터를 턴온시키기 위해 필요한 최소 전류
- 유지 전류: 도통(ON) 상태를 유지하기 위한 최소 전류

586 ★★☆
사이리스터에 의한 제어는 무엇을 제어하여 출력 전압을 변환시키는가?

① 토크 ② 위상각
③ 회전수 ④ 주파수

해설
사이리스터(SCR)는 정류 전압의 위상각을 조정해 제어하는 방식이다.

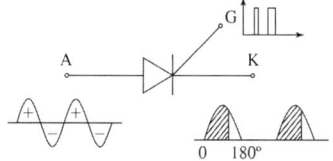

▲ SCR의 위상각 제어 동작

587 ★☆☆
반도체 사이리스터로 속도 제어를 할 수 없는 제어는?

① 정지형 레오나드 제어 ② 일그너 제어
③ 초퍼 제어 ④ 인버터 제어

해설
일그너 제어는 플라이 휠을 이용하여 속도 제어를 하며, 반도체 사이리스터와 무관하다.

588 ★★☆
GTO 사이리스터의 특징으로 틀린 것은?

① 각 단자의 명칭은 SCR 사이리스터와 같다.
② 온(On) 상태에서는 양방향 전류 특성을 보인다.
③ 온(On) 드롭(Drop)은 약 2~4[V]가 되어 SCR 사이리스터보다 약간 크다.
④ 오프(Off) 상태에서는 SCR 사이리스터처럼 양방향 전압 저지 능력을 갖고 있다.

해설 GTO(Gate Turn-off Thyristor)
- 역저지 3단자 소자이다.
- 게이트(Gate) 신호로 소자를 온/오프가 가능하다.
- 온(On) 상태에서는 SCR과 같이 단방향성이다.

| 정답 | 585 ④ 586 ② 587 ② 588 ②

589 ★★☆
트라이액(Triac)에 대한 설명으로 틀린 것은?

① 쌍방향성 3단자 사이리스터이다.
② 턴 오프 시간이 SCR보다 짧으며 급격한 전압 변동에 강하다.
③ SCR 2개를 서로 반대 방향으로 병렬 연결하여 양방향 전류 제어가 가능하다.
④ 게이트에 전류를 흘리면 어느 방향이든 전압이 높은 쪽에서 낮은 쪽으로 도통한다.

해설 트라이액(Triac)
- 양방향성 3단자 사이리스터이다.
- SCR 2개를 서로 반대 방향으로 병렬 연결해 양방향 전류 제어가 가능하다.
- 전류를 게이트에 흘리면 어느 방향이든 전압은 높은 쪽에서 낮은 쪽으로 도통한다.
- 순간적인 진폭 제어나 전류 차단은 할 수 없다.

590 ★★☆
다음에서 게이트에 의한 턴온(Turn-on)을 이용하지 않는 소자는?

① DIAC ② SCR
③ GTO ④ TRIAC

해설
- DIAC(Diode Alternating Current Switch)은 4층 다이오드 2개를 역병렬로 결합시켜 만든 양방향 2단자 사이리스터로 게이트는 없으며, 양 단자의 어느 극성에서도 브레이크 오버 전압에 도달되면 도통된다.
- SCR(Silicon Controlled Rectifier)은 순방향 전압이 인가되었을 때 게이트 단자에 전류를 흘려 도통시키며, 도통된 후에는 게이트 전류를 차단시켜도 도통 상태가 유지된다.
- GTO(Gate Turn Off Thyristor)는 소호를 제어할 수 없는 SCR의 단점을 보완한 것으로 게이트 전류로 GTO를 점호 및 소호시킬 수 있다.
- TRIAC(Trielectrode AC Switch)은 한 방향으로만 도통되는 SCR과 달리 양방향 도통이 가능하며, 게이트 전류를 흘리면 방향과 관계없이 전위차 방향으로 도통된다.

591 ★★☆
BJT에 대한 설명으로 틀린 것은?

① Bipolar Junction Thyristor의 약자이다.
② 베이스 전류로 컬렉터 전류를 제어하는 전류 제어 스위치이다.
③ MOSFET, IGBT 등의 전압 제어 스위치보다 훨씬 큰 구동전력이 필요하다.
④ 회로 기호 B, E, C는 각각 베이스(Base), 에미터(Emitter), 컬렉터(Collector)이다.

해설 BJT(Bipolar Junction Transistor)
- BJT는 바이폴라 접합 트랜지스터로 NPN형과 PNP형이 있으며, 베이스 전류로 컬렉터 전류를 제어하는 전류 제어 스위치이다.
- 에미터(E), 베이스(B), 컬렉터(C)의 도핑 형태에 따라 NPN형과 PNP형으로 구분된다.
- 2개 PN 접합에 대한 바이어스 인가 형태에 따라 3개 동작 모드(활성 모드, 포화 모드, 차단 모드)로 구분된다.

592 ★★☆
전력용 MOSFET와 전력용 BJT에 대한 설명으로 옳지 않은 것은?

① 전력용 BJT는 전압 제어 소자로 On 상태를 유지하는 데 거의 무시할 만큼의 전류가 필요하다.
② 전력용 MOSFET는 비교적 스위칭 시간이 짧아 높은 스위칭 주파수로 사용할 수 있다.
③ 전력용 BJT는 일반적으로 턴 온(Turn-on) 상태에서의 전압 강하가 전력용 MOSFET보다 작아 전력 손실이 적다.
④ 전력용 MOSFET는 온 오프 제어가 가능한 소자이다.

해설 BJT
- 전류 제어 소자이다.(베이스 전류로 컬렉터 전류 제어)
- 스위칭을 On시키기 위해 지속적인 베이스 전류가 필요하다.

593 ★★☆
IGBT의 특징으로 틀린 것은?

① GTO 사이리스터처럼 역방향 전압 저지 특성을 갖는다.
② MOSFET처럼 전압 제어 소자이다.
③ BJT처럼 온드롭(On-drop)이 전류에 관계없이 낮고 거의 일정하여 MOSFET보다 훨씬 큰 전류를 흘릴 수 있다.
④ 게이트와 에미터 간 입력 임피던스가 매우 작아 BJT보다 구동하기 쉽다.

해설 IGBT의 특징
- IGBT는 BJT와 MOSFET의 특성을 결합한 것으로 게이트 전압으로 도통과 차단을 제어한다.
- MOSFET과 같이 전압 제어 소자이며, 입력 임피던스가 매우 높아 BJT보다 구동하기 쉽다.
- 게이트 구동 전력이 매우 낮다.

594 ★☆☆
어떤 IGBT의 열용량은 $0.02[\text{J}/\text{℃}]$, 열저항은 $0.625[\text{℃}/\text{W}]$이다. 이 소자에 직류 $25[\text{A}]$가 흐를 때 전압강하는 $3[\text{V}]$이다. 몇 $[\text{℃}]$의 온도 상승이 발생하는가?

① 1.5　　② 1.7
③ 47　　④ 52

해설
열저항(Thermal Resistance)은 $1[\text{W}]$의 전력이 전달될 때 발생하는 온도 변화로 정의된다.
$P = 3 \times 25 = 75[\text{W}]$
$\therefore T = PR_\theta = 75 \times 0.625 = 46.88[\text{℃}]$ (단, R_θ: 열저항 $[\text{℃}/\text{W}]$)

595 ★★☆
반도체 소자 중 3단자 사이리스터가 아닌 것은?

① SCS　　② SCR
③ GTO　　④ TRIAC

해설 사이리스터의 종류

구분	2단자	3단자	4단자
단방향	–	SCR, LASCR, GTO	SCS
쌍방향	DIAC, SSS	TRIAC	–

596 ★★☆
다음 중 2 방향성 3단자 사이리스터는 어느 것인가?

① TRIAC　　② SCR
③ SCS　　④ SSS

해설 사이리스터의 종류

구분	2단자	3단자	4단자
단방향	–	SCR, LASCR, GTO	SCS
쌍방향	DIAC, SSS	TRIAC	–

THEME 05 정류 회로

597 ★★☆

단상 반파 정류 회로에서 직류 전압의 평균값 $210[\text{V}]$를 얻는 데 필요한 변압기 2차 전압의 실효값은 약 몇 $[\text{V}]$인가?(단, 부하는 순저항이고, 정류기의 전압강하 평균값은 $15[\text{V}]$로 한다.)

① 400　　② 433
③ 500　　④ 566

해설
- 단상 반파 정류 회로의 직류 전압
$E_d = 0.45E - e\,[\text{V}]$
- 변압기 2차 교류전압
$E = \dfrac{E_d + e}{0.45} = \dfrac{210 + 15}{0.45} = 500[\text{V}]$

598 ★★☆

단상 다이오드 반파 정류 회로인 경우 정류 효율은 약 몇 $[\%]$인가?(단, 저항 부하인 경우이다.)

① 12.6　　② 40.6
③ 60.6　　④ 81.2

해설 단상 반파 정류 효율

$\eta = \dfrac{\text{직류 출력}}{\text{교류 입력}} \times 100 = \dfrac{\left(\dfrac{I_m}{\pi}\right)^2 R}{\left(\dfrac{I_m}{2}\right)^2 R} \times 100$

$= \dfrac{4}{\pi^2} \times 100 = 40.6[\%]$

599 ★★★

단상 반파 정류 회로에서 평균 출력 전압은 전원 전압의 약 몇 $[\%]$인가?

① 45.0　　② 66.7
③ 81.0　　④ 86.7

해설 단상 반파 정류 회로
직류 평균 전압 $E_d = 0.45 E_a [\text{V}]\,(\therefore\ 45[\%])$

600 ★★☆

단상 반파 정류 회로로 직류 평균 전압 $99[\text{V}]$를 얻으려고 한다. 최대 역전압(Peak Inverse Voltage)이 약 몇 $[\text{V}]$ 이상의 다이오드를 사용하여야 하는가?(단, 저항 부하이며, 정류 회로 및 변압기의 전압 강하는 무시한다.)

① 311　　② 471
③ 150　　④ 166

해설 단상 반파 정류 회로
- 전압의 실효값
$E_d = \dfrac{\sqrt{2}}{\pi} E[\text{V}] \ \rightarrow\ E = \dfrac{\pi}{\sqrt{2}} E_d [\text{V}]$
- 최대 역전압
$PIV = \sqrt{2}\,E = \sqrt{2} \times \dfrac{\pi}{\sqrt{2}} E_d = \pi E_d [\text{V}]$
$\therefore\ PIV = \pi \times 99 = 311.02 ≒ 311[\text{V}]$

| 정답 | 597 ③　598 ②　599 ①　600 ① |

601 ★★☆

그림과 같은 정류 회로에서 전류계의 지시값은 약 몇 [mA]인가?(단, 전류계는 가동 코일형이고 정류기 저항은 무시한다.)

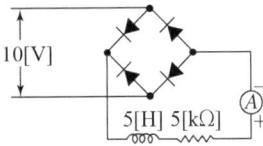

① 1.8
② 4.5
③ 6.4
④ 9.0

해설 단상 전파 정류 회로(브리지)

- 직류 전압

$$E_d = \frac{2\sqrt{2}}{\pi} E_a = \frac{2\sqrt{2}}{\pi} \times 10 = 9[V]$$

- 직류 전류

$$I_d = \frac{E_d}{R} = \frac{9}{5 \times 10^3} = 1.8 \times 10^{-3}[A] = 1.8[mA]$$

602 ★★☆

단상 전파 정류 회로를 구성한 것으로 옳은 것은?

①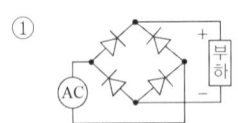
②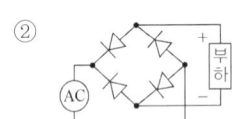
③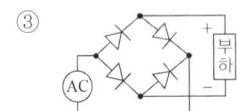
④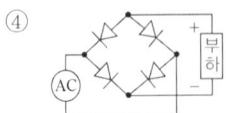

해설 단상 전파 정류 회로인 브리지 정류 회로

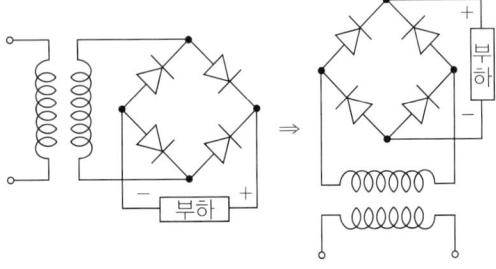

603 ★★★

그림과 같이 공급 전압 $V = 200\sqrt{2}\sin 377t[V]$, 부하 저항 $20[\Omega]$일 때 직류 부하 전압의 평균값은 약 몇 [V]인가?(단, $V = V_1 = V_2$이다.)

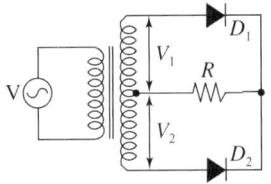

① 60
② 120
③ 180
④ 240

해설

- 공급 전압의 실효값

$$V_{rms} = \frac{V_m}{\sqrt{2}} = \frac{200\sqrt{2}}{\sqrt{2}} = 200[V]$$

(단, V_m: 공급 전압의 최대값[V])

- 단상 전파 정류 회로(중간탭)

$$E_d = \frac{2\sqrt{2}}{\pi} V_{rms} = 0.9 \times 200 = 180[V]$$

604 ★★★

저항 부하를 갖는 정류 회로에서 직류분 전압이 $200[V]$일 때 다이오드에 가해지는 첨두 역전압(PIV)의 크기는 약 몇 [V]인가?

① 346
② 628
③ 692
④ 1,038

해설

- 직류 평균 출력 전압

$$E_d = \frac{2\sqrt{2}}{\pi} E[V]$$

- 최대 역전압

$$PIV = 2\sqrt{2} \times \frac{\pi}{2\sqrt{2}} E_d = \pi E_d = 628[V]$$

(단, E: 교류 실효 전압[V], E_d: 직류 전압[V])

| 정답 | 601 ① | 602 ① | 603 ③ | 604 ② |

605 ★★☆

다이오드 2개를 이용하여 전파 정류를 하고 순저항 부하에 전력을 공급하는 회로가 있다. 저항에 걸리는 직류분 전압이 90[V]라면 다이오드에 걸리는 최대 역전압[V]의 크기는?

① 90
② 242.8
③ 254.5
④ 282.8

해설

- 단상 전파 정류 회로(중간탭)

  직류 평균 전압 $E_d = \dfrac{2\sqrt{2}}{\pi}E = 0.9E$[V]

  $\therefore E = \dfrac{90}{0.9} = 100$[V]

- 최대 역전압

  $PIV = 2\sqrt{2}\,E = 2\sqrt{2} \times 100 = 282.8$[V]

606 ★★☆

단상 50[Hz], 전파 정류 회로에서 변압기의 2차 상전압 100[V], 수은 정류기의 전압 강하 20[V]에서 회로 중의 인덕턴스는 무시한다. 외부 부하로서 기전력 50[V], 내부 저항 0.3[Ω]의 축전지를 연결할 때 평균 출력은 약 몇 [W]인가?

① 4,556
② 4,667
③ 4,778
④ 4,889

해설

- 직류 평균 출력 전압

  $E_d = \dfrac{2\sqrt{2}}{\pi}E_a - e = \dfrac{2\sqrt{2}}{\pi} \times 100 - 20 = 70$[V]

- 평균 직류 전류

  $I_d = \dfrac{70 - 50}{0.3} = 66.67$[A]

- 평균 출력 전력

  $P = E_d I_d = 70 \times 66.67 = 4,667$[W]

607 ★★☆

전파 정류 회로와 반파 정류 회로를 비교한 내용으로 틀린 것은?(단, 다이오드를 이용한 정류 회로이고, 저항 부하인 경우이다.)

① 반파 정류 회로는 변압기 철심의 포화를 일으킨다.
② 반파 정류 회로의 회로 구조는 전파 정류 회로와 비교하여 간단하다.
③ 반파 정류 회로는 전파 정류 회로에 비해 출력 전압 평균값을 높게 할 수 있다.
④ 전파 정류 회로는 반파 정류 회로에 비해 출력 전압 파형의 리플 성분을 감소시킨다.

해설

반파 정류 회로는 전파 정류 회로에 비해 출력 전압 평균값이 낮다. (단상 반파 $E_d = 0.45E$, 단상 전파 $E_d = 0.9E$)

608 ★☆☆

정류 회로에서 상의 수를 크게 했을 경우 옳은 것은?

① 맥동 주파수와 맥동률이 증가한다.
② 맥동률과 맥동 주파수가 감소한다.
③ 맥동 주파수는 증가하고 맥동률은 감소한다.
④ 맥동률과 주파수는 감소하나 출력이 증가한다.

해설 정류 회로에서 상의 수를 크게 할 경우

- 맥동 주파수가 증가한다.
- 맥동률이 감소한다.

609 ★★☆

3상 반파 정류 회로에서 직류 전압의 파형은 전원 전압 주파수의 몇 배의 교류분을 포함하는가?

① 1 ② 2
③ 3 ④ 6

해설 맥동 주파수

종류	직류 출력[V]	PIV[V]	맥동 주파수	정류 효율	맥동률
단상 반파	$E_d = \dfrac{\sqrt{2}}{\pi}E$ $=0.45E$	$PIV=\sqrt{2}E$	$f[\text{Hz}]$	40.5[%]	121[%]
단상 전파 (중간탭)	$E_d = \dfrac{2\sqrt{2}}{\pi}E$ $=0.9E$	$PIV=2\sqrt{2}E$	$2f[\text{Hz}]$	57.5[%]	48[%]
단상 전파 (브릿지)	$E_d = \dfrac{2\sqrt{2}}{\pi}E$ $=0.9E$	$PIV=\sqrt{2}E$	$2f[\text{Hz}]$	81.1[%]	48[%]
3상 반파	$E_d = \dfrac{3\sqrt{6}}{2\pi}E$ $=1.17E$	$PIV=\sqrt{6}E$	$3f[\text{Hz}]$	96.7[%]	17[%]
3상 전파 (브릿지)	$E_d = \dfrac{3\sqrt{6}}{\pi}E$ $=2.34E$ 또는 $E_d=1.35E_l$	$PIV=\sqrt{6}E$	$6f[\text{Hz}]$	99.8[%]	4[%]

610 ★★☆

어떤 정류 회로의 부하 전압이 $50[\text{V}]$이고 맥동률 $3[\%]$이면 직류 출력 전압에 포함된 교류분은 몇 $[\text{V}]$인가?

① 1.2 ② 1.5
③ 1.8 ④ 2.1

해설

맥동률 $= \dfrac{\text{교류분}}{\text{직류분}}$ 을 이용한다.

∴ 교류분 = 맥동률 × 직류분 = $0.03 \times 50 = 1.5[\text{V}]$

611 ★★☆

저항 부하의 단상 반파 정류 회로에서 맥동률은 약 얼마인가?

① 0.48 ② 1.11
③ 1.21 ④ 1.41

해설 정류기 종류별 맥동률
- 단상 반파: 121[%]
- 단상 전파: 48[%]
- 3상 반파: 17[%]
- 3상 전파: 4[%]

612 ★★☆

직류 전압의 맥동률이 가장 작은 정류 회로는?(단, 저항 부하를 사용한 경우이다.)

① 단상 전파 ② 단상 반파
③ 3상 반파 ④ 3상 전파

해설 정류기 종류별 맥동률
- 단상 반파: 121[%]
- 단상 전파: 48[%]
- 3상 반파: 17[%]
- 3상 전파: 4[%]

THEME 06 위상 제어 정류 회로

613 ★★★
SCR을 사용한 단상 브리지 정류 회로에 의하여 실효값 $200[\text{V}]$의 교류 전압을 정류할 경우 직류 출력 전압$[\text{V}]$은? (단, 제어각은 $30°$이다.)

① 87.6
② 120.5
③ 155.9
④ 173.2

해설

- 단상 전파 정류 회로($R-L$ 부하)
  $V_o = 0.9 V\cos\alpha = 0.9 \times 200 \times \cos 30° = 155.9[\text{V}]$
- 단상 전파 정류 회로(R 부하)
  $V_o = 0.9 V\left(\dfrac{1+\cos\alpha}{2}\right) = 0.9 \times 200 \times \left(\dfrac{1+\cos 30°}{2}\right)$
  $= 167.94[\text{V}]$

즉, $R-L$ 부하인 경우의 $155.9[\text{V}]$를 선정한다.

614 ★★★
전류가 불연속인 경우 전원 전압 $220[\text{V}]$인 단상 전파 정류 회로에서 점호각 $\alpha = 90°$일 때의 직류 평균 전압은 약 몇 $[\text{V}]$인가?

① 45
② 84
③ 90
④ 99

해설 단상 전파 정류 회로(R 부하)

전류가 불연속적이라 했으므로
$V_o = \dfrac{\sqrt{2}V}{\pi}(1+\cos\alpha) = \dfrac{220\sqrt{2}}{\pi} \times (1+\cos 90°)$
$= 99.03 ≒ 99[\text{V}]$

615 ★★☆
전원 전압이 $100[\text{V}]$인 단상 전파 정류 제어에서 점호각이 $30°$일 때 직류 평균 전압은 약 몇 $[\text{V}]$인가?

① 54
② 64
③ 84
④ 94

해설

- 단상 전파 정류 제어 회로(R 부하)
  $V_o = \dfrac{\sqrt{2}V}{\pi}(1+\cos\alpha)[\text{V}]$
  $\therefore V_o = \dfrac{100\sqrt{2}}{\pi} \times (1+\cos 30°) = 84[\text{V}]$
- 단상 전파 정류 제어 회로($R-L$ 부하)
  $V_o = \dfrac{2\sqrt{2}V}{\pi}\cos\alpha[\text{V}]$
  $\therefore V_o = \dfrac{2\sqrt{2}\times 100}{\pi} \times \cos 30° = 77.97 ≒ 78[\text{V}]$

즉, R 부하인 경우의 $84[\text{V}]$를 선정한다.

616 ★☆☆
사이리스터 2개를 사용한 단상 전파 정류 회로에서 직류 전압 $100[\text{V}]$를 얻으려면 PIV가 약 몇 $[\text{V}]$인 다이오드를 사용하면 되는가?

① 111
② 141
③ 222
④ 314

해설

- 단상 전파 정류 회로(중간탭)의 최대 역전압
  $PIV = 2\sqrt{2}E[\text{V}]$
- 교류 실효 전압과 직류 전압의 관계
  $V_o = \dfrac{2\sqrt{2}}{\pi}E[\text{V}]$

$\therefore PIV = 2\sqrt{2} \times \dfrac{\pi}{2\sqrt{2}}V_o = \pi V_o = 314.16 ≒ 314[\text{V}]$

617 ★★☆

그림과 같은 회로에서 전원 전압의 실효치 200[V], 점호각 30°일 때 출력 전압은 약 몇 [V]인가?(단, 정상 상태이다.)

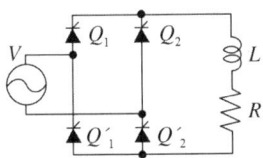

① 157.8 ② 168.0
③ 177.8 ④ 187.8

해설 단상 전파 정류 회로(정상 상태)

정상 상태에서 L은 0이라 볼 수 있으므로

$$V_o = \frac{2\sqrt{2}}{\pi} V\left(\frac{1+\cos\alpha}{2}\right)$$
$$= \frac{2\sqrt{2}}{\pi} \times 200 \times \left(\frac{1+\cos 30°}{2}\right)$$
$$= 168[\text{V}]$$

618 ★★☆

그림과 같은 회로에서 V(전원 전압의 실효치)= 100[V], 점호각 $\alpha = 30°$인 때의 부하 시의 직류전압 E_{da}[V]는 약 얼마인가?(단, 전류가 연속하는 경우이다.)

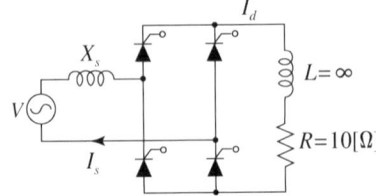

① 90 ② 86
③ 77.9 ④ 100

해설 단상 전파 정류 회로(R-L 부하)

전류가 연속하고 L이 ∞이므로

$$E_{da} = \frac{2\sqrt{2}}{\pi} V\cos\alpha = \frac{2\sqrt{2}}{\pi} \times 100 \times \frac{\sqrt{3}}{2} = 77.9[\text{V}]$$

(단, V[V]: 전원 전압의 실효값)

619 ★★☆

상전압 200[V]의 3상 반파 정류 회로의 각 상에 SCR을 사용하여 정류 제어할 때 위상각을 $\pi/6$로 하면 순저항 부하에서 얻을 수 있는 직류 전압[V]은?

① 90 ② 180
③ 203 ④ 234

해설

SCR 3상 반파 정류 회로(R 부하)의 직류 전압

$$V_o = \frac{3\sqrt{6}}{2\pi} V\cos\alpha = 1.17 \times 200 \times \frac{\sqrt{3}}{2} = 203[\text{V}]$$

내가 꿈을 이루면
나는 누군가의 꿈이 된다.

– 이도준

여러분의 작은 소리
에듀윌은 크게 듣겠습니다.

본 교재에 대한 여러분의 목소리를 들려주세요.
공부하시면서 어려웠던 점, 궁금한 점,
칭찬하고 싶은 점, 개선할 점, 어떤 것이라도 좋습니다.

에듀윌은 여러분께서 나누어 주신 의견을
통해 끊임없이 발전하고 있습니다.

에듀윌 도서몰 book.eduwill.net
- 부가학습자료 및 정오표: 에듀윌 도서몰 → 도서자료실
- 교재 문의: 에듀윌 도서몰 → 문의하기 → 교재(내용, 출간) / 주문 및 배송